Bernd Janowski (Hg.)

Der ganze Mensch

Bernd Janowski (Hg.)

Der ganze Mensch

Zur Anthropologie der Antike und ihrer europäischen Nachgeschichte

Akademie Verlag

Bibliografische Information der Deutschen Nationalbibliothek
Die Deutsche Nationalbibliothek verzeichnet diese Publikation in der Deutschen Nationalbibliografie; detaillierte bibliografische Daten sind im Internet über http://dnb.d-nb.de abrufbar.

Ein Wissenschaftsverlag der Oldenbourg Gruppe

www.akademie-verlag.de

Einbandgestaltung: hauser lacour
Satz: WERKSATZ Schmidt & Schulz, Gräfenhainichen
Druck & Bindung: Beltz Bad Langensalza GmbH, Bad Langensalza

Dieses Papier ist alterungsbeständig nach DIN/ISO 9706.

ISBN 978-3-05-005113-0
eISBN 978-3-05-006060-6

Inhaltsverzeichnis

Griechenland und Rom

Antikes Judentum

Urchristentum

Einleitung

Bernd Janowski

Der „ganze Mensch“

Zur Geschichte und Absicht einer integrativen Formel

Die Fragestellung

„Nicht die Sinne empfinden, nicht das Gehirn denkt; mit Hilfe der ihm gegebenen Sinne und Organe empfindet, fühlt, denkt, handelt der Mensch.“[1] Was mit diesem Satz auf den Arzt und dessen Umgang mit seinen Patienten gemünzt ist, versucht die Formel vom „ganzen Menschen“ zu generalisieren.[2] Sie wendet sich gegen dichotomische (Leib / Geist) und trichotomische Menschenbilder (Leib / Geist / Seele) und „nimmt damit den bereits in der Anthropologie der Aufklärung formulierten Protest gegen die Trennung von Geist und Körper des Menschen auf“[3]. Die medizinische Grundlagendiskussion, wie sie zu Beginn des 20. Jahrhunderts von L. von Krehl, R. Siebeck und V. von Weizsäcker angestoßen und geführt wurde,[4] war Ausdruck von Tendenzen, die bereits in der Philosophie W. Diltheys (1833–1911)[5] die Wende zur Anthropologie eingeleitet hatten.[6] „Ganzheitlichkeit“ wurde damit zur Bezeichnung einer Alternatividee in integrativer und wissenschaftskritischer Absicht.

---

1 *Wiesenhütter*, Mensch, 43.

2 S. dazu *Rössler*, Mensch, 1106ff; *ders.*, Abhängigkeit, 189ff.211ff.231ff.241ff.252ff.258ff.272ff und die Beiträge in *Drehsen* u.a. (Hg.), Der ‚ganze Mensch‘.

3 *Rössler*, aaO 1106, s. dazu auch *Hastedt*, Leib-Seele-Problem; *Böhme / Matussek / Müller*, Kulturwissenschaft, 133ff; *Tanner*, Historische Anthropologie, 123ff u.a.

4 S. dazu die knappe Darstellung bei *Rössler*, aaO 1106f.

5 S. dazu *Jung*, Dilthey, 33ff.

6 Die Geschichte der Formel vom „ganzen Menschen“ reicht allerdings weiter zurück. In seiner Schrift *Über die ästhetische Erziehung des Menschen in Briefen* von 1795 hatte schon F. Schiller vom „Ganzen“ der menschlichen Natur gesprochen und dieses in der „ästhetischen Gemütsstimmung“, insbesondere im menschlichen Spieltrieb verortet, s. *Schiller*, Sämtliche Werke 5, 617f (15. Brief); 637 (22. Brief) und dazu *Rössler*, aaO 1109 mit Anm. 9 sowie *Taylor*, Zeitalter, 20, zum geistesgeschichtlichen Kontext s. *Košenina*, Literarische Anthropologie, 7ff u.ö. Interessanterweise knüpft H. Marcuse „mit seiner Rede vom *Eindimensionalen Menschen* nicht nur an die Schiller'sche Problembeschreibung des Verlusts des ‚ganzen Menschen‘, sondern mit dem Gegenmodell der spielerisch nichtinstrumentellen Tätigkeit auch an dessen Lösungsansatz an“ (*Jaeggi*, Entfremdung, 318).

Wenn man die Beiträge zum Thema in der Philosophie und Theologie des späten 19. und des 20. Jahrhunderts[7] überspringt und zur gegenwärtigen Diskussion übergeht, so zeigt sich vielfältig das Bemühen, den traditionellen Dualismus von Körper und Geist oder Sinnlichkeit und Vernunft durch die Konzeption der Person als einer „verkörperten Subjektivität“ zu korrigieren und zu überwinden. So lässt sich, wie etwa Th. Fuchs in Kritik an entsprechenden Positionen der Neurowissenschaft konstatiert, das menschliche Bewusstsein

> „nicht als eine unsichtbare Kammer auffassen, die sich im Kopf hinter den Sinnesorganen verbirgt. Es ist überhaupt nicht ‚im Körper‘, sondern es ist *verkörpert*: Bewusst sind bestimmte, integrale Tätigkeiten eines lebendigen, sinnesempfänglichen und eigenbeweglichen Organismus. Die primäre Dimension des Bewusstseins ist damit die wechselseitige, sensorisch-motorische und aktiv-rezeptive Beziehung von Lebewesen und Umwelt. Erst in der Selbstreflexion tritt das menschliche Bewusstsein sich als erlebendem und tätigem Bewusstsein noch einmal gegenüber und scheint so zu einer Innenwelt zu werden. Diese dem Menschen mögliche Selbstdistanzierung hebt aber sein primäres, verkörpertes In-der-Welt-Sein nicht auf. Wir sind keine Bewusstseinsmonaden, denen ein Bild der Welt vorgespiegelt wird, sondern *Lebewesen*: Wir bewohnen unseren lebendigen Körper und durch ihn die Welt.“[8]

Wenn der Leib die Natur ist, die wir selbst sind – und zwar nicht nur für uns, sondern auch für die Anderen –, dann nimmt sich der Mensch in seinem Ausdruck und in seinem Handeln unmittelbar, d.h. „leibhaftig“ wahr, also „nicht als eine Kombination von reinem Körper und verborgener Psyche, sondern als ein geeintes Ganzes“[9]. Im Unterschied zum Körper als der Gesamtheit materiell-anatomischer Strukturen und physiologischer Prozesse, die „sich insbesondere aus der medizinischen Fremdperspektive objektivieren lassen“[10], ist der Leib „das Ensemble aller Fähigkeiten und Vermögen, die uns zur Verfügung stehen“[11] und mit denen wir uns im sozialen Raum bewegen und uns in ihm als Subjekte verhalten.[12] Hier setzen auch die gegenwärtigen Diskussionen zur Formel vom „ganzen Menschen“ in der Neurowissenschaft, in der Medizin, in der Kulturwissenschaft sowie in der biologischen, philosophischen und theologischen Ethik an. Dabei gibt es immer wieder überraschende Berührungspunkte mit den – in mannigfacher Hinsicht anders gelagerten – anthropologischen Diskursen der Antike.

---

[7] S. dazu *Rössler*, aaO 1107ff und neuerdings *Hubig*, Ganzes – Teil, 860ff. Das Ziel der Herstellung von „Ganzheit“, d.h. der Überwindung der Spaltungen zwischen Selbst und Welt, Individuum und Gesellschaft, Verstand und Gefühl, Körper und Geist, durchzieht das Œuvre des kanadischen Sozialphilosophen Ch. Taylor, ja es ist sein archimedischer Punkt, s. dazu *Rosa*, Weltbeziehungen, 15ff, bes. 26f.39f.

[8] *Fuchs*, Gehirn, 95f, s. zum Thema auch *Böhme*, Ethik, 119ff und die Beiträge im Themenheft „Der Mensch – verkörpertes Leben“ der Zeitschrift BiKi 67 (2012) Heft 1.

[9] *Fuchs*, aaO 99.

[10] *Ders.*, aaO 100.

[11] *Ders.*, aaO 98. Zu diesem Doppelaspekt von Leib und Körper s. *ders.*, aaO 99ff.

[12] S. dazu auch *Sturma*, Person, 1728f.1735f und *Elm*, Leib / Leiblichkeit, 367ff.

Zum Thema dieses Buchs

Diese anthropologischen Diskurse der Antike (Ägypten, Mesopotamien, Israel, Griechenland, Rom, Antikes Judentum, Urchristentum) sind das Thema des vorliegenden Buchs. Welches Bild vom Menschen, so ist zu fragen, entwerfen die antiken Religionen und Kulturen und inwiefern sind sie dabei dem Modell des „ganzen Menschen“ verpflichtet? Die Antworten darauf variieren von Kultur zu Kultur und lassen sich nicht auf einen gemeinsamen Nenner bringen. Gleichwohl gibt es wiederkehrende Grundmuster und vergleichbare Hauptmerkmale.

So weiß etwa auch das Alte Testament vom „ganzen Menschen“, ohne einen entsprechenden Ausdruck dafür zu besitzen. Das ist kein terminologisches Defizit, sondern geradezu ein Proprium biblischer Anthropologie. Um dieses Proprium zu konturieren, hat M. Krieg[13] vier Beziehungsebenen benannt und in ihrer gegenseitigen Verschränkung dargestellt: die *vitale* Ebene, d.h. die Beziehung des Menschen zu sich selber (Ganzheit statt Trichotomie), die *personale* Ebene, d.h. die Beziehung des Menschen zu seinem Tun (Tatsphäre statt Selbstverwirklichung), die *soziale* Ebene, d.h. die Beziehung des Menschen zu seiner Mitwelt (*corporate personality* statt Individualismus) und die *transzendentale* Ebene, d.h. die Beziehung des Menschen zu seinem Denken (Bildersprache statt Begriffsdenken). Der Mensch steht immer in einer ganzheitlichen Beziehung zu diesen vier Ebenen, d.h.

> „zu sich selber, zu seinem Tun, zu seiner Sozialisation und zu seinem Denken. Unverletztheit oder Mehrung auf einer Beziehungsebene bedeutet Leben. Volles Leben wäre dann (eschatologisch) größte Nähe und Bezogenheit. Verletztheit oder Minderung auf einer Beziehungsebene bedeutet hingegen Tod. Voller Tod wäre dann (hamartiologisch) größte Ferne und Beziehungslosigkeit.“[14]

Ausgehend von dieser allgemeinen Bestimmung lässt sich das alttestamentliche Verständnis der personalen Identität des Menschen anhand des komplexen Zusammenhangs beschreiben, der zwischen Körperbild und Sozialstruktur besteht.[15] Dieser Zusammenhang besagt, dass das, was sich auf der einen Ebene (*Leibsphäre*) als Krankheit *vs.* Gesundheit oder als Trauer *vs.* Freude zeigt, auf der anderen Ebene (*Sozialsphäre*) als Schande *vs.* Ehre oder als Rechtsnot *vs.* Gerechtigkeit / Rechtfertigung erlebt wird. Entsprechend wird die Leben/Tod-Problematik gesehen: „Leben“ ist das Prinzip der verknüpfenden, personale Identität und soziale Gemeinschaft stiftenden Kraft. Die Klage- und Danklieder des einzelnen bringen dies mittels einer Semantik zum Ausdruck, die die Eingebundenheit des Beters in die Sozialsphäre in den Blick nimmt. „Tod“ da-

---

[13] *Krieg*, Leiblichkeit, 15ff.

[14] *Ders.*, aaO 21, s. dazu auch *Janowski*, Konfliktgespräche mit Gott, 43f; *Schroer / Zimmermann*, Mensch / Menschsein, 368ff und *Häusl*, Leib, 139f. Die Polemik gegen den Begriff „ganzer Mensch“ bei *Schmitt*, Perspektiven, 186f u.ö. geht an der Sache vorbei, s. dazu *Janowski*, H.W. Wolff und die alttestamentliche Anthropologie (im Druck).

[15] S. dazu *Janowski*, Konfliktgespräche mit Gott, 7ff.50ff.

gegen ist das Prinzip des alles auflösenden und isolierenden Zerfalls. Die Individualpsalmen bringen dies mittels einer Semantik zum Ausdruck, die den Körper des Beters in der Vielheit seiner Glieder und Organe in den Blick nimmt. Leibsphäre und Sozialsphäre entsprechen sich also. Deshalb kann das Leben schon vor dem biologischen Tod enden, wenn sich die sozialen Bindungen lockern und Kräfte auf den Plan treten, die die Individualpsalmen in der Gestalt des „Feindes" verorten (vgl. Ps 42,4 u.ö.). Im Blick auf das ägyptische Menschenbild hat J. Assmann diesen Zusammenhang von Leibsphäre und Sozialsphäre folgendermaßen beschrieben:

> „Die Ägypter haben die entscheidende Unterscheidung innerhalb der Gesamtperson nicht zwischen Leib und Seele, sondern zwischen einem Körperselbst und einem Sozialselbst getroffen. Zum Körperselbst bzw. zur Leibsphäre gehören als Seelen der ‚Ba' und der Schatten, zum Sozialselbst bzw. zur Sozialsphäre der ‚Ka' und der Name. Die Unversehrtheit und Lebendigkeit des Sozialselbst ist ebenso lebenswichtig wie die Unversehrtheit und Gesundheit des Körperselbst. Mit der Geburt des Körpers ist das Leben nur als Möglichkeit gegeben, verwirklicht wird es erst durch die Ausbildung eines Sozialselbst im Prozeß der Sozialisation."[16]

Angestoßen durch Debatten in der Religions- und Kulturwissenschaft sind in den letzten Jahren auch in der Altorientalistik, in der Ägyptologie, in der Klassischen Altertumswissenschaft, in der Judaistik und in der Neutestamentlichen Wissenschaft neue Aspekte in den Vordergrund getreten, die sich dem Topos des „ganzen Menschen" widmen. Der vorliegende Band dokumentiert diese neue Diskussion und fragt in seinen dreizehn interdisziplinären Beiträgen danach, wie das, was in der abendländischen Tradition als *personale Identität* bezeichnet wird,[17] in den antiken Religionen und Kulturen gesehen und formuliert wurde.

Die Unterschiede zu den modernen und postmodernen Personkonzepten sind dabei beträchtlich, aber auch in den antiken Religionen und Kulturen nicht einfach identisch. Wie etwa, so lautet die Frage, verlief die Entwicklung des griechischen ψυχή-Begriffs, bei dem die heutige Gräzistik stärker zwischen der homerischen und der platonischen Auffassung differenziert als früher? Wie unterscheidet sich dieser griechische „Seelen"-Begriff von den personalen Konzepten Mesopotamiens, Ägyptens oder Israels? Und wie sieht ein Konzept von personaler Identität aus, das wie das qumran-essenische ganz anderen Parametern folgt und dualistisch angelegt ist? Die Antworten, die dieser Band auf diese Fragen gibt, sind vielgestaltig und aufschlussreich.

---

[16] *Assmann*, Tod und Jenseits, 16, vgl. 34ff.54ff, s. dazu auch *Janowski*, Was ist der Mensch?, 4ff.

[17] S. dazu den Überblick bei *Sturma*, Person, 1728ff.

Zu den einzelnen Beiträgen[18]

In ihrem klassischen Aufsatz über den menschlichen Körper[19] hat die Tübinger Ägyptologin *E. Brunner-Traut* (1911–2008) den Nachweis geführt, dass der menschliche Körper nach ägyptischer Auffassung nicht als Organismus, sondern als Kompositum seiner Glieder und Organe zu verstehen ist, die miteinander ‚verknotet‘ oder ‚zusammengeknüpft‘ sind und etwa das darstellen, was wir eine ‚Gliederpuppe‘ nennen. Diesem Prinzip der „Aspektive“ entspricht nach *J. Assmann*[20] das Prinzip der Konnektivität, das sowohl auf der Ebene des Körperbildes als auch auf der Ebene der Sozialstruktur nach dem die Einzelteile verbindenden Ganzen fragt und das sowohl auf der Ebene des Körperbildes, wo es um „Zergliederung“ und „Zusammenfügung“, als auch auf der Ebene der Sozialstruktur hervortritt, wo es um „Isolation“ und „Einbindung“ geht. Die ‚Schnittstelle‘ zwischen beiden Ebenen ist das Herz,[21] das die personale Identität des Menschen herbeiführt. Diese Zusammenhänge lassen sich mit Hilfe des konstellativen Personbegriffs beschreiben: einerseits wird der Körper als eine aus Einzelteilen zusammengesetzte Ganzheit gedacht und andererseits bedeutet menschliches Leben die Eingebundenheit in soziale Zusammenhänge.

Wie *U. Steinert*[22] ausführt, offenbart auch die literarische Überlieferung des antiken Zweistromlandes eine Auffassung der menschlichen Person, die sich zugleich als „ganzheitlich“ und „pluralistisch“ bezeichnen lässt.[23] Die menschliche Person wird danach als ein aus vielen Bestandteilen, Kräften und Fähigkeiten zusammengesetztes Wesen (‚Kompositwesen‘), aber auch als eine Mischung der Wesenstypen „Gott“ und „Mensch“ betrachtet. Die ganzheitliche Sicht der Person wird dabei vor allem in der fehlenden Trennung zwischen den physischen, psychisch-mentalen und sozialen Aspekten deutlich, die anhand von Beispielen aus der akkadischen Literatur des 2. und 1. Jt. v. Chr. (Gilga-

---

18 Einige AutorInnen haben mir dankenswerterweise Material für eine Zusammenfassung ihres Beitrags zur Verfügung gestellt. Für den vorliegenden Zweck musste der eine oder andere Text allerdings gekürzt bzw. umformuliert werden.

19 S. zur Sache *dies.*, Frühformen des Erkennens, 71ff. Zu dem zentralen Begriff der „Aspektive“ s. noch *dies.*, Art. Aspektive, LÄ 1 (1975) 474–484, aber auch die kritische Stellungnahme von *Stadler*, Weiser, 19ff, der zu Recht auf die impliziten und expliziten Wertungen bei Brunner-Traut aufmerksam macht. Wenn man mit „Aspektive“ allerdings die Fähigkeit bezeichnet, ein Gesamtphänomen in Einzelaspekte zu zerlegen und jenes durch diese zur Darstellung zu bringen, kann man den Ausdruck, der auf eine „analytische Begabung“ der Ägypter hinweist (vgl. *Stadler*, aaO 21), durchaus beibehalten und in ihm so etwas wie eine regulative Idee sehen, s. dazu auch *Wagner*, Gottes Körper, 73ff.

20 Zu J. Assmanns Konzeption einer „Konstellativen Anthropologie“ s. auch *ders.*, Der Eine lebt, 147ff und *ders.*, Tod und Jenseits, 15f.59ff.80ff.89ff.95f.510f.527f u.ö.

21 S. dazu *ders.*, Geschichte des Herzens, 81ff.

22 Der Beitrag basiert auf der Göttinger Dissertation der Autorin von 2007, die soeben im Druck erschienen ist, s. *Steinert*, Aspekte des Menschseins und zur Sache noch *Streck*, Person, 429ff und *Foster*, Person, 117ff.

23 Anders *Dietrich*, Dichotomie, 27ff., der von einer Dichotomie von „Leib“ und „Seele“ in der mesopotamischen Literatur ausgeht, s. dazu aber *Janowski*, Die lebendige *næpæš* (im Druck).

mesch-Epos, Atramḫasīs-Mythos) sowie anhand von Redewendungen für Emotionen und geistige Prozesse illustriert werden. Vertiefend treten dem die Ausführungen von *A. Zgoll* an die Seite. Der Mensch, so die Autorin, erscheint dem antiken Mesopotamien geradezu als ein ‚Raum', der von numinosen Wesen wie Gottheiten, Dämonen, „Geist"- und „Seelen"-Wesen bewohnt wird. Es handelt sich danach um ein Menschenbild, das sich als „oikomorph" bezeichnen lässt, weil es den menschlichen Körper als ein „Haus" mit teils bedrohlichen „Gästen" und gegen diese agierenden „Wächtern" darstellt. Dieses existenzielle Modell eines oikomorphen Menschen birgt ein reiches Potenzial für die derzeitigen anthropologischen Diskussionen in Philosophie, Psychologie, Soziologie und Literaturwissenschaft.

Nach alttestamentlichem Verständnis beruht die personale Identität des Menschen, wie *B. Janowski* anschließend darlegt, auf dem komplexen Zusammenhang von Körperbild und Sozialstruktur.[24] Im Unterschied zu Platons Auffassung der „Seele" als Lenkerin eines geflügelten Zweigespanns (Phaidros 246a–257a)[25] geht die alttestamentliche Anthropologie von Parametern aus, die sich mit Hilfe des konstellativen Personbegriffs beschreiben lassen: einerseits wird der menschliche Körper als eine aus einzelnen Teilen oder Gliedern zusammengesetzte Ganzheit gedacht, andererseits bedeutet menschliches Leben die Eingebundenheit in soziale Zusammenhänge oder Rollen. Dieser Personbegriff wird am Beispiel von drei Grundbeziehungen – Mann / Frau, Individuum / Gemeinschaft, Gott / Mensch – konkretisiert. Dieses alttestamentliche Konzept personaler Identität wird von *R.A. di Vito*[26] anhand von vier ‚Identitätsmarkern' charakterisiert und damit von anderen Konzepten abgesetzt: Das Subjekt ist danach „(1) zutiefst eingebettet in seine soziale Identität bzw. eng damit verbunden. Es ist (2) vergleichsweise dezentriert und undefiniert im Blick auf die Grenzen seiner Person. Es ist (3) relativ transparent, ins gesellschaftliche Leben eingebunden und darin verkörpert (mit anderen Worten: es ermangelt all dessen, was mit ‚inneren Tiefen' bezeichnet ist). Und schließlich ist es (4) ‚authentisch' gerade in seiner Heteronomie, in seinem Gehorsam anderen gegenüber und in seiner Abhängigkeit von anderen"[27]. Darüber hinaus bietet der Beitrag von di Vito weiterführende Analysen der anthropologischen Grundbegriffe *næpæš* „Leben(digkeit), Vitalität", *rûaḥ* „Atem, Geist" u.a.[28]

Bekanntlich hat der abendländische Personbegriff seine sprachlichen Wurzeln im griechischen πρόσωπον („Angesicht, Maske, Vorderseite") und im lateinischen *persona*

---

[24] S. dazu auch *Janowski*, Was ist der Mensch?, 4ff mit der dort genannten Literatur, ferner *Schroer / Zimmermann*, Mensch / Menschsein, 368ff, bes. 371ff.

[25] S. dazu auch *Taylor*, Quellen des Selbst, 214ff.

[26] Zum Ansatz von R.A. di Vito s. noch *ders.*, Anthropology II, 117ff.

[27] Unten 133. Diese Bestimmung personaler Identität berührt sich mit der Gegenüberstellung zweier Konzeptionen des Selbst/Welt-Verhältnisses bei Ch. Taylor – das „abgeschottete" *vs.* das „poröse Selbst" –, die sich in der Frage der Grenzziehung zwischen Subjekt und Welt radikal unterscheiden, s. *Taylor*, Zeitalter, 507ff und dazu *Rosa*, Weltbeziehungen, 35ff.

[28] Zur Problematik einer bei den anthropologischen Grundbegriffen ansetzenden Anthropologie des Alten Testaments s. *Wagner*, Reduktion des Lebendigen, 183ff und *Janowski*, H.W. Wolff und die alttestamentliche Anthropologie (im Druck).

(„Maske, Rolle, Status“). Wie aber ist er genauer zu verstehen? Der große Pariser Gräzist *J.-P. Vernant* (1914–2007),[29] der zu den Wegbereitern einer Historischen Anthropologie der Antike gehört, zeigt in seinem Beitrag am Beispiel Griechenlands, dass Anthropologie ein historisches Unterfangen ist, das seine Voraussetzungen nicht allein in der Philosophie (Platon, Aristoteles), sondern in der Personauffassung der archaischen und klassischen Zeit hat. Dabei wird u.a. deutlich, dass der rollenkonform agierende Mensch die Freiheit zum Handeln und zur Ausbildung seiner Individualität hatte. Die „Einbindung in die Gemeinschaft gibt den Fortschritten der Individualisierung“, wie Vernant formuliert, aber „ein ganz anderes Gesicht: Sie vollziehen sich im sozialen Rahmen, in dem das allmählich sich herausbildende Individuum nicht als Entsagendes in Erscheinung tritt, sondern als Rechtssubjekt, politischer Akteur, Privatperson in der Familie oder im Kreis der Freunde“[30]. In seinem Beitrag analysiert *J.N. Bremmer*[31] die „Karriere der Seele“ und beschreibt den für die abendländische Geistesgeschichte wichtigen Weg des ψυχή-Begriffs von seinen Anfängen bei Homer über die Vorsokratiker bis zu Platon und der hellenistischen Philosophie. Im antiken Judentum und im Urchristentum gelangte die ψυχή als „Seele der Lebenden“ schließlich ins Vokabular der griechischsprachigen jüdischen Gemeinschaft und danach in den Wortschatz der frühen Christen. Damit war der Weg für die Karriere der „Seele“ in der abendländischen Geistes- und Kulturgeschichte vorgezeichnet.[32]

Wie ist in diesem Zusammenhang der Begriff der Individualität zu sehen? Nach *J. Rüpke* ist Individualität kein Begriff, der sich für die Antike anzubieten scheint. Während in antiken philosophischen Texten über die Natur des Menschen nachgedacht wird und sein „Selbst“ klarere Konturen gewinnt, bestimmen dichte soziale Bezüge und traditionelles Handeln seinen gesellschaftlichen Alltag. Der Autor schlägt einen Weg vor, über die Differenzierung verschiedener Formen von individuellem Verhalten im religiösen Bereich und dessen Reflexion und den Begriff der Individuierung das Zusammenspiel von Individualität und Sozialität zu untersuchen. Dabei ergibt sich die These, dass neue Gottesvorstellungen, Sozialformen von Religion und die Verbreitung bestimmter medialer Praktiken (Inschriften) im Bereich der Religion Spielräume und Anforderungen für die Ausbildung von bestimmten Individualitätsformen schaffen. Diese Entwicklung lässt sich besonders für die römische Kaiserzeit beobachten.

Wie im Alten Testament wird der Mensch nach *H. Lichtenberger*[33] auch in den Texten vom Toten Meer (Qumrantexte) als Einheit gesehen: von Gott wunderbar geschaffen,

---

[29] Zum Ansatz von J.-P. Vernant s. auch *ders.*, Mensch, 7ff, *ders.*, Psychologie historique, 179ff sowie *Humphreys*, Anthropology, 140ff; *Schlesier*, Kulte, 296ff und *Schmitt Pantel / Wittenburg*, Historische Anthropologie, 373ff. Vernant greift bei seinen Überlegungen immer wieder auf die Arbeiten seines Lehrers L. Gernet (1882–1960) zurück, s. dazu auch *di Donato*, L'anthropologie historique, 984ff.

[30] Unten 157.

[31] S. dazu noch *ders.*, Soul, 11ff.

[32] S. dazu auch *Rösel*, Geburt der Seele, 151ff und *ders.*, Kehle, 30ff.

[33] S. dazu ausführlicher *ders.*, Menschenbild.

lebt er jedoch in hinfälliger Niedrigkeit und Vergänglichkeit; zugleich ist er ausgezeichnet durch Gottes Fürsorge, der Befähigung zur Erkenntnis und zum Lobpreis Gottes. Dieser Mensch ist ein Kampfplatz zweier widerstreitender Mächte oder „Geister", die im Menschenherzen um ihn ringen: während der „Geist der Wahrheit" den Menschen zum guten, Gottes Weisung entsprechenden Tun bringen will und ihm dafür ewiges Leben verheißt, will ihn der „Geist des Frevels" zur Sünde bewegen, die in den ewigen Tod führt. Aus diesem Zwiespalt kann der Mensch nur durch „Umkehr" befreit werden, die ihn in die Gemeinschaft der „Söhne des Lichts" führt. Demgegenüber kennt nach *M. Morgenstern* die rabbinische Literatur (Mischna, Talmud, Midraschim) keine explizite Anthropologie. Dennoch hatten die rabbinischen Weisen präzise Vorstellungen von der *conditio humana*, die sie aber immer auf bestimmte Menschen in ihren jeweiligen Situationen bezogen haben. Diese Vorstellungen stehen im Zusammenhang mit einer Konzeption der Körperlichkeit und „Heiligkeit" des Menschen, die mit seiner Geschlechtlichkeit, seiner Natalität und seiner Stellung in der Abfolge der Generationen zu tun hat. Zugleich werden im Licht der Tora zentrale Unterscheidungen wirksam: Mensch und (pränataler) „Noch-Nicht-Mensch", Mann und Frau, Juden und Menschen aus den „Weltvölkern", Sklaven und Freie, „Priester" und gewöhnliche Israeliten, Volljährige und Unmündige sowie Mensch und „Nicht-Mensch". Im Blick auf die rabbinische Vorstellung des Zusammenhanges von Leib und Seele entsteht ein Bild menschlicher „Ganzheit", das an die dichotomischen Konzepte der griechischen Tradition erinnert und zugleich in eigentümlicher Spannung zu ihnen steht.

Ein letzter Durchgang ist dem Menschenbild des Neuen Testaments gewidmet. Kann man, so fragt *K. Neumann*,[34] sagen, dass das Neue Testament in einer „kollektivistischen" Kultur wurzelt, die „kollektivistische Personen" hervorbringt? Oder lässt sich im Gegenteil der „westliche Individualismus" aus der biblischen Auffassung der menschlichen „Person" ableiten? Nach einer kritischen Revision der Rede von „Kollektivismus" und „Individualismus" wird vorgeschlagen, statt von (kollektivistischen) „Kulturen" und „Personen" von „kollektivistischen Diskursen" zu sprechen, die in jeweils kulturspezifischer Weise mit „Individualisierungsdiskursen" korreliert sind. Als ein solcher Individualisierungsdiskurs, der in Beziehung zu kollektivistischen Diskursen steht, wird das Streben nach der Hervorbringung moralischer Subjekte interpretiert, die als „kämpferische" und „wachsame Subjekte" die „Aufsicht", der sie unterliegen, bewusst und willentlich zu einem Teil ihres „Selbst" gemacht haben. Demgegenüber kann man nach *G. Theißen*[35] Menschenbilder danach unterscheiden, welchen Ursachen der Mensch sein Verhalten und Erleben zuschreibt: *Heterodynamisch* schreibt er es externen Faktoren, *autodynamisch* sich selbst zu. *Transformationsdynamisch* differenziert er zeitlich und hofft, durch innere Verwandlung in Zukunft Ursache seines Verhaltens zu werden. *Tiefendynamisch* differenziert er „räumlich": Er erlebt in seinem Inneren in einigen Bereichen Mächte, die sich seiner Erkenntnis und Verfügungsmacht entziehen, in ande-

[34] Zum Ansatz von K. Neumann s. noch *ders.*, Kultur, 35ff, bes. 38ff und *ders.*, Person, 339f.

[35] Zum Ansatz von G. Theißen s. noch *ders.*, Erleben und Verhalten, 49ff.539ff.

ren weiß er sich voll verantwortlich. Der Autor zeigt, dass im biblischen Traditionsbereich das Konzept einer personalen Einheit durch Ausrichtung aller Kräfte im Menschen auf Gott geschichtlich entstand, dass diese Einheit angesichts einer Krise dieser Einheit erneuert werden musste. Das führt im Urchristentum zu einem Nebeneinander mehrerer Menschenbilder: Das Menschenbild des *Matthäus-Evangeliums* ist autodynamisch, das des *Johannes-Evangeliums* heterodynamisch, das des *Paulus* transformativ, enthält aber Ansätze von Tiefendynamik und verbindet sich mit anderen Menschenbildern. Wir finden bei ihm eine Pluralität von Attributionsmustern, und das hat auch einen Grund: Das Leben ist so komplex, dass es mit einem einzigen Menschenbild nicht bewältigt werden kann – auch nicht im Urchristentum.

Zur Abbildung auf dem Cover

Im Jahr 1808 hat J.A.D. Ingres (1780–1867) das Bild *Œdipe et le sphinx* gemalt, das auf eine Urszene der griechischen Mythologie Bezug nimmt und auch auf einer rotfigurigen Schale aus dem 5. Jahrhundert v. Chr. zu sehen ist (s. die folgende Abbildung). Dargestellt ist die Begegnung zwischen Ödipus, dem Sohn des Laios und der Iokaste, und der Sphinx, die die Stadt Theben heimsucht und alle Menschen tötet, die ein von ihr gestell-

Ödipus und die Sphinx, attische Schale (5. Jh. v. Chr.)

tes Rätsel nicht lösen können: Was besitzt *eine* Stimme, vier, zwei und drei Füße und ist umso schwächer, auf je mehr Füßen es geht? Die Lösung lautet: das ist der Mensch.[36] Zur Belohnung erhält Ödipus, der das Rätsel löst, den thebanischen Königsthron und die verwitwete Königin Iokaste, seine Mutter, zur Frau und zeugt mit ihr Kinder.[37] Das auf die drei Lebensphasen Kindheit (Krabbeln auf allen vieren), Erwachsenenalter (Aufrechtstehen auf beiden Füßen) und Greisenalter (als drittes „Bein" ein Stock) bezogene Rätsel vermittelt auf anschauliche Weise eine Vorstellung von der „biographischen" Ganzheit des menschlichen Lebens.

Dank

Das Thema „Der ganze Mensch" wird in diesem Band natürlich nicht erschöpfend, aber in repräsentativen Ausschnitten und fokussiert auf die Anthropologie(n) der Antike dargeboten. Wenn man sich die Fülle der Aspekte vor Augen hält, die mit ihm in Geschichte und Gegenwart verbunden sind,[38] wird das Risiko eines solchen Unterfangens nur allzu deutlich. Die Schwierigkeit besteht ja darin, dass der Formel vom „ganzen Menschen" „kein identifizierbares und eigenes anthropologisches Stoffgebiet"[39] entspricht, sondern diese in zahlreichen Einzelwissenschaften vorkommt, ohne in ihnen – bis auf wenige Ausnahmen – einen systematischen Ort zu haben. Immerhin, darin besteht wohl ihre eigentliche Leistung, verbindet sich mit ihr die „Suche nach dem Beständigen und Verbindenden angesichts einer als widerständig und zerrissen erfahrenen Welt"[40]. Das Konzept des „ganzen Menschen" scheint darum geeignet, Reduktionen bei der Bestimmung des *Humanum* zu überwinden und einen verstärkten Austausch zwischen den – im vorliegenden Fall: historischen und kulturwissenschaftlichen – Fachdisziplinen in Gang zu bringen.

---

[36] Das Rätsel der Sphinx ist sowohl in Prosa als auch in Poesie (Hexameter) überliefert, s. dazu *Henrichs*, Ödipus, 1129 und *Bäbler*, Sphinx, 817f.

[37] S. dazu *Henrichs*, aaO 1129ff.

[38] Last but not least sei darauf hingewiesen, dass der Topos vom „ganzen Menschen" auch im Werk von Marcel Mauss (1872–1950) begegnet und dabei eine „*Interdependenz* von lebendigem Körper, individuellem Bewusstsein und Teilhabe an einer Gesellschaft" meint (*Moebius*, Mauss I, 104). Aufschlussreich ist in diesem Zusammenhang der berühmte Aufsatz *Die Techniken des Körpers* (1934), in dem Mauss davon spricht, dass eine „dreifache Betrachtungsweise, die des ‚totalen Menschen', … notwendig (ist)" (*Mauss*, Techniken des Körpers, 203). Mit der dreifachen Betrachtungsweise sind die drei Bereiche der Biologie, der Psychologie und der Soziologie gemeint, die von Mauss über eine Theorie des Symbolischen aufeinander bezogen werden und miteinander verflochten sind, s. dazu *Moebius*, aaO 104ff und *ders.*, Mauss II, 41ff.

[39] *Rössler*, Mensch, 1106.

[40] *Hubig*, Ganzes – Teil, 854.

Umso mehr danke ich den Autorinnen und Autoren, dass sie sich trotz der beschriebenen Schwierigkeit auf dieses Wagnis eingelassen und ihre Beiträge zur Verfügung gestellt haben. Mein herzlicher Dank gilt aber auch meinen studentischen Hilfskräften Frau *Nina Gschwind*, Frau *Nancy Rahn* und vor allem Frau *Maria Lissek*, die die Hauptlast der aufwändigen Korrektur- und Redaktionsarbeiten getragen und mit großer Umsicht erledigt haben. Dass der Akademie Verlag dieses Buch in sein Programm aufgenommen und zur Publikationsreife gebracht hat, verdanke ich schließlich dem Interesse von Herrn Prof. Dr. *Heiko Hartmann* (Verlagsleitung) sowie der kompetenten Begleitung von Herrn *Manfred Karras* (Lektorat Geschichte). Möge es die neugierigen Leserinnen und Leser finden, die das Thema m.E. verdient.

Literatur

Assmann, J., Zur Geschichte des Herzens im Alten Ägypten, in: *ders.* (Hg.), Die Erfindung des inneren Menschen. Studien zur religiösen Anthropologie, Gütersloh 1993, 81–113

–, Der Eine lebt, wenn der andere ihn geleitet. Altägyptische Konzepte vom konnektiven Leben, in: *H.R. Fischer / G. Weber* (Hg.), Individuum und System (stw 1449), Frankfurt a.M. 1999, 147–161

–, Tod und Jenseits im Alten Ägypten, München 2001

Bäbler, B., Art. Sphinx, DNP 11 (2001) 816–819

Böhme, G., Ethik der leiblichen Existenz. Über unseren moralischen Umgang mit der eigenen Natur (stw 1880), Frankfurt a.M. 2008

Böhme G. / Matussek, P. / Müller, L., Orientierung Kulturwissenschaft. Was sie kann, was sie will, Hamburg 2000

Bremmer, J.N., The Rise of the Unitary Soul and Its Opposition to the Body. From Homer to Socrates, in: *L. Jansen / Chr. Jedan* (Hg.), Philosophische Antropologie in der Antike, Frankfurt a.M. / Paris / Lancaster / New Brunswick 2010, 11–29

Brunner-Traut, E., Frühformen des Erkennens. Am Beispiel Altägyptens, Darmstadt [2]1992

Dietrich, M., Die Dichotomie „Leib“ und „Seele“ in der mesopotamischen Literatur, MARG 20 (2010) 19–36

di Donato, R., L'anthropologie historique de Louis Gernet, Annales 1982, 984–996

Drehsen, V. u.a. (Hg.), Der ‚ganze Mensch‘. Perspektiven lebensgeschichtlicher Individualität (FS D. Rössler), Berlin / New York 1997

Elm, R., Art. Leib / Leiblichkeit, in: *E. Bohlken / Chr. Thies* (Hg.), Handbuch Anthropologie. Der Mensch zwischen Natur, Kultur und Technik, Stuttgart / Weimar 2009, 367–371

Foster, B.R., The Person in Mesopotamian Thought, in: *K. Radner / E. Robson* (ed.), The Oxford Handbook of Cuneiform Culture, Oxford 2011, 117–139

Fuchs, Th., Das Gehirn – ein Beziehungsorgan. Eine phänomenologisch-ökologische Konzeption, Stuttgart [3]2010

Häusl, M., Auf den Leib geschrieben. Körperbilder und -konzepte im Alten Testament, in: *Chr. Frevel* (Hg.), Biblische Anthropologie. Neue Einsichten aus dem Alten Testament (QD 237), Freiburg / Basel / Wien 2010, 134–163

Hastedt, H., Das Leib-Seele-Problem. Zwischen Naturwissenschaft des Geistes und kultureller Eindimensionalität, Frankfurt a.M. 1988

Henrichs, A., Art. Oidipus, DNP 8 (2000) 1129–1132

Hubig, Chr., Art. Ganzes – Teil, in: *P. Kolmer / A.G. Wildfeuer* (Hg.), Neues Handbuch philosophischer Grundbegriffe, Bd. 1, Freiburg / München 2011, 854–865

Humphreys, S.C., Anthropology and the Greeks, London 1978

Jaeggi, R., Art. Entfremdung, in: *E. Bohlken / Chr. Thies* (Hg.), Handbuch Anthropologie. Der Mensch zwischen Natur, Kultur und Technik, Stuttgart / Weimar 2009, 316–320

Janowski, B., Konfliktgespräche mit Gott. Eine Anthropologie der Psalmen, Neukirchen-Vluyn [3]2009

–, Was ist der Mensch? Grundzüge einer biblischen Sicht des Menschen, BiKi 67 (2012) 4–9

–, H.W. Wolff und die alttestamentliche Anthropologie, in: *J.Chr. Gertz / M. Oeming* (Hg.), „Neu aufbrechen, den Menschen zu suchen und zu erkennen". Symposium anlässlich des 100. Geburtstages von Hans Walter Wolff (BThSt), Neukirchen-Vluyn 2012 (im Druck)

–, Die lebendige *næpæš*. Das Alte Testament und die Frage nach der „Seele", in: *B. Janowski / Chr. Schwöbel* (Hg.), Gott – Seele – Welt (Theologie Interdisziplinär), Neukirchen-Vluyn 2013 (im Druck)

Jung, M., Dilthey zur Einführung, Hamburg 1996

Košenina, A., Literarische Anthropologie. Die Neuentdeckung des Menschen, Berlin 2008

Krieg, M., Leiblichkeit im Alten Testament, in: *ders. / Weder, H.*, Leiblichkeit (ThSt[.B] 128), Zürich 1983, 7–29

Lichtenberger, H., Studien zum Menschenbild in Texten der Qumrangemeinde (StUNT 15), Göttingen 1980

Marcuse, H., Der eindimensionale Mensch. Studien zur Ideologie der fortgeschrittenen Industriegesellschaft, Neuwied / Berlin 1967

Mauss, M., Die Techniken des Körpers, in: *ders.*, Soziologie und Anthropologie 2, München 1975, 197–220

Moebius, St., Marcel Mauss, Konstanz 2006 (Mauss I)

–, Marcel Mauss, in: *E. Bohlken / Chr. Thies* (Hg.), Handbuch Anthropologie. Der Mensch zwischen Natur, Kultur und Technik, Stuttgart / Weimar 2009, 39–44 (Mauss II)

Neumann, K., Art. Kultur und Mentalität, HGANT 35–42

– , Art. Person, HGANT 339f

Rösel, M., Die Geburt der Seele in der Übersetzung. Von der hebräischen *näfäsch* über die *psyche* der LXX zur deutschen Seele, in: *A. Wagner* (Hg.), Anthropologische Aufbrüche. Alttestamentliche und interdisziplinäre Zugänge zur historischen Anthropologie (FRLANT 232), Göttingen 2009, 151–170

–, Von der Kehle zur Seele. Neue Akzente im Menschenbild der Septuaginta, BiKi 67 (2012) 30–35

Rössler, D., Art. Mensch, ganzer, HWP 5 (1980) 1106–1111

–, Akzeptierte Abhängigkeit. Gesammelte Aufsätze zur Ethik, Tübingen 2011

Rössner, H. (Hg.), Der ganze Mensch. Aspekte einer pragmatischen Anthropologie (dtv 4447), München 1986

Rosa, H., Is There Anybody Out There? Stumme und resonante Weltbeziehungen – Charles Taylors monomanischer Analysefokus, in: *M. Kühnlein / M. Lutz-Bachmann* (Hg.), Unerfüllte Moderne? Neue Perspektiven auf das Werk von Charles Taylor (stw 2018), Berlin 2011, 15–43

Schiller, F., Sämtliche Werke 5. Band, hg. von *G. Fricke* und *H.G. Göpfert*, München [4]1967

Schlesier, R., Kulte, Mythen und Gelehrte. Anthropologie der Antike seit 1800 (Fischer Taschenbuch 11924), Frankfurt a.M. 1994

Schmitt, R., Perspektiven einer Anthropologie des Alten Testaments, MARG 20 (2010) 177–215

Schmitt Pantel, P. / Wittenburg, A., Historische Anthropologie und Alte Geschichte in Frankreich. Zum Tode von J.-P. Vernant und P. Vidal-Naquet, Historische Anthropologie 15 (2007) 372–394

Schroer, S. / Zimmermann, R., Art. Mensch / Menschsein, in: *Crüsemann* u.a. (Hg.), Sozialgeschichtliches Wörterbuch zur Bibel, Gütersloh 2009, 368–376

Stadler, M.A., Weiser und Wesir. Studien zu Vorkommen, Rolle und Wesen des Gottes Thot im ägyptischen Totenbuch (ORA 1), Tübingen 2009

Steinert, U., Aspekte des Menschseins im Alten Mesopotamien. Eine Studie zu Person und Identität im 2. und 1. Jt. v. Chr. (CM 44), Leiden / Boston 2012

Streck, M.P., Person, RlA 10 (2004) 429–431

Sturma, D., Art. Person, in: *P. Kolmer / A.G. Wildfeuer* (Hg.), Neues Handbuch philosophischer Grundbegriffe, Bd. 1, Freiburg / München 2011, 1728–1738

Tanner, J., Historische Anthropologie zur Einführung, Hamburg 2004

Taylor, Ch., Quellen des Selbst. Die Entstehung der neuzeitlichen Identität, Frankfurt a.M. 1994

–, Ein säkulares Zeitalter, Frankfurt a.M. 2009

Theißen, G., Erleben und Verhalten der ersten Christen. Eine Psychologie des Urchristentums, Gütersloh 2007

Vernant, J.-P., Der Mensch des antiken Griechenland, in: *ders.* (Hg.), Der Mensch der griechischen Antike, Frankfurt a.M. 1993, 7–30

– , De la psychologie historique à une anthropologie de la Grèce antique, in: *ders.*, Passé et présent. Contributions à une psychologie historique, t.I, Roma 1995, 179–190

di Vito, R.A., Art. Anthropology II, EBR 2 (2009) 117–126

Wagner, A., Wider die Reduktion des Lebendigen. Über das Verhältnis der sog. anthropologischen Grundbegriffe und die Unmöglichkeit, mit ihnen die alttestamentliche Menschenvorstellung zu erfassen, in: *ders.* (Hg.), Anthropologische Aufbrüche. Alttestamentliche und interdisziplinäre Zugänge zur historischen Anthropologie (FRLANT 232), Göttingen 2009, 183–199

–, Gottes Körper. Zur alttestamentlichen Vorstellung der Menschengestaltigkeit Gottes, Gütersloh 2010

Wiesenhütter, E., Sinne – Hand – Handlung, in: *H. Wichmann*, Der Mensch ohne Hand oder die Zerstörung der menschlichen Ganzheit. Ein Symposion (dtv 1422), München 1979, 29–44

Ägypten

Emma Brunner-Traut

Der menschliche Körper – eine Gliederpuppe

Sollte die Behauptung, ägyptisches Erkennen sei ein aspektivisches Erkennen,[1] richtig sein, so müsste sich diese These auch für die ägyptische Vorstellung vom menschlichen Körper bewahrheiten. Da in aspektivischer Sicht ein differenzierter Gegenstand primär nicht als Einheit erkannt, vielmehr sukzessiv erfasst worden ist, d.h. als ein Nebeneinander seiner vergleichsweise selbständigen Teile, dürfte der menschliche Körper nicht als Organismus, vielmehr als ein Kompositum seiner Glieder verstanden worden sein.

Zu Beginn sei die Rangstreitfabel vom Kopf und dem Bauch ins Auge gefasst, die sich nachmals als Aggrippalegende die literarische Welt erobert hat.[2] Auch wenn der Schluss des Textes verloren ist, so lässt das Erhaltene unmissverständlich erkennen, dass Kopf und Bauch um die Vorrangstellung streiten und um weiter nichts. Indem sie gegeneinander auftreten, behaupten sie sich wie zwei selbständige Wesen. Die Selbständigkeit des Kopfes geht soweit, dass er selbst einen Bauch besitzt mit Armen und dazu ein Herz. Mehr wissen wir nicht. Der Streit ist ein Streit um hierarchische Ordnung, ohne die Abhängigkeit der Körperteile voneinander zu berühren, jedenfalls im erhaltenen Teil. Ob dem Text eine Naturlehre zugrunde liegt oder ein theologisches System, ist für die vorliegende Frage belanglos, behaltenswert nur, dass die einzelnen Glieder als selbständige Handlungsträger auftreten – wie bei den Ägyptern in aller geistesverwandten Welt.[3]

Anders aber in der Antike. Nicht erst von Menenius Agrippa (um 494 v. Chr., Livius, Ab urbe condita II 32) an, der sie als Lehrbeispiel zur Vermittlung zwischen Patriziern und Plebejern verwendet, schon bei Äsop findet sich diese – später in nicht mehr überschaubarer Zahl verbreitete – Rangstreitfabel als „Streit zwischen dem Magen und den Füßen" (Fabel Nr. 132 Hsr.).[4] Bei ihrer Fassung fällt auf, dass die beiden Körperteile nunmehr ihre Abhängigkeit voneinander erkennen und sich damit als organisch zusammengehörig verstehen.

---

[1] Zur Apsektive vgl. das Nachwort zu *Schäfer,* Kunst, Wiesbaden [4]1963 und *Brunner-Traut*, Aspektive, 474ff. Eine umfassende Arbeit über den Gesamtkomplex der Phänomene soll demnächst erscheinen.

[2] Übers. von *Brunner-Traut*, Märchen, Nr. 18 mit Literatur und Bemerkungen. Neue Umschrift von *López,* Ostraca Ieratici, Nr. 58004, Taf. 184a.

[3] Zur Verbreitung der Fabel vgl. *Gombel,* Fabel.

[4] Vgl. dazu auch *Plutarch*, Vita Coriolani 6.

Dieses Verständnis von organischer Einheit wird deutlicher noch bei Paulus (1. Korinther 12,12), welcher Text zwar der Antike verpflichtet ist, aber den in der Achsenzeit (Jaspers) veränderten Geist noch expliziter zum Ausdruck bringt als die griechisch-lateinische Fassung. Im Gleichnis vom Menschenleib heißt es: „Denn gleichwie ein Leib (σῶμα) ist und hat doch viele Glieder (μέλη), alle Glieder aber des Leibes, wiewohl ihrer viele sind, und doch ein Leib sind, also auch Christus ..." und (am Ende des Gleichnisses, 12,26): „Und so ein Glied leidet, so leiden alle Glieder mit; und so ein Glied wird herrlich gehalten, so freuen sich alle Glieder mit". Hier ist der Leib (= Körper) ein Organismus, in dem sämtliche Glieder als voneinander abhängig erklärt werden. Der Schritt zur Gesamtschau ist getan.[5] Die frühe hierarchische Vorstellung von einem stockwerkartigen Aufbau ist der Erkenntnis nicht nur der gegenseitigen, sondern der allseitigen Beziehungen gewichen.

Die ägyptische Vorstellung vom Körper als einem Kompositum von selbständigen Gliedern leuchtet bereits aus dem Vokabular auf. Neben einigen Modalbezeichnungen[6] stehen für „Körper" der Plural *ˁwt* (Glieder) und *ḥˁwt* (sing. Rumpf). Diese beiden Ausdrücke lassen den Körper als eine Summe von Teilen erkennen, wie sie bei der Leiche auseinanderfallen können, wie sie bei der Mumifizierung zusammengehalten werden sollen und wie sie bereits „im Ei zusammengefügt" worden sind.

Die einzelnen Teile müssen sich nicht notwendig decken mit den einzelnen Organen oder anatomisch ausgrenzbaren Gliedern, sie können sich auch über Körperbezirke erstrecken, die – etwa bei einer entzündeten Hautpartie[7] – lediglich visuell ein Teilstück bilden. Der Körper wird demnach auch nach Ausweis des Vokabulars nicht etwa als Organismus verstanden, selbst wenn das Herz vielfach als eine Art Zentrum gesehen worden ist, von dem außer Gedanken und Gefühlen auch die Gefäße ausgehen. Der Körper wird aus einer Anzahl von Teilstücken zusammengesetzt, „verknotet, zusammengeknüpft", er ist das, was wir eine „Gliederpuppe" nennen.

Keineswegs sind zum Leben sämtliche Teilstücke vonnöten. Bei der Balsamierung, die ja als Voraussetzung jenseitiger Existenz galt, konnte man auf das auch sonst ignorierte

---

[5] Theologisch durchreflektiert von *Bultmann*, Glauben, 166.

[6] Neben dem vom Leib (Bauch, Rumpf) auf den ganzen Körper ausgedehnten Begriff *ẖ.t* – beispielsweise in unserem heutigen Sprachgebrauch „leibliches Wohl" oder „Leib und Seele" umfasst „Leib" den ganzen Körper – und *ḏ.t* für den Körper als „Person" (so schon *Grapow*, Anatomie, 17 Anm. 1) des Menschen „Selbst", das „Individuum", sowie *jwf*, das mir am besten wiedergegeben zu werden scheint mit „Figur", „Wuchs", (sichtbare) „Gestalt" – auch für Re im Gegensatz zu seiner Erscheinung in den Strahlen oder zu abstrakter Wendung. Zu *jwf* ausführlich bei *Blersch*, Das aspcktivische Denken, 14 Anm. 7; *Hornung*, Amduat, 21. Dem *jwf* ist im Sinne von Wuchs, Figur griechisch δέμας zu vergleichen.

[7] Dazu hat der Medizin(historik)er H.G. Blersch, der bei der 4. Aufl. von H. Schäfers in Anm. 1 genanntem Werk Korrektur gelesen und sich, dadurch angeregt, mit der Frage nach der Aspektive in der altägyptischen Medizin beschäftigt hat, eine erste Untersuchung angestellt: *Blersch*, Das aspektivische Denken, 1ff.

Gehirn verzichten,[8] ebenso auf die Nieren, die auch beim lebenden Menschen nie recht in den Blick kamen. Schwerer wiegt die Tatsache, dass die mumifizierten Organe in Kanopenkrügen außerhalb des Körpers beigesetzt wurden, und das im Unterschied zu den der Mumie beigefügten Amuletten, deren Position am Körper exakt festgelegt war, und nicht einmal im Körper selbst den Anruf zur Auferstehung vernehmen konnten. Die gemeinsame Verpackung der Organe des Bauchinneren verdanken ihr Beieinander ihrem topographischen Zusammenhang und nicht etwa einer funktionellen Einheit.

Bemerkenswert ist ferner die große Zahl (mehr als 200) von Namen für die vergleichsweise geringe Zahl an damals erkannten Organen des menschlichen Körpers.[9] Wie H.G. Blersch herausgearbeitet hat, ändern sich die Bezeichnungen der Organe gemäß dem Aspekt, unter dem sie (medizinisch) betrachtet werden. Das Kopfzerbrechen über die „Synonyme" oder den sprachhistorischen Wechsel der Bezeichnungen der Organe vereinfacht sich häufig zu der schlichten Erkenntnis, dass das gleiche Organ je nach medizinischer Fragestellung verschieden bezeichnet wird. Nicht anders lehrt es die Flachkunst. Je nach Gesichtspunkt verändert sich – um bei dem geläufigen Beispiel des Waschgeschirrs zu bleiben – seine Darstellung:[10] Krug innerhalb der Schüssel, verdeckter Teil unsichtbar; Krug innerhalb der Schüssel, voll sichtbar, Schüsselrand fehlt; Krug „auf" der Schüssel stehend; Krug innerhalb der Schüssel, beide Teile der Garnitur voll sichtbar.

Für die zeichnerische Wiedergabe der inneren Organe in der Flachkunst ist der Ägyptologe angewiesen auf die Determinative ihrer Vokabeln. Nicht anders als in der großen Kunst zeigen sie den „hieroglyphisch"-vereinfachten – meist von der Natur stark abweichenden – Umriss ihrer Gestalt, oft in Verbindung mit Anhängseln ihrer Umgebung; oft ist auch der Körperteil (Kopf, Bein), in oder an dem sich die Organe befinden, hinzugesetzt.[11] In der Flachkunst hat ein Bildgegenstand bekanntlich ebenso eine Bindung zur unmittelbaren Nachbarschaft, doch nicht notwendig zum Ganzen: Ein Baum steht senkrecht auf der Standlinie, aber nicht notwendig „im Raum". Nur eine handhabbare Teilgröße wird begriffen. Schließlich sei beachtet, dass in der Schreibung die Determinative zu den inneren menschlichen Körperteilen und Organen nicht menschliche Organe und Körperteile wiedergeben, vielmehr solche von Tieren, wie Zunge, Herz, Lunge u.a., häufig auch das Ohr.[12]

Fazit: Dass der Körper eine anatomisch-physiologische Funktionseinheit darstellt, dass die Organe gegenseitig voneinander abhängen, liegt weit abseits von ägyptischer Vorstellung. Und nicht minder weit davon, dass Leben ein Prozess ist, der in der Zeit abläuft. Leben als Vorgang war den Ägyptern kein Thema. So auch werden in der Kunst Kindheit, Mannesalter und Greis als die markanten Lebensstadien wie ein Aggregat-

---

8 Erst um 500 v. Chr. kam, bezeichnenderweise bei Griechen wie Alkmaion von Kroton, die Vorstellung vom Gehirn als einem zentralen Organ auf, das sie zuvor im Zwerchfall sahen.

9 Zu den Organen s. *Lacau*, Noms und *Lefebvre*, Tableau, dazu *Grapow*, Anatomie, 13.

10 Vgl. *Schäfer*, Kunst, 150 Abb. 93.

11 Vgl. die geläufigen Zeichen bei *Gardiner*, Grammar, Zeichenliste F 32–49.

12 Genauer bei *Grapow*, Anatomie, 13, vgl. oben Anm. 6.

zustand wiedergegeben, in dem eine Lebensspanne zusammengeschossen ist. Selbst der Tod galt als eine extreme Daseinsform, die ihrerseits von der jenseitigen Existenzweise sprunghaft abgelöst wird.

Diesem Aussparen des Transitorischen – um es einmal negativ auszudrücken – entspricht es, dass auch Krankheit nicht als ein Prozess verstanden wird, sondern als ein ruckartig veränderter Zustand. Der Patient wird dementsprechend durch Behandlung „sofort" gesund. Etwaige präzise Zwischenstadien werden ohne zeitliche Beziehung als selbständige Bilder gesehen. So stehen verschiedene Seinsformen am Weg des Lebens wie Kostüme bereit, in die der Mensch nacheinander hinein steigt. Das übergangslose Nebeneinander entspricht dem harten Beieinander „verschiedener Ansichten" in der Flachkunst.

Ein aus vielen Teilen zusammengeknoteter Körper wird folgerichtig auch therapeutisch-prophylaktisch Stück um Stück versorgt. Dass für die Therapie generelle Behandlungsanweisungen fehlen, bezeugt die gleiche Geisteshaltung innerhalb der medizinischen Lehre. Aus den zahllosen medizinischen Anweisungen und magischen Praktiken sei der modellhafte Zauberspruch für ein Kind herausgegriffen, dessen potentielle Krankheit „aus allen Gliedern" zu vertreiben ist, vom Scheitel bis zu den Fußknöcheln.[13] Nicht weniger als 36 Teile (zwei davon sind im Text zerstört), dabei derart detaillierte wie eine Augenbraue, werden – nachdem der Schützling wie üblich mit einer Gottheit in analogen Zusammenhang gebracht ist, in diesem Fall wie beinahe stets mit Horus – nacheinander mit Göttern geglichen. Die einzelnen Glieder werden dabei wie fast durchweg in verwandten Texten[14] in der Reihenfolge von oben nach unten aufgerufen: der Kopf mit seinen Teilen, Nacken, Brust und Arme mit Fingern, der Leib und schließlich Beine und Füße.[15] Die Verbindung der Glieder mit Gottheiten ist bei dieser „Gliedervergottung" nicht kanonisiert, eher durch Wortspiele und Assoziationen bestimmt.[16]

Ein solcher Text soll keineswegs, wie immer wieder behauptet, durch die gliedweise Behandlung den „Schutz des Leibes vervielfachen", vielmehr bemüht er sich, das Kompositum Mensch vollständig zu erfassen. So vorzüglich die Ägypter im Einzelnen beobachtet haben, ihre Betrachtung der einzelnen Glieder führte (in der Medizin) über eine hohe Spezialisierung schließlich zur Erstarrung und nicht zum Verständnis des Organismus. Diese Zusammenschau erfolgte – wie könnte es anders sein – am Umbruch

---

13 Vgl. *Erman*, Zaubersprüche, 15ff.

14 Vgl. *ders.*, Zauberpapyrus, 119ff; *Sander-Hansen,* Metternichstele, 13f; Pyr. Spr. 311; Tb. Spr. 42; pTurin 125, 5ff; *Hornung,* Anbetung des Re I, 208ff. Einen guten Überblick über die „Gliedertexte" bietet die sorgfältige Dissertation von *F.A.-M. Ghattas*, Das Buch *Mk.t ḥʿw*, vgl. dazu die Literaturangaben von *Altenmüller*, Gliedervergottung, 627, s. auch unten Anm. 18.

15 Ausnahmsweise von den Füßen zum Kopf im pLeiden 343 vso 7,10ff (= *Massart*, Magical Papyrus).

16 Gliederpaare, wie Arme und Beine, werden gern Götterpaaren zugestellt, wie Schu und Tefnut; in ihrer Vierheit bringt man sie zusammen mit den vier Horussöhnen: Pyr. § 148, vgl. dagegen unten bei Anm. 31.

der Zeiten, und dies durch Hippokrates.[17] Er hat eine Krankheit als Prozess verstanden, durch den die normalen Körperfunktionen gestört sind. Der Grieche hat Anatomie und Physiologie in ihrem Funktionszusammenhang erkannt und hat Krankheit als zeitlichen Vorgang entdeckt. Die moderne Medizin ist durch ihre Spezialisierung auf dem besten Wege, die Ägypter, auf neuem Niveau, wieder einzuholen.[18]

Die „Gliedervergottung" ist Bestandteil sowohl medizinisch-magischer wie apotropäisch-protektiver Texte bzw. Praktiken, für Gesunde, Kranke, Verstorbene auf allerlei Anwendungsgebieten. Doch ihr Anlass und Zweck sind für vorliegenden Artikel belanglos, entscheidend allein ist hier, dass in diesen Texten der Körper als Addition seiner Teile gesehen ist und nicht als ein Organismus mit allseitig voneinander abhängigen Gliedern. Diese Ansicht hat der Ägypter ab ovo vertreten, wie anschließend erörtert sei.

Nach Ausspruch der Isis ist des Osiris Same „im Innern ihres Leibes" (*ẖ.t*), und sie hat ihn „zusammengefügt zur Gestalt eines Gottes (Horus) im Ei" (Uterus).[19] Auch Amun-Re in seinem Aspekt als Schöpfergott Chnum hat „den Samen der Götter geknüpft", hat „das Zwillingspaar" Schu und Tefnut „mit seinem Speichel erzeugt".[20] Schon in den Pyramidentexten verdankt der König seine Entstehung dem *ṯs* so gut wie dem *ḫpr*,[21] und um ihn wiedererstehen zu lassen, wird „sein Kopf an seine Knochen (u.ä.) geknüpft".[22]

Ṯs-knüpfen, knoten ist ein Schlüsselwort für die Vorstellung des „zusammengefügten" Menschen. Der homerische Mensch, also auch einer aus der aspektivischen Periode, aber aus Griechenland, hat anstelle der „Knoten" zwischen den „Gliedern mit starken Muskeln" (μέλεα καὶ γυῖα), „Gelenke".[23] Der Grieche bekundet schon in archaischer Zeit ein auffallendes Interesse an der Dynamis des Menschen, an seiner Bewegung, an seinen flinken Beinen und an den Scharnieren der Knie, wie er auch in gleichzeitiger Rundplastik eine Spannung der Figur erkennen lässt, die das Gebilde nahezu sprengt,

---

17 Zur gleichen Zeit hat *Platon* (Phaidon 96b) das Gehirn als Organ der Sinneswahrnehmungen verstanden.

18 Dem erörterten Zaubertext ließe sich mühelos eine große Zahl weiterer Beispiele von „Zergliederung" anfügen (einem „Zergliedern" würde eine Einheit vorausgehen, daher muss dieser Ausdruck abgewiesen werden), so die von *I.E.S. Edwards* bearbeitete Gruppe der Schutzdekrete, die man in der 22. Dyn. Kindern in einer Kapsel um den Hals hängte: pHier. BM, T 2 rto., 117f., T 1 vso 43–107 und T 2 vso 68–73. – Seit der Pyramidenzeit die Auferstehungstexte für den verstorbenen König (Pyr. § 148aff, Pyr. Spr. 539, § 1308a, in welchem Spruch sogar der Kinnbart vergottet wird). – CT Spruch 761, Tb Spr. 42, Spr. 172, pRhind I, 3, 3.5, Mar. Dend. IV 36. Körperteile (mit Eingeweiden!) der Himmelsgöttin: Cenotaph of Seti I, Taf. 82, Text S. 76. (Sonnenuhr) oder die des Götterfeindes (Urk VI 79-85), s. auch oben Anm. 14.

19 Coffin Text II 212b.

20 pBerlin 3049, 17,5 = Hier. Pap. II, Taf 24 (22. Dyn.).

21 Pyr. 1966d.

22 Vgl. *Erman / Grapow*, Ṯs, 397, 15–19. – Im Übrigen vgl. zum Thema „Zerstückelung" bzw. „Vergottung" u.a.: *Ranke*, Vergottung, 558ff; *Dawson*, Notes, 26ff; *Massart*, Des „Lists", 227ff; *Altenmüller*, Synkretismus, 250ff; zum Fortleben in der Astronomie vgl. *Neugebauer*, Melotheisia, 270ff.

23 *Snell*, Entdeckung, 22.

während der Ägypter bei einer rundplastischen Darstellung des Menschen, der in Haltung und Stellung der archaisch-griechischen vollkommen gleicht, die statische Ruhe, das absolute Sosein artikuliert.

Die sukzessive Erfassung des menschlichen Körpers hat ihren erfreulichsten Ausdruck gefunden im Beschreibungslied der Liebeslyrik.[24] Die Erscheinung der Geliebten wird in lockerer Folge Teil um Teil ob ihrer Vollkommenheit gepriesen: adjektivische Attribute oder Vergleiche rühmen ihre Eigenschaften. Ohne seelische Anteilnahme und zunächst auch ohne feste Koppelung zwischen Glied und Sprachbild ersteht die Geliebte von Kopf bis Fuß vor den Augen des Hörers oder Lesers entlang der additiven Aufreihung der Lobsprüche über die bis zu drei Dutzend Körperteile. Dass die Zahlen mit Symbolgehalt, wie die 9 und in den späten nüchternen Listen die 12, an Vorrang gewinnen, steht der Denkweise der Zeit wohl an. Auf die 12 schließlich kanonisch festgelegt, wurden sie danach den Zeichen des Tierkreises beigegeben und sind schließlich in die mittelalterlichen Kalenderillustrationen eingegangen.

Wenn Ägypten auch das Beschreibungslied am klarsten ausgeformt hat, so fehlt die Gattung jedoch nicht ganz in der gleichzeitigen Umwelt, die sich unzweifelhaft allein auf Grund gleicher (aspektivischer) Erfassung eines Ganzen aus dessen Teilen auf den Typus des Beschreibungsliedes einlassen konnte. So der akkadische Hymnus auf Ninurta,[25] in dem die Glieder dieses Gottes vom „Antlitz“ bis zu den „Beinen“ verschiedenen Gottheiten gleichgesetzt werden.[26]

Dem Ägyptischen geistesverwandt sind weiter die vergleichbaren Teile des Hoheliedes[27] und das altarabische Nasîb, dem das jüngere (arabische) *ghazal* entspricht – und das in Goethes Ghazel „In tausend Formen magst du dich verstecken“ aus dem west-östlichen Divan wohl seine nicht unverdientermaßen berühmteste Nachblüte verdankt – und auch, literarisch eingebunden, die Lieder Anakreons.[28] Dass Spätantike und Mittelalter, in deren Bildkunst die Perspektive nur noch nachglimmt, das Beschreibungslied, wenn auch für Aussagen mystischer Minne, weiterhin verwenden, kann keinen verwundern, dem das Verhältnis jener Epochen zur Aspektive bewusst ist. Auf der unterschwellig jederzeit vorhandenen Möglichkeit aspektivischen Erkennens kann sich das Beschreibungslied ebenso entfalten wie die „naive Malerei“. Der Liebe europäischer Volkspoesie zum Beschreibungslied hat bekanntlich Shakespeare durch sein 130. (Spott-)Sonett endgültig den Garaus gemacht.[29]

Es ist hier nicht der Ort, die poetische Form des Beschreibungsliedes zu untersuchen und es als den Gegensatz zu Goethes dynamischen Ghazel zu erklären: Trotz Anlehnung des Weimarers an die persische Litanei der „grenzenlosen Gedichte“ steigert sich

---

[24] Vgl. *Hermann*, Liebesdichtung, 124ff.

[25] Zu Mesopotamien vgl. *Ebeling*, Quellen, 47ff; *Falkenstein*, Hymnen, 258f, s. auch *Hermann*, Altorientalisches Beschreibungslied, 176ff.

[26] Vgl. *Ebeling*, Assur, 45f, s. auch *Keel*, Tauben, 28.

[27] Vgl. *Keel*, aaO 31ff.

[28] Vgl. *Hermann*, Altorientalisches Beschreibungslied, 129ff Anm. 24.

[29] Wiedergegeben bei *Hermann*, aaO 133.

die Gleichniskette nach spiraligem Aufsteigen, durch Raffung, Synkope, Modifikation – nicht zu einem Ende, aber zu einem Schluss, einer schließlich Anrede des Allerhöchsten. „Ein deutsches Herz … mit eignem Feuer“ hat anders gedichtet.

Die Würdigung der Glieder als selbständige Größen erweisen ähnlich die kultischen Beschreibungslieder; hier möge es genügen, auf die hymnische Spezies der wohl auf archaisches Königszeremoniell zurückgehenden Morgenlieder hinzuweisen. Zur morgendlichen Begrüßung der Gottheit wird darin die Vielheit der göttlichen Aspekte durch Namen und Epitheta rühmend umschrieben, besonders im Kult für Hathor von Dendara und für Horus von Edfu, deren Körperteile vom Kopf bis zu den Zehen „erwachen, um Freude zu bereiten“[30]. Ein ungewöhnliches Beispiel einer Gliedervergottung bietet die Sonnenlitanei, der J. Assmann mit viel Scharfsinn eine Gemeinschaftskonzeption entwunden hat, wie sie für die Entstehungszeit des Textes als einer Epoche des Vorstoßes in Richtung „Perspektive“ nicht überraschen würde.[31]

An ganz anderer Stelle soll endlich nochmals die gliedweise Erfassung des Körpers verdeutlicht werden: bei den so genannten Mischgestalten, bei denen die Teile des Körpers von Mensch und Tier zusammengefügt erscheinen; so bei Sphinx, Greif, Ba-Vogel, Höllentier, bei den tierköpfigen Gottheiten, den göttlichen Gestalten der so genannten mythologischen Papyri und den zahllosen „Dämonen“ der Unterwelt. Zwar ist die Zusammenfügung der verschiedenen Wesensteile derart elegant und überzeugend gelöst, dass man – ist man erst mit ihnen ausreichend umgegangen – die realiter unmögliche Gestalt solcher Kompositionen überhaupt nicht mehr seltsam findet, doch im Sinne anatomisch-physiologischer Lebewesen sind sie eine einzige Provokation (als welche sie bezeichnenderweise Goethe auch empfunden hat). Aber die kompositären Teile wollen nicht anders denn als Zeichen für sprachlich nur schwer formulierbare theologische Aussagen verstanden sein und erheben in ihrer Vereinigung keinen Anspruch auf reale Existenz.[32]

Unter den Kompositwesen zu höchstem Aussagewert gesteigert erscheint der omnipotente Gott, dessen Gestalt eine Vielzahl von Köpfen und Gliedmaßen vereinigt.[33] Köpfe von Löwe, Schlange Schakal, Widder, Falke u.a. erheben sich über dem Kopf meist eines Bes, dessen menschlicher Körper mit mehreren Flügelpaaren und Krokodilschwanz ausgestattet ist und an dessen Knien und Füßen Schlangen und weitere Tierköpfe hervortreten. Außer in Vignetten erscheinen sie rundplastisch als Bronzefiguren[34] mit einzeln verbildlichten, gläubig zu verehrenden und im Zauber zu beschwörenden Eigenschaften,

---

30 Morgenlied: Dendara I, 9, Z. 8ff, Taf. 46 und 8, Z 7ff; Paralleltexte in Edfou I, 5 und 8; *Blackman / Fairman*, Group of Texts, 397ff; *Barucq*, L'Expression de la louange divine, 86ff.

31 Sonnenlitanei: *Hornung*, Anbetung des Re, 208ff, dazu *Assmann*, Liturgische Lieder, 348f; zur „Ausnahmesituation“ demnächst (s. Anm. 1).

32 Vgl. *Kákosy*, Mischgestalt, 145ff.

33 Vgl. *Sauneron*, Le Papyrus magique, mit zwei Vignetten, dort weitere Literatur. Dazu Rs. der Metternichstele, z.B. in: *Bonner,* Magical Amulets, Taf 24, Abb. 6, 158; *Bissing,* Pantheiistische Besfiguren, 130ff mit weiteren Beispielen.

34 Vgl. *Roeder*, Pantheon Kassel, 57ff.

welche die Machtfülle einer Gottheit sichtbar demonstrieren. Diese pantheistischen Gottheiten, Amun-Re, Harmerti oder auch Haroëris genannt, wollen die synkretistischen Vorstellungen der späten Zeit einfangen.

Solche Kompositgebilde, deren Ganzheit sich aus der Summe ihrer Wesens-Aspekte ergibt, haben darstellerische Vergleiche im Mittelalter, und sie kehren in der Bildkunst seit dem Expressionismus – man denke an Dalí – auf neuer Bewusstseinsebene wieder.

Aus dem Gesagten ergibt sich, dass die Ägypter den Körper nacheinander, Glied um Glied, erfasst haben, während sich deren Eins sein erst im klassischen Griechenland als etwas Wesentliches vorschiebt. Das ausgrenzende Sehen ist noch weniger Ausdruck einer Stilisierung als die Glieder „Teile der göttlichen Welt einer Mythe“[35].

Mag es uns zunächst auch befremden, dass das Ägyptische keine Bezeichnung gehabt haben sollte für Körper in dem uns gewohnten Sinne, d.h. dass es ihn primär nicht als substantiell geschlossene Einheit mit funktionell allseitig zusammenhängenden Gliedern aufgefasst hat, so mag man weniger irritiert sein, wenn man bedenkt, dass auch „der homerische Mensch“ noch kein σῶμα hatte, vielmehr wie die Ägypter γυῖα und μέλεα, also „Glieder“. Die Einheit als etwas Wesentliches war auch den frühen Griechen noch verdeckt, ja, genau genommen, kennt Homer sogar nicht einmal Wörter für Arm und Bein, sondern nur für deren Teilstücke Oberarm, Unterarm, Hand und entsprechend Oberschenkel, Unterschenkel, Fuß (und Gelenke!).[36]

Wer das „noch nicht“ bei den Alten Ägyptern schlecht verträgt, mag sich daran aufrichten, dass das ägyptische Verhältnis zum Konkret-Sinnlichen eine Fülle von modalen Aspekten geschaffen hat, wie wir sie heute nur noch in Träumen erfahren. Davon zeugt in vorliegendem Zusammenhang die erwähnte große Anzahl der Organ-Bezeichnungen bzw. -vorstellungen. Für die organisch-einheitliche Zusammenschau seit der Renaissance haben wir aufs Ganze einen nicht geringen Preis gezahlt.

Literatur

Altenmüller, B., Synkretismus in den Sargtexten, Wiesbaden 1975

Altenmüller, H., Art. Gliedervergottung, LÄ 2 (1977) 624–627

Assmann, J., Liturgische Lieder an den Sonnengott, Berlin 1969

Barucq, A., L'Expression de la louange divine et de la prière dans la Bible et en Égypte (BdE 33), Kairo 1962

Bissing, W. v., Zur Deutung der „pantheistischen Besfiguren“, ZÄS 75 (1939) 130–132

Blackman, A. / Fairman, H.W., A Group of Texts inscribed on the Facade of the Sanctuary in the Temple of Horus at Edfou, Vatican 1941, 397–428

Blersch, H.G., Das aspektivische Denken in der altägyptischen Medizin (Sudhoffs Archiv 56), Wiesbaden 1972

Bonner, C., Studies in Magical Amulets, Michigan 1950

Brunner-Traut, E., Altägyptische Märchen, Düsseldorf / Köln 1963

---

[35] *Ghattas*, *Mk. tḥʿw*, 10 Anm. 14.

[36] Vgl. *Snell*, Entdeckung, 22 Anm. 1.

–, Art. Aspektive, LÄ 1 (1975) 474–488
Bultmann, R., Glauben und Verstehen 1, Tübingen 1933
Dawson, W.R., Notes on Egyptian Magic, Aegyptus 11 (1931) 23–29
Ebeling, E., Aus den Keilschriften aus Assur religiösen Inhalts, MDOG 58 (1917) 22–50
–, Quellen zur Kenntnis der babylonischen Religion (MVAG 23,1), Leipzig / Berlin 1918
Erman, A., Der Zauberpapyrus des Vatikan, ZÄS 31 (1893) 119–128
–, Zaubersprüche für Mutter und Kind. Aus dem Papyrus 3027 des Berliner Museums (APAW 1), Berlin 1901
– / *Grapow, H.*, Ṯs, Wb. 5 (1971) 396–409
Falkenstein, A. u.a., Sumerische und Akkadische Hymnen und Gebete, Zürich 1953
Gardiner, A.H., Egyptian grammar. Being an introduction to the study of hieroglyphs, Oxford [3]1988
Ghattas, F.A.-M., Das Buch *Mk. tḥʿw* „Schutz des Leibes“, Göttingen 1968
Gombel, H., Die Fabel ‚vom Magen und den Gliedern‘ in der Weltliteratur (ZRP 80), Halle / Saale 1934
Grapow, H., Anatomie und Physiologie, Berlin 1954
Hermann, W., Gedanken zur Geschichte des altorientalischen Beschreibungsliedes, ZAW 75 (1963) 176–197
Hermann, A., Beiträge zur Erklärung der ägyptischen Liebesdichtung, in: O. Firchow (Hg.), Ägyptologische Studien (FS H. Grapow), Berlin 1955, 118–139
Hornung, E., Das Buch der Anbetung des Re im Westen (AH 2), Basel / Genf 1975
–, Das Amduat. Die Schrift des verborgenen Raumes 2, Wiesbaden 1963
Kákosy, L., Art. Mischgestalt, LÄ 4 (1982) 145–148
Keel, O., Deine Blicke sind wie Tauben. Zur Metaphorik des Hoheliedes (SBS 114/115), Stuttgart 1984
Lacau, P., Les noms des parties du corps en égyptien et en sémitique, Paris 1970
Lefebvre, G., Tableau des parties du corps humain mentionnées par les Égyptiens (SASAE 17), Kairo 1952
López, J., Ostraca Ieratici (Catalogo del Museo Egizio di Torino 2,3), Mailand 1984
Massart, A., The Leiden Magical Papyrus I 343 und I 345 (OMRO Supplement op Nieuwe Reeks 34), Leiden 1954
–, A propos des „Listes“ dans les textes egyptiens funeraires et magiques, AnBib 12 (1959) 227–246
Neugebauer, O., Melothesia and Dodecatemoria, AnBib 12 (1959) 270–275
Ranke, H., Die Vergottung der Glieder bei den Ägyptern, OLZ 27 (1924) 558–564
Roeder, G., Das „Pantheon Kassel“, die größte Gruppe ägyptischer Bronzefiguren, ZÄS 76 (1940) 57–71
Sander-Hansen, C.E., Die Texte der Metternichstele, Kopenhagen 1956
Sauneron, S., Le Papyrus magique illustré de Brooklyn, Brooklyn 1970
Schäfer, H., Von ägyptischer Kunst. Eine Grundlage, Wiesbaden [4]1963
Snell, B., Die Entdeckung des Geistes. Studien zur Entstehung des europäischen Denkens bei den Griechen, Hamburg [2]1948

Jan Assmann

Konstellative Anthropologie

Zum Bild des Menschen im alten Ägypten

I. Menschenbild und Totenglauben

Fast alles, was wir über die altägyptische Kultur wissen, stammt aus Gräbern. Kein Wunder, dass der Tod, die Auseinandersetzung mit ihm, die rituellen Anstalten zu seiner Bearbeitung, die Monumente zu seiner Überwindung durch Verewigung uns heute als die Mitte der altägyptischen Kultur erscheint.[1] Vielleicht handelt es sich nur um eine optische Täuschung, die dem Zufall der Überlieferung verdankt wird? Ägyptische Gräber sind jedoch etwas ganz anderes als das, was wir uns unter einem Grab vorstellen. Sie sind Speicher des Lebens, denn die Ägypter wollten in Gestalt von Wanddarstellungen, Inschriften, Beigaben und Literatur so viel Leben wie möglich ins Grab mitnehmen. So geben diese Gräber einen ungewöhnlich reichen und weiten Ausblick auf die ägyptische Kultur, und wir müssen davon ausgehen, dass der zentrale Ort, den der Tod nach diesen Zeugnissen in dieser Kultur eingenommen zu haben scheint, dem realen Befund sehr nahe kommt. Das gilt auch für den ägyptischen Begriff von Person und Selbst. Wie sich die alten Ägypter den Menschen vorstellten, das erfahren wir vor allem aus den Bildern und Texten, die es mit den Verstorbenen und den Riten ihrer Wiederherstellung als Person im Diesseits und Jenseits zu tun haben.

In den Riten des Totenkults vollzieht der Verstorbene den Osiris-Mythos nach. Der Gott Osiris ist das mythische Ur- und Vorbild menschlicher Todesüberwindung. Die Bilder und Texte des Totenkults orientieren sich an den Szenen des Osirismythos. Dieser Mythos wird in der altägyptischen Überlieferung, soweit sie uns erhalten ist, nie zusammenhängend erzählt, sondern liegt einer großen Masse religiöser Texte als gemeinsamer Anspielungsfundus zugrunde.[2] Wir müssen und können ihn aus diesen Anspielungen und Voraussetzungen erschließen – nicht als eine zusammenhängende Geschichte, sondern eher als eine Szenenfolge. Die einzigen Texte, in denen uns der Stoff in fortlaufen-

---

[1] Zur ägyptischen Totenreligion und ihrer Ausstrahlung auf die ägyptische Kultur insgesamt vgl. *Assmann*, Tod und Jenseits. Die folgende Darstellung des altägyptischen Menschenbildes beruht weitgehend auf dieser Publikation. Zum ägyptischen Menschenbild vgl. ferner *Donadoni*, Der Mensch im Alten Ägypten.

[2] Zu diesem Problem s. *Assmann*, Verborgenheit des Mythos.

der Erzählung vorliegt, sind in griechischer Sprache verfasst, von Diodor[3] und vor allem von Plutarch.[4] Aber gerade in ihrer narrativen Kohärenz, ihrer Bemühung um eine einheitliche, sinn- und spannungsvolle Geschichte scheinen sich diese Autoren besonders weit von der ägyptischen Form des Mythos zu entfernen.

Der Mythos spielt nach dem Tod des Osiris und entfaltet seine Szenenfolge erst von diesem tragischen und katastrophischen Ausgangspunkt aus. Aber er setzt natürlich eine Vorgeschichte voraus, ohne die er gar nicht verständlich ist. Wie kommt es zu diesem Tod eines Gottes? Dieser Tod war kein natürlicher; Osiris war, als die Götter noch auf Erden herrschten, König Ägyptens und wurde von seinem Bruder Seth erschlagen, der den Thron an sich reißen wollte. Damit kommt der Tod in die Welt und konfrontiert die Götter mit einem großen Problem. Auf dieser Vorgeschichte aufbauend, sie voraussetzend aber nirgends genauer schildernd, entfaltet sich der eigentliche Mythos in der Form einer Szenenfolge.

Was diese Szenenfolge angeht, fällt sofort eine Zweiteilung ins Auge: Sie ist um zwei zentrale Bilder herum organisiert. Das eine betrifft die Wiederherstellung des Körpers, dessen Todeszustand als Zergliederung und Zerrissenheit dramatisiert wird. Hier geht es um das Sammeln und Zusammenfügen der einzelnen Glieder und ihre Beweinung und Beseelung bis hin zu einer neuen Form leiblicher Ganzheit und Unversehrtheit. Das andere Bild betrifft die Wiederherstellung der Sozialbeziehungen des Toten, die Aufhebung seiner totalen Isolation, seines Herausgefallenseins aus allen sozialen Lebensbindungen, das als ein totaler Verlust von Status, Würde, Ehre, Prestige dramatisiert wird. Beide Aspekte beziehen sich auf die Ausgangssituation des Toten, bei der die Riten der Todesbehandlung ansetzen. Beide werden sie ins Extreme übersteigert oder „dramatisiert": Der leblose Körper wird als zerrissen und zergliedert dargestellt, und die Trennung von den Lebenden als eine Art von Schande und Ehrverlust. Je tiefer der Ausgangspunkt, desto höher der Zielpunkt der rituellen Umwandlung. Daher wird der Tod in den ägyptischen Totentexten oft vollkommen schonungslos und in krassesten Farben dargestellt. Beide Todesbilder verweisen auf die Gegenbilder des Lebens: als leiblichen und sozialen Zusammenhang.

Diese Zweiteilung ist für das ägyptische Menschenbild und insbesondere die ägyptische Seelenvorstellung fundamental. Der erste Schritt zur „Behandlung" des Todes bestand für die Ägypter darin, den Komplex Tod aufzuteilen in einen körperlichen und einen – nicht etwa „seelischen", wie wir vielleicht erwarten würden, sondern vielmehr – sozialen Aspekt und beiden Aspekten eine jeweils andere Behandlung angedeihen zu lassen. Daran schließt sich eine nicht minder merkwürdige Beobachtung. Die Behandlung des körperlichen Todesaspekts war eine vornehmlich weibliche, die Behandlung des sozialen Aspekts eine vornehmlich männliche Aufgabe. Um die Wiederherstellung des Leibes, das Einsammeln und Zusammenfügen der Glieder, ihre Beweinung und Beseelung, sehen wir Isis und Nephthys bemüht, denen der Gott Anubis assistiert, und die

---

[3] *Diodorus Siculus*, Bibliotheca hist. I, 11–27.

[4] De Iside et Osiride.

Wiederherstellung der Ehre des Toten und seine Resozialisation in der Götterwelt liegt in den Händen des Horus, dem der Schreibergott Thot, die vier „Horussöhne" und wiederum Anubis beistehen. Der Zweiteilung des Todeskomplexes entspricht also eine eindeutige Geschlechterdifferenzierung in der Rollenverteilung der Todesbehandlung.

In den Klageliedern der Isis und Nephthys[5] geht es einerseits um Gefühle der Liebe, Sehnsucht und Trauer, und andererseits um den Körper des Geliebten, den sie von Kopf bis Fuß beschreiben, um ihn im Medium des Textes wieder zusammenzusetzen. Der Körper erscheint hier, mit dem treffenden Ausdruck von E. Brunner-Traut, wie eine „Gliederpuppe"[6], aber nicht, weil die Ägypter unfähig waren, ihn als eine organische Ganzheit zu begreifen, sondern weil es ihnen auf die Verbindung der Teile zu einem neuen Ganzen ankam, auf das Prinzip der Konnektivität, das den in seine Einzelglieder zerfallenen Körper wieder zu einer Ganzheit zusammenzufügen vermag. In den Augen der Ägypter erfüllt beim lebenden Körper das Blut die Funktion des konnektiven Prinzips. Mit diesem Konzept kommen sie bereits 3000 Jahre vor Harvey erstaunlich nahe an eine Theorie des Blutkreislaufs heran. Das Herz pumpt das Blut durch die „Gefäße" und „verknotet" auf diese Weise die Glieder zum Körper. Wenn das Herz aufhört zu schlagen, zerfällt der Körper wieder in seine Einzelglieder. Dieser Zustand wird im Todesbild der Zerrissenheit mythisch dramatisiert. Jetzt muss die Funktion des Herzens und des Blutes mit anderen Mitteln wahrgenommen werden, mit den Mitteln der Magie, durch Amulette, Symbole und Sprüche.

Bei dieser leiblichen Wiedervereinigung bleiben die Ägypter aber nicht stehen. So wie für uns die Person aus Leib und Seele besteht, so besteht sie für den Ägypter aus dem Zusammenwirken leiblicher und sozialer Konnektivität. Der Mensch lebt in einer Leibsphäre und einer Sozialsphäre. In beiden Sphären kommt es auf die konnektiven Kräfte an, die die Teile zur Ganzheit zusammenfügen. In der Leibsphäre ist das die Aufgabe der liebenden Gattin, in der Sozialsphäre die des liebenden Sohnes. Die Sohnesliebe ist bei der Behandlung des Todes genauso wichtig wie die Gattenliebe. Der Mythos gibt diesen Affekten eine gültige Form, das Ritual bringt sie in seiner Inszenierung als konnektive Kräfte zum Tragen. Beide Affekte haben die Kraft, die Schwelle zwischen Leben und Tod, Diesseits und Jenseits, zu überspannen und den Toten aus dem Todeszustand herauszuholen: Nicht zurück ins irdische Leben, wie es Orpheus im griechischen Mythos mit Eurydike anstrebte, sondern vorwärts in ein dem Tode enthobenes Dasein in der Götterwelt als „verklärter Ahnengeist" (ägyptisch *ꜣḫ/āch*).

So wie Isis und Nephthys zusammen mit Anubis den Toten in seiner leiblichen Ganzheit wiederherstellen, so stellt Horus ihn als soziale Person wieder her. Hier geht es darum, ihn aus seiner Isolation zu befreien und ihm aus der Tiefe seiner Entehrung und Entwürdigung, in die Seth ihn durch die Schändung der Leiche gestoßen hat, zur völligen Rehabilitation zu verhelfen, seine Ehre wiederherzustellen, ihm in der Götterwelt Respekt zu verschaffen und ihn in seine herrscherlichen Rechte wiedereinzusetzen. Vor

[5] Vgl. *Kucharek*, Klagelieder.

[6] S. dazu *Brunner-Traut*, Gliederpuppe, 8ff.

allem aber kommt es darauf an, dem Toten gegenüber dem Tod, seinem Mörder, zum Recht zu verhelfen, das heißt Osiris „gegen“ Seth zu „rechtfertigen“. Diese „Rechtfertigung gegen“ den Tod bildet den entscheidenden Schritt der Todesüberwindung. Dafür muss Seth vor Gericht gestellt und verurteilt werden. Der Thron des Osiris fällt seinem Sohn Horus zu, Osiris wird Herrscher der Unterwelt. Damit ist die Welt wieder in Ordnung, der Tod geheilt.

II. „Ba“ und „Ka“, Leibsphäre und Sozialsphäre

In diesen mythischen Bildern und Riten wird ein Menschenbild greifbar, das nicht nur zwischen Körper und Seele unterscheidet, sondern dem Menschen zwei verschiedene „Seelen“ zuschreibt, die „Ba“ und „Ka“ genannt werden. Der Sinn dieser Unterscheidung lässt sich als „Körperseele“ und „Sozialseele“ verstehen.[7] Der Ba, die Körperseele, beseelt den Körper zu Lebzeiten und trennt sich von ihm nach dem Tod, um zum Himmel aufzusteigen, hält aber die Verbindung zum mumifizierten Leichnam aufrecht, auf dem er sich allnächtlich niederlässt. Der Ba wird als Vogel mit Menschenkopf dargestellt: Der Vogelleib symbolisiert Freizügigkeit und Himmelsaufstieg, der Menschenkopf das Prinzip der Individualität, der physiognomischen Unverwechselbarkeit. Auch wenn der Ba nach dem Tode das Prinzip der Freizügigkeit darstellt und alle Weltbereiche – Himmel, Erde und Unterwelt – durchschweift, bleibt er doch mit dem Körper verbunden und ist auch in seiner Freizügigkeit Medium körperlicher, z.B. sexueller Erfahrungen.

Der Ka wird mit einem Zeichen geschrieben, das ein Paar umarmend vorgestreckter Arme darstellt. Der Ka, so wird es in vielen Texten beschrieben, geht in Form einer Umarmung vom Vater auf den Sohn über. So umfasst zum Beispiel der Schöpfergott Atum das aus ihm entstandene Zwillingspaar Schu und Tefnut:

> Atum Cheperre,
> du bist aufgegangen auf dem Benben
> im Phönixhaus in Heliopolis.
> Du hast ausgespien als Schu
> und ausgehustet als Tefnut.
> Du hast deine Arme um sie gelegt als die Arme des Ka,
> damit dein Ka in ihnen sei.
> Atum, mögest du dir deine Arme auch um NN geben,
> (um dieses Bauwerk, um diese Pyramide) als Arme des Ka,
> damit der Ka des NN in ihm sei,
> fest für immer und ewig.[8]

---

[7] Vgl. *Assmann*, Tod und Jenseits, 116ff. Den älteren Studien zu Ka (*Greven*, Ka; *Schweitzer*, Wesen des Ka; *Kusber*, Ka; *Borioni*, Ka) und Ba (*Wolf-Brinkmann*, Ba; *Žabkar*, Ba-Concept) ist der Sinn dieser Zweiteilung entgangen; sie kommen daher zu sehr anderen Ergebnissen.

[8] *Sethe*, Pyramidentexte, §§ 1652f.

Von dieser Umarmung erzählt auch das „Denkmal memphitischer Theologie", ein Text des 8. Jh.s v. Chr., der die Stadt Memphis als die Königsstadt Ägyptens herausstellt.[9] Osiris ist von seinem Bruder Seth erschlagen worden. Dem Sohn Horus gelingt es aber, dem Mörder das Königtum zu entreißen. Osiris wird bestattet, und Horus besteigt den Thron „in den Armen" des toten Vaters:

> So geriet Osiris in die Erde in der Königsburg
> auf der Nordseite dieses Landes, zu dem er gelangt war.
> Sein Sohn Horus erschien als König von Ober- und Unterägypten
> in den Armen seines Vaters Osiris
> inmitten der Götter, die vor ihm und hinter ihm waren.[10]

In der Ka-übertragenden Umarmung wird ein Bund zwischen Diesseits und Jenseits, Lebenden und Toten, gestiftet, der die Grundlage der ägyptischen Gesellschaft bildet. Jeder Pharao ist Horus und steht mit dem Jenseits in Verbindung, als hinterbliebener „Sohn" sowohl der gesamten Reihe seiner Amtsvorgänger bis zurück in grauste Vorzeit, als auch der gesamten Götterwelt, der er im Kult als seinen Vätern und Müttern gegenübertritt. Das Band, das der Ka zwischen totem Vater und hinterbliebenem Sohn über die Todesschwelle hinweg knüpft, bindet und trägt die ganze ägyptische Religion, Kultur und Gesellschaft.

Durch die Sozialseele, die der Sohn vom Vater erbt und an seine Kinder weitergibt, ist der Einzelne in die Gemeinschaft eingebunden. Zu dieser Gemeinschaft gehören vor allem die Toten. Die Urzelle der Gemeinschaft bildet die Verbindung von totem Vater und hinterbliebenem Sohn, deren mystisches Band über die Todesschwelle hinweg die Ka-übertragende Umarmung symbolisiert.[11] Dass hier von Vater und Sohn die Rede ist, unter scheinbarer Absehung von Mutter und Tochter, soll uns nicht täuschen: Das Ka-Konzept ist im gleichen Sinne verallgemeinerbar wie der von Sigmund Freud postulierte Ödipus-Komplex. Der Ka ist nicht nur das ägyptische Äquivalent zu der von Freud herausgestellten patri-ödipalen Tiefenstruktur der menschlichen Seele, er stellt auch das genaue Gegenteil der Freudschen Konzeption dar. Beruht der Ödipus-Komplex auf der Rivalität zwischen Vater und Sohn, woraus sich als Grundbedingung eines gelingenden Lebens die Ablösung des Sohnes vom Vater ergibt, so beruht der Ka auf dem Gedanken einer wechselseitigen Angewiesenheit. Der Sohn ist nichts ohne den Vater, der Vater nichts ohne den Sohn:

> „*Ăch*" ist ein Sohn für seinen Vater,
> „*ăch*" ist ein Vater für seinen Sohn.[12]

---

[9] S. dazu *Sethe*, Dramatische Texte; *Junker*, Götterlehre und *ders.*, Politische Lehre.

[10] *Sethe*, aaO 76f.

[11] S. dazu *Assmann*, Bild des Vaters, besonders 115ff, sowie *ders.*, Tod und Jenseits, 116ff. Zur Bedeutung von *3ḫ* / *ăch* s. zuletzt *Jansen-Winkeln*, ‚Horizont' und ‚Verklärtheit'.

[12] Liturgie NR.1.1 in: *Assmann*, Totenliturgien II, 61ff Verse 13–14. Vers 13 kommt bereits in einer Grabinschrift des Alten Reichs vor, s. aaO 80 mit Anm. 57.

„*Ach*" ist ein Schlüsselwort der ägyptischen Totenreligion. Es bezeichnet eine heilskräftige Wirksamkeit über die Todes- bzw. Diesseitsschwelle hinweg. Auf diesem Vater-Sohn-Bündnis beruht die ägyptische Kultur. Dieses Bündnis wird in der mystischen Ka-Umarmung symbolisiert und besiegelt. Wie bei Freud Vatermord und Bruderbund, so gehören bei den Ägyptern Brudermord und Vaterbund zusammen. Seth, der Mörder des Osiris, ist dessen Bruder; Horus, der Rächer des Osiris, ist dessen Sohn. So wie der Bruderbund das Prinzip einer Gemeinschaft darstellt auf der Grundlage einer „horizontalen" Solidarität zwischen Gleichen, so fordert der Vaterbund die „vertikale" Solidarität zwischen Ungleichen: Höheren und Niederen in der Sozialdimension, Toten und Lebenden in der Zeitdimension.[13]

III. Das Herz: Einer lebt, wenn der andere ihn leitet

Im Rahmen dieses Modells erscheint nichts abwegiger und undenkbarer als die Freudsche Vatersemantik mit Kastrationsangst, Triebverzicht, Vatermord und Vaterkult, d.h. die ganze ödipale Struktur, die Freud als Grundstruktur jeder menschlichen Seele voraussetzte.[14] Und doch lässt sich der Ka durchaus als ein Über-Ich im Freudschen Sinne interpretieren, das dem Einzelnen von seinem Vater bzw. seinen Vätern her zukommt, und das er seinen Kindern weitergibt. Auch in Ägypten erscheint der Vater als der zentrale kulturelle Normensender, und diese Normen fordern Triebverzicht und Selbstzurücknahme. Den Ägyptern aber erscheint die in diesen Normen vermittelte Kultur nicht als Zwangsjacke, sondern als das Leben spendende Prinzip schlechthin.

Für die Ägypter beginnt das Leben nicht mit der Geburt, sondern mit der Erziehung. „Der eine lebt, wenn der andere ihn leitet", lautet das Sprichwort.[15] Allein kann der Mensch nicht leben, er bedarf des anderen. Zum Leben gehören mindestens zwei. In die gleiche Richtung weist auch eine Sentenz, die in einer Lebenslehre überliefert ist: „Ein Mensch entsteht, wenn er von Menschen umgeben ist. Er wird ehrfürchtig gegrüßt um seiner Kinder willen."[16] Ein Mensch entsteht nach Maßgabe seiner konstellativen Entfaltung in der „Mitwelt" seiner Familie, Freunde, Vorgesetzten, Abhängigen.

Wie nun der eine erst lebt, wenn der andere ihn geleitet, so gilt aber auch, dass er zu solchem Sich-leiten-lassen erst erzogen werden muss. Durch seine Sozialseele ist der Mensch auf das Leben in Gemeinschaft angelegt und angewiesen, aber diese Anlage bedarf der Ausbildung. Auf der Grundlage unseres „ödipalen" Menschenbildes würden wir eines der edukativen Hauptziele in der Erziehung zur Selbstständigkeit erblicken. Die Ägypter dachten umgekehrt. Selbstständigkeit, Autonomie, Durchsetzungsvermö-

---

[13] Zum Begriff der „vertikalen Solidarität" s. *Assmann*, Ma᾿at, 92ff.

[14] *Freud*, Totem und Tabu.

[15] In einem magischen Text äußert die Göttin Isis diese Sentenz wie ein gängiges Sprichwort. Metternichstele M 50, hg. von *Sander-Hansen*, Metternichstele, 35f, 41; *Klasens*, Magical Statue Base, 10, 52 und *Sternberg*, Metternichstele, 376.

[16] Lehre des Ani 16.3, Fassung des Papyrus Louvre, s. *Quack*, Lehren des Ani, 285.

gen und Selbstbehauptung würden sie zur rohen Natur rechnen, die es durch Bildung zu überwinden oder überformen gilt in Richtung auf Bindung, Altruismus, Selbstzurücknahme und Einfügung. Solche „Bildung“ ermöglicht es dem einen, sich vom anderen geleiten zu lassen, und ermöglicht dem anderen den geleitenden Umgang. Sitz der konnektiven Tugenden, die dem einzelnen das Leben ermöglichen, indem sie ihn zur Bindung befähigen, ist dasselbe Organ, das ihm auch das Leben ermöglicht, indem es ihn als eine innere Vielheit von Aspekten und Konstituenten organisiert und koordiniert: das Herz.[17] Von Natur aus ist das Herz der Sitz der Triebe und Leidenschaften. Durch Erziehung und Bildung aber wird es umgeformt in das Sozialorgan par excellence, und zwar als Organ des Verstehens im synchronen Raum der Sprache, der Kommunikation, des Aufeinander-Hörens, und als Organ des Gedächtnisses im diachronen Raum der Erinnerung und des Wartens, in der sozialen Zeit des Füreinander-Handelns.[18]

Dabei zeigt sich, dass der Begriff der Konstellation in einem doppelten Sinn zu verstehen ist, der sich aus der ägyptischen Unterscheidung zwischen einer Sozialsphäre und einer Leibsphäre ergibt. Einerseits bedeutet Leben die Eingebundenheit in soziale Konstellationen, andererseits wird aber auch die Person selbst als eine konstellierte Vielheit gedacht, und so wie einer lebt, wenn er von anderen geleitet wird, so lebt er auch erst, wenn er diese Vielheit seiner inneren Konstituenten und Aspekte zu leiten versteht. Ägyptisch heißt das: ‚von seinem Herzen geleitet werden‘. Das Herz übt dieselbe Leitung nach innen aus, die ihm durch den anderen von außen zuteil wird. Einer lebt, wenn sein Herz ihm Arme und Beine, Augen und Ohren, Leib und Seele, Denken und Fühlen, Einsicht und Leidenschaften koordiniert. Wenn diese innere Leitung ausfällt, steht es schlimm um den Betroffenen. Daher sagt man zum Toten, wenn man ihn in den Zustand der Lebendigkeit zurückwünscht:

> Siehe, dein Herz leitet dich,
> und deine Glieder gehorchen dir.[19]

Die Führerschaft des Herzens hat also zwei verschiedene Aspekte, die man sorgfältig auseinanderhalten muss: den sozialen Aspekt in der äußeren Sphäre des Lebens und Handelns in der Gesellschaft und den leiblichen Aspekt in der inneren Sphäre körperlicher und geistiger Einheit. Das Herz ist die „Schnittstelle“ zwischen der Sozialsphäre und der Leibsphäre. In der leiblichen Sphäre ist der Idealzustand voller Lebendigkeit erreicht, wenn das Herz (a) „lebendig“ oder „wach“, und (b) „auf seinem Platz“ ist. Daher muss das Herz (a) stimuliert, aufgeweckt, belebt, und (b) be- und gefestigt werden. Die entsprechenden Gegenzustände sind (a) das „müde Herz“ bzw. Herzensmüdigkeit, eine Bezeichnung des Todeszustands, und (b) das losgelöste oder abwesende Herz. In beiden Zuständen, dem der Müdigkeit und dem der Abwesenheit, versagt das Herz in seiner zentralisierenden Funktion, und die Person zerfällt in eine disparate Vielheit. Ein

---

17 Vgl. dazu *Brunner*, Herz und *ders.*, Das hörende Herz; *Assmann*, Geschichte des Herzens.

18 Vgl. dazu *Assmann*, Ma'at, 60ff.

19 *Sethe*, Urkunden, 519.14, mit vielen Parallelen.

berühmtes Beispiel solchen Personzerfalls bietet die Altersbeschreibung in der Lehre des Ptahhotep:

> Gebrechlichkeit ist entstanden, das Greisenalter ist eingetreten,
> Schwäche ist gekommen, die kindliche Hilflosigkeit kehrt wieder,
> die Kraft schwindet, denn müde ist mein Herz.
> Der Mund ist verstummt und spricht nicht mehr,
> die Augen sind trübe, die Ohren sind taub,
> das Schlafen fällt ihm schwer Tag für Tag;
> das Herz ist vergesslich, es erinnert sich nicht mehr an gestern,
> der Knochen ist krank wegen der Länge <der Jahre>,
> die Nase ist verstopft, sie kann nicht atmen,
> denn beschwerlich sind Aufstehen und Niedersetzen.
> Das Gute wurde zum Schlechten,
> jeder Geschmackssinn ist geschwunden.
> Was das Alter den Menschen antut: Schlimmes in jeder Weise.[20]

Ein solcher Zerfall personaler Einheit durch Ausfall des Herzens kann aber auch andere Ursachen haben wie z.B. Sehnsucht und Heimweh:

> Sieh, mein Herz ist diebisch fortgegangen,
> es eilt zu dem Ort, den es kennt,
> es reist stromauf, um Memphis zu schauen.
> Ich aber, ich sitze (zu Hause)
> und warte auf mein Herz,
> daß es mir den Zustand von Memphis sagen könnte.
>
> Kein Auftrag gelingt mehr in meinen Händen:
> mein Herz ist fortgelaufen von seinem Platz.
> Komm zu mir, o Ptah,
> und hole du mich nach Memphis.
> Lass mich dich sehen nach Belieben.
>
> Ich wache, aber mein Herz schläft,
> mein Herz, es ist nicht in meinem Leib.
> Alle meine Glieder sind vom Übel ergriffen:
> mein Auge zu matt zum Sehen,
> mein Ohr, es hört nicht,
> meine Stimme ist heiser, alle meine Worte verdreht.
> Sei mir gnädig! Gib, dass ich daraus erstehe![21]

„Ich wache, aber mein Herz schläft" (*wrš=j jw jb=j nmʿw*) ist übrigens die genaue Umkehrung eines berühmten Verses aus dem Hohelied Salomonis „Ich schlief, aber mein Herz wachte" (*ʾ*^{a}*nî j*^{e}*šenāh w*^{e}*libbî ʿēr* Hhld 5,2). Gemeinsam ist beiden Texten der Ge-

---

[20] Ptahhotep 8–21, nach *Burkard*, Ptahhotep.

[21] Papyrus Anastasi IV, 4.11–5.5; *Gardiner*, Miscellanies, 39; *Caminos*, Miscellanies, 150ff; *Schott*, Liebeslieder, 116 Nr. 57 und *Assmann*, ÄHG Nr.184.

danke einer Dissoziation von Herz und Selbst, dem redenden „Ich“. Dieser Gedanke der Dissoziation ist im ägyptischen Text ausgedrückt sowohl durch das Motiv des Schlafens und der Mattigkeit, als auch durch das der räumlichen Entfernung: „mein Herz ist nicht in meinem Leib“. Dieselbe Wendung kommt in der Geschichte des Sinuhe vor. Dort beschreibt sie einen Zustand extremer Furcht, der Sinuhe in Gegenwart Pharaos überkommt:

> Während ich ausgestreckt auf meinem Bauch lag,
> wusste ich nichts mehr von mir vor ihm,
> während dieser Gott mich freundlich grüßte.
> Ich war wie ein Mann, der in der Finsternis gepackt wird.
> Mein Ba war gegangen, meine Glieder zitterten,
> mein Herz war nicht mehr in meinem Leib,
> so dass ich Tod und Leben hätte unterscheiden können.[22]

Aber auch die Liebeskrankheit wird als Dissoziation von Herz und Selbst und dadurch ausgelöster Zerfall personaler Einheit beschrieben:

> Mein Herz hüpft eilends davon,
> wenn ich an deine Liebe zu mir denke.
> Es lässt mich nicht wie ein Mensch gehen
> und hüpft auf seinem Platze.
>
> Nicht lässt es mich ein Kleid ergreifen.
> Nicht nehme ich meinen Umhang.
> Nicht lege ich Schminke an mein Auge.
> Nicht salbe ich mich mit Wohlgeruch.
>
> „Halt nicht an! Du erreichst das Ziel!“
> sagt es mir, so oft ich an ihn denke.
> Mach mir, mein Herz, keinen Kummer!
> Warum handelst du so töricht?
> Warte gefasst! Der Bruder kommt zu dir,
> dann will ich nach deinem Willen handeln.
> Lass nicht die Menschen über mich sagen:
> Jene Frau ist in Liebe gefallen!
> Mögest du fest bleiben, so oft du an ihn denkst,
> mein Herz, und nicht fort springen![23]

Das Herz ist also zugleich das wichtigste und das problematischste Organ des Körpers. Es ist das wichtigste, weil es das Zentrum der Person bildet und für Kohärenz, Bewusstsein, Identität, Verantwortlichkeit und Zurechnungsfähigkeit sorgt, und es ist das problematischste aufgrund seiner Unstetigkeit, seiner Neigung zur Unruhe, zum Davonlaufen unter dem Einfluss starker Emotionen und Leidenschaften wie Furcht, Schrecken,

---

22 Sinuhe B 252–56; *Blackman*, Stories, 37 und *Koch*, Erzählung des Sinuhe, 74.

23 Papyrus Chester Beatty I, C 2,9–C 3,1; TUAT II/6 (1991), 902 (*Assmann*).

Liebesverlangen, Sehnsucht und Heimweh. Kraft seines Herzens ist der ägyptische Mensch eine integrierte „Person“ und nicht einfach eine aggregierte oder additive Vielheit, wie dies von E. Brunner-Traut vertreten wurde[24] und wie es allenfalls vielleicht dem homerischen Menschenbild entspricht, das noch immer viel zu pauschal für das archaische Menschenbild schlechthin angesehen wird. Gerade durch seinen starken Begriff des Herzens als einer die personale Vielheit organisierenden Mitte unterscheidet sich das Alte Ägypten von vielen anderen Kulturen, steht aber gerade darin dem alttestamentlichen Menschenbild nahe.[25] Aber das Herz wird zugleich verstanden als der Ort äußersten Ausgesetztseins gegenüber Einflüssen von außen und Trieben von innen.

Das Bild des leitenden Herzens und der Begriff des herzgeleiteten Menschen bezieht sich aber vor allem auf die soziale Dimension. Die Lehre vom Herzen, wie sie in den Grabinschriften und Lebenslehren seit dem Mittleren Reich (ab 2000 v.Chr.) entwickelt wird, hat in ihrer reifen Form eine ausgeprägt anti-individualistische Tendenz. Großes Gewicht wird gelegt auf Einfügung, Unterordnung, „Schweigen“, Selbstkontrolle, Gehorsam, Altruismus, Zuverlässigkeit, Barmherzigkeit, Wohltätigkeit, Fairness. Die schlimmsten Übel sind Egoismus, Habgier, Selbstdurchsetzung, Unabhängigkeit, Gewalttätigkeit, Aggressivität, Rücksichtslosigkeit, Leidenschaft, unkontrollierte Gefühlsausbrüche, hemmungsloses Sich-gehen-lassen. Das scheint eindeutig eine Reaktion gegen den selbstherrlichen Individualismus der Ersten Zwischenzeit (ca. 2150–2000), den Typus des *sḫm-jb* „von mächtigem Herzen“[26]. Jetzt entsteht ein neuer Typus biographischer Selbstdarstellung, der ganz auf innere Fähigkeiten und Tugenden abgestellt ist. Ein typisches Beispiel findet sich auf einer der Stelen des Kammerherrn Antef, Sohnes der Senet, von der ich einige Zeilen anführen möchte:

> Einzigartig geschickt, hervorragend an Rat,
> der sich auf die Worte derer stützt, die ihren Spruch kennen
> (wissen, was sie zu sagen haben),
> der ausgesandt wird wegen der Einschätzung seiner Geschicklichkeit,
> der dem Richter Bericht erstattet,
> der das Anliegen des Herzens kennt.
> Gepriesen von seinen Vorgesetzten, bekannt im Hause des Herrn,
> dessen Herz seine Geschäfte leitet,
> der seinen Arm beugt vor seinen Vorgesetzten,
> der geliebt wird von den Hofleuten des Königs.
> Ein wohlbezeugter Name als Weiser,
> der ohne Schwanken dem Weg folgt,
> der das Wort hört in der Kapelle des Geb,
> eingeweiht in die Geheimnisse der Gerichtshalle.[27]

---

[24] S. dazu *Brunner-Traut*, Frühformen des Erkennens.

[25] *Böhlig*, Herz, hat gezeigt, dass hebräisches *leb*, *lebāb* in der Septuaginta mit verschiedenen griechischen Ausdrücken (neben καρδία auch φρήν, φρένες, νοῦς, ψυχή usw.) wiedergegeben wurde, während das Koptische wieder einheitlich auf *hēt* „Herz“ zurückgreift.

[26] Vgl. *Fecht*, Cruces Interpretum, 136f.

[27] *Lichtheim*, Autobiographies, 107.

Die expliziteste Ausführung jedoch findet dieses Konzept des Herzens als des Sitzes innerer Qualitäten und als Führer der Person in der Inschrift einer Stele, die ein anderer Antef vier- oder fünfhundert Jahre später unter Thutmosis III. errichten ließ. Nicht nur mit seinem Namen, sondern auch mit seiner Autobiographie folgte er eng dem Vorbild des Mittleren Reichs:

> Mein Herz war es, das mich antrieb, das zu tun
> entsprechend seiner Anleitung an mich.
> Es legt für mich ein ausgezeichnetes Zeugnis ab,
> seine Anweisungen habe ich nicht verletzt.
> Weil ich fürchtete, seine Anweisungen zu verletzen,
> gedieh ich dadurch über die Maßen.
> Trefflich erging es mir wegen seiner Eingebungen für mein Handeln,
> tadelsfrei war ich durch seine Führung.
> (...) Ein Gottesspruch ist es in jedem Leibe.
> Selig der, den es auf den richtigen Weg des Handelns geführt hat![28]

Mit der Vorstellung des Herzens als Sitz von Verantwortung und Gewissen hängt auch die Idee des Totengerichts zusammen, die sich in Ägypten gleichzeitig mit der Lehre des Herzens im Übergang vom Alten zum Mittleren Reich ausbildet, und die für das ägyptische Menschenbild von entscheidender Bedeutung ist. Nach dieser Idee hat sich jeder Mensch nach seinem Tode vor einem jenseitigen Gerichtshof für seine Lebensführung zu verantworten, womit nicht nur Angst und Schrecken, sondern vor allem die enorme Verheißung verbunden ist, im Falle seiner Rechtfertigung aus dem Todeszustand erlöst und als „verklärter Ahnengeist" in die Unsterblichkeit der Götterwelt aufgenommen zu werden. Bei diesem Prozess muss sich der Tote von einer langen Liste möglicher Verfehlungen lossagen, wobei sein Herz gegen eine Feder, das Symbol der Ma'at, gewogen wird. Jede Lüge würde die Waagschale des Herzens sinken lassen. Das Herz vertritt also den Toten im Sinne einer moralischen, für seine Taten verantwortlichen Person.[29]

IV. Konnektive Tugenden, diskonnektive Laster

Das Herz ist also nach ägyptischer Auffassung das Prinzip sozialer und leiblicher Konnektivität. Hier treffen beide Leitungen zusammen. Es ist das Organ, das einen dazu befähigt, sich vom anderen leiten zu lassen und sich selbst zu koordinieren. Wenn das Herz diese Funktion nicht erfüllt, haben wir es mit pathologischen Fällen zu tun. Die Ausfälle auf leiblicher Ebene haben wir oben behandelt und wollen uns jetzt den Formen zuwenden, in denen das Herz auf sozialer Ebene versagt. In ägyptischen Augen ist das vor allem die Pathologie des Egoismus, die auf Torheit und Habgier zurückgeführt wird. Die alten Ägypter hielten solche Fälle für aussichtslos. Sie glaubten zwar, selbst

---

28 Louvre C 26: Urkunden IV 974f, s. *Assmann*, Sepulkrale Selbstthematisierung, 225f.

29 S. dazu *Assmann*, Herz auf der Waage.

den physischen Tod behandeln zu können. Vor Torheit und Habgier aber streckten sie die Waffen.

Die Erziehung zu konnektiven Tugenden ist das Thema der ägyptischen Lebenslehren.[30] Sie behandeln in der Form der Kasuistik die Konnektivität der Lebenswelt, die der Einzelne in seinem Tun und Verhalten fördern und bestärken, aber auch schädigen, gefährden und zerstören kann. Besonders aufschlussreich für die Vorstellung „diskonnektiver" Haltungen und Verhaltensweisen ist ein Werk des Mittleren Reichs, das unter dem Titel „Die Klagen des Oasenmannes" bekannt ist. Es könnte ebenso gut den Titel „Abhandlung über die Ma'at" tragen.[31] Der Plot der Geschichte ist kurzgefasst folgender: Ein Oasenmann, Repräsentant also nicht nur der sozialen Unterschicht, sondern auch noch der geographischen und kulturellen Peripherie des ägyptischen Reiches, ist seiner bescheidenen Habe beraubt worden und wendet sich an den zuständigen Magnaten und Großgrundbesitzer dieser Gegend, den Oberhofmeister Rensi, dem auch die Rechtspflege in diesem Gebiet obliegt. Der Oasenmann bringt seine Klage in so gewählten Worten vor, dass der Hofmeister den König von diesem ungewöhnlichen Auftritt unterrichtet. Der gibt die Anweisung, den beredten Kläger möglichst lange hinzuhalten, um ihm auf diese Weise noch weitere Reden von so wunderbarer Schönheit zu entlocken. Während der König unauffällig die Versorgung des Oasenmanns und seiner Familie sicherstellt, wird dieser weisungsgemäß von Rensi hingehalten. Der Kläger muss naturgemäß die Nichtbehandlung seines Falles falsch auslegen. Da der Beamte zum Schweigen verpflichtet ist, drehen sich alle Vorwürfe um den Tatbestand schuldhafter Nichtintervention. Wer an verantwortlicher Stelle gegen das Unrecht nicht einschreitet, wird an ihm mitschuldig.

Die neun Klagen gipfeln in dem orakelhaften Ausspruch:

> Es gibt kein Gestern für den Trägen,
> es gibt keinen Freund für den, der für die Ma'at taub ist,
> es gibt kein Fest für den Habgierigen.[32]

Trägheit, Taubheit und Habgier werden hier als diskonnektive Haltungen herausgestellt. Er handelt nicht, wo gehandelt werden muss, weil ihm das „Gestern", das soziale Gedächtnis fehlt. Er hört nicht auf das, was ihm vorgehalten wird: Er ist unfähig zum Hören, das die Grundlage jeder Erkenntnis und jeder gerechten Entscheidung bildet, und ist damit auch unfähig zur „Freundschaft", dem Leben spendenden Prinzip, sich vom anderen leiten zu lassen. Er kennt drittens kein „Fest", keine gesellige Verausgabung, weil er in seiner Selbstsucht gleichsam eingemauert ist. Zum Thema der Taubheit, des Nicht-Hörens auf die Worte der Ma'at äußert sich vor allem die Lehre des Ptahhotep, in der das Hören eine geradezu leitmotivische Rolle spielt. Diese Lehre ist uns in einer Reihe von Papyri und Ostraka überliefert, gehörte also zu den großen, in

---

[30] Eine handliche und lesbare Anthologie der wichtigsten ägyptischen Lebenslehren in deutscher Übersetzung besorgte *Brunner*, Altägyptische Weisheit.

[31] Vgl. *Parkinson*, Tale of the Eloquent Peasant.

[32] B2, 92–122, vgl. *Parkinson*, Tale of Sinuhe, 73f.

der Schule auswendig zu lernenden „kulturellen Texten" und stammt vermutlich aus dem frühen Mittleren Reich (bald nach 2000):

> Der Tor[33] aber, der nicht hört,
> für den wird nichts getan;
> Wissen sieht er als Unwissen an,
> Förderliches als Schädliches:
> Alles Schändliche tut er,
> so daß Klage geführt wird über ihn Tag für Tag.
>
> Er lebt von dem, woran man stirbt,
> seine verderbliche Nahrung ist Sprechen.
> Seine Verfassung darin ist den Fürsten bekannt,
> nämlich: lebendig tot zu sein Tag für Tag.
> Man geht vorüber an seinen Notlagen
> wegen der Menge des ihm Widerfahrenden, Tag für Tag.[34]

Hier wird Verstocktheit oder Torheit geradezu als sozialer Tod bezeichnet. So wie einer lebt, wenn der andere ihn geleitet, so stirbt einer, wenn er zu solchem Geleit – d.h. zur Konnektivität und Konvivenz – unfähig ist. Wer unfähig ist zu verstehen, kann zwischen Gut und Böse nicht unterscheiden. Schädliches sieht er als förderlich, Förderliches als schädlich an. So ist er nicht nur unfähig, anderen etwas Gutes zu tun, sondern es kann auch ihm selbst nichts Gutes getan werden. Seine soziale Inkompetenz isoliert ihn aus dem Gefüge des Füreinander-Handelns und Einander-Leitens. Zum Leben gehört Aufgeschlossenheit für die leitenden Impulse des anderen. Solche Aufgeschlossenheit nennt der Ägypter „Hören".[35] Das Ideal ist das „hörende Herz".[36] Die Konstellationen der Konnektivität werden vor allem vermittelst der Sprache geknüpft. Wer nicht auf die anderen hören kann, ist zur Einsamkeit und damit zum Tode verurteilt.

Auch zum Thema Habgier nimmt der weise Ptahhotep Stellung:

> Wenn du willst, daß deine Führung vollkommen sei,
> dann halte dich fern von allem Bösen
> und sei gewappnet gegen ein Vorkommnis von Habgier.
>
> Sie ist eine schwere, unheilbare Krankheit,
> die man nicht behandeln kann.
> Sie entfremdet Väter und Mütter
> samt den Vollbrüdern;

---

33 Wörtl. „der Suchende", s. *Seibert*, Charakteristik, 78. *Junge*, Lehre Ptahhoteps, übersetzt „der Unwissende". Es handelt sich aber nicht nur um Unwissenheit, sondern um konstitutive Unbelehrbarkeit.

34 Ptahhotep 575ff, Papyrus Prisse 17, 4–9; *Zaba*, Maximes, 60f und *Junge*, Lehre Ptahhoteps, 89f. Meine Übersetzung folgt weitgehend der meisterhaften Bearbeitung der Stelle durch *Seibert*, Charakteristik, 78ff.

35 Zur Bedeutung des Hörens in der Einschätzung der Ägypter s. *Assmann*, Ma'at, 73ff.

36 S. dazu *Brunner*, Das hörende Herz.

sie vertreibt die Gattin.
Ein Erwählen ist sie von allem Schlechten,
ein Behältnis ist sie von allem Verwerflichen.

Fortdauert (hingegen) der Mann, der der Ma'at entspricht
und der fortgeht (stirbt) entsprechend seinem Gang.

Er ist es, der dadurch ein Testament machen kann.
Aber der Habgierige hat kein Grab.[37]

Wie Verstocktheit als Tod, so wird die Habgier als unheilbare Krankheit diagnostiziert. Sie gilt als das Prinzip der sozialen Desintegration, als Inbegriff diskonnektiven (unsolidarischen, Gemeinschaft zerstörenden) Verhaltens.[38] Sie zerreißt die allerengsten Bindungen der Blutsverwandtschaft und der Ehe und wirkt auf diese Weise isolierend, vereinsamend in der Sozialdimension. Das Unheil solcher Vereinsamung erweist sich aber beim Sterben: Der Habgierige hat kein ‚Grab', d.h. keinen Ort im sozialen Gedächtnis, das den Tod überdauert. Das ist ja das Geheimnis der Konnektivität in den Augen der Ägypter: Sie überdauert den Tod und verheißt Unsterblichkeit. Verstocktheit und Habgier vermögen dieses Netz zu zerreißen, aber nicht der Tod. Das ist die Hoffnung, die die Grundlage der ägyptischen Kultur bildet. Das ägyptische Ideal der Ma'at ist nicht nur das Prinzip der sozialen Konnektivität, sondern auch der Dauer, des Bestandes und damit der zeitlichen Konnektivität, der Erinnerung, der Kontinuität von Vergangenheit und Zukunft. Der Egoist hat nicht nur keine Freunde, er hat auch keine Zukunft. Er hat keine Aussicht auf anamnetische Solidarität, und damit keine Aussicht auf ein Grab. Denn ohne solche Aufgehobenheit im sozialen Gedächtnis hat das materielle Grab keinen Sinn, es ist ein deutungsloses Zeichen, das der Vergänglichkeit preisgegeben ist. Habgier zerstört die sozialen Bindungen (In den Klagen des Oasenmannes heißt es lapidar: „Habgier zerstört die Freundschaft"[39]), und sie zerstört – in der Zeitdimension – die Dauer, die Einbindung des Einzelnen in die Fortdauer der Gruppe und ihrer Erinnerung. Das Schicksal des Egoisten ist Einsamkeit, und Vergessen, gedächtnisloses Verschwinden ist das Schicksal des Einsamen:

Das Denkmal eines Mannes ist seine Tugend,
der mit schlechtem Charakter aber wird vergessen.[40]

In der Lehre des Ptahhotep heißt es:

Der gute Charakter wird zu einem, dessen gedacht wird.[41]

---

[37] Ptahhotep 298–315, vgl. *Brunner*, Altägyptische Weisheit, 119f Verse 237–251 und *Junge*, Lehre Ptahhoteps, 50f.

[38] Vgl. dazu die eingehende Analyse von *Seibert*, Charakteristik, 78ff.

[39] B1, 170, s. *Assmann*, Ma'at, 87.

[40] Stele London UC 14333 ed. *Goedicke*, Wisdom Text, 26, vgl. *Schenkel*, Weisheitslehre, 11f.

[41] Ptahhotep 494, nach *Junge*, Lehre Ptahhoteps, 92.

Damit kommen wir zur dritten Form diskonnektiven Verhaltens, zum „Trägen, der kein Gestern (d.h. kein Gedächtnis) hat". Nach ägyptischer Auffassung ist das Gedächtnis der Sozialsinn par excellence. Dazu wieder die Klagen des Oasenmannes: „Ein guter Charakter kehrt zurück an seine Stelle von gestern, denn es ist befohlen: Handle für den, der handelt, um zu veranlassen, dass er tätig bleibt. Das heißt, ihm danken für das, was er getan hat".[42] Nur der kann tätig teilnehmen an der sozialen Konnektivität, der „an seine Stelle von gestern" zurückkehren, d.h. sich erinnernd auf die Vergangenheit beziehen kann. Umgekehrt liest man in einem anderen Text[43] dieser Zeit: „Man erinnert sich nicht des Gestern, man handelt nicht für den, der gehandelt hat heutzutage."[44] Der Verlust der Vergangenheit ist gleichbedeutend mit dem Zerfall aller sozialen Bindungen. Wenn das soziale Gedächtnis zerfällt, ägyptisch gesprochen „das Gestern vergessen wird", wird die Welt, wie es ein weiterer Text ausdrückt, zum Kampfplatz eines Kampfes aller gegen alle: „Siehe, man kämpft auf dem Kampfplatz, denn das Gestern ist vergessen. Nichts gelingt dem, der den nicht mehr kennt, den er gekannt hat."[45]

Das Gedächtnis, so lässt sich folgern, gehört nicht zum Egoismus, zur Selbsterhaltung und Triebbefriedigung, sondern zum Altruismus, zum Denken an andere und ans Ganze der Gruppe, der Gemeinschaft, der Gesellschaft, der Menschheit. Ein Gedächtnis braucht der Mensch, nach altägyptischer Vorstellung, um sich einzufügen und dazuzugehören. Das Gedächtnis macht ihn zum Mitmenschen, befähigt ihn zu einem Leben in Gemeinschaft. Das trifft sich auf überraschende Weise mit Nietzsches Überlegungen zur Genealogie der Moral. Für Nietzsche entwickeln sich Moral und Gedächtnis koevolutiv im Prozess der Züchtung des Menschen zum Mitmenschen, d.h. Kulturmenschen.[46] Gesellschaft beruht darauf, dass sich die Menschen „ein Gedächtnis machen". Nietzsche entwickelt diesen Begriff am Paradigma der im Hinblick auf zukünftige Leistungen eingegangenen Verpflichtung und definiert den gedächtnisfähigen Menschen als das „Tier, das versprechen darf".[47]

---

42 Die Klagen des Oasenmannes (Bauer) B 1, 109–110, vgl. *Vogelsang*, Kommentar, 100.

43 Papyrus Berlin 3024, 115f, hg. von *Erman*, Gespräch. Zahlreiche neue Übersetzungen, u.a. von *Hornung*, Gesänge, 115.

44 Diese drei Zeilen stehen im Text an herausgehobener Stelle. Sie bilden die mittlere Strophe eines „anaphorischen Strophenliedes", dessen Strophen alle mit dem Satz „Zu wem kann ich heute (noch) reden?" beginnen und das mit drei anderen Strophenliedern den ansonsten „prosaischen" (oder besser gesagt: anders und schwächer geformten) Text lyrisch unterbricht.

45 Lehre des Königs Amenemhet I, Papyrus Millingen 10f; Abschnitt V d–e in der Textausgabe von *Helck*, Lehre des Amenemhet, 35ff.

46 S. insbesondere die Schrift „Zur Genealogie der Moral", Zweite Abhandlung.

47 *Nietzsche*, Werke II, 799f: „Eben dieses notwendig vergessliche Tier, an dem das Vergessen eine Kraft, eine Form der starken Gesundheit darstellt, hat sich nun ein Gegenvermögen angezüchtet, ein Gedächtnis, mit Hilfe dessen für gewisse Fälle die Vergesslichkeit ausgehängt wird – für die Fälle nämlich, daß versprochen werden soll: somit keineswegs bloß als ein passivisches Nicht-wieder-los-werden-können des einmal eingeritzten Eindrucks, … sondern ein aktives Nicht-wieder-los-werden-wollen, ein Fort-und-fort-wollen des einmal Gewollten, ein eigentliches Gedächtnis des Willens." Das, sagt Nietzsche, ist „die lange Geschichte von der Herkunft der Verantwortlichkeit".

V. Polytheismus als konstellative Theologie

Wie leicht zu sehen, entspricht dieser konstellative Personbegriff vollkommen der Struktur einer polytheistischen Religion. Auf diese Zusammenhänge kann ich hier nicht eingehen, aber möchte aus systematischen Gründen doch wenigstens im Vorübergehen kurz darauf verweisen.[48] Die alten Ägypter assoziierten die Einheit und Einsamkeit Gottes mit dem Chaos, dem Zustand der Welt vor (und nach) ihrer Existenz, die nicht als Schöpfung aus dem Nichts, sondern Entfaltung aus der Eins gedacht wird. In der Wirklichkeit ist das Göttliche nur „konstellativ" denkbar, von einer Gottheit kann nur in Bezug auf andere Gottheiten geredet werden, mit denen sie in den Rollen mythischer Handlungszusammenhänge verbunden ist. Wenn das Göttliche in personaler Form konzipiert wird, dann muss diese Form notwendigerweise eine „konstellative" Struktur aufweisen. Daher vermögen neben Totenliturgien und Grabinschriften auch die Götterhymnen den konstellativen Personbegriff der Ägypter zu veranschaulichen. Sie schildern und preisen die Götter als Personen, und das heißt: in wechselseitigen Beziehungen des Miteinander-Handelns und Miteinander-Sprechens. Was die Götter als Personen sind, sind sie nur in Bezug aufeinander. Dadurch, dass sie in festen Konstellationen ihre bestimmte Rolle spielen, konstituieren und konturieren sich wechselseitig ihre Personalitäten. Konstellative Theologie und Anthropologie betonen die Bindungen, Rollen und Funktionen, durch die die konstituierenden Glieder miteinander verknüpft werden. Was sie als schlimmstes Übel ansehen, sind die Vorstellungen der Isolierung, Einsamkeit, Selbstgenügsamkeit und Unabhängigkeit. In ihrer Sicht sind das Symptome von Tod, Auflösung und Zerstörung. Leben heißt Interdependenz, Kommunikation, Einbezogenheit in die Beziehungsnetze, aus denen die Wirklichkeit besteht. Die Fähigkeit zur Einsamkeit haben die Menschen vermutlich erst im Zeichen des Monotheismus gelernt. In diesem Zusammenhang ist es erstaunlich, dass die Ägypter, die im Rahmen ihrer traditionellen Religion und ihrer konstellativen Anthropologie die soziale Natur des Menschen so stark betonten, mit der Annahme des christlichen Monotheismus ins genaue Gegenteil umschlugen und mit dem heiligen Antonius und seinen zahllosen Nachfolgern, den „Wüstenvätern" zu den Pionieren radikaler Weltflucht und Einsamkeitssuche geworden sind.[49]

---

48 Diese Beziehungen zwischen Personbegriff und Polytheismus habe ich in meiner Dissertation „Liturgische Lieder" aufzuhellen versucht und im IV. Kapitel meines Buchs „Ägypten", 102ff zusammenfassend dargestellt.

49 Vgl. hierzu *Assmann / Assmann* (Hg.), Einsamkeit, und darin besonders den Beitrag von *Barasch*.

VI. Staatskunst und Gemeinschaftskunst[50]

Dass ein „konstellativer“ Personbegriff und eine darauf aufbauende hochelaborierte Gemeinschaftskunst sehr gut zu einer Gesellschaft passen, die den ersten großräumigen Staat, von dem die Geschichte weiß, errichtet und über mehr als drei Jahrtausende perpetuiert hat, leuchtet ein. Ein solches Projekt war nur auf der Grundlage starker konnektiver Tugenden, Ideale und Normen zu errichten und aufrecht zu erhalten. Auch auf diesen Zusammenhang, den wir hier nicht entfalten können, soll abschließend wenigstens kurz verwiesen werden. Die ägyptische Gemeinschaftskunst ist eine Beziehungsethik, im Unterschied zur abendländischen, auf Aristoteles zurückgehenden Tradition einer individuellen Glücks- oder Strebensethik. Die alten Ägypter entwickelten die Moral aus den Beziehungen heraus, die die Menschen zur Gemeinschaft verbinden.

Ma'at stellt nicht nur Gemeinschaft her zwischen den Göttern, den Menschen und den Toten, sondern auch zwischen den Ereignissen. Auf der Ebene der Ereignisse entspricht Ma'at daher dem, was man auch „Sinn“ nennen könnte, denn Sinn lässt sich in erster Linie als „Zusammenhang“ oder „Konnektivität“ der Handlungen und Ereignisse definieren. Wir machen die Erfahrung der Sinnlosigkeit vor allem, wenn wir nicht sehen, wie eines mit dem anderen zusammenhängt. Im alten Orient, vielleicht überhaupt in der ganzen alten Welt, erblickte man den Sinn des Geschehens darin, dass „die Tat zum Täter zurückkehrt“.[51] Nichts bleibt folgenlos, irgendwann und irgendwie rächt sich das Böse und lohnt sich das Gute. Dies Prinzip nennt man den Tun-Ergehen-Zusammenhang. Nach ägyptischer Auffassung sind die Menschen für diesen Zusammenhang selbst verantwortlich. Sie stellen ihn her, sie halten ihn in Gang. Das ist weder die Sache eines göttlichen Willens noch einer immanenten Weltordnung.[52]

Die Menschen haben zwei Möglichkeiten, die Ma'at zu verfehlen, als einzelne und als Gesellschaft. Wenn der Einzelne sich nicht an die Ma'at hält, dann scheitert er, wenn nicht zu Lebzeiten, dann im Tod. Für ihn bedeutet der Tod dann das Ende, über das ihn keine Kontinuität hinwegrettet. Wenn die Gesellschaft die Ma'at verfehlt, dann lehnt sie sich gegen den Staat auf und zerstört das Königtum. Damit verschwinden die Rahmenbedingungen dafür, dass der Einzelne sich an die Ma'at halten und seinem Dasein über den Tod hinaus Bestand verleihen kann. Dann verschwindet der Sinn aus der Welt, und die Welt geht aus den Fugen. Unter den Menschen herrschen Mord und Totschlag, die Stärkeren erschlagen die Schwächeren, Recht und Ordnung, Sicherheit und Vertrauen verschwinden aus der Welt, und das Band zwischen Menschen und Göttern zerreißt. Das wird in der literarischen Gattung der Klagen ausführlich ausgemalt.

In den Klagen des Oasenmannes wird staatliche Autorität von unten eingeklagt, weil sie – scheinbar – von oben nicht ausgeübt wird. Die Pointe der Geschichte ist, dass hier

---

50 S. hierzu auch *Assmann*, Ma'at – Gemeinschaftskunst, 37ff.

51 S. dazu *Janowski*, Tat, 167ff.

52 Erst in der Spätzeit, also im 1. Jt. v. Chr., wird der Zusammenhang von Tun und Ergehen dem Willen Gottes anheimgestellt, s. dazu *Assmann*, Ma'at, 66ff.

ein Mensch aus der untersten Schicht und der äußersten Peripherie des Reiches die Herrschenden an ihre Pflicht erinnert, ihre Macht auszuüben, um die Ma'at auf Erden durchzusetzen. Der Staat ist um der Kleinen und Schwachen willen da. So wie Ma'at die Bedingungen dafür schafft, dass die Menschen sich zur Gemeinschaft verbinden, so schafft der Staat die Grundlage dafür, dass auf Erden Ma'at herrscht und nicht deren Gegenteil, Isfet. Daher lautet die erste Lehre der Gemeinschaftskunst, dass es auf Erden einen Staat geben muss. Zum Tun und Sagen der Ma'at, zur Herstellung von Sinn und Zusammenhang, sind die Menschen aus eigener Kraft nicht in der Lage; sie bedürfen dazu des Staates, der vom Schöpfergott selbst auf Erden eingesetzt ist, um hier die Ma'at zu verwirklichen.

Das bringt ein sehr zentraler, oft kopierter Text von offenbar kanonischem, d.h. im höchsten Maße normativem Rang zum Ausdruck, der in den königlichen Sonnenkultstätten des Neuen Reichs aufgezeichnet wurde. Es handelt sich um einen „kulttheologischen Traktat" über den König als Anbeter des Sonnengottes:

> RE hat den König NN eingesetzt
> auf der Erde der Lebenden
> für unendliche Zeit und unwandelbare Dauer
> beim Rechtsprechen den Menschen, beim Zufriedenstellen der Götter,
> beim Verwirklichen der Wahrheit, beim Vernichten der Sünde (*jsft*);
> er gibt den Göttern Opferspeisen,
> und den Verklärten Totenopfer.[53]

Der König verwirklicht die Ma'at durch Recht und Kult: indem er den Menschen Recht spricht und den Göttern und Toten Opfer darbringt. In allen Sphären stellt die Verwirklichung der Ma'at Zusammenhang und Gemeinschaft her. Der Kult sorgt für den Einklang von Himmel, Erde und Totenreich, und das Recht sorgt für Gemeinschaft und Ordnung unter den Menschen.

Als Gerechtigkeit ist Ma'at nicht die blinde *iustitia* der römischen Tradition, die ohne Ansehen der Person Recht spricht, sondern die „rettende Gerechtigkeit" der orientalischen Tradition, die ihre Urteile in hellsichtigster Erkenntnis der unter den Menschen herrschenden Ungleichheit fällt und ihre Hauptaufgabe, den Inbegriff gerechter Rechtsprechung, darin sieht, die Schwachen vor den Starken zu schützen.[54] Gerechtigkeit ist dieser Tradition zufolge nicht die blinde Vollstreckung des Gesetzes, sondern eine Rechtsprechung in Ansehung der Person, die geltendes Recht im Einzelfall auch einmal außer Kraft setzen kann, wenn es zu unmenschlichen Härten führte, und mit Gnade ebensoviel zu tun hat wie mit Recht. Nach altorientalischer und biblischer Rechtsauffassung dient das Gesetz nicht vornehmlich dem Schutz des Eigentums; im Gegenteil spielt der Gedanke gesetzlich vorgeschriebenen Verzichts auf Eigentum, etwa in der Form von Schulderlassen, eine große Rolle. Typische Verzichtgesetze sind etwa Edikte der Begnadigung, Freilassung, Amnestie, wie sie mesopotamische und ptolemäische Herrscher anlässlich

---

[53] *Assmann,* Ma'at, 205f, vgl. *ders.*, Ma'at – Gemeinschaftskunst, 38.

[54] S. dazu *Janowski*, Rettende Gerechtigkeit und *Assmann* / *Janowski* / *Welker* (Hg.), Gerechtigkeit.

ihrer Thronbesteigung zu erlassen pflegten – also ein Akt, den wir eher als Rechtsaufhebung denn als Rechtsstiftung einstufen würden.

„Richten" bedeutet in erster Linie „schlichten". Dabei geht es nicht um die Vollstreckung von Gesetzen einer zeitenthobenen Gerechtigkeit, sondern um die Wiederherstellung von Harmonie und Gemeinschaft durch die Schlichtung von Streit und Zwietracht. Das Ideal des guten Richters ist Thot, der Gott, „der die streitenden Brüder (Horus und Seth) trennte, so daß beide zufrieden waren". Der letzte Zweck des Urteils besteht nicht in der Bestrafung des Übeltäters, sondern in der Wiederherstellung der gestörten Harmonie. Ohne den Staat würde also nach ägyptischer Auffassung nicht Maʾat auf Erden herrschen, sondern Isfet.

Die kompakte Formel des Königstextes: „den Menschen Recht sprechen" wird im 126. Kapitel des Totenbuchs ersetzt durch das Prinzip der „rettenden Gerechtigkeit": „Recht sprechen zwischen dem Armen und dem Reichen (bzw. „dem Schwachen und dem Mächtigen"). Es handelt sich um eine Anrufung an „die vier Paviane am Bug der Sonnenbarke",

> die die Maʾat aufsteigen lassen zum Allherrn,
> die Recht sprechen zwischen dem Schwachen und dem Starken,
> die die Götter befriedigen mit dem Hauch ihres Mundes,
> die den Göttern Gottesopfer
> und den Verklärten Totenopfer geben.[55]

Damit wird klar, worin jene Isfet besteht, der der König durch Rechtsprechung abhelfen bzw. gegensteuern muss: in der Ungleichheit der Menschen. Gerichtet wird nicht zwischen dem Guten und dem Bösen – *ṣaddîq* und *rāšʿā*, wie es biblisch heißen würde –, sondern zwischen dem Armen und dem Reichen, dem Schwachen und dem Starken. Damit wird unterstellt, dass der Reiche oder Starke der Böse ist. Das heißt: Das Böse liegt in der menschlichen Natur, die, wenn man sie nur gewähren lässt, alle Chancen von Macht, Reichtum, Stärke und Einfluss nutzen wird, um die Schwächeren zu unterdrücken. Nicht die Ungleichheit als solche ist das Böse, sondern die Unterdrückung der Schwachen durch die Starken, die damit unvermeidlich verbunden ist.[56]

Die Literaturgattung der „Klagen" schildert den Zustand einer Welt ohne Staat. Sie haben die Funktion einzuschärfen, dass nicht nur Frieden, Ordnung und Gerechtigkeit, sondern sogar der Sinn der Schöpfung und das natürliche Gedeihen von der Existenz des Staates abhängen. Wenn der Staat zerfällt, oder wenn er, wie in den Klagen des Oasenmannes unterstellt, seine Macht nicht ausübt, dann verschwindet Maʾat aus der Welt. Alle Gemeinsamkeit zerfällt: Sprache, Wissen, Erinnerung. Wenn die Erinnerung schwindet, lohnt sich das Gute, rächt sich das Böse nicht mehr, die Zirkulation des Sinns bricht zusammen. Die Menschen verstehen sich nicht mehr, an die Stelle der Sprache tritt die Gewalt. Auch die Gemeinschaft mit den Göttern zerbricht. Die Götter wenden

---

[55] *Assmann*, Maʾat, 197f.

[56] Vgl. dazu *Schenkel*, Soziale Gleichheit, 26ff.

sich ab, die Natur verliert ihre nährenden Segenskräfte. Hungersnot und Verelendung sind die Folge. Dann herrschen unter den Menschen Mord und Totschlag. Alle Bindungen sind gelöst. Väter und Söhne bringen sich gegenseitig um. „Wenn drei auf der Straße gehen, findet man nur noch zwei: denn die größere Zahl tötet die kleinere", wie es in einer anderen Klage, den Mahnworten des Ipuwer heißt. Der Nil färbt sich rot von Blut. Die Welt fällt zurück in den maatlosen Naturzustand der gegenseitigen Unterdrückung, des Faustrechts, der Gewalt.

Die Verwirklichung der Ma'at ist also die vornehmste Aufgabe des Staates. Sie entspringt klar dem Willen Gottes, aber Gott delegiert sie an den König. Er selbst greift nicht ein, um sie auf Erden durchzusetzen. Allerdings ist dieser Gott auch kein *deus otiosus*, der sich nach getaner Schöpfungsarbeit von den Menschen abwendet und im Himmel zur Ruhe setzt. Ganz im Gegenteil: Als Sonnengott umkreist der Schöpfer unermüdlich die Erde und durchreist Himmel und Unterwelt, Götterwelt und Totenreich, um dort die Ma'at zu verwirklichen und die Isfet zu vertreiben. Auch auf dieser Ebene ist Ma'at also keine immanente Weltordnung, sondern eine immer wieder neu gegen Widerstände durchzusetzende Rechtsordnung. Immanent ist der Welt vielmehr eine Gravitation zu Chaos, Zerfall und Entropie, die sich in der Gestalt eines riesigen Wasserdrachens verkörpert und vom Sonnengott mit dem Beistand vieler anderer Götter unablässig bekämpft werden muss.

Was die Ägypter dafür tun, ist einerseits der unablässige Vollzug ungezählter Rituale, die die kosmischen Vorgänge auf Erden begleiten und dadurch die irdische Welt dem kosmischen Prozess einfügen und anpassen, und andererseits eben der Staat, der die die Ma'at durchsetzende Herrschaft des Sonnengottes auf Erden abbildet. Wenn der Staat zerfällt und die Riten nicht mehr durchgeführt werden, verliert die Erde ihre Ähnlichkeit mit dem Himmel, die Analogie zerfällt, die Spiegelung trübt sich, und der Sinn verschwindet. Wenn wir Ma'at und „Sinn" gleichsetzen, dann muss nach ägyptischer Auffassung dieser Sinn unablässig hergestellt und der Welt in Form von Riten und Rechtsprechung unablässig gewissermaßen eingehaucht werden. Der König verwirklicht die Ma'at, so hatte es der oben zitierte Text ausgedrückt, indem er den Menschen Recht spricht und den Göttern und Toten Opfer darbringt, also durch Recht und Kult. Der Kult sorgt für den Einklang von Himmel, Erde und Totenreich, und das Recht sorgt für den Schutz der Schwachen vor den Starken.

Literatur

Assmann, A. / Assmann, J. (Hg.), Einsamkeit, München 2000

Assmann, J., Liturgische Lieder an den Sonnengott, Berlin 1969

–, Sepulkrale Selbstthematisierung im alten Ägypten, in: *A. Hahn / V. Kapp* (Hg.), Selbstthematisierung und Selbstzeugnis: Bekenntnis und Geständnis, Frankfurt a.M. 1987, 208–232

–, Ma'at. Gerechtigkeit und Unsterblichkeit im Alten Ägypten, München 1990 / [5]2006

–, Ägypten – Theologie und Frömmigkeit einer frühen Hochkultur, Stuttgart [2]1991

–, Das Bild des Vaters im alten Ägypten, in: *ders.*, Stein und Zeit. Mensch und Gesellschaft im Alten Ägypten, München 1991, 115–137

–, Zur Geschichte des Herzens im alten Ägypten, in: *ders.* / *Th. Sundermeier* (Hg.), Die Erfindung des inneren Menschen. Studien zur religiösen Anthropologie, Gütersloh 1993, 81–112

– / *Janowski, B.* / *Welker, M.* (Hg.), Gerechtigkeit. Richten und Retten in der abendländischen Tradition und ihren altorientalischen Ursprüngen, München 1998

–, Ägyptische Hymnen und Gebete (OBO), Freiburg (Schweiz) / Göttingen ^{2}1999

–, Das Herz auf der Waage. Schuld und Sünde im Alten Ägypten, in: *T. Schabert* / *D. Clemens* (Hg.), Schuld, ErJb 7 (1999) 99–147, wiederabgedr. in: *J. Assmann*, Herrschaft und Heil. Politische Theologie in Altägypten, Israel und Europa, München 2000, 133–177

–, Tod und Jenseits im Alten Ägypten, München 2001

–, Die Verborgenheit des Mythos in Ägypten, in: *ders.*, Ägyptische Geheimnisse, München 2004, 31–57

–, Altägyptische Totenliturgien II. Totenliturgien und Totensprüche in Grabinschriften des Neuen Reichs (Suppl. Schriften der Heidelberger Akademie der Wissenschaften. Phil.-hist. Klasse 17), Heidelberg 2005

–, Ma'at – Gemeinschaftskunst im Alten Ägypten, in: *ders.* / *E. Krippendorff* / *H. Schmidt-Glintzer*, Ma'at, Konfuzius, Goethe. Drei Lehren für das richtige Leben, Frankfurt a.M. 2006, 23–69

Barasch, M., The Hermit in the Desert: an Image of Solitude, in: *A. Assmann* / *J. Assmann* (Hg.), Einsamkeit, München 2000, 153–172

Blackman, A.M., Middle Egyptian Stories (BAeg 2), Brüssel 1932

Böhlig, A., ‚Herz' in der Übersetzung des koptischen Neuen Testaments, in: *M. Görg* (Hg.), Fontes atque pontes (FG H. Brunner) (ÄAT 5), Wiesbaden 1983, 47–61

Borioni, G., Der Ka aus religionswissenschaftlicher Sicht (Veröffentlichungen der Institute für Afrikanistik und Ägyptologie der Universität Wien), Wien 2005

Brunner, H., Art. Herz, LÄ 2 (1977) 1158–1168

–, Das Herz im ägyptischen Glauben, in: Das Herz im Umkreis des Glaubens I, Biberach 1965, 81–106, wiederabgedr. in: *ders.*, Das hörende Herz. Kleine Schriften zur Religions- und Geistesgeschichte Ägyptens (OBO 80), Freiburg (Schweiz) / Göttingen 1988, 8–44

–, Altägyptische Weisheit. Lehren für das Leben, Zürich / München 1988

–, Das hörende Herz. Kleine Schriften zur Religions- und Geistesgeschichte Ägyptens (OBO 80), Freiburg (Schweiz) / Göttingen 1988

Brunner-Traut, E., Der menschliche Körper – eine Gliederpuppe, ZÄS 115 (1988) 8–14

–, Frühformen des Erkennens. Am Beispiel Altägyptens, Darmstadt ^{2}1992

Burkard, G., Ptahhotep und das Alter, ZÄS 115 (1988) 19–30

Caminos, R.A., Late Egyptian Miscellanies, Oxford 1952

Crüsemann, F., Versuch über die drohende Vereinsamung Gottes, in: *A. Assmann* / *J. Assmann* (Hg.), Einsamkeit, München 2000, 113–127

Donadoni, S. (Hg.), Der Mensch im Alten Ägypten, Frankfurt a.M. / New York 1992

Erman, A., Das Gespräch eines Lebensmüden mit seiner Seele, Berlin 1896

Fecht, G., Cruces Interpretum in der Lehre des Ptahhotep (Maximen 7, 9, 13, 14) und das Alter der Lehre, in: Hommages à François Daumas, Montpellier 1986, 227–251

Freud, S., Totem und Tabu, Wien 1913

Gardiner, H.A., Late Egyptian Miscellanies (BAeg 7), Brüssel 1937

Goedicke, H., A New Wisdom Text: Stele London UC 14333, JEA 48 (1962) 26

Greven, L., Der Ka in Theologie und Königskult des Alten Reiches, Glückstadt 1952

Helck, W., Die Lehre des Amenemhet, Wiesbaden 1969

Hornung, E., Gesänge vom Nil, Zürich 1990

Janowski, B., Die Tat kehrt zum Täter zurück. Offene Fragen im Umkreis des Tun-Ergehen-

Zusammenhangs, in: *ders.*, Die rettende Gerechtigkeit. Beiträge zur Theologie des Alten Testaments 2, Neukirchen-Vluyn 1999, 167–191

–, Die rettende Gerechtigkeit. Beiträge zur Theologie des Alten Testaments 2, Neukirchen-Vluyn 1999

Jansen-Winkeln, K., ‚Horizont' und ‚Verklärtheit': zur Bedeutung der Wurzel *ꜣḫ*, SAÄK 23 (1996) 201–215

Junge, F., Die Lehre Ptahhoteps und die Tugenden der ägyptischen Welt, Göttingen 2003

Junker, H., Die Götterlehre von Memphis (SPAW 23), Berlin 1940

–, Die politische Lehre von Memphis (SPAW 6), Berlin 1941

Kaiser, O. (Hg.), TUAT II/6, Gütersloh 1991

Klasens, A., A Magical Statue Base (Socle Behague) in the Museum of Antiquities at Leiden (Oudheidkundige Mededelingen uit het Rijksmuseum van Oudheden te Leiden N.R. 33), Leiden 1952

Koch, R., Die Erzählung des Sinuhe (BAeg 17), Brüssel 1990

Kucharek, A., Die Klagelieder der Isis und Nephthys in Texten der griechisch-römischen Zeit, Diss. Heidelberg 2003

Kusber, E., Der altägyptische Ka – „Seele" oder „Persönlichkeit"?, Tübingen 1994

Lichtheim, M., Ancient Egyptian Autobiographies Chiefly of the Middle Kingdom. A Study and an Anthology (OBO 84), Freiburg (Schweiz) / Göttingen 1988

Nietzsche, F., Zur Genealogie der Moral, in: Werke in drei Bänden, hg. von *K. Schlechta*, Bd. 2, München 1960, 761–900

Parkinson, R.B. (ed.), The Tale of the Eloquent Peasant, Oxford 1991

–, The Tale of Sinuhe and Other Ancient Egyptian Poems, Oxford 1997

Quack, J.F., Die Lehren des Ani. Ein neuägyptischer Weisheitstext in seinem kulturellen Umfeld (OBO 141), Freiburg (Schweiz) / Göttingen 1995

Sander-Hansen, C.E., Die Texte der Metternichstele (AAeg 7), Kopenhagen 1956

Schenkel, W., Eine neue Weisheitslehre?, JEA 50 (1964) 6–12

–, Soziale Gleichheit und soziale Ungleichheit und die ägyptische Religion, in: *G. Kehrer* (Hg.), „Vor Gott sind alle gleich". Soziale Gleichheit, soziale Ungleichheit und die Religionen, Düsseldorf 1983, 26–41

Schott, S., Altägyptische Liebeslieder, Zürich 1950

Schweitzer, U., Das Wesen des Ka im Diesseits und Jenseits der Alten Ägypter (ÄF 19), Glückstadt 1956

Seibert, P., Die Charakteristik. Eine ägyptische Sprechsitte und ihre Ausprägungen in Folklore und Literatur, Wiesbaden 1967

Sethe, K., Die altägyptischen Pyramidentexte, Leipzig 1908–1922

–, Dramatische Texte zu altägyptischen Mysterienspielen, Leipzig 1928

–, Urkunden des ägyptischen Altertums IV, Graz [2]1961

Sternberg-el Hotabi, H., Die Metternichstele, in: *O. Kaiser* (Hg.), TUAT II/3: Rituale und Beschwörungen II, Gütersloh 1988, 358–380

Vogelsang, F., Kommentar zu den Klagen des Bauern (UGAÄ 6), Leipzig 1913

Wolf-Brinkmann, E.M., Versuch einer Deutung des Begriffes *bꜣ* anhand der Überlieferung der Frühzeit und des Alten Reiches, Basel 1968

Zaba, Z., Les Maximes de Ptahhotep, Prag 1956

Žabkar, L.V., A Study of the Ba-Concept in Ancient Egyptian Texts, Chicago, IL 1968

Mesopotamien

Ulrike Steinert

„Zwei Drittel Gott, ein Drittel Mensch“

Überlegungen zum altmesopotamischen Menschenbild[1]

I. Einleitung

Wenn wir heute Texte aus dem antiken Mesopotamien wie das *Gilgamesch-Epos* lesen, sind wir trotz unseres fehlenden Verständnisses für uns fremde Details, Gegenstände und Ideen dennoch auf elementar-menschliche Weise berührt von den Helden der Geschichten. Wie wir wünschen sie sich Glück, Gesundheit, ein langes Leben, lieben und hassen, sind tief getroffen vom Tod einer nahestehenden Person und hängen am Diesseits, trotz seiner Unzulänglichkeiten und Entbehrungen. Zugleich wecken die Texte in uns sehr oft ein Gefühl der Fremdheit, der kulturellen Verschiedenheit. Die Distanz, die uns von der Vorstellungs- und Lebenswelt der Kulturen der Sumerer, Akkader, Babylonier, Assyrer trennt, wird nicht zuletzt mitbestimmt durch unseren begrenzten Zugang zu dieser Welt, durch die Lückenhaftigkeit der Quellen, die Selektivität der Überlieferung und die Zufälle ihrer Wiederentdeckung. Hinzu kommt, dass die Texte auf viele unserer Fragen keine oder nur unzureichende Antworten geben, sei es, weil bestimmte Hintergründe und Zusammenhänge, die den Adressaten und Rezipienten der Texte bekannt waren, vorausgesetzt und nicht erläutert werden, oder weil wir es mit „offenen“ Texten zu tun haben, die mehrere Deutungen zulassen.[2] Nicht zuletzt fließen subjektive Wahrnehmungen und kulturelle Erfahrungen des Übersetzers in seine Deutung der Texte ein, die dadurch einem Annäherungsprozess gleicht.

Mit diesen Überlegungen im Kopf möchte man nur mit großer Vorsicht etwas Endgültiges und Umfassendes über die Vorstellungen *der* Babylonier und Assyrer zu ihrer personalen Identität aussagen, zudem die erhaltenen keilschriftlichen Quellen[3] vornehm-

---

[1] Dieser Artikel basiert z.T. auf meiner Dissertation (Aspekte des Menschseins im Alten Mesopotamien), die 2007 an der Universität Göttingen eingereicht wurde und 2012 in der Reihe Cuneiform Monographs erscheint. In den letzten Jahren hat das Interesse an der mesopotamischen Anthropologie in der Altorientalistik zugenommen, obwohl bislang umfassende Studien noch fehlen.

[2] S. dazu die Überlegungen von *Selz*, Offene und geschlossene Texte.

[3] Das erhaltene Schrifttum reicht von Gebrauchstexten (Verwaltungs- und Rechtsurkunden, Briefen) über Königsinschriften, einer reichen Ritualliteratur, Serien von Wort- und Zeichenlisten, Sammlungen von Omina, Gesetzestexten bis hin zu Epen, Mythen, Hymnen, Gebeten, Beschwörungen, Weisheitsliteratur, Sprichwörtern u.v.m.

lich Auskunft über Anschauungen der schriftkundigen Eliten, insbesondere aus dem Umfeld der Herrscherhöfe und Tempel, geben.[4] So stammen die über lange Zeit tradierten Keilschrifttexte wie Mythen, Epen, Rituale und Omina aus dem Kontext der Ausbildung von Schreibern und der Praxis von Gelehrten, z.B. Priestern, Ritualexperten, Heilern, Omenkundigen.[5] Diese Textquellen bieten trotz ihrer Lückenhaftigkeit vielfältige Informationen für die Rekonstruktion der indigenen Anthropologie, wenngleich die mesopotamischen Gelehrten keine systematischen Theorien über das menschliche Wesen in Form philosophischer Abhandlungen verfasst haben. Die Vorstellungen und Traditionen der übrigen Bevölkerung sind dagegen noch weniger zugänglich, obwohl sie Spuren in den Texten hinterlassen haben, z.B. in Sprichwörtern oder Personennamen.[6] Obgleich wir einerseits davon ausgehen, dass jede Gesellschaft als Teil des kulturellen Gedächtnisses über ein kollektives Welt- und Menschenbild verfügt,[7] müssen wir andererseits beachten, dass Kulturen niemals uniform und statisch sind. Die folgende Darstellung vermag lediglich anzudeuten, dass die mesopotamischen Identitätskonzepte alles andere als unveränderlich und einheitlich gewesen sind.[8]

Trotz dieses verhaltenen Auftakts wollen wir im Folgenden eine Skizze des mesopotamischen Verständnisses personaler Identität im 2. und 1. Jt. v. Chr. nachzeichnen. Die Grundlage für diese Betrachtung bilden zum Einen exemplarische akkadische Keilschrifttexte wie das *Gilgamesch-Epos*, Schöpfungsmythen, aber auch therapeutische Rituale und Sprichwörter. Zum Anderen interessieren uns sprachliche Muster der akkadischen Sprache, einer semitischen Sprache, die in diesem langen Zeitraum in Babylonien und Assyrien gesprochen wurde und (neben dem Sumerischen und im 1. Jt. v. Chr. neben dem Aramäischen) die primäre Schriftsprache war. Insbesondere der metaphorische Gebrauch von Termini für personale Bestandteile sowie die Redewendungen für Empfindungen und geistige Prozesse, die auch in Alltagstexten, insbesondere Briefen vorkommen, weisen auf die Identitäts-Konzepte der Sprecher hin.

---

4 Zur Verbreitung der Literalität in Mesopotamien s. z.B. *Wilcke*, Wer las und schrieb.

5 Insbesondere Herrscher, manchmal auch andere Angehörige der Herrscherfamilien und politischen Elite haben sich selbst und ihre Taten durch Inschriften verewigt und sprechen durch diese mit eigener Stimme zu uns (in der 1. oder 3. Prs. Sg.). Mit Inschriften versehene Votivobjekte sind jedoch auch von Stiftern oder Stifterinnen aus der „normalen" Bevölkerung erhalten. Ein Genre der Weisheits- und Belehrungsliteratur, das in der Ich-Perspektive der 1. Prs. gehalten ist, sind die sog. „pseudo-autobiographischen Texte" (s. *Longman*, Fictional Autobiography). Bei diesen Texten handelt es sich nicht um authentische Autobiographien, sondern um (meist) fiktive Berichte, die einem Herrscher in den Mund gelegt werden und häufig lange nach dem Tod ihrer Protagonisten verfasst wurden. Die Rezipienten dieser Texte waren insbesondere Herrscher und die höfische Gesellschaft.

6 Die meisten akkadischen Personennamen sind Satznamen (wie bspw. der Name Nebukadnezar, der im Akkadischen *Nabû-kudur(ra)-uṣur* lautet und „(Gott) Nabû, schütze den Erbsohn!" bedeutet). Ihre Aussagen spiegeln die Religiosität und Wünsche der Namensgeber für den Namensträger wider. Durch die große Zahl an Rechts- und Verwaltungsurkunden aus Mesopotamien kennen wir die Namen von Personen verschiedener sozialer Schichten.

7 Zum Begriff des kulturellen Gedächtnisses s. *Assmann*, Das kulturelle Gedächtnis.

8 Insbesondere sind Unterschiede zwischen den sumerischen (im 3. Jt. v. Chr. lebendigen) und den babylonisch-assyrischen Konzepten des 2. und 1. Jt. v. Chr. zu erwarten.

II. Gilgamesch und mesopotamische Mythen zur Erschaffung des Menschen

Die babylonisch-assyrischen Keilschrifttexte spiegeln eine Auffassung der menschlichen Person wider, die sich als „pluralistisch“[9] und zugleich holistisch bezeichnen lässt. Pluralistisch bedeutet, dass menschliche Personen in Mesopotamien als komplexe Wesen wahrgenommen wurden, die aus einer Vielzahl personaler und transpersonaler Bestandteile zusammengesetzt sind, als „Kompositwesen“.[10] Holistisch nenne ich die mesopotamische Konzeption der Person deshalb, weil sie keinen dualistischen Gegensatz zwischen Körper und Geist, Leib und Seele, zwischen Individuum und Gesellschaft, Selbst und sozialer Rolle aufweist. Das mesopotamische Ideal der menschlichen Person besteht in einer integrierten Einheit multipler Bestandteile, Energien und Kräfte. Individuelle und soziale Charakteristika der Person gehören zusammen wie zwei Seiten einer Medaille.[11] Nach Gebhard Selz ist die holistische Sicht der Person Teil einer generell fehlenden Dichotomie zwischen Materie und Geist im mesopotamischen Denken:

> „Geistige Phänomene haben nicht nur materielle Entsprechungen, sondern die Materie ist der Träger des Geistigen. Das Maß des jeweiligen Anteils kann ganz unterschiedlich sein. ... Die Frage Mesopotamiens richtete sich demnach nicht auf das Prinzip der Göttlichkeit etwa, sondern auf das Maß an Göttlichkeit, das einem Wesen zukommt. Man hat dieses Denken als additives Denken bezeichnet, und in diesem Sinne ist es sammelnd, komparatistisch. Offenkundige Dichotomien sind naturgemäß für dieses Denken von besonderem Interesse.“[12]

Die bisherigen Ansätze zur mesopotamischen Konzeption der menschlichen Person lassen sich in zwei Lager teilen: in Vertreter einer dualistischen Auffassung, der zufolge für die Babylonier und Assyrer die Person aus einem (sterblichen) Körper und einem unsterblichen *eṭemmu* „Geist“ (auch als Seele bezeichnet) zusammengesetzt ist,[13] und Vertreter einer „pluralistischen“ Auffassung, die jeweils einzelne weitere Elemente in den

[9] J. Assmann prägte diese Charakterisierung sowie den Begriff „konstellativ“ für die altägyptische Konzeption der menschlichen Person, in der die Umwelt und die sozialen Beziehungen Teil der Eigensphäre des Individuums bilden, die aus Leib- und Sozialsphäre besteht (s. insbesondere *Assmann*, LÄ 4, 963ff; *ders.*, Zur Geschichte des Herzens; *ders.*, A Dialogue; *ders.*, Tod und Jenseits, 34ff, 116ff).

[10] S. *Selz*, Composite Beings.

[11] Diese Doppelnatur des Menschen wird an der Art und Weise deutlich, wie Personen in akkadischen Texten identifiziert werden: durch Angabe des Namens und der Filiation, d.h. des sozialen Status innerhalb einer Familie. Manchmal wird auch der Beruf genannt.

[12] S. *Selz*, Was bleibt? I., 580.

[13] Besonders *Katz*, Image of the Netherworld; *Dietrich*, Begabung; *ders.* Dichotomie. M. Dietrich weist der Dichotomie „Leib/Seele“ auch die Attribute materiell-immateriell zu, während *Selz* (Was bleibt? II., 87 Anm. 4, 88 Anm. 9) vor einer dualistischen Unterscheidung zwischen Körper und Seele in diesem Sinne warnt.

Blick genommen und als personale Bestandteile interpretiert haben: den Namen,[14] bildliche Darstellungen[15] und die Existenz multipler „Seelen“ personaler bzw. transpersonaler Art.[16]

Hinweise für die pluralistische Konzeption der Person finden sich auf verschiedenen Ebenen und in verschiedenen Textarten.[17] So lassen sich beispielsweise wiederkehrende litaneiartig anmutende Schilderungen körperlichen Leidens in den Gebeten und Beschwörungen, in denen Symptome anhand einer Reihe betroffener Körperteile und -zonen aufgeführt werden, nicht nur als eine literarische Form verstehen, sondern als Ausdruck dieser pluralistischen Konzeption der menschlichen Person.[18] Die Vorstellung von der zusammengesetzten Natur des Menschen äußert sich auch in den mesopotamischen Menschenschöpfungsmythen, die das Modell der Formatio verwenden, denn sie fokussieren auf mehrere Bestandteile (siehe weiter unten zum *Atramḫasīs-Mythos*).

---

[14] *Radner* (Macht des Namens, 19ff, 177 Anm. 960) geht von der Triade Körper, „Geist“, Name aus.

[15] *Bahrani* (Women; *dies.*, Graven Image) zufolge verstand man in Mesopotamien Portraits als anorganische (Ersatz-)Körper, als Extensionen und Substitute der Person. Bspw. stiftete man den Tempeln im 3. Jt. v. Chr. Statuen von sich (sog. „Beterstatuen“), die vor der Gottheit für das Wohl des Stifters beten sollten. Solche in Tempeln aufgestellten Statuen (insbesondere von Herrschern) erhielten häufig Namen und Opfer. *Selz* (Was bleibt? I.; *ders.*, Was bleibt? II.) verbindet zudem das sumerische Wort gidim „Geist“ mit einer bildlichen Darstellung des Verstorbenen, durch die in Bestattungs- und Totenritualen weiterhin Interaktion mit dem Verstorbenen möglich war.

[16] *Trigger* (Understanding, 538) weist auf die Gefahr eurozentristischer Interpretationen hin: „The Mesopotamians are generally assumed to have viewed the body as being animated by a single soul, but their beliefs may have been in advertently misinterpreted to make them more closely resemble modern Western ones.“ Für multiple Seelen s. *Oppenheim*, Ancient Mesopotamia, 199ff; *Bauer*, Der „schlimme“ Tod, 24ff; *Abusch*, Ghost and God; *ders.*, Witchcraft and Anger; *ders.*, Mesopotamian Witchcraft, 27ff; *Scurlock*, Soul Emplacements; *Zgoll*, Traum und Welterleben. Für eine ähnliche Rekonstruktion der sumerischen Seelen- und Persönlichkeitskonzepte des 3. Jt. v. Chr. s. *Selz*, Was bleibt? I., *ders.*, Composite Beings, *ders.*, Was bleibt? II.

[17] *Selz*, (Composite Beings, 39) zufolge gehört die Vorstellung der Person als Kompositwesen zu den Basis-Konzepten mesopotamischen Denkens. Sie findet ihre Entsprechung auf der göttlichen Ebene. Mesopotamische Götter teilen mit den Menschen viele Eigenschaften (abgesehen von der göttlichen Unsterblichkeit und der Tatsache, dass die Götter dem Menschen in vielerlei Hinsicht überlegen sind). Auch Götter sind pluralistische Wesen mit multiplen Erscheinungsformen. Eine Gottheit war durch ihre anthropomorphen Statuen vielfach präsent (in jedem lokalen Tempel, in dem sie verehrt wurde), sie manifestierte sich zudem in Form von Symbolen sowie in Naturerscheinungen und -kräften.

[18] S. z.B. folgende Zeilen aus einer Beschwörung gegen die bösen *asakku*-Dämonen CT 17, 9: 1ff: „Der *asakku*-Dämon näherte sich dem Menschen, (nämlich) seinem Kopf, der *namtaru*-Dämon näherte sich dem Menschen, (nämlich) seiner Kehle, der böse *utukku*-Dämon näherte sich seinem Nacken, der böse *alû*-Dämon näherte sich seiner Brust, der böse Totengeist näherte sich seiner Hüfte, der böse *gallû*-Dämon näherte sich seiner Hand, ein böser Gott näherte sich seinem Fuß. Diese sieben haben ihn zusammen gepackt, sie haben seinen Körper werden lassen wie brennendes Feuer.“ Diese Form der Beschreibung und die dahinterstehende Denkweise wird häufig additiv genannt, s. *Selz*, Composite Beings, 39.

Als Hinweis für die pluralistische Auffassung der Person kann auch die folgende Passage aus der ersten Tafel des *Gilgamesch-Epos* betrachtet werden. Hier wird der Held der Geschichte, ein legendärer König des sumerischen Stadtstaates Uruk, der vielleicht um 2700 v. Chr. gelebt hat, mit folgenden Worten eingeführt:

> „Alle Könige weit überragend, hochberühmt und von schöner Gestalt:
> Der kühne Sproß Uruks, der stößige Stier,
> …
> Stier des Lugalbanda, Gilgamesch, vollkommen an Kraft,
> von der erhabenen Kuh, Wildkuh-Ninsunna gesäugt!
> Hochaufgewachsener Gilgamesch, vollkommen und ehrfurchtgebietend,
> …
> Wer ist es, der sich mit ihm an Königswürde messen könnte
> und zu sagen vermag wie Gilgamesch: ‚Ich, ja, ich bin der König!‘? –
> ‚Gilgamesch‘ ist er seit dem Tage, als er geboren wurde, mit Namen genannt.
> Zwei Drittel an ihm sind Gott, doch sein (drittes) Drittel, das ist Mensch.
> Das Bild seines Leibes entwarf (die Muttergöttin) Belet-ili,
> Nudimmud (wörtl. „Menschenbildner“) vollendete meisterhaft seine Gestalt.“[19]

Diese Passage führt das Idealbild eines herausragenden Individuums und eines Typus (König) vor Augen: Gilgamesch ist von vollkommener Schönheit, kraftstrotzend, gebieterisch. Insbesondere fällt die emphatische Proklamation auf: *„Ich* (*anāku*), ja ich bin der König!“. Gilgameschs Identität speist sich aus dem Bewusstsein für das eigene, individuelle Selbst und aus der sozialen Rolle, die er innehat. Die pluralistische Auffassung personaler Identität kommt jedoch in der Aussage zum Tragen, Gilgamesch sei zu zwei Dritteln Gott und zu einem Drittel Mensch. Sie verdeutlicht, dass in Mesopotamien zwischen Göttlichem und Menschlichem kein unüberwindbarer Gegensatz besteht, sondern dass sich beide Wesenstypen vermischen, ja dass der Mensch Anteil am göttlichen Wesen hat. Diese Vorstellung beruht zum Einen auf den Mythen zur Menschenschöpfung, andererseits auf der Auffassung, dass Menschen und Götter gemeinsam an der Erschaffung des Einzelnen beteiligt sind.[20]

Wie wir waren sich die Alten bewusst, dass sie ihre Existenz zum Grossteil ihren Eltern und Erzeugern verdanken. Als Herrscher, der über gewöhnliche Sterbliche erhaben ist, gilt Gilgamesch in der mesopotamischen Überlieferung als Sohn einer Göttin (Ninsun) und des Königs Lugalbanda.[21] Im *Gilgamesch-Epos* ist Lugalbanda jedoch

---

[19] Tafel I 29–30, 35–37, 45–50; zitiert mit minimalen Änderungen nach *Maul*, Gilgamesch-Epos, 47. Die hier zitierte jungbabylonische Fassung des Epos, erhalten in Texten aus dem 1. Jt. v. Chr., schrieben die Babylonier dem Gelehrten Sîn-leqe-unninni zu, der möglicherweise gegen Ende des 2. Jt. v. Chr. gelebt hat.

[20] Bspw. wird das ungeborene Baby in Geburtsbeschwörungen in einem Atemzug „Geschöpf der Götter, Geschöpf der Menschen“ genannt, s. *Stol*, Birth in Babyonia, 130.

[21] Viele mesopotamische Herrscher vom 3. bis ins 1. Jt v. Chr. haben sich als leibliches Kind von Gottheiten oder als deren Geschöpf bezeichnet, um ihren Herrschaftsanspruch zu legitimieren oder einen beanspruchten göttlichen Status zu rechtfertigen (s. *Stol*, Birth, 83ff und weiter unten).

zugleich Gilgameschs Schutzgott.[22] Daraus hat Stefan Maul[23] geschlossen, dass ein göttliches Drittel an Gilgameschs Person von seiner Mutter und die anderen beiden Drittel (ein göttliches und das menschliche) von Lugalbanda stammen. Auf gewöhnliche Menschen, Kinder menschlicher Eltern übertragen ist die Person nach diesem Modell jedoch aus zwei menschlichen und einem göttlichen Drittel zusammengesetzt. Wie bei Gilgamesch stammt auch in diesem Fall ein Anteil von mütterlicher Seite und zwei Anteile, darunter der göttliche, von der väterlichen Seite.[24]

Warum aber werden dem Vater zwei Drittel zugeschrieben? Das göttliche Drittel steht für die persönliche Schutzgottheit, die eigentlich eine Familiengottheit ist, da ihre Verehrung in der Familie – d.h. bedingt durch die patriarchalische Familienstruktur im Mesopotamien des 2. Jt. und 1. Jt. v. Chr. – über die väterliche Linie weitergegeben wurde.[25] Folglich sind persönlicher Gott und Gott des Vaters identisch. Jeder Mensch, der einer Familie angehörte, hatte auch eine Schutzgottheit, die zugleich Teil seiner/ihrer Person und transpersonaler Natur war. Denn persönliche Schutzgötter sind einerseits reguläre Gottheiten des mesopotamischen Pantheons, die am Wohnort der Person in Heiligtümern verehrt wurden.[26] Andererseits wurde die persönliche Gottheit als der Person physisch nah, ja sogar als personaler Bestandteil betrachtet, denn sie wird z.B. als „Gottheit meines Kopfes" (*il rēšija/qaqqadija*) bezeichnet.[27]

Nun ist es verlockend noch einen Schritt weiter zu gehen und zu fragen, ob hinter den Dritteln der Person im *Gilgamesch-Epos* konkrete personale Komponenten stehen. Einen Hinweis bietet uns die IX. Tafel des *Gilgamesch-Epos*. Als der Protagonist auf sei-

---

22 Lugalbanda und Gilgamesch wurden als Gottheiten kultisch verehrt (s. *George*, Gilgamesh Epic, 119ff; Wilcke, RlA 7, 118ff).

23 *Maul*, aaO 155 Anm. zu Tf. I 48.

24 Das *Gilgamesch-Epos* geht demnach davon aus, dass sowohl väterliche als auch mütterliche Anteile an der Bildung des Kindes im Mutterleib beteiligt waren, wenngleich in unterschiedlichem Maße. Im Gegensatz dazu wird die biologische Arbeitsteilung von Mann und Frau in der Fortpflanzung im Akkadischen gewöhnlich so ausgedrückt, dass der Vater das Kind zeugt (*reḫû*), während die Mutter lediglich gebiert (*walādu*), was Assyriologen gewöhnlich als Hinweis dafür verstehen, dass die Frau nach mesopotamischer Vorstellung keinen substantiellen Anteil an der Erschaffung des Kindes gehabt hätte, und begründen dies mit der patriarchalischen Familienstruktur im 2. und 1. Jt. v. Chr. (s. *Biggs*, Conception, 2ff; vgl. *Stol*, Birth, 7ff, 200).

25 Der Familiengottheit wird häufig die Erschaffung der Person zugeschrieben (z.B. in Personennamen); auch in Gebeten und Ritualen wird der Betroffene oft als „NN, Kind seines Gottes" bezeichnet (s. für weitere Beispiele *Stol*, Birth, 86; zur Deutung dieser Wendungen s. *Klein*, ‚Personal God', 296f; *Jacobsen*, The Tresaures of Darkness, 158). Da in Variation dieses Motivs neben dem persönlichen Gott und eine persönliche Göttin auftritt, vermutete Thorkild Jacobsen, dass diese Götter die göttlichen Kräfte der Prokreation sind, die sich in den eigenen Eltern manifestieren.

26 Zum Kult der Familiengottheit gehörten regelmäßige Gebete und Opfer, die zum lokalen Tempel gebracht wurden. Zum persönlichen Gott in Mesopotamien s. im Überblick *Streck*, RlA 10, 424ff mit weiterführender Literatur.

27 Der Ausdruck verweist u.a. auf die Vorstellung, dass sich Schutzgötter zu Häupten des Schützlings aufhalten (s. *Steinert*, Aspekte des Menschseins, 178ff).

ner weiten Reise zum Überlebenden der Sintflut im Gebirge auf die übermenschlichen Skorpionmenschen trifft, stellen diese fest: „Der zu uns kommt, sein Körper (*zumru*) ist Fleisch (*šīru*) der Götter.“[28] Diese Aussage ist zum Einen deshalb interessant, weil die Substanz Fleisch in mesopotamischen Menschenschöpfungsmythen eine Rolle spielt. Zum Anderen werden physische Bestandteile der Person wie Fleisch, Blut und Knochen in vielen antiken und rezenten Kulturen auf einen mütterlichen bzw. väterlichen Ursprung zurückgeführt. So besteht häufig die Vorstellung, dass alle weißen/hellen Körpersubstanzen (wie Knochen, Nägel, Sehnen, Gehirn) auf das männliche Sperma, alle dunklen/roten Substanzen (Muskeln, Blut, Haut, Haare) auf das Blut der Mutter zurückgehen, durch das der Embryo im Mutterleib ernährt wird und heranwächst.[29] Eine vergleichbare Vorstellung könnte die folgende altbabylonische Geburtsbeschwörung (1. Hälfte des 2. Jt. v. Chr.) andeuten, die über das ungeborene Baby sagt:[30]

> „Im/vom Wasser des Beischlafs wurde der Knochen erschaffen,
> Im/vom Fleisch der Muskeln (oder: Sehnen) wurde das Baby (wörtl. das zu Gebärende) erschaffen.“

Das Wort „Knochen“ (*eṣemtu*) ist im Akkadischen eine Bezeichnung für das ungeborene Baby.[31] Diese Zeilen könnten die Bildung des Kinds im Mutterleib auf die Kombination aus väterlichen und mütterlichen Substanzen (Sperma bzw. Fleisch/Muskeln des Mutterleibs) zurückführen: Aus dem Sperma entsteht das Skelett, mit dem Fleisch der Mutter wird der Körper des Babys komplettiert. In diese Richtung weist auch der Ausdruck „(eigenes) Fleisch und Blut“, der im Akkadischen metaphorisch für Blutsverwandtschaft steht.[32]

---

28 *George*, aaO 668: 49 *ša illikannāši* UZU DINGIR.MEŠ *zumuršu*. S. auch Tafel X 267ff, wo *Utanapištim* Gilgamesch ermahnt: „Warum, Gilgamesch, jagst du ständig der Trübsal hinterher, der du aus dem Fleisch der Götter und der Menschen [erschaffen bist], den sie (d.h. die Götter) wie deinen Vater und deine Mutter gem[acht haben]?“ (*George*, aaO 694f). Das Wort *šīru* kann metonymisch für den ganzen Körper stehen, s. CAD Š/III, s.v. *šīru* sub 1b–1′. Die Formulierung „Fleisch der Götter“ findet sich noch mehrmals als Königsepitheton (s. CAD I/J, 91b sub 1a–1′).

29 Ähnliche Vorstellungen über „männliche/weibliche“ Körpersubstanzen finden sich in afrikanischen Gesellschaften und in Polynesien/Melanesien (s. *Morris*, Anthropology of the Self, 137ff, 160ff). In der jüdischen und griechischen Gelehrtentradition war die Vorstellung geläufig, dass der Fötus durch Vermischung mehrerer Substanzen, vor allem aus dem Menstruationsblut und dem männlichen Samen entsteht (*Stol*, Birth, 12ff). Leider schweigen die Keilschriftquellen zur Rolle des Menstruationsblutes in der Empfängnis und Bildung des Fötus (*Biggs*, Conception, 2ff).

30 S. *van Dijk*, OrNS 42, 503: 1–4 *ina mê nâkim / ibbani eṣemtum / ina šīr (ši)rḫānim / ibbani (l)illidum*; zitiert in Übersetzung bei *Stol*, Birth, 11.

31 S. *Stol*, Birth, 64f.

32 S. *ders.*, aaO 9; CAD D, s.v. *damu* sub 3. In lexikalischen Listen wird *damu* „Blut“ mit *māru* „Sohn“ geglichen. Im Alten Testament findet sich, ähnlich wie in der zitierten Geburtsbeschwörung, als vergleichbarer Ausdruck für Blutsverwandtschaft die Wendung „Fleisch und Knochen“. In einem zweisprachigen Rechtsformularbuch aus altbabylonischer Zeit (*Landsberger*, MSL 1, 43 Tf. III iii 23ff) werden leibliche Nachkommen eines Mannes als „sein Fleisch (und) sein Blut“ (*šīršu damušu*) bezeichnet und einem Adoptivkind (*lipištu aḫītu* wörtl. „fremder Abkömmling“)

Im oben zitierten Ausschnitt aus Tafel I des *Gilgamesch-Epos* erfahren wir, dass neben Vater und Mutter die Muttergöttin (Bēlet-ilī, wörtl. „Herrin der Götter") und der Gott Ea *alias* Nudimmud (wörtl. „Menschenerschaffer") an der Erschaffung Gilgameschs mitwirkten. Bēlet-ilī entwarf (wörtl. „zeichnete") Gilgameschs körperliche Gestalt, während Ea sie zur Vollkommenheit ausgestaltete. Die Aussage verweist auf die Rolle Eas und der Muttergöttin in mesopotamischen Menschenschöpfungsmythen, denen wir uns nun zuwenden.

Die Rolle der Schöpfergottheiten als Menschenerschaffer wird häufig mit handwerklichen Metaphern beschrieben, z.B. in den Namen der Gottheiten.[33] Die Metaphern deuten an, dass die Bildung und Formung jedes ungeborenen Kindes im Bauch der Mutter als analoger Prozess zur Menschheitserschaffung und als Werk der Götter betrachtet wurde.[34] Kam ein Krüppel zur Welt, galt dies als Zeichen dafür, dass die Muttergottheit bei der Erzeugung des betreffenden Menschen nicht am Werk war, wie es ein sumerisches Sprichwort ausdrückt:

> „Ein Mensch, dessen Knie gelähmt sind, wurde nicht von der Göttin Nintu (im Mutterleib) plaziert, wie man sagt."[35]

gegenübergestellt. Das Wort *lipištu* „Nachkomme" bezeichnet auch eine sperma- bzw. membranartige Substanz (vgl. *Stol*, aaO 9). Diese Bezeichnungen drücken Blutsverwandtschaft durch eine Reihe komplementärer Körpersubstanzen aus (Fleisch/Blut bzw. Sperma (?)). Die Ausdrücke für das leibliche Kind kombinieren eine flüssige und eine feste Substanz; der dritte Ausdruck für das Adoptivkind wählt eine Substanz kontrastiver Farbe (weiß vs. rot). Die Komplementarität der Termini ist zu bestechend, um sie nicht mit beiden Elterteilen in Verbindung zu bringen, auch wenn die akkadischen Formulierungen nur auf den Mann rekurrieren. In einem patriarchalischen System gilt die Abstammung von der Mutter tendenziell als unbedeutend und wird daher nicht betont.

33 Unter den vielen sumerischen Namen und Hypostasen der Muttergöttin finden sich in Götterlisten ^{d}Nin-baḫar „Herrin Töpfer(in)", ^{d}Nagar-nam-lu$_{2}$-u$_{x}$-lu „Zimmermann der Menschheit", ^{d}Nagar-ša$_{3}$-ga „Zimmermann des (Mutter)leibs", ^{d}Nig$_{2}$-zi-gal$_{2}$-dim$_{2}$-dim$_{2}$-ma „Erschaffer(in) von allem, was lebt (atmet)", aber auch ^{d}Mud-keš$_{2}$-da „Blutknüpfer(in)"/„Blutbinder(in)", ein Titel, der an das Verknüpfen der Blutgefäße bei der Erschaffung des Menschen im *Enūma eliš* erinnert (s. unten; vgl. zu den Namen *Stol*, Birth, 74). Die Muttergöttin ist nicht nur „die Herrin des Erschaffens, die ihr Werk im Bauch, dem Ort der Dunkelheit, vollbringt" (*Stol*, aaO 75 mit Anm. 162), sondern auch eine weise Hebamme, die die Nabelschnur durchschneidet und dem Menschen sein Geschick bestimmt (s. ausführlich *Stol*, ebd.). Analoge Titel der Bēlet-ilī in akkadischen Texten sind „die das Geschöpf formt" (*pātiqat nabnīti*) und „Herrin des Mutterleibs" (*bēlet rēme*), s. *Stol*, aaO 78; CAD P, 264 sub 1d.

34 Viele Herrscher des 2. und 1.Jt. v.Chr. bezeichnen sich in diesem Zusammenhang als „Geschöpf" (*binûtu*) oder „handwerkliches Produkt (*liptu*)" einer Gottheit (*Stol*, Birth, 86f); in Personennamen und Sprichwörtern gilt häufig der persönliche Gott als Schöpfer der Person.

35 *Alster*, Proverbs, 203, Coll. 12 Sec. C 9. Nintu ist eine weitere sumerische Muttergöttin. Das Sprichwort spielt auf den kontemporären sumerischen Mythos *Enki und Ninmaḫ* an, in dem Enki und die Muttergöttin eine Reihe behinderter und abnormaler menschlicher Wesen erschaffen (als Ätiologie für körperliche und geistige Behinderungen, s. *Stol*, Birth, 110).

In den sumerischen und akkadischen Menschenschöpfungsmythen finden sich verschiedene Formen der Anthropogonie und -genese,[36] die unterschiedlichen Traditionen folgen: die Emersio (das Hervorspriessen der Menschen wie Pflanzen aus der Erde),[37] die Formung aus Lehm[38] und die Metamorphose durch Tötung und Transformation eines Gottes. Jede Erschaffung ist in Mesopotamien begleitet von einer „Schicksalsbestimmung“ (sum. nam-tar, akk. *šīmtu*), der Rollen-/Funktionszuweisung an das geschaffene Wesen.[39] Neben der kollektiven Bestimmung des Menschen, zu der die Arbeit für die Götter und die Sterblichkeit gehören, besitzt jede einzelne menschliche Person eine eigene Bestimmung, die von den Göttern meist vor oder zum Zeitpunkt der Geburt festgelegt wird.[40] Zur Bestimmung des Einzelnen gehören verschiedene Aspekte der Person: physische Charakteristika,[41] Geschlecht und Genderrollen,[42] die soziale Position,[43] Glück/Unglück im Leben,[44] die Länge des Lebens und der „Tag der Bestimmung“, d.h.

---

36 S. zu den Menschenschöpfungsmythen *Pettinato*, Das altorientalische Menschenbild; *Bottéro/Kramer*, Lorsque les dieux, 502ff; vgl. *Heimpel*, RlA 8, 546f § 5.3; jüngst *Dietrich*, Begabung; *ders.*, Dichotomie.

37 *Pettinato*, aaO 30ff. In Analogie dazu wird das Wachstum des Embryos im Mutterleib auch wie das einer Pflanze beschrieben. So preist eine sumerische Hymne die Getreidegöttin Nisaba: „Du legst den Samen in den Mutterleib, vergrößerst das zu Gebärende im Mutterleib“ (zitiert bei *Stol*, Birth, 79).

38 Das komplementäre Idiom zur Erschaffung aus Lehm ist das des Todes (wieder zu Lehm bzw. zu Erde/Staub werden).

39 Die durch die Götter bewirkte „(Daseins-)Bestimmung“ (sum. nam-tar, akk. *šīmtu*) gehört zu den zentralen Konzepten der mesopotamischen Anthropologie und Kosmologie (*Klein*, RlA 9, 142ff; *Lawson*, Concept of Fate; *Rochberg-Halton*, AfO 19, 363ff,; *dies.*, JNES 58, 54ff). Zur Bestimmung des Einzelnen s. *Oppenheim*, Ancient Mesopotamia, 198ff.

40 Zumeist erfolgt die Festlegung der Bestimmung im Mutterleib. Nabonid bezeichnet sich als König, „dem Sîn und Ningal (schon) im Leib seiner Mutter seine Bestimmung zur Königsherrschaft festgelegt haben“ (*Schaudig*, Inschriften Nabonids, 416 I 4–5), während einer Inschrift Assurbanipals zufolge seine Bestimmung zum König im Kindesalter erfolgte (*Bauer*, Inschriftenwerk, 2, 87:24; Ergänzungen s. *Borger*, BIWA, 330f (zu K. 2867 +); vgl. *Stol*, Birth, 87). Für mehr Informationen zur persönlichen Bestimmung s. *Steinert*, aaO 57ff.

41 Die mesopotamischen Gelehrten zogen eine Verbindung zwischen der physischen Erscheinung des Menschen und seiner Bestimmung, denn das entsprechende morphoskopische Kompendium *Alamdimmû* handelt nach Aussage eines Katalogs von den „Gesichtszügen und der gesamten (äußeren) Gestalt (des Menschen), der Bestimmung der Menschheit, die Ea und Asalluḫi festgelegt haben“ (*Böck*, Morphoskopie, 55). Mithilfe der morphoskopischen Omina wurden zudem Schlüsse vom Aussehen einer Person auf ihren Charakter gezogen.

42 S. *Stol*, Birth, 63 mit weiterer Literatur. Nach sumerischen Geburtsbeschwörungen sollen dem Neugeborenen die zu seinem Geschlecht gehörenden Genderattribute gezeigt werden (Waffe bzw. Spindel/Nadel). Der Zeitpunkt der Schicksalsbestimmung wird auch mit dem Abschneiden der Nabelschnur assoziiert, das die Geburt des Kindes abschließt.

43 S. *Stol*, aaO 143. So bezeichnen eine Reihe von Königen die Berufung zum Herrscher als ihre „Bestimmung“, s. oben.

44 Konzipiert als „gute/schlimme Bestimmung“. Der in einer altbabylonischen Sprichwortsammlung erhaltene Ausspruch „Ich wurde an einem Tag mit einer schlimmen Bestimmung geboren“ (*Alster*, Proverbs, 47, Coll. 2.5, vielleicht eine verbreitete Redensart, mit der persönliches Missgeschick im

der festgelegte Tag, an dem ein Mensch sterben wird (oder wie es im Akkadischen heißt: „zu seiner (letzten) Bestimmung geht").[45] Das Konzept „Bestimmung" zeigt, dass sich der Einzelne in Mesopotamien in seiner Existenz entscheidend durch äußere Faktoren determiniert sah, aber seinem Schicksal nicht hoffnungslos ausgeliefert gegenüberstehen musste: Die ohnehin wankelmütigen Götter konnten das Los des Einzelnen nachträglich abändern, zum Guten oder Schlechten.[46]

Kontrastiv zu der im *Gilgamesch-Epos* beschriebenen Drittelnatur wollen wir nun die Erschaffung des Menschen im *Atramḫasīs-Mythos* betrachten.[47] Dort erschaffen Ea und die Muttergöttin den „Prototyp Mensch" (*lullû*) aus Lehm sowie aus dem Fleisch und Blut eines „geschlachteten" Gottes, dessen charakteristische Eigenschaft „Verstand" (*ṭēmu*) ist.[48] Der weise Ea verfasst den Plan und reinigt den Lehm mit seiner Beschwörungskunst; die Muttergöttin stellt das Lehmgemisch her, in dem „Gott und Mensch miteinander vermischt sind" und auf das alle Götter zudem ihren Speichel spucken. Der Mythos berichtet zudem, dass das Fleisch des getöteten Gottes noch eine weitere Komponente enthält, den *eṭemmu* „(Toten-)Geist":

> „Es antworteten mit ‚Ja' in der Versammlung,
> Die großen Anunnaku, die die Schicksale zuweisen, …
> Den Gott *Wē-ila*, der Verstand besitzt,[49]
> schlachteten sie in ihrer Versammlung.
> Mit seinem Fleisch und seinem Blut
> vermischte Nintu den Lehm,
> <sodass der Gott (*ilu*) selbst und der Mensch (*awīlu*) zusammen mit dem Lehm vermischt wurden.>

Leben erklärt wurde), verweist auf die in Mesopotamien gepflegte hemerologische Unterscheidung guter und böser Tage und auf die Tradition, die „Bestimmung" eines Menschen mit dem Tag seiner Geburt zu verknüpfen. Geburtshoroskope, die auf Astrologie basieren, sind eine Weiterentwicklung dieser Traditionen und in Mesopotamien erst spät, in persischer und seleukidischer Zeit bezeugt.

45 *Lawson*, aaO 52; *Oppenheim*, Ancient Mesopotamia, 198ff. Das sumerische Konzept nam-tar (akk. *namtaru*) tritt auch personifiziert als Unterweltsgott und -dämon auf (s. *Klein*, RlA 9, 142ff).

46 S. z.B. folgendes Gebet an die Göttin Ištar (*Zgoll*, Kunst des Betens, 193: 13f): „Du setzt schon in der Menschen Mutterleib Armut und reichliche Fülle fest. Veränderst du aber das Geschick, gedeiht der Schlechte."

47 Zu diesem Mythos, dessen älteste Textzeugen aus der 1. Hälfte des 2.Jt. v.Chr. stammen, s. *Lambert / Millard*, Atra-hasīs; *Shehata*, Bibliographie. Eine neuere englische Übersetzung findet sich bei *Foster*, Before the Muses, 227ff; für verschiedene Diskussionen der Menschenschöpfungspassage s. *Abusch*, Ghost and God; *Wilcke*, Weltuntergang; *Stol*, Birth, 112ff; *van der Stede*, Mourir, 21ff.

48 Tf. I 189–248; s. *Lambert / Millard*, aaO 56ff; *Foster*, aaO 235ff; für Varianten s. *George / Al-Rawi*, Iraq 58, 170f: 91ff.

49 Der Name des geschlachteten Gottes, der sich auch *Aw-ilu* lesen lässt, spielt mit den akkadischen Wörtern für „Mensch" (*awīlu*) und „Gott" (*ilu*). Er liefert somit eine Ätiologie für das akkadische Wort „Mensch". Das erste Namenselement, das verschieden gedeutet wird, (*We/Aw*) besteht aus dem Keilschriftzeichen PI, das auch „Ohr, Verstand" gelesen werden kann (sum. geštu). S. dazu *Alster*, *ilū awīlum*.

> Für alle zukünftigen Tage hörte [man die Trommel];
> im Fleisch des Gottes [war] der *eṭemmu*,
> Dem Lebenden gab er [sein] Wesensmerkmal zu erkennen,
> Damit es kein Vergessen gibt, [war da] der *eṭemmu*.“[50]

Der *eṭemmu*-„Geist“ ist das, was von der Person nach ihrem Tod in der Unterwelt weiterexistiert. Er tritt zwar erst mit dem Tod aktiv in Erscheinung, ist hier aber von Anfang an als konstitutiver Teil der physischen Matrix des Menschen gedacht. Die letzten beiden Zeilen dieser viel diskutierten Textpassage, die mit der klanglichen Ähnlichkeit zwischen den Wörtern *ṭēmu* „Verstand“ und *eṭemmu* „Geist“ spielt,[51] lassen sich so verstehen, dass der Verstand das „Wesensmerkmal“ des lebenden Menschen ist, das sich nach dessen Tod fortan in der Form des *eṭemmu* manifestiert. Beide Komponenten „Verstand“ und „Geist“ sind Bestandteile des Menschen, die mit Erinnerung, dem „Nicht-Vergessen“ zu tun haben. Erinnerung und Nicht-Vergessen stehen in Mesopotamien für die Bewahrung des Wissens um den göttlichen Ursprung aller Dinge, Werte und Traditionen, welche die von den Göttern eingerichtete soziale Ordnung aufrechterhalten, die im Wesentlichen auf der Arbeit der Menschen zur Versorgung der Götter beruht. Die Aufrechterhaltung der Ordnung aber ist nur möglich, wenn eine Verbindung zwischen Individuum, Gesellschaft und den kulturellen Traditionen besteht. Der „Verstand“ ermöglicht die Verinnerlichung kultureller Werte und garantiert, dass der Einzelne seinen diesseitigen sozialen Aufgaben und Pflichten nachkommt und als Mitglied der Gesellschaft funktioniert. Der „Geist“ dagegen ermöglicht dem Einzelnen, dass etwas von ihm nach dem Tod weiterexistiert und seine Identität bewahrt bleibt. Dass der Verstorbene nicht dem Vergessen anheimfällt, hängt jedoch von der aktiven Erinnerungsleistung der eigenen Hinterbliebenen im Rahmen des Totenkults ab (s. dazu auch Abschnitt IV).

Im babylonischen Weltschöpfungsmythos *Enūma eliš* wird die Menschheit ebenfalls aus einer getöteten Gottheit erschaffen. Der Gott Marduk, Sohn des Ea, tritt in diesem Mythos als Ideengeber, Ea als umsetzender Handwerker in Erscheinung. Dort dient das Blut einer rebellischen Gottheit als Ausgangsmaterial; Ea kreiert die Struktur des menschlichen Körpers, indem er Blutgefässe wie ein textiles Gewebe verknüpft und Knochen formt.[52]

Aus diesem Exkurs in die mesopotamischen Schöpfungsmythen ist deutlich geworden, dass diese keine konsistente Triade personaler Bestandteile kennen, wie es die Drittelnatur Gilgameschs im *Gilgamesch-Epos* nahelegte, sondern dass in jeder Dichtung unterschiedlich viele, variierende Substanzen zur Erschaffung des Menschen dienen, was auf einen gewissen Pluralismus indigener Konzepte verweist. Der *Atramḫasīs-Mythos*

---

50 Tf. I 218–230.

51 Zur Assoziation zwischen *ṭēmu* „Verstand“ und *eṭemmu* „Geist“ s. *Abusch*, Ghost and God. Tzvi Abusch vermutet, dass der *eṭemmu* im lebenden Menschen den Herzschlag bewirkt, der mit der Metapher der Trommel (*uppu*) gemeint sei.

52 Tf. VI, 1–8, 31–34; s. *Lambert*, Enuma Elisch, 591f; *Talon*, *Enūma eliš*, 62f. Der Text geht auf die 2. Hälfte des 2. Jt. v. Chr. zurück. S. auch *Dietrich*, Begabung, 56ff; *ders.*, Dichotomie.

spiegelt, indem er die meisten Substanzen einbezieht (Blut, Fleisch, Speichel und Lehm) am deutlichsten das pluralistische Modell bzw. den Kompositcharakter der menschlichen Person wider. Wie in der oben zitierten Geburtsbeschwörung stoßen wir in der Menschenschöpfung im *Atramḫasīs-Mythos* und *Enūma eliš* auf Gemeinsamkeiten, z.B. auf die gleiche kontrastive Farbsymbolik der verwendeten Substanzen: In beiden Mythen wird der Mensch aus weißen/hellen (Knochen, Speichel) und roten/dunklen Substanzen (Fleisch, Blut und der anorganischen, leblosen Substanz Lehm) zusammengesetzt.

Neben den physischen Komponenten wird dem Menschen im *Atramḫasīs-Mythos* auch die Komponente „Geist" mitgegeben. Hier zeigt sich ein interessanter Unterschied zur biblischen Menschenschöpfung im Buch Genesis, in der Jahweh dem Adam seinen Geist/Lebenshauch einbläst und das Geschöpf aus Lehm zu einem lebendigen Wesen macht. Im biblischen Schöpfungsbericht ist bereits eine deutlichere Unterscheidung zwischen Körper/lebloser Materie und göttlichem Geist angelegt, während der *Atramḫasīs-Mythos* sowohl physische als auch geistige Komponenten auf göttlichen Ursprung zurückführt und Körper/„Geist" aneinander koppelt.

Anschließend an die Farbkomplementarität der physischen Komponenten im *Atramḫasīs-Mythos* und im *Enūma eliš* lässt sich noch eine Überlegung anschließen. In beiden Mythen wird der Mensch aus einer Kombination von festen und flüssigen Materialien erschaffen. Betrachten wir schließlich die Charakteristika, die dem *eṭemmu* zugeschrieben werden, so kommt ein dritter „Zustand" ins Spiel: Luft- oder Windförmigkeit.[53] Kurzum, es lässt sich spekulieren, ob sich die Drittelnatur der Person im *Gilgamesch-Epos* auf die Qualitäten fest-flüssig-„windförmig" beziehen könnte, als stoffliche Eigenschaften, die den multiplen personalen Bestandteilen jeweils zugeordnet worden wären.

III. Zur Lokalisierung geistig-psychischer Prozesse und Einheit von Körper und Selbst

Aus der deutschen Sprache sind uns eine Reihe von Redewendungen vertraut, in denen zwei personale Bestandteile komplementär nebeneinander gestellt werden. Formulierungen wie „mit Herz und Hand", „mit Herz und Verstand", oder „mit Leib und Seele" drücken die Maxime aus, dass die verschiedenen Komponenten einer Person als integriertes Ganzes funktionieren und zusammenarbeiten sollten. In diesen Wendungen wird nicht nur die Einheit, sondern auch Ausgeglichenheit zwischen den verschiedenen

[53] Windförmigkeit ist in Mesopotamien eine Eigenschaft, die vielen Dämonen und Geistern zu eigen ist. Der Geist des Verstorbenen musste bspw. in Bestattungsritualen vom Leichnam getrennt werden; dieser Vorgang wird „Wegblasen/Freilassen des Windes" genannt (*Scurlock*, Soul Emplacements; *Katz*, Funerary Rituals; *dies.*, The Naked Soul), was nahelegt, dass ein Zusammenhang zwischen dem beim Tod aufhörenden Atem und dem Totengeist gezogen wurde. Vgl. auch Abschnitt IV.

Komponenten idealisiert: zwischen Wünschen, Wollen und Handeln, zwischen Ratio/ Denken und Fühlen, zwischen materiellen und immateriellen Komponenten.

Auch das Akkadische kennt solche Formulierungen. Ein Beispiel liefern die Wendungen, mit denen Sprecher ihr Wohlbefinden ausdrücken oder anderen Wohlergehen wünschen. Statt „Ich bin gesund und munter“ sagt man im Akkadischen „mein Fleisch“ bzw. „mein Inneres/Herz ist wohl“ (*šīrī* / *libbī ṭāb*); man wünscht sich oder anderen *ṭūb šīrī* „Wohlsein des Fleisches“ und *ṭūb libbi* „Wohlsein des Inneren/Herzen“.[54]

Die akkadische Sprache verfügt über ein äußerst reiches Repertoire an Redewendungen für geistige und psychische Prozesse, als deren konstitutives Element personale Komponenten, insbesondere Körperteilbezeichnungen, auftreten, wobei der lange Überlieferungszeitraum, sprachliche Veränderungen und dialektale Varianten eine nicht unbedeutende Rolle spielen.

Im semantischen Spektrum der akkadischen Körper- und Körperteiltermini fällt erneut ins Auge, dass sich die Bereiche Körper – Seele – Geist (Emotionen, psychisch-mentale Vorgänge) überlagern. Der ganze Körper oder Körperteile sind Sitz oder Träger des Selbst, d.h. von Bewusstsein, Empfindungen, Affekten, Intellekt, Gedanken, Wissen, Erinnerungen etc.[55] In manchen Wendungen stehen Körperteilbezeichnungen für die Person als Ganzes und sind durch ein Personalpronomen ersetzbar.[56]

Eine besonders wichtige Rolle in Verbindung mit Emotionen und geistigen Prozessen spielen im Akkadischen das Körperinnere und bestimmte innere Organe, in Gestalt der Termini *libbu* „Herz, Bauch, Leib“, *qerbu* „Körperinneres“, *karšu* „Bauch, Magen“, *kabattu* „Bauch, Leber(?)“ (wörtl. „die Schwere“).[57] In diesen Kontexten bewegt sich das semantische Spektrum der Termini im Bereich „Gemüt, Sinn, Empfinden, Einstellung,

---

[54] Häufig in den Grußformeln von Briefen, aber auch in Gebeten und Königsinschriften. Die Aufzählung kann erweitert sein wie im folgenden Beispiel: „Mir, Sargon ..., möge er (der Gott Aššur) als mein Schicksal Erhaltung des Lebens (*balāṭ napišti*), ferne Tage (lange Lebenszeit), einen gesunden Leib (*ṭūb šīri*), Herzensfreunde (*ḫūd libbi*) und ein strahlendes Gemüt (*namār kabatti*) bestimmen!“ (*Fuchs*, Inschriften Sargons, 81).

[55] Akkadische Körperteiltermini stehen häufig metaphorisch für mit ihnen assoziierte Aktivitäten und abstrakte Konzepte. Beispielsweise steht die Hand (*qātu*) übertragen für persönliche Macht, Kontrolle und Autorität; Krankheiten werden als „Hand“ einer Gottheit oder eines Dämons bezeichnet. S. für ähnliche semantische Muster im Bereich althebräischer Körperteiltermini *Wolff*, Anthropologie; *Schroer/Staubli*, Körpersymbolik. Zu akkadischen metaphorischen und idiomatischen Ausdrücken mit Körperteilbezeichnungen s. u.a. *Oppenheim*, Idiomatic Akkadian; *Dhorme*, L'emploi métaphorique; *Gruber*, Nonverbal Communication; *Malul*, Legal Symbolism; *Wilcke*, A Riding Tooth; *Mayer*, Idiomatik.

[56] Körperteiltermini, die *pars pro toto* für „Person“ oder Selbst stehen, sind insbesondere Kopf, Stirn, Kehle, Hand, Fleisch, Fuß (CAD s.v. *qaqqadu*, *rēšu*, *pūtu*, *napištu*, *qātu*, *šīru*, *šēpu*; *Malul*, aaO; *Steinert*, aaO) und Bezeichnungen für das Körperinnere.

[57] S. CAD s.v. *libbu*, *qerbu*, *kabattu*, *karšu*; zu den akkadischen Körperteiltermini und innersemitischen Parallelen s. *Dhorme*, aaO; *Militarev/Kogan*, AOAT 278/1.

Verstand, Willen, Libido“[58]. Anhand der sprachlichen Wendungen für Emotionen und geistige Prozesse lässt sich die Rolle dieser Termini illustrieren.[59]

Obgleich das Akkadische die Aufnahme von Wissen und Weisheit insbesondere mit dem Ohr und dem Auge verbindet, wird das Wissen im Inneren bewahrt und angesammelt, das sich dadurch ausdehnt – deshalb wird die Weisheit auch „Weitsein des Inneren/Bauchs“ (*šadāl karši*) genannt (vgl. engl. „broad-minded“). Das Herz „erinnert sich“ (*ḫasāsu*), und man weiß Dinge „im/mit dem Herzen“ (*ina libbi idû*). Den reflexiven Charakter des Nachdenkens versteht das Akkadische als Dialog mit dem eigenen Körperinneren/Herzen: man „spricht“ oder „berät“ sich „mit seinem Herzen/Inneren“ oder mit seinem „Selbst“ (*ramanu*).[60] Denken und Intellekt wird also nicht vorrangig im Kopf lokalisiert.[61] Aus dem Herzen/Inneren kommen auch Antrieb, Wille, Kreativität, Ideen. Das Herz/Innere „trägt sich“ (*libbu/kabattu + našû*) mit Plänen, „bringt“ (*libbu/kabattu + wabālu*) die Person dazu, Ideen und Wünsche zu entwickeln und umzusetzen.

Empfindungen, Affekte und psychische Vorgänge werden im Akkadischen auf verschiedene Weise konzeptualisiert und versprachlicht. Man lokalisierte sie nicht nur im Körperinneren, sondern auch im Fleisch (*šīru*) oder im ganzen Körper (*zumru*; *pagru*). Die Körperteile verhalten sich dabei weniger als aktive Akteure, sondern häufiger als passive Rezeptoren, die von den aktiv aufgefassten Empfindungen affiziert werden. Heftige Emotionen „packen“ (*ṣabātu*) das Innere wie Krankheiten und Dämonen, wenn sie die Person überwältigen. Gefühle werden oft durch äußere Kräfte, besonders durch das Handeln anderer Wesen ausgelöst beschrieben. Zum Beispiel sagte man im Akkadischen, wenn einen jemand verärgerte: „er hat mein Fleisch durchbohrt“ (*šīra saḫālu*) oder „mein Fleisch wird durchbohrt“ (*šīru + saḫālu*). Das Herz kann vor Angst und

---

58 Diese Termini zeichnen sich durch ein ähnliches semantisches Spektrum aus: Sie bezeichnen einerseits bestimmte innere Organe (vor allem Herz und Magen/Darm), andererseits unspezifisch das Leibesinnere. Der semantische Gebrauch der Termini legt nahe, dass psychisch-mentale Vorgänge im Akkadischen primär in einem diffusen Bereich in der Bauch- und Brustgegend, weniger in einzelnen Organen lokalisiert wurden, und dass die Konzeptualisierung dieser Prozesse wenig systematisiert war. Die diffuse Lokalisierung von geistig-psychischen Regungen im Körper beruht auf der alltäglichen Körpererfahrung (erfahrungsnahe Konzepte). Andere innere Organe wie *martu* „Galle(nblase)“ oder *ḫašû* „Lunge“ werden dagegen in der Regel nicht mit psychisch-mentalen Vorgängen assoziiert. Lediglich die Nieren (*kalâtu*) empfinden manchmal Leid/Ärger (werden „durchbohrt“). Einen Spezialfall bildet das Wort *rēmu* „Mutterleib, Gebärmutter“, das zugleich „Erbarmen, Mitleid“ bedeutet. Mitleid wird aber auch mit dem Herz (*libbu*) assoziiert.

59 Zu beachten ist bei den Wendungen für mentale und psychische Prozesse, dass viele der darin vorkommenden Verben in gleichbleibender Bedeutung auch ohne Körperteilbezeichnung verwendet werden und diese Termini somit eine verstärkende und lokalisierende Funktion besitzen.

60 Vgl. *Edzard*, Selbstgespräch; *itti ramani/kabatti/libbi malāku/awûldabābu*, z.B. *Gilgamesch-Epos* X 11f: „Sie sprach, ein Wort sagend, mit ihrem Herzen (*libbu*), mit sich selbst (*itti ramaniša*) ging sie zu Rate.“ (*George*, aaO 678).

61 In einer Reihe von Texten wird allerdings ein Zusammenhang zwischen dem Verlust des Verstandes/Wahnsinn und Schlägen auf den Schädel hergestellt, was andeutet, dass die Babylonier das Gehirn mit kognitiven Prozessen in Verbindung brachten (s. *Stol*, Insanity).

Panik „zerbrechen" (*ḫepû*),[62] vor Zorn „brennen" (*libbu/kabattu* + *ḫamāṭu*), sich mit Zorn „füllen" (*malû*) wie ein Gefäß. Hat sich der Zorn entladen, atmet das Innere erleichtert auf (*libbu/kabattu* + *napāšu*), ist „gelöst" (*pašāru, paṭāru*) oder „beschwichtigt" (*nâḫu*) wie ein Sturm, der sich legt.

Da sich Emotionen stets auch auf das körperliche Befinden auswirken, verwundert es nicht, dass im Akkadischen z.B. Sorge und Trauer neben dem Herzen/Inneren auch mit dem Fleisch (*šīru* + *nazāqu*) verknüpft werden. Das Herz einer betrübten Person ist „krank" oder „übel" (*libbu* + *marāṣu*, neben *lumun libbi* „Trauer", wörtl. „Übelkeit des Herzens").[63] Auch die idiomatische Wendung „das Herz frisst jmd." (*libbu* + *akālu*), d.h. „etw. bereuen", beschreibt ein Gefühl auf körperliche Weise.[64] Unter den Ausdrücken für Empfindungen treten auch räumliche Metaphern auf: Depression ist, wenn das Herz „niederstürzt" (*miqit libbi*) oder „tief gemacht" ist (*šapālu*); sexuelle Erregung wird als Prozess verstanden, bei dem das Herz sich „hebt" (*libbu* + *našû*).[65]

Nicht zuletzt zeigt sich in den akkadischen Ausdrücken für geistige Störungen und Bewusstseinstrübung, dass Körper und Bewusstsein als Einheit betrachtet wurden.[66] Wird das Herz „herausgerissen" (*libba nasāḫu*) oder „fortgetragen" (*libba našû*), verliert die Person ihren Verstand. Wenn das Herz/Innere „verstört" oder „verwirrt" ist, „vergisst" man sein Fleisch", d.h. verliert die Selbstkontrolle.[67] Die synonyme Wendung „Vergessen des Selbst" kann den Verlust der Selbstbeherrschung,[68] in medizinischen Texten den Verlust des Bewusstseins für die eigene Identität bezeichnen und wird mit geistiger Verwirrung und Wahnsinn assoziiert.[69] Häufig treten in diesen Kontexten die Wörter *ramanu* „Selbst" und *ṭēmu* „Verstand" nebeneinander auf.[70]

---

[62] In den medizinischen Texten kommen entsprechende nominale Ausdrücke mit *libbu* „Herz" zudem als Krankheitsbezeichnungen vor, z.B. *ḫīp/miqit libbi* „Depression (wörtl. „Herzensbruch/-sturz").

[63] Der analoge verbale Ausdruck mit *lemēnu* „böse sein/werden" und *libbu* steht dagegen für Zorn (*libbu* + *lemēnu* d.h. „das Herz erbost sich").

[64] In medizinischen Texten bedeutet das Verb *akālu* bezogen auf Körperteile dagegen „schmerzen".

[65] Es gab medizinisch-rituelle Behandlungen, um *nīš libbi* „sexuelle Erregung" bei einem Mann herbeizuführen (*Biggs*, ŠÀ.ZI.GA).

[66] *ḫissatu* „Verständigkeit", *milku* „Überlegung, Rat", *šitūl(t)u* „Reflexion" werden mit dem Herz (*libbu*), „Verstand" (*ṭēmu*) und Selbst (*ramanu*) verknüpft. Ratschläge der Mitmenschen „fallen" ins Herz der Person, ähnlich dem deutschen Ausdruck „sich etw. zu Herzen nehmen". Herz und Selbst sind gleichermaßen fähig, Böses zu planen und falsche Entschlüsse zu fassen (s. den Rassam-Zylinder des Assurbanipal; *Borger* BIWA, 21f I 120–21).

[67] S. z.B. *Meier*, Maqlû, 37; vgl. *Schwemer*, Rituale, 140 Nr. 5: 1′f: „Ich schlage deinen Schädel, ich verwirre deinen Verstand (*ṭēmu*); ich verstöre dein Inneres (*libbu*), (sodass) du dich selbst (wörtl. <dein> Fleisch) vergisst."

[68] Die Wendung ist auch in Briefen bezeugt, s. CAD M/1, s.v. *mašû* A sub 1c.

[69] S. dazu *Steinert*, aaO 262ff; *Scurlock / Andersen*, Diagnoses, 320, 384f, 532 u.ö., s. Index 850f sub „mental illness".

[70] In Gebeten wird „Selbstverlust" und Verwirrung des Verstandes z.B. mit Schadenszauber assoziiert und geht mit Apathie und Unfähigkeit zum Entscheiden und Handeln einher, s. *Abusch*, Mesopotamian Witchcraft, 90ff; vgl. *Schwemer*, aaO Nr. 24 Rs. 11f.

Synthetische Ausdrücke, die Körper(teil)termini und das Wort „Selbst“ (*ramanu*) kombinieren, finden sich in vielen verschiedenen akkadischen Texten. Sie dienen dazu, die Einheit zwischen verschiedenen Aspekten des Selbst auszudrücken: zwischen Körper, Bewusstsein, Empfindungen, Willen, Eigenverantwortlichkeit, Motivation.[71]

IV. Der Pluralismus in den mesopotamischen Seelenvorstellungen

Am Ende dieses Artikels wollen wir den nicht unproblematischen Begriff „Seele“ im Kontext der mesopotamischen Identitätskonzepte kurz diskutieren, da dieser Bereich äußerst komplex und schwierig zu verstehen ist. In Anlehnung an das heutige Verständnis des Wortes Seele als „Gesamtbereich des Empfindens und Erlebens“[72] definiert der Altphilologe Peter-Arnold Mumm die Seele als ein „von uns in unserer Wahrnehmung eingenommenes Verhältnis“, durch das „das Individuum sich in anderem wiederfindet“.[73]

In der Religionswissenschaft wurde statt einer einheitlichen Definition eine Seelentypologie entwickelt, um die Vielzahl unterschiedlicher Seelenvorstellungen verschiedener Kulturen zu systematisieren. Diese Typologie, die auch für das Verständnis der mesopotamischen Seelenvorstellungen von Nutzen ist, differenziert insbesondere folgende Seelen-Typen:

1. Die *Vitalseele* reguliert das körperliche Leben im Normalzustand; Spielarten davon sind die *Atemseele*, *Körper-* oder *Organseele* (d.h. der Mensch findet sich in seinem Atem, Körper oder mehreren Organen wieder).
2. Die *Egoseele* reguliert das geistige Leben im Normalzustand und repräsentiert u.a. Selbstbewusstsein, Denken, Gefühle, Gewissen, Willenskräfte.
3. Die *Freiseele* tritt in Trance, Ohnmacht oder Schlaf (als *Traumseele*) in Aktion, löst sich vom Körper und unternimmt Reisen. Im Extremfall tritt sie als *Außenseele* (*Alter Ego*) auf, z.B. in Gestalt eines Schutztiers oder -geists, zu dem die Person ein persönliches Verhältnis empfindet.
4. *Totenseele* oder Totengeist treten als „Fortsetzung des empfindenden Verhältnisses zur Welt jenseits des Todes“ auf.[74]

---

[71] Das Wort *ramanu* „Selbst“ wird in literarischen Texten insbesondere mit *pagru* „Körper, Leib“, *šīru* „Fleisch“ und *šir'ānu* „Sehnen“ kombiniert (*Wasserman*, Style and Form, 6f). In Synonymlisten wird *ramanu* zudem mit *zumru* „Leib“ gleichgesetzt (CAD R, s.v. *ramanu* lex.; *Steinert*, aaO). Tritt das Wort *ramanu* in Rechtstexten (z.B. Gesetzen und Urkunden) auf, drückt es häufig Eigenverantwortung aus: die betreffende Person handelt dann aus eigenem Antrieb bzw. ist sozial unabhängig, ohne Vormund (z.B. in Urkunden, in denen eine Person sich selbst vermietet/in Schuldknechtschaft begibt, s. *Steinert*, aaO 257ff).

[72] S. das Digitale Wörterbuch der Deutschen Sprache unter dem Stichwort „Seele“ (http://www.dwds.de/?qu=Seele&woerterbuch=1; letzter Zugriff: 20.02.2011).

[73] *Mumm*, Die Seele, 3.

[74] *Mumm*, aaO 4, nach *Wernhart*, Seelenkonzepte, 54ff; *Hasenfratz*, Religionswissenschaftliches, 121f; s. auch *Mumm/Richter*, ψυχή, 38f. Frei- und Totenseele übernehmen häufig nach dem Tod die Funktion der Egoseele. Die Freiseele kann auch im Jenseits als Totenseele fortexistieren.

Die Seelen-Typen oder „Seelenepiphanien“ lassen sich z.B. nach Gestalt und Funktion unterscheiden, doch gibt es häufig Unschärfen und Überschneidungen: „eine seelische Epiphanie mag an mehreren Funktionen beteiligt sein, eine Funktion sich auf mehrere seelische Epiphanien verteilen; Verhältnisse mögen wechseln, Gestalten sich wandeln.“[75] Kennt eine Kultur bspw. nur eine unsterbliche Seele, kann diese Charakteristika von Vital-, Ego- und Frei- und Totenseele in sich vereinen. In anderen Kulturen wie in Mesopotamien, wo eine pluralistische und komplexe Auffassung personaler Identität herrscht, finden sich Vertreter für jeden der vier Seelen-Typen, die häufig mehrere Funktionen ausüben und sich deshalb z.T. mit den anderen Seelenepiphanien überschneiden.[76]

1. *Vitalseele*: Das akkadische Wort *napištu* „Kehle, Leben, Person“, das mit dem hebräischen *næpæš* „Kehle, Leben, Person, Selbst, Seele“ verwandt ist, bezeichnet eine mit dem lebenden Körper und dem Atem verbundene Lebensseele oder Lebenskraft, die (anders als *næpæš*) mit dem Aufhören der Atmung beim Tod verlischt.[77] Das Wort *napištu* steht häufig für die (ganze) Person als Lebewesen, ist jedoch im Kontrast zu *næpæš* selten Sitz von Empfindungen oder Seelenregungen.[78] Der vorige Abschnitt hat gezeigt, dass die Babylonier anderen Bestandteilen des Körpers, insbesondere dem Herz/Bauch und Fleisch, Seelen-Eigenschaften zuschrieben. Der Form nach handelt es sich um Körper- oder Organseelen, der Funktion nach jedoch um Egoseelen (sie stehen für Bewusstsein, Empfinden etc.).
2. *Egoseele*: Neben den Körperteilen als Sitz des Selbst trägt der „Verstand“ (*ṭēmu*) in Mesopotamien Züge einer Egoseele. Er vereint geistige Kräfte und die Fähigkeit zu kulturell konformen und sozial angemessenen Denk- und Verhaltensweisen. Ein Mensch, der über *ṭēmu* verfügt, ist fähig zur Reflektion, Entscheidung, zu bewusstem und zielgerichtetem Handeln. Der menschliche Verstand ist göttlichen Ursprungs, denn er geht nach dem *Atramḫasīs-Mythos* auf den getöteten Gott zurück, aus dem die Menschheit erschaffen wurde. Auf den Einzelnen bezogen lässt sich der persönliche Gott als Ego-Potenz und Personifikation des menschlichen *ṭēmu* verstehen.[79]

---

75 *Hasenfratz*, aaO 121.

76 Viele (rezente und antike) Kulturen unterscheiden mehrere Seelenaspekte. Ein weiteres Beispiel für äußerst komplexe Seelenvorstellungen bietet Ägypten (s. *Assmann*, LÄ 4, 963ff; *ders.*, Tod und Jenseits).

77 Die „Lebenskraft“ wird manchmal hauchförmig gedacht, denn *napištu* wird „kurz“, wenn man erstickt, und sie wird als „Wind“ oder „Lebenshauch“ bezeichnet, der von der Gottheit heranweht. In anderen Metaphern wird *napištu* mit dem Blut assoziiert: die „Lebenskraft“ wird „ausgeschüttet wie Wasser“, wenn ein Lebewesen getötet wird; s. ausführlich *Steinert*, aaO 271ff.

78 S. *Steinert*, aaO. Zu *næpæš* s. z.B. *Wolff*, aaO; *Schroer / Staubli*, aaO.

79 S. *Abusch*, Ghost and God, 378ff. Geistesverwirrung gilt in medizinischen Omina als Zeichen für den Zorn des persönlichen Gottes. In einem sumerischen Sprichwort aus der altbabylonischen Zeit heißt es: „Wenn du planst, ist dein Gott bei dir, wenn du nicht planst, ist dein Gott nicht bei dir“ (*Alster*, aaO, s. UET 6/2 253).

3. *Freiseele/Außenseele*: Der persönliche Gott, der eine unabhängige Existenz außerhalb des Individuums führt, könnte der Form nach als eine Außenseele bezeichnet werden. Dem Menschen stehen neben dem persönlichen Gott (bzw. in einem Teil der Texte ein göttliches Paar – *ilu* „Gott" und *ištaru* „Göttin") ein weiteres männlich-weibliches Paar von Schutzgöttern/-geistern, genannt *šēdu* und *lamassu*, helfend beiseite, die sich als externalisierte Egoseelen charakterisieren lassen. Gebeten und Beschwörungen zufolge halten sich die Schutzgötter nahe beim Körper der Person auf und bewirken durch ihre Anwesenheit physische Kräfte und mentale Fähigkeiten wie Gesundheit, Klugheit sowie ökonomischen und sozialen Erfolg im Leben. Verlassen sie den Menschen (aus Zorn über Verfehlungen oder durch Schadenzauber), ist er schutz- und erfolglos, vom Unglück verfolgt und wird zum Opfer böser Dämonen.[80]
   Die akkadischen Texte kennen auch einen Seelenaspekt *zaqīqu*, der als Frei- bzw. Traumseele charakterisiert worden ist, da dieser z.B. im Schlaf bzw. in Zuständen aktiv ist, in denen die Person physisch passiv ist. Das Wort *zaqīqu* bedeutet „Windhauch" und bezeichnet Windgeister, die in der Steppe umherstreifen oder sich an Spukorten aufhalten. Beeinflußt durch sumerische Konzepte wird *zaqīqu* als Kommunikationsmedium und Bestandteil des Menschen konzipiert, der sich zwischen verschiedenen Sphären hin- und herbewegen kann, die physisch nicht überwindbar sind. In akkadischen Texten werden *zaqīqu*-Geister am häufigsten von Göttern als Boten geschickt (als Traumübermittler) bzw. mit Totengeistern und der Unterwelt assoziiert, wenngleich sie im Unterschied zu diesen meist als harmlos gelten.[81]
4. *Totenseele*:[82] Der *eṭemmu* bezeichnet eine Entität, die im Körper des lebenden Menschen (in seinem Fleisch) als passive Komponente angelegt ist, aber nach dem Tod neben dem Leichnam die Person repräsentiert. Der *eṭemmu* ist nach der Typologie der Seelenepiphanien primär eine Totenseele, da er als Bestandteil der leben-

[80] Zu den persönlichen Schutzgöttern als Seelenkomponenten und Aspekten des Selbst s. bereits *Oppenheim*, Ancient Mesopotamia, 198ff. Ihre Charakterisierungen ähneln funktional denen der *Prestigeseele*, einem weiteren Seelentypus (*Hasenfratz*, aaO 122 Anm. 4). Die Schutzgeister *šēdu* und *lamassu* wurden zugleich als personifizierte Wesen und positive Phänomene wie Glück, Erfolg, Gesundheit, Wohlstand, Ansehen, Attraktivität gedacht. Sie bilden einen Schutzschirm vor äußeren Bedrohungen und vermitteln zwischen ihrem Schützling und seiner sozialen Umwelt (Menschen und Götterwelt); s. dazu ausführlicher *Steinert*, aaO.

[81] S. *Scurlock*, Soul Emplacements; ausführlich zu *zaqīqu Zgoll*, Traum und Welterleben sowie *Steinert*, aaO 347ff für einen Vergleich der Entitäten *eṭemmu* und *zaqīqu* und für interkulturelle Parallelen; vgl. *Mumm*, Seele.

[82] Zu den mesopotamischen Toten-, Jenseits- und Unterweltsvorstellungen sowie zum Totenkult gibt es eine große Zahl von Veröffentlichungen. Ich kann an dieser Stelle nur auf einzelne Klassiker und Publikationen der letzten Jahre verweisen, in denen der Leser weiterführende Literatur findet. Insbesondere zu *eṭemmu* s. *Scurlock*, Ghost-Induced Illnesses; *van der Stede*, Mourir; *Cooper*, Wind and Smoke. Zu den Unterwelts- und Jenseitskonzepten sowie zum Totenkult s. *Tsukimoto*, Totenpflege; *Katz*, Image of the Netherworld; *Jonker*, Topography of Remembrance; *van der Toorn*, Family Religion.

den Person abgesehen vom *Atramḫasīs-Mythos* nie erwähnt wird.[83] Da im *eṭemmu* die verschiedenen (physisch-psychischen und sozialen) Aspekte der personalen Identität fortbestehen, besitzt der *eṭemmu* Funktionen und Charakteristika einer Ego- und Körperseele. Er wird als windförmige (d.h. geisterartige) oder schattenhafte Entität beschrieben, die das Aussehen der Person zum Zeitpunkt des Todes bewahrt (zumindest solang sich die Lebenden an den Verstorbenen erinnern).[84] Der *eṭemmu* ist die an Lebenskraft und Körperlichkeit reduzierte, in der tristen und dunklen Unterwelt fortexistierende Person, mit ihren Empfindungen und Erinnerungen an das Diesseits. Die zufriedene Existenz des *eṭemmu* ist zudem abhängig von einem erfüllten Leben, der ordnungsgemäßen Bestattung, die den erfolgreichen Übergang des Verstorbenen in die Unterwelt garantiert, und von einem Erben, der den *eṭemmu* (zusammen mit den Totengeistern der Familie) mit Totenopfern versorgt und seine Identität durch kommunikative Akte des Erinnerns (das „Rufen des Namens") lebendig hält.[85] Die Geister der Toten sind fähig, die Lebenden zu strafen und heimzusuchen. Als bedrohlich galten insbesondere die „bösen" Totengeister von unbestatteten, unversorgten Toten, die man gleich bösen Dämonen und Göttern für Krankheiten wie z.B. Epilepsie verantwortlich hielt.[86]

Literatur

Abusch, T., Ghost and God: Some Observations on a Babylonian Understanding of Human Nature, in: *A.I. Baumgarten* u.a. (Hg.), Self, Soul and Body in Religious Experience, Leiden 1998, 363–383

–, Witchcraft and the Anger of the Personal God, in: *T. Abusch / K. van der Toorn* (Hg.), Mesopotamian Magic. Textual, Historical and Interpretative Perspectives, Groningen 1999, 81–122

–, Mesopotamian Witchcraft. Toward a History and Understanding of Babylonian Witchcraft Beliefs and Literature, Leiden / Boston / Köln 2002

---

83 Es könnte zudem sein, dass der *eṭemmu* nach dem Tod eine Komponente der Person, die vorher existierte, ersetzt, nämlich den „Verstand" (*ṭēmu*), die Verkörperung der geistigen Kräfte des Ego.

84 Die Windartigkeit oder Vogelgestalt der *eṭēmmus* in manchen Texten erinnert an Charakteristika der Freiseele. Diese Beschreibung passt zu den Bestattungsritualen, in denen der *eṭemmu* als Wind (Atem) den Körper verlässt. Diese Art der Konzeptualisierung des Totengeistes als flüchtig und beweglich verträgt sich auch mit der Vorstellung, dass die *eṭemmus* vorübergehend die Welt der Lebenden besuchen konnten, z.B. beim jährlichen Totenfest. Die Aussagen sind allerdings nicht frei von Widersprüchen, denn anderen Texten zufolge sind die Toten(geister) für immer in der Unterwelt, dem „Land ohne Wiederkehr", gefangen (s. *Katz*, Funerary Rituals) – der Tod galt in Mesopotamien als etwas Unwiderrufliches.

85 Das Wort *eṭemmu* ist wohl wie auch das sum. Pendant gidim mit der semitischen Wurzel *qdm* „vorn, früher sein" zu verbinden und als ein Ausdruck für „Ahne(ngeist), Vorvater" zu verstehen (vgl. akk. *qadmu* „vorderer, früherer; Gott"; *Wiggermann*, Theologies, 1869).

86 S. *Scurlock*, Ghost-Induced Illnesses zu den Ritualtexten gegen unzufriedene („böse") Totengeister.

Abusch, T. / Schwemer, D., Das Abwehrzauber-Ritual Maqlû („Verbrennung"), in: *B. Janowski / G. Wilhelm* (Hg.), TUAT. NF Bd. 4: Omina, Orakel, Rituale und Beschwörungen, Gütersloh 2008, 128–186

Alster, B., Proverbs from Ancient Sumer. The World's Earliest Proverb Collections, Bethesda 1997

–, *ilū awīlum : we-e i-la*, „Gods: Men" versus „Man: God", in: *T. Abusch* (Hg.), Riches Hidden in Secret Places. Ancient Near Eastern Studies in Memory of Thorkild Jacobsen, Winona Lake, IN 2002, 35–40

Assmann, J., Persönlichkeitsbegriff und -bewußtsein, LÄ 4 (1982) 963–978

–, Das kulturelle Gedächtnis. Schrift, Erinnerung und politische Identität in frühen Hochkulturen, München 1992

–, Zur Geschichte des Herzens im Alten Ägypten, in: (Hg.), Die Erfindung des inneren Menschen. Studien zur religiösen Anthropologie, Gütersloh 1993, 81–113

–, A Dialogue Between Self and Soul: Papyrus Berlin 3024, in: *A.I. Baumgarten* u.a. (Hg.), Self, Soul and Body in Religious Experience, Leiden 1998, 384–403

–, Tod und Jenseits im Alten Ägypten, München 2001

Bahrani, Z., Women of Babylon. Gender and Representation in Mesopotamia, London / New York 2001

–, The Graven Image. Representation in Babylonia and Assyria, Philadelphia, PA 2003

Bauer, J., Der „schlimme" Tod in Mesopotamien, in: *H. Behrens* u.a. (Hg.), DUMU-E$_2$-DUB-BA-A (Studies in Honor of Åke W. Sjöberg), Philadelphia, PA 1989, 21–27

Bauer, T., Das Inschriftenwerk Assurbanipals, Leipzig 1933

Biggs, R.D., ŠÀ.ZI.GA. Ancient Mesopotamian Potency Incantations, New York 1967

–, Conception, Contraception, and Abortion in Ancient Mesopotamia, in: *A.R. George / I.L. Finkel* (Hg.), Wisdom, Gods and Literature (Studies in Assyriology in Honour of W.G. Lambert), Winona Lake, IN 2000, 1–13

Böck, B., Die babylonisch-assyrische Morphoskopie, AfO Beih. 27, Wien 2000

Borger, R., Beiträge zum Inschriftenwerk Assurbanipals (BIWA). Die Prismenklassen A, B, C = K, D, E, F, G, H, J und T sowie andere Inschriften, Wiesbaden 1996

Bottéro, J. / Kramer, S.N., Lorsque les dieux faisaient l'homme. Mythologie mésopotamienne, Paris 1989

Cooper, J.S., Wind and Smoke: Giving up the Ghost of Enkidu, Comprehending Enkidu's Ghosts, in: *M. Poo* (Hg.), Rethinking Ghosts in World Religions, Leiden / Boston 2009, 23–32

Dhorme, E., L'emploi métaphorique des noms de parties du corps en hébreu et en akkadien, Paris 1963

Dietrich, M., Die Begabung des Menschen mit der „Seele" nach Aussage der anthropogonischen Mythen Mesopotamiens, in: *M. Dietrich / T. Kulmar* (Hg.), Body and Soul in the Conceptions of the Religions / Leib und Seele in der Konzeption der Religionen, Münster 2008, 47–66

–, Die Dichotomie „Leib" und „Seele" in der mesopotamischen Literatur, MARG 20 (2010) 19–36

Edzard, D.O., Selbstgespräch und Monolog in der akkadischen Literatur, in: *T. Abusch* u.a. (Hg.), Lingering over Words. Studies in Ancient Near Eastern Literature in Honor of William Moran, Atlanta, GA 1990, 149–162

Finkel, I.L., The Crescent Fertile, AfO 27 (1980) 37–52

Foster, B.R., Before the Muses. An Antology of Akkadian Literature, Bethesda [3]2005

Fuchs, A., Die Inschriften Sargons II. aus Khorsabad, Göttingen 1993

George, A.R., The Babylonian Gilgamesch Epic. Introduction, Critical Edition and Cuneiform Texts, Oxford 2003

–, / *Al-Rawi, F.N.H.*, Tablets from the Sippar Library VI. Atra-hasīs, Iraq 58 (1996) 147–90

Gruber, M.I., Aspects of Nonverbal Communication in the Ancient Near East, Rom 1980

Hasenfratz, H.-P., Religionswissenschaftliches zur Seelenkonzeption. Am Beispiel Altägyptens, in: *J. Figl / H.-D. Klein* (Hg.), Der Begriff der Seele in der Religionswissenschaft, Würzburg 2002, 121–130

Heimpel, W., Mythologie A.I. In Mesopotamien, RlA 8 (1997) 537–564

Jacobsen, Th., The Treasures of Darkness. A History of Mesopotamian Religion, New Haven 1976

Jonker, G., The Topography of Remembrance. The Dead, Traditions and Collective Memory in Mesopotamia, Leiden / New York / Köln 1995

Katz, D., The Image of the Netherworld in Sumerian Sources, Bethesda 2003

–, Sumerian Funerary Rituals in Context, in: *N. Laneri* (Hg.), Performing Death: Social Analyses of Funerary Traditions in the Ancient Near East und Mediterranean, Chicago, IL 2007, 167–188

–, The Naked Soul. Deliberations on a Popular Theme, in: *J. Stackert* u.a. (Hg.), Gazing on the Deep. Ancient Near Eastern and Other Studies in Honor of Tzvi Abusch, Bethesda, MD 2010, 107–120

Klein, J., 'Personal God' and Individual Prayer in Sumerian Religion, AfO.B 19 (1982) 295–306

–, Namtar, RlA 9 (2001) 142–145

Lambert, W.G., Enuma Elisch, in: *O. Kaiser* (Hg.), TUAT III/4: Mythen und Epen II, Gütersloh 1994, 565–602

Lambert, W.G. / Millard, A.R., Atra-hasīs. The Babylonian Story of the Flood, Oxford 1969

Landsberger, B., Die Serie *ana ittišu.* Materialien zum Sumerischen Lexikon (MSL) 1, Rome 1937

Lawson, J.N., The Concept of Fate in Ancient Mesopotamia in the First Millennium B.C. – Towards an Understanding of *šīmtu*, Wiesbaden 1994

Longman, T., Fictional Akkadian Autobiography: A Generic and Comparative Study, Winona Lake, IN 1991

Malul, M., Studies in Mesopotamian Legal Symbolism, Kevelaer / Neukirchen-Vluyn 1988

Maul, S.M., Das Gilgamesch-Epos, München [4]2008

Mayer, W.R., Die Tätigkeiten und Regungen, Haltungen und Zustände des Menschen im Spiegel der Sprache: Zur akkadischen Idiomatik, OrNS 79 (2010) 304–341

Meier, G., Die assyrische Beschwörungssammlung Maqlû, AfO.B2, Berlin 1937

Militarev, A. / Kogan, L., Semitic Etymological Dictionary. Vol. 1. Anatomy of Man and Animals (AOAT 278/1), Münster 2000

Morris, B., The Anthropology of the Self. The Individual in Cultural Perspective, London / Boulder, CO 1994

Mumm, P.-A., Die Seele als ‚kalter Hauch' des Todes – der sprachgeschichtliche Hintergrund von *psyche*, in: *A. Lang, P. Marinkovic* (Hg.), Bios – Cultus – (Im)mortalitas. Diachrone Beiträge zu Religion und Kultur von den biologischen Grundlagen des Menschen bis zu Hoffnungen auf ein Leben nach dem Tod, Rahden / Westfalen 2011 (im Druck)

Mumm, P.-A. / Richter, S., Die Etymologie von griechisch ψυχή, International Journal of Diachronic Linguistics and Linguistic Reconstruction 5 (2008) 33–108

Oppenheim, A.L., Idiomatic Akkadian, JAOS 61 (1941) 251–271

–, Ancient Mesopotamia. Portrait of a Dead Civilization. Revised edition completed by E. Reiner, Chicago, IL 1977

Pettinato, G., Das altorientalische Menschenbild und die sumerischen und akkadischen Schöpfungsmythen, Heidelberg 1971

Radner, K., Die Macht des Namens. Altorientalische Strategien zur Selbsterhaltung, Wiesbaden 2005

Rochberg-Halton, F., Divination and Fate in Mesopotamia, AfO 19 (1982) 363–371

–, Rezension zu *J.N. Lawson*, The Concept of Fate in Ancient Mesopotamia, JNES 58 (1999) 54–58

Schaudig, H., Die Inschriften Nabonids von Babylon und Kyros' des Großen samt den in ihrem Umfeld entstandenen Tendenzschriften, Münster 2001

Schroer, S. / Staubli, T., Die Körpersymbolik der Bibel, 2. überarbeitete Auflage, Darmstadt 2005

Schwemer, D., Rituale und Beschwörungen gegen Schadenzauber, Wiesbaden 2007

Scurlock, J., Soul Emplacements in Ancient Mesopotamian Funerary Rituals, in: *L. Ciraolo / J. Seidel* (Hg.), Magic and Divination in the Ancient World, Leiden etc. 2002, 1–6

–, Magico-Medical Means of Treating Ghost Induced Illnesses in Ancient Mesopotamia, Leiden 2006

Scurlock, J. / Andersen, B.R., Diagnoses in Assyrian and Babylonian Medicine. Ancient Sources, Translations, and Modern Medical Analyses, Urbana, Chicago, IL 2005

Selz, G., Was bleibt? I. Ein Versuch zu Tod und Identität im Alten Orient, in: *R. Rollinger* (Hg.), Von Sumer bis Homer (FS für M. Schretter), Münster 2004, 577–594

–, Composite Beings: Of Individualization and Objectification in Third Millennium Mesopotamia, ArOr 72 (2004) 33–53

–, Was bleibt? II. Der sogenannte ‚Totengeist' und das Leben der Geschlechter, in: *E. Czerny* (Hg.), Timelines (Studies in Honor of M. Bietak), Leuven 2006, 87–94

–, Offene und geschlossene Texte im frühen Mesopotamien: Zu einer Text-Hermeneutik zwischen Individualisierung und Universalisierung, in: *L. Morenz / S. Schorch* (Hg.), Was ist ein Text? Alttestamentliche, ägyptologische und altorientalistische Perspektiven, Berlin / New York 2007, 64–90

Shehata, D., Annotierte Bibliographie zum altbabylonischen *Atramhasīs*-Mythos *Inūma ilū awīlum*, Göttingen 2001

Steinert, U., Aspekte des Menschseins im Alten Mesopotamien. Eine Studie zu Person und Identität im 2. und 1. Jt. v. Chr. (Cuneiform Monographs 44), Leiden / Boston 2012

Stol, M., Birth in Babylonia and the Bible. Its Mediterranean Setting, Groningen 2000

–, Insanity in Babylonian Sources, Journal des Médicines Cunéiformes 13 (2009) 1–12

Streck, M.P., Persönliche Frömmigkeit, RlA 10 (2005) 424–429

Talon, P., The Standard Babylonian Creation Myth *Enūma Eliš*, Helsinki 2005

Trigger, B.R., Understanding Early Civilizations, Cambridge 2003

Tsukimoto, A., Untersuchungen zur Totenpflege (*kispum*) im alten Mesopotamien, Kevelaer / Neukirchen-Vluyn 1985

van der Stede, V., Mourir au pays des deux fleuves. L'au-delà mésopotamien d'après les sources sumériennes et akkadiennes, Leuven 2007

van der Toorn, K., Family Religion in Babylonia, Syria and Israel. Continuity and Change in Forms of Religious Life, Leiden / New York / Köln 1996

van Dijk, J.J.A., Une incancation accompagnant la naissance de l'homme, OrNS 42 (1973) 502–507

Wasserman, N., Style and Form in Old-Babylonian Literary Texts, Leiden / Boston 2003

Wernhart, K.R., Ethnische Seelenkonzepte, in: *J. Figl / H.-D. Klein* (Hg.), Der Begriff der Seele in der Religionswissenschaft, Würzburg 2002, 45–60

Wiggermann, F.A.M., Theologies, Priests and Worship in Ancient Mesopotamia, in: *J.M. Sasson* (Hg.), Civilizations of the Ancient Near East, New York 1995, 1857–1870

Wilcke, C., A Riding Tooth: Metapher, Metonymy and Synecdoche, Quick Frozen in Everyday Language, in: *M.J. Geller* u.a. (Hg.), Figurative Language in the Ancient Near East, London 1987, 77–102

–, Lugalbanda, RlA 7 (1990) 117–132
–, Weltuntergang als Anfang. Theologische, anthropologische, politisch-historische und ästhetische Ebenen der Interpretation der Sintflutgeschichte im babylonischen *Atra-hasīs*-Epos, in: *A. Jones* (Hg.), Weltende. Beiträge zur Kultur- und Religionswissenschaft, Wiesbaden 1999, 63–111
–, Wer las und schrieb in Babylonien und Assyrien: Überlegungen zur Literalität im alten Zweistromland, München 2000
Wolff, H. W., Anthropologie des Alten Testaments, Gütersloh [6]1994
Zgoll, A., Die Kunst des Betens. Form und Funktion, Theologie und Psychagogik in babylonisch-assyrischen Handerhebungsgebeten an Ištar, Münster 2003
–, Traum und Welterleben im antiken Mesopotamien. Traumtheorie und Traumpraxis im 3.–1. Jahrtausend v. Chr. als Horizont einer Kulturgeschichte des Träumens, Münster 2006

Elektronische Quellen:

Berlin-Brandenburgische Akademie der Wissenschaften, Das Digitale Wörterbuch der Deutschen Sprache: http://www.dwds.de/ [letzter Zugriff. 20.02.2011]

Annette Zgoll

Der oikomorphe Mensch

Wesen im Menschen und das Wesen des Menschen in sumerisch-akkadischer Perspektive

Rainer Michael Boehmer als herzliches Zeichen
des Dankes für die großzügige Unterstützung des
Altorientalischen Seminars Göttingen aus dem Geist
gelebter Weisheit: „Wir sind nur Gäste hier und
was wir haben, ist uns geliehen …“

diĝir-a-ni su-a-na bad-r̂a$_2$
ilšu ina zumrišu ittesi
ama-^{d}Inana-a-ni ša$_3$-kus$_2$-u$_3$ bar-še$_3$ ba-ta-gub
ištaršu muštāltu ina aḫâti ittazīz
Sein Gott hat sich aus seinem Körper entfernt,
seine Göttin, die umsichtige, ist zur Seite getreten.
Ritualserie *Šurpu* 5–6:9–14

Vor allem in Krisenzeiten, in denen das Selbstverständnis des Menschen unsicher und damit zum Problem wird, beginnt er nach seinem Wesen zu fragen, um neue Anhaltspunkte für sein Weltverhalten zu gewinnen. … „Der Mensch fühlt sich in solchen Zeiten deutlich als nicht festgestelltes Wesen, als eines, das zusammen mit seiner Umwelt eine Aufgabe ist und ein riesiger Behälter voll Zukunft“
Grawe, Mensch, 1060 mit *Bloch*, Prinzip Hoffnung, 1, 135.

Wie Kinder in den ersten frühen Bildern
mit Zeichen, die sie eben erst erfunden,
den Mensch in seinen Handlungen schildern,
mit Kopf und Fuß und Augen unverbunden,
und allenfalls noch eine Hand daneben,
dass sie, was immer kommt, mag fassen:
so seh ich abgeschildert auch mein Leben,
das jedem meiner Sinne überlassen.
Von früher hallen zwar noch die Befehle,
doch keiner ist, der hört auf seinem Posten,
entflohn der General, des Ganzen Seele,
und jeder flieht, was immer es mag kosten.
Wer bin ich? Wer? Ein Heer, das im Entgleiten,
haltlos zerstiebt in unbekannte Weiten.
Ganter, Porträt des Alters, aus: Liederbuch Nr. 52

I. Hinführung

1. Herausforderung für die Forschung

Gerade die reichen keilschriftlichen Quellen aus dem antiken Mesopotamien, in den drei Jahrtausenden vor der Zeitenwende in sumerischer und babylonisch-assyrischer Sprache geschrieben, lassen Einblicke in eine frühe städtische Hochkultur zu, welche einerseits durch ihren räumlichen und zeitlichen Abstand ein ganz eigenes Gepräge hat, andererseits durch verschiedene Wege der Übermittlung die jüdisch-christlichen und die griechisch-römischen Vorstellungen berührt hat und damit auch zu den Entwicklungen des modernen westlichen Menschenbildes beigetragen hat. – Eine systematische anthropologische Abhandlung ist in diesen altorientalischen Quellen nicht bekannt. Trotzdem lassen sich verschiedene Blickrichtungen auf den Menschen innerhalb der mesopotamischen Quellen finden, welche reichhaltiges Material an Ideen und Reflexionen über das Menschsein bieten. Auch wenn schon Beiträge zu einzelnen für die Anthropologie wichtigen Quellen oder Fragestellungen erarbeitet worden sind, so ist doch eine umfassende Auswertung noch eine Herausforderung für die Forschung[1].

2. Perspektiven – Differenzierungen – Entwicklungen

Bei einem so umfangreichen Thema wie dem Menschenbild ist *a priori* davon auszugehen, dass Vorstellungen und Ideen nicht durch alle Zeiten der mesopotamischen Geschichte hindurch gleich waren, sondern dass mit unterschiedlichen Modellen und Perspektiven auf den Menschen zu rechnen ist. Bei einer etwa 3000 Jahre umspannenden Geschichte, wie sie sich auf Basis keilschriftlicher Quellen wahrnehmen lässt, und einem von unterschiedlichen Faktoren geprägten Raum[2], ist mit diachronen und dia-

---

[1] Vgl. *Streck*, Person, 430: „Vorarbeiten zum Personenbegriff für den Alten Orient fehlen fast völlig …". – Der vorliegende Beitrag ist geschrieben im Kontext eines nun schon einige Jahre andauernden, angeregten Austausches zu Fragen der Anthropologie mit Christian Zgoll und Martin Ganter, in der „geistigen Heimat" des von Hermann Spieckermann und Reinhard Kratz geleiteten Graduiertenkollegs *Götterbilder – Gottesbilder – Weltbilder*, des *Lichtenbergkollegs* und des *Collegium mythologicum*, drei idealen Göttinger Räumen für die fruchtbare Annäherung an Fragen, Lösungsansätze und Konzepte im Bereich der kulturwissenschaftlichen Forschung. Unterstützung bei der redaktionellen Überarbeitung des Beitrages leisteten Katharina Ibenthal und Tim Brandes, bei der Beschaffung der Literatur war mir Anja Merk wertvolle Hilfe. Den letzten notwendigen Impetus, die Konturen des mesopotamischen Menschenbildes auf den Punkt zu bringen, gab Bernd Janowski mit seiner Einladung, etwas zum „Ganzen Menschen" beizutragen, und seinem Ausharren, als mich das Thema über die vorgesehene Frist hinaus im Griff hielt. Ihnen allen gilt mein sehr herzlicher Dank und die Hoffnung, dass derartige spannende Fragen uns weiterhin im gemeinsamen Austausch verbinden werden.

[2] Nordwest-Mesopotamien mit Regenfeldbau und Südost-Mesopotamien mit Kanalwirtschaft unterscheiden sich z.B. auch in ihrer Affinität zu größeren politischen Strukturen, die im Nordwesten offenbar eher nahelagen als im Südosten mit seinen Stadtstaaten als traditioneller Bezugsgröße.

topen Differenzierungen zu rechnen. Auch Diversifizierungen nach Quellenarten, ihren Verortungen, nach Status oder Amt von Schreibern oder Adressaten sind nötig, müssen aber ebenso der weiteren Forschung vorbehalten bleiben. Grob betrachtet wird sich zeigen, dass es in Mesopotamien mindestens zwei grundsätzlich verschiedene Perspektiven auf den Menschen gab, von denen eine den Menschen als ein Ganzes annimmt, das nach außen hin mit anderen Wesen interagieren kann. Die andere Sichtweise, welche in diesem Beitrag dargelegt werden soll, zeigt den Menschen als offenes Gebilde, in dessen Innerem sich verschiedenste Wesen tummeln können, welche mit ihm und in ihm agieren. Gerade diese zweite Perspektive ist bislang noch kaum wahrgenommen und in späteren Konzepten bis heute nicht prominent, wenngleich sich Vergleichbares in griechisch-römischen Texten und christlich-jüdischen Traditionen finden lässt[3]. Diese andere Konzeption deutlicher herauszuarbeiten setzt sich der vorliegende Beitrag zum Ziel.

3. Methodik und Ziele

Methodisch wird in diesem Beitrag vorwiegend auf induktiver Basis operiert. Indizien aus verschiedenen Quellen, vornehmlich aus Ritualen und literarischen Texten bieten zusammengesehen die Basis, um die konzeptuellen Grundlagen hinter den unterschiedlichen Belegen herauszuarbeiten. Entscheidend hierfür sind Hinweise darauf, dass man in Mesopotamien von ganz verschiedenen Wesen ausging, die sich im Innern des Menschen aufhalten, ihn aber auch wieder verlassen konnten. Modern gesprochen würde man diese „Wesen" teils dem Menschen selbst zuschreiben (etwa als „Geist" oder „Seele"), teils aber auch als unabhängige Instanzen von außen charakterisieren (etwa als „Krankheiten", „Dämonen" oder „Schutzgötter"). Diese Eigenart menschlicher Selbst-

---

[3] Auch in Quellen aus dem antiken Griechenland und aus dem antiken Israel zeigen sich Stellen, denen zufolge die Grenzen zwischen Mensch und Gott offen sind; auch hier können numinose Wesen, Gottheiten oder Dämonen im Menschen wirken. Vgl. etwa die verbreiteten Vorstellungen, dass Dämonen in den Menschen eindringen können bei Griechen und Römern, oder das römische Konzept vom eigenen Genius als persönlichem Schutzgott. In Ps.-Plat. Axiochos 366a wird der Begriff to; τὸ σκῆνος / to skänos (= Behausung/Hütte/Zelt, Grundbedeutung: „Schattenplatz", zu ἡ σκιά / hē skiá = Schatten) auf den menschlichen Körper angewendet: „Diese Behausung hier hat die Natur zu unserem Nachteil rings um uns herum gelegt". In den biblischen Texten gibt es etliche Stellen, die den Menschen als Behausung für Dämonen zeigen, darunter besonders eindrucksvoll gestaltet Mk 5,1–20 vom Mann, der eine ganze „Legion" von Dämonen in sich trägt, oder Mk 1,23–26, vgl. auch *Görg – Kirchschläger*, Dämonen. Daneben stehen Stellen, die den menschlichen Körper als Wohnstätte Gottes zeigen, wie in 1Kor 6,19: „Oder wisst ihr nicht, dass euer Leib ein Tempel des Heiligen Geistes in euch ist, den ihr von Gott habt, und dass ihr euch nicht selbst gehört?" (Übersetzung der revidierten Elberfelder Bibel 2004), vgl. auch 1Kor 3,16, 2Kor 6,16 und andere; in 2 Kor 5,1–4 verwendet Paulus ganz offensichtlich die Metaphern „Behausung" und „Bekleidung" für den menschlichen Körper, ebenso 2 Petr 1,13 f (dort τὸ σκήνωμα). – Derartige Ansätze werden im Verlauf der weiteren Geschichte neu formuliert, vgl. z.B. Angelus Silesius: „Wird Christus tausendmal zu Bethlehem geborn / und nicht in dir, du bleibst noch ewiglich verlorn" (Der Cherubinische Wandersmann I, 61).

wahrnehmung in den sumerisch-akkadischen Quellen gilt es nachzuweisen. Und es geht darum, die dahinter stehenden konzeptuellen Grundlagen zu erfassen – der Mensch als „Haus" – und daraus folgende Konsequenzen für ein vertieftes Verständnis des „ganzen Menschen" in der mesopotamischen Antike zu erkennen und Weichen für die weitere Forschung zu stellen.[4]

II. Der Mensch als durchlässiges Wesen voller Wesen

1. Im Menschen wirken numinose Wesen

Herausragende Geschehnisse und Erlebnisse führen antike mesopotamische Quellen auf das Wirken numinoser Wesen zurück. Wenn etwas den Rahmen des Alltäglichen sprengt, wird es häufig als Auswirkung numinoser Mächte interpretiert. Wenn einem Menschen etwas Herausragendes gelingt oder wenn es ihm besonders gut geht, dann schreibt er dies dem guten Einfluss einer Gottheit zu. Ein solcher Einfluss kann wahrgenommen werden in besonderer Lebenskraft, Gesundheit und sexueller Potenz, in positiven Eigenschaften, in Glück, in seinem gesamten Befinden, seiner Geschichte, seinem Geschick. Ebenso geht man bei besonders negativen Erlebnissen davon aus, dass die Götter sich abgewandt haben und statt ihrer böse Geister oder Dämonen einen Menschen heimsuchen.

2. Der Mensch als Manifestation von Gottheiten

Aber es sind nicht nur die Erlebnisse und Erfahrungen, denen der Mensch objekthaft ausgeliefert ist. Auch bei besonders herausragenden Handlungen, welche der Mensch selbst aktiv vornimmt, werden numinose Mächte am Werk gesehen. Wenn es darum geht, einen Tempel zu errichten, dann erscheint einerseits der Herrscher am Werk, andererseits aber ist es sein Schutzgott, der den Tempel baut: Eine Votivtafel aus Kalkstein zeigt den Herrscher Ur-Nanše beim Tragen des Lehmkorbes für die Erstellung von Ziegeln zum Tempelbau, eine andere Platte aus Diorit nennt seinen Schutzgott Šul-utul in dieser Funktion.[5] An anderen Stellen agieren beide gemeinsam, so etwa auf einem Stelenfragment, wenn der Herrscher Kontakt mit seinem Stadtgott aufnehmen will; dort geleitet ihn sein Schutzgott Ninĝišzida am Handgelenk vor den Gott Ninĝirsu.[6]

---

4 Zur Bedeutung und Begriffsgeschichte des Ausdrucks „Ganzer Mensch" vgl. *Rössler*, Mensch, 1106–1111, *Janowski*, Konfliktgespräche 44.

5 *Selz*, Prototypes, 22f. Zur Kalksteinplatte vgl. *Frayne*, Presargonic, 83f, RIME 1.9.1.2; zur Dioritplatte vgl. *ders.*, aaO 117f RIME 1.9.1.32.

6 *Selz*, Prototypes hat weitere Stellen zusammengestellt, die diese Sichtweise erhärten.

Viele weitere Belege für diese Durchlässigkeit zwischen Mensch und (Schutz-)Gott bzw. für das Wirken des Gottes durch den Menschen hindurch lassen sich finden. So steht im 3. Hauptteil des Kodex Hammurapi (sog. Epilog) der König parallel zu seiner Schutzgöttin (*lamassu*): Er, Hammurapi, hält die Menschen bergend auf seinem Schoß, er müht sich ab, damit sie es in Frieden und umfassendem Wohlergehen (*šulmu*) gut haben sollen, er setzt seine Weisheit ein, um sie zu beschützen. Wenn die Menschen nun gedeihen, würde man dies mit Fug und Recht auf Hammurapis Engagement, insbesondere auf seine Weisheit und seine Rolle als Beschützer und Friedensstifter zurückführen. Eingefügt in diese Zeilen ist aber die Aussage, dass die Menschen durch Hammurapis Schutzgöttin *lamassu* gedeihen:

^{49} *ina utlija* ^{50} *nišī māt Šumerim* ^{51} *u Akkadim* ^{52} *ukīl*
^{53} *ina lamassija* ^{54} *ihhišā*
^{55} *ina šulmim* ^{56} *attabbalšināti*
^{57} *ina nēmeqija* ^{58} *uštapziršināti*

Auf meinem Schoß hielt ich die Menschen des Landes Sumer und Akkad.
Durch meine *lamassu*-Schutzgöttin gediehen sie,
in Frieden/Wohlergehen kümmerte ich mich um sie,
in meiner Weisheit beschützte ich sie.[7]

Solche Stellen machen deutlich, wie stark Mensch und (Schutz-)Gott zusammengehören. Nun könnte man einwenden, dies gelte nur für den König, der *per se* den Göttern nahe stehe, zu bestimmten Zeiten der mesopotamischen Geschichte sogar selbst vergöttlicht sei.[8] Allgemeine Rituale zeigen, dass solche Vorstellungen aber auch für „jedermann" zutreffen konnten.[9] Die zu sprechenden Gebete innerhalb von Ritualen zeigen den Menschen, der die Götter für sich bittet, also Fürbitte für sich selbst hält. Parallel dazu kann man auch die Schutzgottheiten bitten, Fürbitte bei den hohen Göttern zu halten. Mensch und Gott wenden sich hier also mit demselben Anliegen an dieselben Instanzen:

7′ **[dim$_3^?$]-me$^!$-er er$_2$-ma-ra a-ra-zu de$_3$-ra-ab-be$_2$**
ilī ina šakan taqribtim teslītam l[iqbi]
8′ **[ama-^{d}Inana] dingir u$_{18}$-lu-ke$_4$ a-** (unbeschrieben)
ištar awīlim ili awī[lim l]i- (unbeschrieben)

7′ ($^{akk:}$ Mein) Gott möge bei ($^{sum:}$ meinem / $^{akk:}$ der Durchführung des) Fürbittritus Fürbitte sprechen!
8′ Die Göttin (und) der Gott des Menschen m(ögen eine Fürbitte sprechen)![10]

Die Gestalt des Menschen und die seines Schutzgottes konvergieren, können in antiker Perspektive zusammenfallen, weil im Menschen und durch ihn hindurch ein Gott wirken

---

7 Vgl. Kodex Hammurapi Rs.24:49–58; vgl. *Borger*, TUAT 1/1, 76, für den Keilschrifttext vgl. *Bergmann*, Codex; eine rezente Bearbeitung findet sich bei *Richardson*, Laws.

8 Vgl. *Löhnert / Zgoll*, Schutzgott, 312a.

9 Wenn auch vielleicht nicht immer und überall gleichermaßen.

10 Vgl. Gebet BM 78250, CT 44 Nr.24; *Maul*, ‚Herzberuhigungsklagen', 12f:7′.

kann. Umgekehrt impliziert das, dass der Mensch zur Manifestation einer Gottheit werden kann. Er kann die Gottheit repräsentieren wie andere Manifestationsformen z.B. Statuen, Standarten oder Gestirne.[11] So heißt es im Erra-Epos in einem Selbstpreis des Gottes Erra, er sei im Land der König. Das bedeutet umgekehrt, dass der irdische Herrscher in seinem Staat die Verkörperung des Gottes darstellt:

ina šamê rīmāku ina erṣetim labbāku
ina māti šarrāku ina ilāni ezzāku
ina Igigī qardāku ina Anunnākī gašrāku
ina būlim māhiṣāku ina šadî šubâku
ina apī Girrâku ina qīšī magšarāk
ina alāk harranu urinnāku

109 Im Himmel bin ich der Wildstier, auf Erden bin ich der Löwe,
110 im Land bin ich der König, unter den Göttern bin ich der Grimmige,
111 unter den Igigi-Göttern bin ich der Held, unter den Anunnāki-Göttern bin ich der Mächtige,
112 unter dem Vieh bin ich der Niederstrecker, unter den Gebirgen bin ich der Rammbock,
113 im Schilfrohr bin ich das Feuer (lit: Girra, der Feuergott), in den Wäldern bin ich die Streitaxt,
114 auf dem Kriegszug bin ich die Standarte.[12]

Man könnte erwägen, an dieser Stelle das Königtum des Gottes als Metapher für seine Macht zu verstehen. Der Kontext allerdings deutet eher auf eine konkret-wörtliche Interpretation. Dies zeigt sich besonders mit Z.114, welche die Standarte als die konkrete Manifestation des Gottes auf Kriegszügen nennt. Diese Deutungsoption erhält weitere Unterstützung durch eine Stelle aus dem ca. 500 Jahre früheren Tukulti-Ninurta-Epos. Dort heißt es vom assyrischen Herrscher Tukulti-Ninurta, er sei das „ewige Bild Enlils“:

šūma ṣalam ^{d}Enlil dārû šēmu pî nīšē milik māte

Er allein ist die ewige Statue von Enlil, der auf die Stimme des Volkes hört (und) auf den Ratschlag des Landes.[13]

Im Herrscher kann sich eine Gottheit manifestieren, allgemeiner gesagt: Der Mensch kann also als Erscheinungsform der Gottheit fungieren.[14] Folgerichtig konnte man sich

---

[11] Vgl. dazu auch den biblischen Befund in der Interpretation von Gen 1 durch *Lohfink*, Gottesstatue, der die Bedeutung von Genesis 1,27 präzisiert: Der Mensch ist nicht nur „Ebenbild Gottes“, sondern mehr noch: „Statue Gottes“ (hebr. *ṣælæm*, vgl. akkadisch *ṣalmu*). – Im griechischen Kulturraum zeigt sich ein ähnliches Phänomen in umgekehrter Perspektive: In der frühgriechischen Epik werden „Allophanien“, d.h. Erscheinungen von Göttern in der Gestalt von Menschen geschildert, vgl. *Zgoll*, Metamorphose, 157–215, besonders 175–179.

[12] Vgl. Erra-Epos 1:109–114; *Cagni*, Epopea, 68f, vgl. *ders.*, Poem, 30.

[13] Vgl. Tukulti-Ninurta-Epos A V. 1:18′, *Machinist*, Tukulti-Ninurta, 68f.

[14] Vgl. *Selz*, Prototypes, 22–25. Entsprechend brachten es die Dichter des Atramhasīs-Epos auf den Punkt, wenn sie durch die Formung ihres Werkes deutlich machten, dass der Mensch, akkadisch *awīlum*, den Gott, akkadisch *ilum*, in sich trägt, vgl. zuletzt *Wilcke*, Weltuntergang.

vorstellen, dass nicht nur ein menschlicher Übeltäter seine Strafe erhalten müsse, sondern dass mit ihm zugleich auch seine Schutzgottheit, die durch ihn hindurch handelt und als deren Sprachrohr und Handlungsträger er agiert, zur Verantwortung gezogen wird. So etwas lässt sich am „Fall des Lugal-zage-si", in der Bewertung der Iri-ka-gina-Inschrift ablesen. Diese Inschrift liest sich wie eine Apologie des Iri-ka-gina angesichts seiner Niederlage durch Lugal-zage-si. Er betont, allein sein Gegner trage Schuld an allen Freveln, die gegenüber dem Stadtgott begangen worden seien. Diese Frevel solle dessen Gottheit Nisaba auf dem Nacken schleppen – das Bild beschreibt die Freveltaten wie ein schweres Joch oder eine hart drückende Bürde:

8:14 **diĝir-ra-ni** 9:1 **dNisaba-ke$_4$** 9:2 **nam-dag-bi** 9:3 **gu$_2$-na he$_2$-il$_2$-il$_2$**

8:14ff „Seine (= des Lugal-zage-si) Gottheit Nisaba soll diese Verfehlungen auf ihrem Nacken tragen!"[15]

III. Der Mensch als „Haus"

Dass die Gottheit sich im Menschen manifestieren kann, hat sein Pendant in der umgekehrten Redeweise, dass der Mensch „einen Gott bekommen" kann (**diĝir tuku** / *ilam rašûm*).[16] In einem Handerhebungsritual an Ištar sagt es der Beter so:

31a lurši dŠēda damqa ša pāniki
31b ša arkiki ālikat dLamassa lurši

„Möge ich bekommen den guten *šēdu*-Schutzgeist, der vor dir ist,
die, die hinter dir geht, die *lamassu*-Schutzgöttin möge ich bekommen!"[17]

---

15 Inschrift des Iri-ka-gina, *Frayne*, Presargonic, 279: URU-KA-gina RIME 1.9.9.5; Kol. 8:14–9:3. Traditionell wird diese Passage kausativisch übersetzt: „Seine Gottheit Nisaba möge ihn (= Lugal-zage-si) diese Verfehlungen auf seinem Nacken tragen lassen!". Andere Texte aus dem Lagaš des 24. Jh. zeigen aber, dass man die notwendigen Verbalpräfixe zur Anzeige des obliquen Objektes bei Kausativ-Konstruktionen schrieb. Vgl. Schreibungen wie **gu$_2$-na e-ne$_2$-gar** mit der Schreibung **-ne$_2$-** zur Anzeige des Präfixes 3.Sg.OO.PKL {ni}, siehe *Jagersma*, Sumerian, Kapitel 16.3.4 mit Beispielen. Entsprechend interpretiert auch *Wilcke*, Recht, 220f, vgl. dort Anm. 45 zur Forschungsgeschichte dieser Stelle. Diese Übersetzung ohne Kausativ fügt sich ausgezeichnet zur Selzschen Interpretation des Menschen und seines Schutzgottes, der ein „trans-individual part" des Herrschers und als sein „double" angesehen sei (*Selz*, Prototypes, 23; Selz selbst bleibt aus inhaltlichen Gründen bei der kausativischen Übersetzung). Analog zu dem von ihm angeführten Beispiel vom Herrscher Ur-Nanše und seinem Schutzgott Šul-utul, die in Sachen Tempelbau im Austausch füreinander stehen können und funktional identisch operieren, sind es hier Lugal-zage-si und seine Schutzgöttin Nisaba, die in Sachen Strafvollzug im Austausch füreinander stehen und funktional identisch operieren sollen.

16 Vgl. *Vorländer*, Gott, 70f; 77 und passim.

17 Vgl. šu-ila an Ištar Nr. 1, *Zgoll*, Kunst, 196 und 199.

Diese Schutzgottheiten können den Menschen umgeben – so eine häufige Redeweise. Sie können zu seiner Rechten und Linken gehen, können ihm zu Häupten stehen.[18] Aber sie können auch innerhalb des Menschen, in seinem Körper lokalisiert werden. In der Ritualserie *Šurpu* „Verbrennung“ – der Name bezieht sich auf die Verbrenung von substitutiven Materialien während des Rituals – findet sich diese Vorstellung mehrfach ausgedrückt. Es geht in diesem Ritual um den Menschen, der von den verschiedensten Dämonen bedroht ist und nun rituell gereinigt wird, um die schlimmen Mächte, angefangen vom bösen Udug-Geist über übel wollende Totengeister bis zum „bösen Auge“, „bösen Mund“ und üblen Machenschaften zu vertreiben. Diese rituelle Handlung soll zu dem erwünschten Ziel führen, dass die guten Schutzgötter bzw. Schutzgeister sich wieder im Menschen einfinden:

9:84 **[udug sig$_5$-g]a ^{d}lama sig$_5$-ga nam-en-na nam-lugal-la kalam-ma-ke$_4$**
[Der gute Udug-Schutzgott] (und) die gute Lamma-Schutzgöttin von Herrschaft (und) Königtum über das Land sollen
85 **[x x] su-na dag-dag-ga-na he$_2$-en-su$_8$-su$_8$-ge-eš**
[…] in seinem Körper (und) in seiner Wohnung stehen (= anwesend sein),
86 **[ba]r-ni-še$_3$ he$_2$-gub su-na he$_2$-gub**
mögen an seiner „Außenseite“ stehen, mögen in seinem Körper stehen (= anwesend sein).[19]

Dass der Mensch den Gott oder eine Art „göttlichen Funken“ in sich trägt, findet sich auch in kunstvoller literarischer Weise ausgesagt im Mythos von der Menschenschöpfung, wie sie das Atramhasīs-Epos erzählt. Hier werden Mensch und Gott schon in der eröffnenden Zitierzeile eng zusammen gefügt:

inūma ilū awīlu(m)

Als die Götter Mensch waren[20]

Nicht nur, dass Gott und Mensch hier direkt nebeneinander stehen und durch einen inneren Reim aufeinander bezogen sind – im Wort „Mensch“, *awīlu*, ist die Gottheit schon inkorporiert, insofern sich *awīlu(m)* / *awēlum* als *aw-ilu(m)* lesen lässt. Das wird im weiteren Verlauf der Erzählung deutlich, wo der Mensch erschaffen wird aus dem Gott *Ilawēla*, d.h. aus dem „Gott-Mensch“, *il-awēla* – was durch die Möglichkeiten der Schrift noch weiter getrieben wird: Denn hier wird sogar eine Umschließung des

---

18 Vgl. z.B. *imittam u šumēlam bēlī u bēltī ana naṣārika aj īgû* – „Zur Rechten und zur Linken mögen mein Herr und meine Herrin nicht aufhören, dich zu beschützen!“, siehe *Sallaberger*, Bruder, 81 (45b) mit Belegen aus altbabylonischen Briefen.

19 Vgl. Ritualserie *Šurpu* 9:79–86, *Reiner*, *Šurpu*, 47. Tina Suchanek hat 2003 in Leipzig eine Magisterarbeit angefertigt zum Thema „Das *Šurpu*-Ritual. Rekonstruktion und funktionale Analyse. Ein Beitrag zum Verständnis altorientalischer Religion“ inklusive einer Partitur von Tafel 9, die ich einsehen konnte; die Lesung des Zeilenanfangs von Z.86 als **bar** stammt von ihr.

20 Vgl. Atramhasīs-Epos 1:1, vgl. *Wilcke*, Weltuntergang, 73f; *Shehata*, Bibliographie, 23f.

Menschen durch die Gottheit erzielt, indem **ila**-we-e-**i-la** als *il-awēla*^{ila}, d.h. als Gott-Mensch^{Gott} aufzulösen ist (aB Version Z. 223).[21]

Gottheiten können sich also im Inneren des Menschen aufhalten, können in seinem Körper anwesend sein. In Situationen von körperlicher Pein, Krankheit und tödlicher Bedrohung erfährt sich der Mensch allerdings von „allen guten Geistern verlassen“.[22] Man geht davon aus, dass in solchen Situationen die guten, schützenden Gottheiten den Körper verlassen haben:

5–6:9 **lu$_2$-u$_{18}$-lu-bi aš$_2$ hul udu-gin$_7$ šum-ma**
10 *amēlu šuātu arrat lemutti kīma immeri iṭbuhšu*
11 **diĝir-a-ni su-a-na bad-r̂a$_2$**
12 *ilšu ina zumrišu ittesi*
13 **ama-^{d}Inana-a-ni ša$_3$-kus$_2$-u$_3$ bar-še$_3$ ba-ta-gub**[23]
14 *ištaršu muštāltu ina ahâti ittazīz*

Diesen Menschen – ein böser Fluch hat (^{akk}ihn) wie ein Schaf geschlachtet.
Sein Gott hat sich aus seinem Körper entfernt,
seine Göttin, die umsichtige, ist zur Seite getreten.[24]

Der „böse Fluch“ zerstört den Menschen, wobei das Bild des geschlachteten Schafes in doppelter Weise sinnvoll ist. Der Mensch erleidet dieses schreckliche Geschehen wie ein Opferlamm, er ist ihm hilflos ausgeliefert und wird völlig zerstört. Zugleich ist das geschlachtete Schaf ein Bild für den zerstörten Körper, der nicht mehr vollkommen ist. Hier ist nicht mehr gut sein. Infolge dessen hat sich auch der persönliche Schutzgott aus diesem menschlichen Körper entfernt, die persönliche Schutzgöttin ist davongegangen. Das Bild vom Menschen, das hinter diesen Äußerungen steckt, ist damit sehr klar: Der Mensch ist wie ein Haus, in dem verschiedene numinose Wesen wohnen können, d.h. er ist „oikomorph“. Eine andere Möglichkeit, diesen Befund sprachlich einzufangen und für uns heute zu verdeutlichen, findet G. Selz, wenn er betont, dass der Mensch kein „Individuum“ ist, sondern ein „Kompositwesen“.[25] Ähnlich beschreibt *Wiggermann*, Deities 398b die spirituelle Seite des Menschen als zusammengesetzt; Aspekte der menschlichen Persönlichkeit seien durch vergöttlichte externe Seelen vorgestellt. Die hier vorgestellte Beschreibung des Menschen als „oikomorphes Wesen“ fängt die Dynamik ein, welche in den Quellen zu erkennen ist: Dass der menschliche Körper als Ort erscheint, wo numinose Mächte ein und aus gehen können wie bei einem „Haus“.

---

21 Vgl. *Matouš*, Literatur, 1–25; *Wilcke*, Weltuntergang, 78f und *ders.*, Wesen, 244; *Shehata*, Bibliographie, 68f; *Dietrich*, Begabung, 53–55.

22 Auch hinter dieser Wendung stecken dem antiken Mesopotamien entsprechende Vorstellungen.

23 Text A (K 44) -da-, Text D (K 15218) -ta-.

24 Vgl. Ritualserie Šurpu 5–6:9–14, Reiner, Šurpu 1958, 30, auch Suchanek, Šurpu-Ritual.

25 Vgl. *Selz*, Prototypes, 22f; G. Selz spricht vom Schutzgott als über-individuellem Teil des Menschen.

1. Der Mensch als „Haus“ mit „Eindringlingen“ und „Wächtern“: Numinose Wesen im und um den Menschen

Noch deutlicher in den Quellen zu greifen als die Anwesenheit von Gottheiten[26] ist die Anwesenheit von Dämonen im Menschen. Diese negativen Mächte erlebte man innerhalb des eigenen Körpers, insbesondere, wenn man von Krankheit heimgesucht wurde. Teils verschwimmen hier die Grenzen zwischen Dämonen und Krankheiten. Dass Krankheiten als Dämonen aufgefasst werden, wird in Ritualen deutlich, wo beide austauschbar nebeneinander stehen. So finden sich im Handbuch „Einreibung“ (*Muššu'u*) verschiedene Rituale, die sich an Krankheiten bzw. (Krankheits)dämonen wenden, die sich im Körper befinden (*mimma lemnu ša ina zumrika*, Tf.4:22). Diese Dämonen und Krankheiten sollen aus dem Körper heraus nach draußen fortgehen (*aṣû ana kīdim*, Tf.8:81), Gottheiten sollen sie im Körper „(auf)lösen“ (*ina zumri puššuru*, Tf. 4:15); besonders häufig ist die Rede davon, dass man sie aus dem Körper herausreißen will (*ina zumri nasāhum*, Tf. 4:14 und passim).[27]

An solchen Stellen wird deutlich, dass Dämonen als Eindringlinge im Menschen angesehen werden. Zugleich ermöglichen diese Belege es, die Vorstellungen vom oikomorphen Menschen schärfer zu konturieren: Die Idee vom hausartigen Menschen resultiert aus dem klar umrissenen Raum, den der menschliche Körper darstellt.[28] Er wird als Einheit gesehen, die zu Lebzeiten allen im Menschen wirkenden Mächten Raum gibt. Daher ist diese körperliche Einheit so wichtig, dass man auf sie zurückgreift, wenn man prägnant die eigene „Person“ bezeichnen möchte. Dann sagt man nicht einfach „ich“ (**ĝe**$_{26}$ / anāku),[29] sondern verwendet Ausdrücke wie „mein Körper“ (**su** / *zumru*), „mein Leib“ (**ad**$_6$ / *pagru*), teils auch „mein Fleisch“ (**uzu** / šīru).[30]

Diese Einheit „menschlicher Körper“ mit ihren festen Abmessungen, ihrem Inneren und Äußeren und ihren Ein- und Ausgängen kann als Behausung von Dämonen gesehen werden. Dass Dämonen Eingang in den Menschen gefunden haben, äußert sich – so

---

[26] Von Dämonen und Krankheiten im Menschen ist oft die Rede. Ein statistischer Vergleich würde deutlich machen, dass dies nicht gleichermaßen für Gottheiten gilt. Es scheint so, als habe man eher selten und zurückhaltend von Gottheiten im Menschen gesprochen, auch wenn es in diesen Kontexten „nur“ um die Anwesenheit von persönlichen Schutzgottheiten, nicht von Hochgöttern im Menschen geht. Eher sprach man davon, dass die Gottheit den Menschen umgab, dass sie sich zu seiner Rechten und Linken oder zu seinen Häupten befand.

[27] Vgl. z.B. ein Ritual aus der vierten Tafel des Handbuches „Einreibung“ (*Muššu'u*), IV/a Z.14, *Böck*, Handbuch, 150–158;170f und passim. Das Handbuch ist voll von verschiedenen solcher Ausdrücke.

[28] Die mesopotamischen Menschen könnten sich diesen „Raum“ auch wie ein Gefäß vorgestellt haben – doch die Rede von „Wächtern“ weist auf ein hausartiges Konzept.

[29] Diese Redeweise mit selbständigem Personalpronomen kommt eher dann zum Einsatz, wenn man sich selbst im Unterschied zu anderen meint. Auf die eigene Person als solche hingegen deuten die hier genannten Umschreibungen mit körperlichen Bestandteilen.

[30] Vgl. auch unten zum „Kopf“ als entsprechendem Ausdruck.

würde man im antiken Mesopotamien sagen – in deren zersetzenden Aktionen, d.h. vornehmlich in Form von Krankheiten. Höchst bedeutend ist es daher, sich mit starken Verbündeten zu umgeben, welche solch schreckliche Eindringlinge in den Menschen abzuhalten wissen. Der Mensch braucht „Wächter", die sein „Haus", seinen Körper bewachen. So betet man innerhalb eines Handerhebungsrituals um einen derartigen Beistand:

46 *maṣṣar šulme u balāṭi šukun elija*
47 *dŠēdu nāṣiru ilu mušallimu šuziz ina rēšija*
48 *littarû'inni kal mūši adi namāri*

Einen Wächter des Wohlergehens und Lebens bestelle für mich,
einen schützenden Šēdu, einen Gott, der Wohlergehen verleiht, lass mir zu Häupten treten!
Sie mögen mich führen die ganze Nacht, bis es hell wird![31]

Solch einen Wächter wünscht man sich auch gegenseitig in Briefen:

maṣṣar šulmim u balāṭim ina rēšika aj ipparkû

„Der Wächter von Heil und Leben möge nicht von deinem Haupte weichen!"[32]

Die Hoffnung auf solchen Schutz kann ein Mensch schon in seinem Namen mit sich tragen. So heißt ein „Friseur" der Hohenpriesterin En-hedu-Ana (23. Jh. v. Chr.) Ilum-pālil.[33] Der Name lässt sich übersetzen mit „Gott ist Schützer / Wächter" und drückt die Zuversicht aus, dass der persönliche Schutzgott über den Namensträger wachen werde.

Aufschlussreich ist nun auch, wo genau sich ein solcher Wächter positionieren soll, wenn der Mensch sich besonders gefährdet erlebt: Er soll am Kopf stehen. Verschiedene Rituale, gerade auch solche gegen nächtliche Bedrohung während schrecklicher Träume bitten darum, der persönliche Schutzgott des Menschen möge an seinem Kopf Stellung beziehen.[34] Man kann sogar vom „Gott zu meinen Häupten" sprechen.[35] Der Kopf erweist sich hier als Tor zum Innern des Menschen, als „Haustüre", die es gut zu bewachen gilt.[36] Im Idealfall steht hier der gute Gott, auf den man vertraut, und schützt den Menschen. Notfalls aber, wenn es dem Menschen schlecht ergeht und man nur noch mit Hilfe von Ritualen hoffen kann, die bösen Geister wieder aus seinem Inneren ver-

---

31 Vgl. *Ritual an Nuska für gute Träume*, NROD V.46–48, VAT 9030 = KAR 58 und Duplikate, vgl. *Butler*, Conceptions 1998, 343–346, Zu „Wächtern" vgl. auch *Butler*, Conceptions, 92–95.

32 Vgl. *Sallaberger*, Bruder 1999, 81 (45a) mit Belegen aus altbabylonischen Briefen.

33 Vgl. das Siegel *Frayne*, Sargonic, RIME 2.1.1.2003, gefunden in einem Grab: „En-hedu-Ana, Kind Sargons – Ilum-pālil ist ihr Friseur / Kammerdiener".

34 *Butler*, Conceptions, 168; *Vorländer*, Gott, 115.

35 *Sîn il rēšija lū rābiṣ, lemuttišu ana dārêtim*, „Sîn, der Gott zu meinen Häupten, möge sein Unheilsdämon sein auf ewig!", Inschrift des Königs Šamšī-Adad I. vom Anfang des 2. Jahrtausends, *Grayson*, Assyrian Rulers, 48–51, RIMA.0.39.1, Z.132–135.

36 Dass der Kopf so überaus wichtig ist als „Eingangsbereich" zum oikomorphen Menschen wird neben anderen herausragenden Merkmalen dieses Körperteiles mitverantwortlich dafür sein, dass er metonymisch für den gesamten Menschen stehen kann. Vgl. *Farber*, saĝ.

treiben zu können, kann auch eine Ritualtafel mit Beschwörungen der großen, reinigenden und Rituale verkündenden Gottheiten den Dienst des Wächters übernehmen, wie in einer Beschwörung gegen böse *utukku*-Geister:

> **lu$_2$-u$_{18}$-lu-bi saĝ-ĝa$_2$-na gub-ba a$_2$-sag$_3$-a-ni alan ki ha-ba-tum$_2$-ma**
> *ina rēš amēli šuātu kīnma di'u ša lānišu [ina erṣ]eti litbal*
>
> (Beschwörungen von Enki/Ea und Asalluhi/Marduk)
> ^{sum} stell am Kopf dieses Menschen auf: Möge sie (= Tafel[37]) seinen Asag-Dämon, der die Gestalt (heimsucht), in die Unterwelt wegbringen!
> ^{akk} stell am Kopf dieses Menschen auf: Möge sie (= Tafel) seine Kopfkrankheit, die seine Gestalt (heimsucht), in die Unterwelt wegbringen![38]

Die verschiedenen Texte zeigen, dass es im oikomorphen Menschen also Bewegung geben kann: Numinose Wesen, Götter und Dämonen können kommen und gehen. Sie können sich dauerhaft oder längere Zeit im Menschen aufhalten oder nur kurz, als geliebte oder gefürchtete Gäste einen Besuch abstatten. Die freundlich gesinnten, persönlichen Schutzgottheiten werden häufig als „Wächter" des Menschen bezeichnet. Man bittet sie, insbesondere den Kopf des Menschen, d.h. also den Ort, wo sich die meisten „Zugänge" zum Körper befinden, zu schützen.

2. Der Mensch als „Haus" mit „Bewohnern" und „Gästen": „Geist(er)" und „Seelen", kitim(GIDIM) / *eṭemmu*, sisig / *zaqīqu*, udug / *utukku*

Zu den „Bewohnern" des Hauses gehören aber auch andere Wesen, die in modernen Übersetzungen der antiken Quellen meist als „Geist" (*eṭemmu*)[39] oder „Seele" (*zaqīqu, utukku*) bezeichnet werden.[40] So hat der Mensch einen *eṭemmu*, der göttlichen Ursprungs ist und der auch nach dem Zusammenbruch des „Hauses", d.h. nach dem körperlichen Tod weiterhin existiert (daher auch als „Totengeist" übersetzt).[41] Das Atramhasīs-Epos ist in dieser Hinsicht besonders aufschlussreich. Es erklärt den Fortbestand

---

[37] Gemeint ist sicherlich, dass eine Tafel mit verschiedenartigen Beschwörungen, die man auf Enki/Ea und Asalluhi/Marduk zurückführt (Z.201–203), zu Häupten des Kranken aufgestellt werden soll.

[38] Vgl. Ritualserie gegen böse Utukku-Geister, *Utukkū lemnūtu*, Tf.13–15:204, *Geller*, Demons, 174.249.

[39] *Dietrich*, Begabung, 61 übersetzt *eṭemmu* mit „Seele". Vgl. dazu die nachfolgende Anmerkung.

[40] Übersetzungen wie „Geist" und „Seele" sind hier nur als Chiffren verstanden, die sumerischen und akkadischen Begrifflichkeiten sind in ihrer emischen Verwendungsweise noch weitaus genauer zu differenzieren. Der Rückgriff auf Begriffe, die eine lange Geschichte in anderen Kulturen mit sich schleppen, ist *nolens volens* gewählt, um ein erstes, grobes Verständnis und einen Dialog mit anderen Disziplinen zu ermöglichen. Die Terminologie durch weitere Forschungsarbeiten zu präzisieren, bleibt Desiderat.

[41] Z.215, vgl. *Kilmer*, Concept, 164f; *Wilcke*, Weltuntergang, 80–82; *Shehata*, Bibliographie, 65f.

des „Geistes“ aus seinem göttlichen Ursprung. Durch Blut eines geschlachteten Gottes, welches mit Lehm vermischt den Menschen entstehen lässt, gelangt unvergänglicher *eṭemmu*-„Geist“ in den Menschen; und zugleich mit dem *eṭemmu* auch *ṭēmu*, „Verstand, Planungskraft“ (Atr. Z.208–217; 223–230[42]).[43]

Andere Wesen, die sich im Menschen aufhalten können, werden als *zaqīqu* oder *ziqīqu* bezeichnet, was der wörtlichen Bedeutung zufolge so viel bedeutet wie „lufthauchartige Wesen“, abgeleitet vom Verbum *zâqu* „blasen, wehen“.[44] Auch diese *zaqīqu* haben etwas Numinoses an sich und überdauern die körperliche Existenz des Menschen ebenso wie der *eṭemmu*. Sie sind in zeitlicher und in räumlicher Hinsicht vom Körper unabhängig. Denn diese *zaqīqu* können den Körper während der Zeit der Träume verlassen und an andere Orte gehen wie in den Himmel oder in die Unterwelt; insofern kann man den *zaqīqu* als „Freiseele“, oft auch als „Traumseele“ bezeichnen. Die Texte sprechen von den *zaqīqu* eines bestimmten Menschen, aber auch von den *zaqīqu* „aller Menschen“ und von denen „der Menschheit“. Ein *zaqīqu* kann aber auch als Bote der Götter eingesetzt werden, der den Menschen während der Träume Nachrichten bringt – und Sisig, das sumerische Äquivalent, ist auch als Gott des Traumes und Sohn des Sonnengottes bekannt.[45]

Einige Quellen mögen Einblick in diese interessanten Zusammenhänge bieten.[46] Innerhalb der Ritualserie *bīt rimki* „Badehaus“ findet sich eine Textstelle, in welcher sich die Vorstellung zeigt, dass die *zaqīqu*-Seelen den Göttern Auskunft über das menschliche Innere geben. Man kann sich vor dem Hintergrund anderer Texte die Zeit der Träume als Szenario dieser Geschehnisse vorstellen. Wo nach moderner Vorstellung nur *ein* Mensch träumt, indem im Inneren des Gehirns Teile aktiv sind, herrscht nach antiker Vorstellung ein reges Kommen und Gehen: Der Mensch kann während des Traumes von numinosen Wesen besucht werden, kann aber auch umgekehrt durch seine „Freiseele(n)“ an andere Ort gelangen.[47]

---

42 Vgl. *Kilmer*, Concept, 164f; *Wilcke*, Weltuntergang, 80–82; *Shehata*, Bibliographie, 63–69; *Dietrich*, Begabung.

43 Dass Vernunft bzw. Planungskraft *ṭēmum* als grundlegend für den Menschen angesehen wird, erinnert an spätere Bestimmungen des menschlichen Propriums – wobei mögliche historische Diskurslinien oder intertextuelle Verbindungen zu untersuchen wären – wie den „auf Alkmaion zurückgehenden Topos, dass sich der Mensch von allen übrigen Lebewesen dadurch unterscheidet, dass allein er begreifen und denken kann, Verstand, Vernunft, Bewußtsein oder Geist hat“; vgl. z.B. auch B. Pascal „L' homme est visiblement fait pour penser, c'est toute sa dignité“ (Pensées Frg.146), zitiert nach *Grawe – Hügli*, Mensch, 1072.

44 Zu **sisig** / *zaqīqu* vgl. *Zgoll*, Traum, 299–307; *Butler*, Conceptions, 78–83 mit 80 „human soul“ nach *Jacobsen*, lil_2, 274f; zur „Freiseele“ vgl. *Ritz*, Das Bedeutsame, 67; die Unterscheidung von „Körperseele“ und „Freiseele“ geht auf *Wundt*, Völkerpsychologie zurück.

45 *Butler*, Conceptions, 77; *Zgoll*, Traum, 300.

46 Für weitere sei auf *Zgoll*, Traum, 299–307 verwiesen, dort mit weiterer Literatur.

47 Diese können einen Teil des Menschen, z.B. seinen „Geist“ bzw. seine „Traumseele“ oder „Freiseele“ *zaqīqu* auch in andere Regionen mitnehmen. Zur Traumtheorie des antiken Mesopotamien vgl. *Zgoll*, Traum, 259–473.

niĝ$_2$ ša$_3$-ta i$_3$- ĝa$_2$-ĝa$_2$ inim šu [x x x x] x DI DU$_{11}$
mimma ša ina libbi ibaššû a[mat? x x i]qqabbû[48]
sig$_3$-sig$_3$-ga kilib$_3$ nam-lu$_2$-u$_{18}$-lu-ke$_4$ šu-min ma-ra-ni-ib$_2$-gi$_4$-gi$_4$
ziqīqa ša naphar nišī ušannaka

Alles, was im Herzen vorhanden ist[49], Worte … [….], die gesprochen werden,[50]
(das) wiederholen/t dir (= Utu / Šamaš) ^{sum} die **sigsig**-Geister / ^{akk} der *ziqīqu*-Geist aller Menschen.[51]

Die *zaqīqu*/*ziqīqu*-Seelen gehören typischer Weise zu den Menschen, wie ein Text zeigt, der religiöses Geheimwissen über die Zusammenhänge der Welt enthält und als *pirišti ilāni rabûti* „Geheimnis der großen Götter" gekennzeichnet ist: Nachdem die verschiedenen Himmel als Räume für verschiedene Gottheiten, nämlich Anu, die Igigi, Marduk und die Gestirne bestimmt sind, kommt die Rede auf die Erde. Wie es heißt, wohnen hier nicht die Menschen, sondern die „*ziqīqu*-Seelen der Menschheit" d.h. die menschlichen Seelen:

ina libbi [dann]at erṣeti elīti ziqīqū amēlūti ina libbi ušarbiṣ

Inmitten des festen Teils (lit: „Festung") der oberen Erde ließ er (= Marduk) die menschlichen *ziqīqu*-Seelen sich lagern.[52]

Danach lenkt der Text den Blick weiter nach unten und schildert die tiefer gelegenen Bereiche der Erde als Räume für Ea und für die Anunnaki. – *zaqīqu* finden sich auch im Dienst von Gottheiten. Akkadische Texte zeigen sie als Übermittler von Botschaften zwischen Menschen und Göttern während der Träume, d.h. als Wesen, welche den Menschen die Botschaften der Götter während des Traumes bringen.[53] Entsprechend beginnt das Assyrische Traumbuch mit der Rede eines Gottes, vermutlich des Sonnengottes, an seinen Boten:

---

48 Die Schreibung *ba-aš$_2$-šu-u$_2$* läßt sich als Stativ G-Stamm (*bašû*) mit nur graphisch gelängtem 2. Radikal (Beispiele bei *Luukko*, Variation, 31–35) oder als übergebundene Sandhi-Schreibung *ina lib$_3$-bi(-)ba-aš$_2$-šu-u$_2$* verstehen (für G-Stamm Präsens *ibaššû*).

49 **ĝa$_2$-ĝa$_2$** scheint hier als verbale Basis des nicht-abgeschlossenen Aspektes (*marû*) zur Basis **ĝal$_2$** aufgefasst zu sein.

50 Die Übersetzung der zweiten Zeilenhälfte ist eine Überblendung aus sumerischem und akkadischem Text. Alternativ kann die zweite Zeilenhälfte auch als Hauptsatz gemeint sein; an der Aussage der beiden Zeilen ändert dies nicht viel.

51 Sumerisch: „Das wiederholen dir die Sigsig-Geister der gesamten Menschheit." (mit defektiv geschriebenem doppelten Genitiv). Text vgl. Reinigungsritual *bīt rimki*, K 430/1, LKA 75:12f, Borger, *bīt rimki*, 2, vgl. dazu auch *Oppenheim*, Interpretation, 235 und *Horowitz*, Geography, 16f.

52 Vgl. VAT 8917 = KAR 307, *Livingstone*, Poetry, 100, *Horowitz*, Geography 1998, 3f mit Tafel 1, mit bibliographischen Hinweisen vgl. *Livingstone*, Poetry, 99 Anm. 39 und *Horowitz*, Geography, 5 Anm. 4. Zu den *zaqīqu* / *ziqīqu* vgl. auch *Zgoll*, Traum, 299–307 mit weiteren Textstellen.

53 *Zgoll*, Traum, 297; 299–307; 447–450.

Ziqīqu Ziqīqu ᵈ*Mamu ilu ša [šunāti]*
[ana A]gade ašp[urka]

[Ziq]īqu, Ziqīqu, Mamu(d), Gott der [Träume],
nach Akkade habe ich [dich] geschi[ckt.][54]

Handelt es sich bei den menschlichen *zaqīqu* / *ziqīqu* und denjenigen, welche von Göttern geschickt werden,[55] um unterschiedliche Arten? Oder haben *zaqīqu* eine Qualität, die über den einzelnen Menschen hinausgeht? Ohne hier der weiteren Forschung vorausgreifen zu wollen, lässt sich festhalten, dass es nicht zwingend notwendig ist, verschiedenartige *zaqīqu* anzunehmen, die entweder Göttern oder lebenden Menschen oder Verstorbenen angehören. Auf der Basis eines oikomorphen Menschenbildes lässt sich durchaus annehmen, dass diese Wesen zusammengehören und als eine einzige Gruppe aufgefasst wurden. In diesem Fall können *zaqīqu* überindividuellen Charakter tragen, göttlich-numinos vorgestellt sein und damit nicht dem Tod unterworfen. Als Bewohner können sie im menschlichen Körper zu Hause sein, ihn aber auch während der Träume und schließlich endgültig mit dem Tod verlassen.

Die **sisig**/*zaqīqu*-Seelen existieren wie die *eṭemmu* nach dem Tod des Menschen, präziser: des menschlichen Körpers, weiter. So können sich Zaqīqu-Geister aus ihren Gräbern erheben, um zum Totenopfer zu kommen.[56] Enkidu, so erzählt man, sei aus der Unterwelt hervorgekommen „mithilfe seines **sisig**-Geistes“ (sumerisch) bzw. „wie ein *zaqīqu*-Geist“ (akkadisch).[57] Die Vorstellungen vom *zaqīqu* scheinen also denen vom *eṭemmu* zu ähneln. Die neue Behausung für den *zaqīqu* soll das Grab sein:

15″ **e_2 kur-ra he_2-me-en e_2 si-si-ga he_2-me-en [...]**
16″ **e_2 ĝarza zu kur-ra zag x [(x) he_2]-me-en AN x [...]**

15″ „Ein Haus der Unterwelt mögest du (= Grab) sein, ein Haus für den *zaqīqu*-Geist mögest du sein [...],
16″ ein Haus, das die Riten kennt für die Unterwelt, ein Heiligtum [...] mögest du sein [...]“[58]

Auf die weitere Forschung warten hier spannende Fragen und Untersuchungen. Denn man hat ganz offensichtlich weitere derartige Wesen innerhalb des Menschen identifiziert und zwischen diesen fein unterschieden. Solche Unterschiede auch diachron, diatop

---

54 Vgl. *Assyrisches Traumbuch* 1:1f, *Zgoll*, Traum, 447–450.

55 Vgl. **sisig** / *zaqīqu* als numinose Wesen bei *Butler*, Conceptions, 77–83.

56 *Butler*, Conceptions, 79.

57 *Gilgameš*, Enkidu und die Unterwelt, sumerische Version Z.243, akkadische Version Z.87. Vgl. dazu *George*, Epic 2003, 732f (akkadisch) und 759; 774 (sumerisch). In der sumerischen Version ist die Rede davon, dass Enkidu zu Gilgameš kommt, in der akkadischen Version hingegen heißt es, sein *utukku*-Geist sei erschienen.

58 Vgl. Ritual zur Anlage eines Grabes Rs.44″f, erhalten auf der Tafel ND 5497/12 (IM 67603), CTN 4, 163 Rs.15″f, vgl. *Ambos*, Baurituale, 222f (mit abweichender Übersetzung).

oder gattungsspezifisch zu bestimmen ist wichtiges Desiderat.[59] So gibt es auch den *utukku*, der wie die *zaqīqu* sowohl bei lebenden Menschen erscheint, wie den Tod überdauert und als numinoses Wesen angesehen wird.[60] Dieser numinose *utukku* ist wiederum als Geist oder Seele nach dem Tod des menschlichen Körpers zu verstehen, der keine Wohnung gefunden hat, unversorgt ist und dem Menschen daher schaden kann. Im Anhang des *Gilgameš-Epos*, der sogenannten Tafel 12, die einen Teil des sumerischen Epos *Gilgameš, Enkidu und die Unterwelt* in akkadischer Übersetzung enthält, heißt es, dass der *utukku* des Enkidu wie ein *zaqīqu* aus der Unterwelt in die Welt der Lebenden hervorgekommen sei. Die genauen Feinheiten dieser Differenzierung sind noch zu klären:

utukku ša Enkidu kī zaqīqi ultu erṣeti uštēlâ

„Der utukku-Geist des Enkidu kam wie ein zaqīqu-Geist aus der Unterwelt herauf“[61]

Möglicherweise sind die Vorstellungen noch weiter ausdifferenziert gewesen, insofern als weitere Größe zu den „Bewohnern“ des Menschen noch eine andere Art von „Hauch“ zu zählen ist, die sumerisch als IM, akkadisch als *šāru* auftritt. Ihr Verhältnis zu *utukku, zaqīqu* und *eṭemmu* muss noch genauer bestimmt werden. Ein Text spricht davon, dass der „(Wind)hauch“ **im**/*šāru* den Menschen beim Tod verlässt. Nach *Katz*, Soul, 115f ist dies die Voraussetzung dafür, dass der (Toten)geist **kitim(GIDIM)** sich vom toten Körper befreien kann. Das basiert auf einer sumerischen Wirtschaftsurkunde, in welcher es heißt:

[x] ud ⌈u-nig⌉a / u$_4$ im *Te-ze$_2$-Ma-ma* **ba-dib-ba-a**[62] ....
2 udu-⌈nig⌉a$^{!}$ u$_4$ ĝeš-e$_4$-naĝ kitim(GIDIM) / *Te$^{?}$-ze$_2$$^{!}$-Ma$^{!}$-ma* **ba-a-ak<-a>**

[x] Mastschaf(e) am Tag, als der Windhauch (**im**) von Tezēn-Mama davongeblasen wurde,[63] ....

59 *Wilcke*, Wesen, 245f beschreibt Differenzen zwischen **ĝedim** = *eṭemmu* und **udug** = *utukku* bzw. **udug** = *sēdu*. **udug** = *utukku* sei einer einzelnen Person zugeordnet. Vgl. auch *Abusch*, Ghost, 371f zu *šīru* und *eṭemmu*.

60 *Wilcke*, Wesen, 246: „Anders als der *eṭemmu*, der im Menschen lebt, sich im Herzschlag äußert und den Menschen im Tode als Hauch verlässt, scheint der *utukku* sein (= des Menschen) Begleiter (seine Außenseele) zu sein“. *Scurlock*, Soul, 1 bestimmt *zaqīqu* als „dream soul“, während *eṭemmu* „seems to have been a body spirit“.

61 Vgl. *Gilgameš-Epos* 12:87, *George*, Epic, 732f, anders in der sumerischen Version, *Gilgameš, Enkidu und die Unterwelt* Z.243, z.B. nach Text BB Vs.17: **si-si-ig-ni-ta šubur-a-ni kur-ta mi-ni-in-e$_{11}$** – „Mithilfe seines **sisig**-Geistes ließ er (= der Sonnengott Utu) seinen (= Gilgameš) Diener aus der Unterwelt heraufkommen.“ Vgl. dazu *George*, Epic, 732f (akkadisch) und 759; 774 (sumerisch).

62 Die Kopie zeigt das Zeichen **DAB$_5$**, das ich als **dib**⁻ lese. Eine solche Lesung nach dem +/–-System geht auf *Krebernik* zurück, zitiert in *Mittermayer*, Zeichenliste x–xi. Die Tafel ist an dieser Stelle zu kollationieren (**DIB**?).

63 Diese Interpretation des Verbums – **dib** = *edēpu* – schließt sich derjenigen von *Wilcke*, Wesen 244 an; vgl. dazu CAD E 28 s.v. *edēpu* und die Formulierungen in akkadischen Ritualen (siehe den nächsten Abschnitt).

2 Mastschafe am Tag, als das (für den Totenkult wichtige) Wassertrinkgerät für den (Toten)geist von Tezēn-Mama gemacht wurde.[64]

Auch in akkadischen Ritualen ist eine solche Vorstellung zu greifen, wenn es heißt, dass man den „Windhauch" wegblasen müsse, akkadisch *edēpu*, was als Lösen der Seele vom Körper zu verstehen ist und einen wichtigen Teil der Begräbniszeremonie ausmacht.[65]

Wieso man den „Geist" oder die „Seele" vom Körper trennen muss, lässt sich nun mit Hilfe des hier erarbeiteten Menschenbildes verstehen. Man muss offenbar dafür Sorge tragen, dass Geist bzw. Seele aus dem oikomorphen Menschen heraus können, d.h. dass sie das tote „Körperhaus" verlassen können. Da man dies rituell unterstützte, ging man nicht davon aus, dass der Vorgang automatisch ablaufen würde, sondern man rechnete mit möglichen Problemen, die sich diesen Wesen entgegenstellen könnten. Analoge Vorstellungen sind sicherlich hinter der außerhalb Mesopotamiens im Mittelmeerraum vielfach bezeugten Praxis der Totenverbrennung zu greifen.

IV. Der oikomorphe Mensch – ein dynamisches Menschenbild

Soviel Unterschiede es auch zwischen dem Menschenbild einzelner Epochen und Regionen, sogar einzelner Menschen gegeben haben mag, so zeigen sich doch klare Merkmale, die bei allen Unterschieden als charakteristisch gelten können. Das oikomorphe Menschenbild lässt sich als dynamisch bezeichnen. „Geist" und „Seele", Götter und numinose Wesen gehören dem Menschen nach diesen Vorstellungen nicht als feste, dauernde Eigenschaften an, sondern sie sind Akteure, die im Menschen agieren und denen der Mensch als Objekt ausgeliefert ist, denen er Raum bietet.[66] Wenn solche Mächte ihm innewohnen, können sie durch ihn hindurch wirken, was vereinfacht so erscheint, als handle der Mensch alleine. Dieses Menschenbild ist somit kein statisches Gebilde, in dem sich etwa „Ichsuche" oder „Selbstfindung" betreiben ließe.

---

[64] Aus einer Wirtschaftsurkunde des 21. Jh., IM 52218, TIM 6 Nr.10, *Wilcke*, Himmelfahrt, 254f mit Anm. 59; *ders.*, Wesen, 244; *Katz*, Soul, 115. Nach *Espak*, Underworld gibt es in sumerischen Texten keine Hinweise darauf, dass eine Art von „Freiseele" nach dem Tod den Körper verlassen habe. Angesichts des vorliegenden Textes wird man dieses Urteil für zu hart halten. Man wird davon ausgehen, dass es innerhalb der langen Zeit der mesopotamischen Geschichte und auch schon während der Zeit der verschiedenen sumerischen Stadtstaaten, auch zwischen Stadt und Land etc. verschieden ausgeprägte Konzepte gab (S. 71 Anm. 12 macht durch seinen Verweis auf einen Beitrag von Katz zu sumerischen Begräbnisritualen deutlich, dass sich Espak dessen bewusst ist); zur Notwendigkeit, ein differenziertes Bild zu zeichnen, vgl. auch oben I 3. – Zum Problem der Verbrennung von Menschen und des damit verbundenen Unterganges des Totengeistes vgl. auch *Abusch*, Ghost, 374f.

[65] Vgl. CAD E 28f s.v. *edēpu*, *Scurlock*, Soul; *dies.*, Magico-Medical Means 198f.

[66] Im Ritual kann er versuchen, auf sie Einfluss zu nehmen; dabei wendet er sich teils auch an übergeordnete Instanzen wie höhere Gottheiten.

1. Theologische und anthropologische Perspektive

Die originäre Wahrnehmung von Menschen und Gott in Mesopotamien lässt sich zusammenfassend so darstellen: In *theologischer Perspektive* können Gottheiten und Numina den Menschen begleiten, führen, beschützen oder ihm schaden, in und durch den Menschen handeln. In *anthropologischer Perspektive* haben wir einen Menschen vor uns, der „oikomorph", also eine Art Haus ist, in dem verschiedene numinose Wesen, Schutzgötter oder Dämonen wohnen können. D.h. der Mensch kann als eine mögliche Erscheinungsform von Gottheiten fungieren, die sich in ihm ebenso wie in Statuen, Standarten oder astralen Körpern manifestieren kann. Auf der Basis des skizzierten Verständnisses vom Menschen eröffnen sich neue Möglichkeiten, Besonderheiten der antiken Quellen zu verstehen. Die Beobachtung, dass die Grenzen zwischen Mensch und Gott für die mesopotamische Antike fließend sein können, erhält nun eine weitere fundierte Erklärung.[67]

2. Etische und emische Perspektive

Die wissenschaftliche Außenperspektive hat diese Vorstellungen in ein Koordinatensystem der modernen Psychologie übersetzt. Was in mesopotamischer Sicht v.a. auch von der Gottheit aus gedacht war, wird hier vom Menschen aus formuliert. Die göttlichen Mächte im Menschen werden hier aufgefasst als psychische Elemente im Menschen.[68] Würde man sämtliche antiken Texte in dieser Weise interpretieren, müsste man

---

[67] *Selz*, Prototypes, 24f nennt zwei Gründe, wieso die Grenzen zwischen Mensch und Gott durchlässig sind: (1) Der Mensch ist ein „Kompositwesen". Schutzgötter gehören zu seinen Komponenten; daher kann er in die Klasse „Gott" aufgenommen werden. Das höre in altbabylonischer Zeit auf, vermutlich weil dann ein anderes Konzept von Herrschaft existiere; (2) Funktionale Göttlichkeit: An manchen Stellen ist nicht der einzelne Mensch als „Individuum", sondern der Mensch als Amtsträger gemeint; dieser wird göttlich aufgefasst.

[68] Die genaue Trennung von etischer und emischer Perspektive wird für die weitere Forschung entscheidend sein. Einige der zentralen etischen Blickrichtungen seien hier in chronologischer Folge angeführt:

1963/1970: Nach *Jacobsen*, Tammuz, 45 (zuerst publiziert in PAPS 107/6, 1963) ist *ilum* ursprünglich als „personification of a man's 'luck' and ability to effective thinking and acting" zu verstehen.

1965: *Oppenheim*, Mesopotamia, 199f hat neben einer knappen emischen Beschreibung insbesondere die etische stark gemacht und gerade diese, die psychologische Darstellung, hat intensiv auf die weitere Forschung ausgestrahlt. So schreibt Oppenheim mit Blick auf die mesopotamischen Quellen zu Schutzgöttern, „all this can readily be characterized as the expression of a psychological experience in mythological terms ... The four protective 'spirits' in Mesopotamia are individualized and mythologized carriers of certain specific psychological aspects of one basic phenomenon, the realization of the self, the personality".

die Rede von Gottheiten durchgängig in innerpsychische Vorgänge übersetzen. Ein solches Vorgehen lässt sich als etische Perspektive verstehen, d.h. als Versuch, antike Vorstellungen in heutige Modelle und Terminologien zu übersetzen, um fremde Befunde und Denkweisen in wissenschaftliche Terminologie zu übersetzen. Eine andere, die emische Vorgehensweise, versucht, die spezifischen Vorstellungsweisen der fremden Kulturen in ihrer eigenen Sichtweise und Logik zu verstehen und zu beschreiben.[69] Die antiken Texte zeigen eine genau umgekehrte Perspektive: Sie blicken auf numinose Wesen, wenn sie den Menschen verstehen wollen. Und sie formulieren entsprechend umgekehrt zu den modernen Texten: Stärke und Effektivität sind in antiker Sicht gerade *nicht* Ausfluss der Macht des Menschen, sondern sind vielmehr Auswirkung göttlicher Macht.[70] Der Mensch ist kein „Individuum", kein unteilbares Wesen, sondern *ein* oikomorphes Gebilde. Er bzw. sein Körper ist wie ein Haus der Ort, in dem sich verschiedene numinose Wesen aufhalten und manifestieren können. Gerade ein Vergleich zwischen einer modern-etischen Perspektive auf den mesopotamischen Menschen und dem hier vorgestellten Versuch einer antik-emischen Perspektive ermöglicht heuristisch interessante Einblicke. Hier werden leicht zwei Menschenbilder erkennbar, die zwar nur zwei der vielen, generell möglichen Konzeptionen des Menschenbildes ausmachen, aber doch zwei ganz verschiedene.

1995/96: *Westenholz*, Rezension DiVito, 220 versteht die Schutzgottheit *lamassu* als „a person's 'better self'".

1999: *Abusch*, Anger, 105 nennt den persönlichen Schutzgott „the personification of the individual's powers of strength and effectiveness" und „an externalization of the ego and super-ego, a representation of the self in the form of externalized, divinized figures" (aaO 107).

2004: *Wiggermann*, Deities, 398b: Aspekte der Persönlichkeit würden durch vergöttlichte externe Seelen dargestellt.

2008: *Selz*, Prototypes 2008, 23: Der persönliche Schutzgott könne als „trans-individual part of the ruler or any other (male(?)) member of that family" verstanden werden; der Gott könne als bloßes „double" seines menschlichen Schützlings angesehen werden.

Etische und emische Ebene sind vermischt bei *DiVito*, Personal God, 5 (1993): Nicht alle Stellen mit persönlichem Gott ließen sich auf die Manifestation eines psychologischen Zustands reduzieren. Denn auch lokale und überregionale Gottheiten erschienen als persönliche Götter und seien doch zugleich klar selbst als „Personen" betrachtet.

69 Dass auch hier eine besondere hermeneutische Herausforderung liegt, versteht sich von selbst, insofern das beschreibende Subjekt immer seiner eigenen Zeit und Sprache und deren Vorstellungshorizonten unterworfen ist; doch die Ausrichtung, das Ziel, ist ein anderes.

70 Nach *Oppenheim*, Mesopotamia, 199f steht *ilu*, wörtlich „Gott" für „Glück". Noch im heutigen Sprachgebrauch des Deutschen sperrt sich etwas gegen ein Verständnis von „Glück" als Folge bloß menschlicher Kräfte, da „Glück haben" oft im Sinne eines gerade nicht selbst verantworteten und herbeigeführten Geschehens nach Art eines Geschenkes angesehen wird. Allerdings nicht immer: Das Sprichwort „Der Mensch ist seines Glückes Schmied" sieht „Glück" als Folge menschlichen Handelns. In mesopotamischer Perspektive resultiert Glück aus der göttlichen Einwohnung im Menschen oder aus der göttlichen Begleitung des Menschen: Eine „Gottheit bekommen", die den Menschen begleitet und mit ihm geht, führt zu „Glück und Erfolg".

Blick auf den Menschen im antiken Mesopotamien	**Emische Perspektive**	**Etische Perspektive**
Mesopotamisches Menschenbild	Der Mensch als Teil und „Experiment“ Gottes. Gottheiten, Dämonen, „Geist“- und „Seelen“-Wesen können sich im Menschen inkorporieren, ihn aktivieren oder blockieren (oikomorph).	Das Menschenbild wird auf der Basis psychosomatischer und soziokultureller Determinanten entworfen.
Mesopotamisches Gottesbild	Das Gottesbild ist durch eine Vielzahl möglicher Erscheinungsweisen geprägt. Neben Statuen, Standarten oder Himmelskörpern kann auch der Mensch eine Manifestation eines Gottes sein.	Gott als Teil und „Experiment“ des Menschen.
Mesopotamische Erklärungsebene	Theozentrische Anthropologie	Anthropozentrische Anthropologie

3. Antik-mesopotamische und moderne Menschenbilder – ein Ausblick

Eine feste „Persönlichkeit“, wie sie erstmals im Kontext der christlich-philosophischen Tradition bei Boethius auftaucht,[71] mit einer unverwechselbaren „Individualität“,[72] oder Vorstellungen vom Menschen als Schöpfer seiner selbst,[73] „verurteilt frei zu sein“ und „nichts anderes, als wozu er sich macht“ wie bei J.-P. Sartre[74] bis hin zu Begriffen wie

---

[71] *Fuhrmann*, Person, 270–283: Lateinisch „persona“ ist „Maske, Rolle, Charakter, Person“, bei den Römern gebraucht für die Maske oder Rolle im Schauspiel, dann aber auch für die Rolle in der Gesellschaft. In der christlichen Reflexion wird persona dann auch im Sinn von „Persönlichkeit“, „Individualität“ verwendet, so bei Boethius (3./4. Jh. n. Chr.).

[72] Deutlich ausformuliert z.B. bei Nietzsche, in Frage gestellt insbesondere aus soziologischer Richtung wie bei Lacombe („Déclin de l'individualisme“ 1937), vgl. *Borsche*, Individuum, 321f.

[73] Vgl. das „in der Renaissance angeschlagene Thema des Menschen als Selbst- und Weltschöpfers“, in der Formulierung von Cusanus „Daß die menschliche Natur sich voll entfalten müsse und nicht eher ruhen werde, bis sie ihr Ziel, die Menschheit, erreicht habe“ oder die Rede vom „reinen, idealischen Menschen“ bei Schiller, den „jeder seiner Bestimmung nach in sich trägt“, und den es gelte „in seinem Dasein [zu] verwirklichen“, zitiert nach *Hügli*, Mensch, 1075f.

[74] Sartre (Drei Essays 1973, orig. frz. 1946) 16 und 11, zitiert nach *Konersmann / Redaktion*, Mensch, 1100. *Guggenberger*, 859: „Im radikalen Existentialismus, den J.-P. Sartre vertritt, ist der Mensch eine Nullpunkt-Existenz. Er hat in absolut bedingungsloser Freiheit sich selbst zu erfinden und zu

„Selbstverwirklichung" oder „Ichfindung" wären aus der Sicht des antiken Mesopotamien merkwürdig statische Arten und Weisen, den Menschen oder einen unveränderlichen Wesenskern des Menschen („Selbst", „Ich") zu beschreiben.

Das oikomorphe Menschenbild der mesopotamischen Antike zeigt den Menschen als dynamisches „Sozialwesen" in einem tieferen Sinne, insofern er in sich selbst eine Mehrzahl von Wesen umschließt.[75] In dieser Perspektive ist der Mensch kein „Individuum", nicht „unteilbar", sondern Tummelplatz verschiedener Mächte, die in ihm und um ihn herum lokalisiert sein können. Diese Mächte können als „Geist-Wesen" (*eṭemmu*) und „Seelen-Wesen" (*zaqīqu, utukku*) beschrieben sein, können aber auch als niedrige Schutzgötter und dämonisch-numinose Kräfte erfahren werden. Der Ort, an dem diese Mächte und Gewalten wirken, ist der Mensch, genauer gesagt, der menschliche Körper; auf diesen Körper bezieht man sich daher auch, wenn man all das, was in einem vorgeht und einen gerade im Moment ausmacht, bezeichnen möchte.

Als Konsequenz aus dieser mesopotamischen Anthropologie ergibt sich, dass die Grenzen zwischen Mensch und Nicht-Mensch in diesem Kulturraum flüssig und offen sind. Dass der Mensch Teil eines größeren Ganzen ist, dass er Teil einer Gemeinschaft aus Numina und Menschen ist, wird nun verstehbar, insofern in ihm selbst, in seinem „Körperhaus" solch numinose Wesen am Werk sind. Außerdem ist er Teil einer Gemeinschaft aus Lebenden und Toten. Zwischen dem Leben vor und dem Leben nach dem Tod besteht ein Kontinuum, zumindest für bestimmte Wesen, die im Menschen virulent sind und den Verlust des Körpers überwinden können (*eṭemmu, zaqīqu, utukku*). Dieses Kontinuum wird auch erlebt in der Vorstellung, dass verstorbene Vorfahren über das eigene Leben (mit) bestimmen.[76]

Jede Zeit arbeitet mit Modellen, wenn es um den „ganzen Menschen" geht. Gerade im philosophischen Ringen, den Menschen umfassend in den Blick zu bekommen, wo der Mensch zum einen in seinem historisch-besonderen Geworden-Sein, zum anderen als Wesen mit univeralen anthropologischen Grundkonstanten gesehen wird, aber auch für den aus der Psychologie und Soziologie kommenden Zugriff, der zwischen „me", „self" and „I" differenziert,[77] kann das in der mesopotamischen Antike entwickelte

---

entwerfen." Guggenberger spricht hier auch von „Selbstschöpfertum" bei Sartre. – Vgl. schon die Schwerpunktsetzung bei Kant, dem zufolge die Anthropologie nicht danach fragen soll, „was die Natur aus dem Menschen macht", sondern … danach „was er als freihandelndes Wesen aus sich selber macht oder machen kann und soll", zitiert nach *Marquard*, Anthropologie, 366. – Anders z.B. *Foucault*: „Mit der Einsicht, dass alles Menschliche ‚in Strukturen eingebettet ist', erledigt sich die Ideologie des Menschen, ‚das Subjekt seiner selbst zu sein, zugleich Subjekt und Objekt zu sein'." (*Foucault*, Von der Subversion des Wissens, 16), zitiert nach *Konersmann / Redaktion*, aaO 1104f.

75 „Körperbild und Sozialstruktur" gehören hier in ganz besonderer, direkter Weise zusammen. Vgl. *Janowski*, Konfliktgespräche, 44: „Der entscheidende Aspekt für das Konzept des ‚ganzen Menschen' ist aber die *Korrelation von Körperbild und Sozialstruktur*."

76 *Zgoll*, Die Toten.

77 Vgl. Mead, außerdem Freud, Parsons, Erikson, Strauss, Goffman und Habermas, zitiert bei *Dubiel*, Identität, 148–151.

Modell des oikomorphen Menschen erfrischend „neue" Sichtweisen aufzeigen, die Potential für eine konzeptionelle Synthese bieten.[78]

Literatur

Abusch, T., Ghost and God. Some Observations on a Babylonian Understanding of Human Nature, in: *Baumgarten, A.I. u.a.* (ed.), Self, Soul and Body in Religious Experience, Leiden u.a. 1998, 363–383

–, Witchcraft and the Anger of the Personal God, in: *Abusch, T. / van der Toorn, K.* (ed.), Mesopotamian Magic. Textual, historical, and interpretative perspectives (AMD 1), Groningen 1999, 83–121

Ambos, C., Mesopotamische Baurituale aus dem 1. Jahrtausend v. Chr., Dresden 2004

Bergmann, E., Codex Hammurabi, Rom 1953

Bloch, E., Das Prinzip Hoffnung, Frankfurt 1959

Borger, R., Das dritte „Haus" der Serie *bīt rimki*, JCS 21 (1969) 1–17

–, Der Codex Hammurapi, in *Borger, R. u.a.* (Hg.), Rechtsbücher (TUAT 1/1), Gütersloh 1982, 39–80

–, Šurpu II, III, IV und VIII in ‚Partitur', in: Wisdom, Gods and Literature (FS W.G. Lambert), Winona Lake (IN) 2000, 15–90

Borsche, T., Individuum, Individualität III. Neuzeit, Historisches Wörterbuch der Philosophie 4 (1976) 310–323

Böck, B., Das Handbuch *Muššu'u* „Einreibung". Eine Serie sumerischer und akkadischer Beschwörungen aus dem 1. Jt. v. Chr., Biblioteca del Próximo Oriente Antiguo 3, Madrid 2007

Butler, S.A.L., Mesopotamian Conceptions of Dreams and Dream Rituals (AOAT 258), Münster 1998

Cagni, L., L'Epopea di Erra (Stud.Sem. 34), Rom 1969

–, The Poem of Erra (SANE 1,3), Malibu (CA) 1977

Dietrich, M.L.G., Die Begabung des Menschen mit der „Seele" nach Aussage der anthropogonischen Mythen Mesopotamiens, in: *ders. / Kulmar, T.* (Hg.), Body and Soul in the Conceptions of the Religions (Forschungen zur Anthropologie und Religionsgeschichte 42), Münster 2008, 47–66

Di Vito, R.A., Studies in third millennium Sumerian and Akkadian personal names. The designation and conception of the personal god (StP SM 16), Rom 1993

Dubiel, H., Identität, Ich-Identität, in: Historisches Wörterbuch der Philosophie 4 (1976) 148–151

Espak, P., Passing to the Underworld in Sumerian Texts, in: *Dietrich, M.L.G. / Kulmar, T.*, Body and Soul in the Conceptions of the Religions (Forschungen zur Anthropologie und Religionsgeschichte 42), Münster 2008, 67–71

[78] „Vor allem in Krisenzeiten, in denen das Selbstverständnis des Menschen unsicher und damit zum Problem wird, beginnt er nach seinem Wesen zu fragen, um neue Anhaltspunkte für sein Weltverhalten zu gewinnen. In solchen Zeiten liegen daher auch – häufig abseits von den traditionell hochgeschätzten Denklinien – die Höhepunkte des Philosophierens über den Menschen" (*Grawe*, Mensch, 1060). Man mag das 21. Jh. bei den westlichen Industrienationen als solche „Krisenzeit", in der „das Selbstverständnis des Menschen unsicher" geworden ist, bestimmen. Stimmen des antiken Mesopotamien könnte sich hierfür als „Höhepunkt", „abseits von den traditionell hochgeschätzten Denklinien" erweisen.

Farber, G., saĝ as pars pro toto for „Person“ and „Dead Body“, in: *Sefati, Y. u.a.* (ed.), „An experienced Scribe who Neglects Nothing“ (FS J. Klein), Bethesda (MD) 2005, 108–115
Frayne, D.R., Sargonic and Gutian Periods (2334-2113 BC) (RIME 2), Toronto / Buffalo / London 1993
–, Presargonic Period (2700-2350 BC) (RIME 1), Toronto / Buffalo / London 2008
Ganter, M., Liederbuch für Jutta II, 2011
Geller, M.J., Evil Demons. Canonical Utukku-Lemnutu incantations (SAA/CT 5), Helsinki 2007
George, A., The Babylonian Gilgamesh Epic. Introduction, Critical Edition and Cuneiform Texts, Oxford 2003
Görg, M. / Kirchschläger, W., Dämonen, NBL 1 (1991) 375–378
Grawe, C., Mensch I. Einleitung, in: Historisches Wörterbuch der Philosophie 5 (1980) 1059–1061
–, / *Hügli, A.*, Mensch III. Die anthropologischen Hauptstränge, HWP 5 (1980) 1071–1074
Grayson, A.K., Assyrian Rulers of the Third and Second Millenium BC (To 1115 BC) (RIMA 1), Toronto / Buffalo / London 1987
Guggenberger, A., Existenz, HWP 2 (1972) 859
Horowitz, W., Mesopotamian Cosmic Geography, Winona Lake (IN) 1998
Jacobsen, T., Toward the Image of Tammuz and Other Essays on Mesopotamian History and Culture (HSS 21), Cambridge 1970
–, The Treasures of Darkness. A History of Mesopotamian Religion, New Haven (CT) 1976
–, The lil$_2$ of ^{d}En-lil$_2$, in: *Behrens, H. u.a.* (Hg.), DUMU-E$_2$-DUB-BA-A (FS Å.W. Sjöberg) (Occasional Publications of the Samuel Noah Kramer Fund 11), Philadelphia (PA) 1989, 267–276
Jagersma, A.H., A Descriptive Grammar of Sumerian, http://www.ebook3000.com/Jagersma-Abraham-Hendrik-A-Descriptive-Grammar-of-Sumerian_119743.html
Janowski, B., Konfliktgespräche mit Gott. Eine Anthropologie der Psalmen, Neukirchen-Vluyn ^{3}2009
Katz, D., The Naked Soul. Deliberations on a popular theme, in: *Stackert, J. u.a.* (ed.), Gazing on the deep (FS T. Abusch), Bethesda (MD) 2010, 107–120
Kilmer, A.D., The Mesopotamian Concept of Overpopulation and its solution in the mythology, Or. 41 (1972) 160–177
Konersmann, R., Art. Mensch V, HWP 5 (1980) 1098–1100
Livingstone, A., Court Poetry and Literary Miscellanea (SAA 3), Helsinki 1989
Lohfink, N., Die Gottesstatue. Kreatur und Kunst nach Genesis 1, in: *ders.* (Hg.), Im Schatten deiner Flügel. Große Bibeltexte neu erschlossen, Freiburg im Breisgau 2000, 29–48
Löhnert, A. / Zgoll, A., Schutzgott. A. In Mesopotamien, RlA 12/3–4 (2009) 311–314
Luukko, M., Grammatical Variation in Neo-Assyrian (SAA 16), Helsinki 2004
Machinist, P.B., The Epic of Tukulti-Ninurta I. A Study in Middle Assyrian Literature, New Haven (CT) 1978
Matouš, L., Zur neueren epischen Literatur im Alten Mesopotamien, ArOr 35 (1967) 1–25
Marquard, O., Anthropologie, HWP 1 (1971) 366
Maul, S.M., „Herzberuhigungsklagen“. Die sumerisch-akkadischen Eršaḫunga-Gebete, Wiesbaden 1988
Mittermayer, C., Altbabylonische Zeichenliste der sumerisch-literarischen Texte (unter Mitarbeit von *Attinger, P.*) (OBO Sonderband), Fribourg / Göttingen 2006
Oppenheim, A.L., The interpretation of dreams in the ancient Near East. With a translation of an Assyrian dream-book, Philadelphia (PA) 1956
–, Ancient Mesopotamia. Portrait of a Dead Civilization (1965, zitiert nach der revised edition completed by *Reiner, E.*)

Reiner, E., Šurpu. A Collection of Sumerian and Akkadian Incantations, AfO Beiheft 11 (1958)
Richardson, M.E.J., Hammurabi's Laws: Text, Translation and Glossary, London 2004
Ritz, U., Das Bedeutsame in den Erscheinungen. Divinationspraktiken in traditionalen Gesellschaften, Frankfurt a.M. 1988
Rössler, D., Mensch, ganzer, HWP 5 (1980) 1106–1111
Sallaberger, W., „Wenn Du mein Bruder bist, …". Interaktion und Textgestaltung in altbabylonischen Alltagsbriefen (CM 16), Groningen 1999
Scurlock, J.A., Soul Emplacements in Ancient Mesopotamian Funerary Rituals, in: *Ciraolo, L. / Seidel, J.* (ed.), Magic and Divination in the Ancient World (AMD 2), Leiden 2002, 1–6
–, Magico-Medical Means of Treating Ghost-Induced Illnesses in Ancient Mesopotamia (AMD 3), Leiden 2006
Selz, G.J., The Divine Prototypes, in: *Brisch, N.* (ed.), Religion and Power. Divine Kingship in the Ancient World and Beyond. Oriental Institute Seminars 4, Chicago (IL) 2008, 13–31
Shehata, D., Annotierte Bibliographie zum altbabylonischen Atramhasīs-Mythos Inūma ilū awīlum (GAAL 3), Göttingen 2001 (mit Nachträgen o.J.)
Steinert, U., Aspekte des Menschseins im Alten Mesopotamien. Eine Studie zu Person und Identität im 2. und 1. Jt. v. Chr. (Cuneiform Monographs 44), Leiden / Boston 2012
Streck, M.P., Person, RlA 10 (2004) 429–431
Suchanek, T., Das Šurpu-Ritual. Rekonstruktion und funktionale Analyse. Ein Beitrag zum Verständnis altorientalischer Religion, unpubl. Magisterarbeit, Leipzig 2003
Vorländer, H., Mein Gott. Die Vorstellungen vom persönlichen Gott im Alten Orient und Alten Testament (AOAT 23), Kevelaer / Neukirchen-Vluyn 1975
Westenholz, A., Rezension DiVito, Personal God, AfO 42/43 (1995/96) 217–222
Wiggermann, F.A.M., Deities and Demons. Mesopotamia, in: *Johnston, S.I.* (ed.), Religions of the ancient world. A guide, Cambridge / London 2004, 396–399
Wilcke, C., König Šulgis Himmelfahrt, in: Staatliches Museum für Völkerkunde München und Institut für Völkerkunde und Afrikanistik der Ludwig-Maximilians-Universität München (Hg.), Münchner Beiträge zur Völkerkunde Band 1. Jahrbuch des Staatlichen Museums für Völkerkunde München, Band 1 (FS L. Vajda), München 1988, 245–255
–, Weltuntergang als Anfang, in: *Jones, A.* (Hg.) Weltende. Beiträge zur Kultur- und Religionswissenschaft, Wiesbaden 1999, 63–112
–, Vom Wesen des Menschen in altorientalischer Mythologie, in: *Stagl, J. / Reinhard, W.* (Hg.), Grenzen des Menschseins. Probleme einer Definition des Menschlichen. Veröffentlichungen des „Instituts für Historische Anthropologie e.V." 8, Wien 2005, 235–251
–, Das Recht. Grundlage des sozialen und politischen Diskurses im Alten Orient, in: *Wilcke, C.*, (Hg.), Das geistige Erfassen der Welt im Alten Orient. Sprache, Religion, Kultur und Gesellschaft, Wiesbaden 2007, 209–244
Wundt, W., Völkerpsychologie. Mythus und Religion 4/1, Leipzig [3]1920
Zgoll, A., Die Kunst des Betens Form und Funktion, Theologie und Psychagogik in babylonisch-assyrischen Handerhebungsgebeten an Ištar (AOAT 308), Münster 2003
–, Traum und Welt-Erleben im antiken Mesopotamien. Traumtheorie und Traumpraxis im 3.–1. Jahrtausend v. Chr. als Horizont einer Kulturgeschichte des Träumens (AOAT 333), Münster 2006
–, Die Toten als Richter über die Lebenden. Einblicke in ein Himmel, Erde und Unterwelt umspannendes Verständnis von Leben im antiken Mesopotamien, in: *Berlejung, A. / Janowski, B.* (Hg.), Tod und Jenseits im alten Israel und in seiner Umwelt. Theologische, religionsgeschichtliche, archäologische und ikonographische Aspekte, Tübingen 2009, 567–581
Zgoll, C., Phänomenologie der Metamorphose. Verwandlungen und Verwandtes in der augusteischen Dichtung (Classica Monacensia 28), Tübingen 2004

Israel

Bernd Janowski

Konstellative Anthropologie

Zum Begriff der Person im Alten Testament

I. Vorbemerkungen

Wer nach dem Begriff der Person im Alten Testament[1] fragt, stößt sehr schnell auf Sachverhalte, die im Gegensatz zum neuzeitlichen Personbegriff und seiner verzweigten Problemgeschichte stehen. Das hat seinen Grund nicht nur im Fehlen eines dem lat. *persona* („Maske, Rolle, Status") bzw. dem griech. πρόσωπον („Angesicht, Maske, Vorderseite")[2] entsprechenden hebräischen Terminus,[3] sondern auch und vor allem in der unterschiedlichen Sicht des Menschen. So ist, wie die Geschichte der neuzeitlichen Identität zeigt, für den modernen Personbegriff eine spezifische Form der Innen/Außen-Relation bestimmend:

> „Unsere Gedanken, Vorstellungen oder Gefühle sind nach unserer Auffassung ‚in' uns, während die Gegenstände in der Welt, auf die sich diese geistigen Zustände beziehen, ‚draußen' sind. Außerdem meinen wir, unsere Fähigkeiten oder Möglichkeiten seien etwas ‚Inneres', das auf die Entwicklung wartet, durch die dieses Potentielle in der öffentlichen Welt kundgetan oder verwirklicht wird. Das Unbewußte befindet sich nach unserer Vorstellung innen; und die Tiefen des Ungesagten, des Unsagbaren, der sich anbahnenden heftigen Gefühle, Neigungen und Ängste, mit denen wir um die Beherrschung des eigenen Lebens ringen, fassen wir ebenfalls als etwas Inneres auf. Wir sind Geschöpfe mit innerer Tiefe, mit einem Inneren, das zum Teil unerforscht und dunkel ist."[4]

---

1 Zum alttestamentlichen Personbegriff s. *Neumann*, Person, 339f, ferner *Frevel / Wischmeyer*, Menschsein, 26ff (Frevel); *di Vito*, Anthropologie, unten 129ff u.a.

2 S. dazu *Cancik*, Person, 1120f.

3 Dafür kämen am ehesten *leb* „Herz" als somatischer Personbegriff und *šem* „Name" als sozialer Personbegriff in Frage, zum „Herz" in der alttestamentlichen Anthropologie s. *Janowski*, Konfliktgespräche mit Gott, 166ff.437 und *Krüger*, „Herz", 103ff.

4 *Taylor*, Quellen des Selbst, 207, s. zur Sache ferner *Schönpflug / Schrader*, Selbst; *di Vito*, Anthropologie, unten 129ff u.a. Dass der Mensch nur *eine* Seele (Psyche) besitzt, und diese seine Person in ihrer Gesamtheit repräsentiert, ist in der europäischen Tradition zum erstenmal bei Pythagoras und vor allem bei Heraklit fassbar; die Opposition Körper *vs.* Seele taucht dann erst im späten 5. Jh. v. Chr. auf, s. dazu *Vernant*, Individuum, unten 155ff; *Bremmer*, Karriere der Seele, unten 173ff und *Meyer*, Wandel des Psyche-Begiffs, 9ff.

Dieses Gefühl der „Innerlichkeit" ist nicht von zeitloser Gültigkeit, sondern abhängig von einer „historisch begrenzten Art der Selbstinterpretation, die im neuzeitlichen Abendland zur Vorherrschaft gekommen ist"[5]. Seine Wurzeln liegen Ch. Taylor zufolge bei Platon, der in seinem Dialog *Phaidros* (253d–256e) anhand der Metapher von der „Seele" (ψυχή) als Lenkerin eines geflügelten Zweigespanns seine Auffassung der menschlichen Person entwickelt hat.[6] Der Schlüssel zum „wahren" Selbst liegt danach in der Auffassung der Seele als einer vernunftbegabten Kraft, die der Außenwelt ordnend gegenübertritt und zwar so, als hätten wir „ein Selbst in der gleichen Weise, in der wir einen Kopf oder Arme haben, und innere Tiefe in der gleichen Weise wie Herz oder Leber"[7]. Die Gedanken, Vorstellungen und Gefühle der autonomen Person sind nach dieser Konzeption „‚in' uns, während die Gegenstände in der Welt, auf die sich diese geistigen Zustände beziehen, ‚draußen' sind"[8].

Im Unterschied zu diesem „homogenen Interpretationsmodell von Person"[9], dessen Geschichte hier nicht aufzurollen ist,[10] geht die alttestamentliche Anthropologie, wie man sich am Beispiel von Ps 84,3 klar machen kann, von anderen Parametern aus:

> Es lechzt, ja es sehnt sich mein Leben (*næpæš*) nach den Vorhöfen JHWHs,
> mein Herz (*leb*) und mein Fleisch (*bāśār*) jubeln dem lebendigen Gott zu.

Mit „Leben(skraft), Vitalität", „Herz" und „Fleisch" sind hier verschiedene Aspekte der Person – ihre *Bedürftigkeit*, ihre *Vernunft* und ihre *Hinfälligkeit* – gemeint, die damit zwar unter diesen Einzelaspekten, aber immer in ihrer Ganzheit erscheint. Vielleicht sollte man genauer von einer *komplexen und differenzierten Ganzheit*, d.h. vom menschlichen Körper nicht als Organismus, sondern als *Kompositum seiner Glieder und Organe* und deren spezifischen Funktionen sprechen. Eine Sachparallele hat diese Auffassung in der ägyptischen Sicht des menschlichen Körpers, die E. Brunner-Traut mit Hilfe des Begriffs der „Aspektive" gedeutet hat:

> „Der Körper wird ... auch nach Ausweis des Vokabulars nicht etwa als Organismus verstanden, selbst wenn das Herz vielfach als eine Art Zentrum gesehen worden ist, von dem außer Gedanken und Gefühlen auch die Gefäße ausgehen. Der Körper wird aus einer Anzahl von Teilstücken zusammengesetzt, ‚verknotet, zusammengeknüpft', er ist etwa das, was wir eine ‚Gliederpuppe' nennen."[11]

Diesem *Prinzip der Aspektive*, das den menschlichen Körper nicht als eine organische Einheit wahrnimmt, sondern in seine Einzelteile („Glieder") zerlegt, ist – wie J. Ass-

---

5 *Taylor*, aaO 207.

6 Vgl. *ders.*, aaO 214ff und *Halfwassen*, Seelenwagen, 111ff.

7 *Taylor*, aaO 208.

8 *Ders.*, aaO 207.

9 *Gladigow*, Seele, 53, vgl. *Bremmer*, aaO unten 173ff.

10 S. dazu *Welker*, Autonomous Person, 95ff u.a.

11 *Brunner-Traut*, Frühformen des Erkennens, 72, vgl. zum Begriff „Aspektive" *dies.*, Aspektive, 474ff und *dies.*, Gliederpuppe, oben 25ff.

mann[12] in Weiterführung des Ansatzes von Brunner-Traut gezeigt hat – das *Prinzip der Konnektivität* an die Seite zu stellen, das nach dem die Einzelteile verbindenden Ganzen fragt[13] und das sowohl auf der Ebene des Körperbildes, wo es um „Zergliederung" und „Zusammenfügung", als auch auf der Ebene der Sozialstruktur hervortritt, wo es um „Isolation" und „Einbindung" geht.[14] Die ‚Schnittstelle' zwischen der Leibsphäre und der Sozialsphäre ist das Herz, das sowohl in leiblicher wie in sozialer Hinsicht die personale Identität des Menschen herbeiführt und garantiert:

Körperbild		**Sozialstruktur**
Der Körper und seine Glieder:		*Individuum und Gemeinschaft*:
Zergliederung		Isolation
|	← „Herz" als Zentralorgan →	|
Zusammenfügung („Verknotung")		Einbindung („Vergesellschaftung")
durch		durch
„Blut" (= Leben) als konnektivem Prinzip *vs.* Tod, Krankheit u.a. als Kräften des Zerfalls		„Gerechtigkeit" als konnektivem Prinzip *vs.* Ungerechtigkeit, Habgier u.a. als Kräften des Zerfalls

Auch nach alttestamentlichem Verständnis beruht das, was wir als die personale Identität des Menschen bezeichnen, auf dem komplexen Zusammenhang von Körperbild und Sozialstruktur.[15] Was sich auf der einen Ebene (*Leibsphäre*) als Krankheit *vs.* Gesundheit oder als Trauer *vs.* Freude zeigt, das wird auf der anderen Ebene (*Sozialsphäre*) als Schande *vs.* Ehre oder als Rechtsnot *vs.* Gerechtigkeit/Rechtfertigung erlebt.[16] Diese Zusammenhänge lassen sich mit Hilfe des *konstellativen Personbegriffs*[17] beschreiben und zwar in einem doppelten Sinn: einerseits wird der menschliche Körper als eine konstellative, d.h. aus einzelnen Teilen oder Gliedern zusammengesetzte Ganzheit gedacht; andererseits bedeutet menschliches Leben die Eingebundenheit in soziale Zusammenhänge oder Rollen.[18] Diese Form der Konstellation steht im Folgenden im Vordergrund. Ihre Plausibilität beruht darauf, dass der Mensch bestimmt ist durch „ein Netzwerk vor-

---

12 Vgl. *Assmann*, Tod und Jenseits, 34ff.

13 Dieses Verbindende sieht Assmann in Übereinstimmung mit Brunner-Traut im „Herzen" als dem Zentralorgan des wahrnehmenden und erkennenden Menschen.

14 Vgl. *Assmann*, aaO 36.

15 Vgl. *Janowski*, Konfliktgespräche mit Gott, 7ff.50ff und *ders.*, Art. Mensch, 1057f.

16 Vgl. *ders.*, Konfliktgespräche mit Gott, 50ff.

17 Zum konstellativen Personbegriff s. bereits die Hinweise bei *ders.*, aaO 43.50.110 u.ö., ferner *Schüle*, Prolog, 95f („relationales Personkonzept"); *Frevel*, Anthropologie, 1ff; *ders.*, Körper, 280ff; *Neumann*, Kultur, 38ff und *Assmann*, Ma'at, 23ff.

18 Das heißt nicht, dass der rollenkonform agierende Mensch keine Freiheit zum Handeln und zur Ausbildung seiner Individualität hätte, s. dazu *Vernant*, Individuum, unten 155ff.

gegebener Relationen, aus dem er sich nicht herausnehmen kann, innerhalb dessen sich ihm aber ein definierter Gestaltungsraum eröffnet ...“[19], in dem er mit anderen kommuniziert bzw. interagiert. Dieses vormoderne Konzept personaler Identität hat R.A. di Vito anhand von vier ‚Identitätsmarkern‘ charakterisiert:

> „Das Subjekt ist (1) zutiefst eingebettet in seine soziale Identität bzw. eng damit verbunden. Es ist (2) vergleichsweise dezentriert und undefiniert im Blick auf die Grenzen seiner Person. Es ist (3) relativ transparent, ins gesellschaftliche Leben eingebunden und darin verkörpert (mit anderen Worten: es ermangelt all dessen, was mit ‚inneren Tiefen‘ bezeichnet ist). Und schließlich ist es (4) ‚authentisch‘ gerade in seiner Heteronomie, in seinem Gehorsam anderen gegenüber und in seiner Abhängigkeit von anderen.“[20]

Die personale Identität kommt danach nicht durch eine die Selbst- und Außenwahrnehmung steuernde „Rationalität“, sondern durch Konstellationen[21] zustande, die komplexe, auf Gegenseitigkeit (Mann/Frau, Individuum/Gemeinschaft, Gott/Mensch) ausgerichtete *Beziehungen des Menschseins* zum Ausdruck bringen. Wie grundsätzlich das Alte Testament diese Konstellationen reflektiert hat, zeigt schon die definitorische Gestalt der *anthropologischen Leitsätze* von Gen 2,18 („Es ist nicht gut, dass der Mensch allein ist“), Mi 6,8 („Man hat dir gesagt, Mensch, was gut ist“) und Ps 8,5 („Was ist der Mensch, dass du an ihn denkst?“). Sie bilden den Ausgangs- bzw. Zielpunkt der folgenden Überlegungen, die die Aspekte der *Entsprechung der Geschlechter* (Gen 2,18–25), der *Anerkennung des anderen* (Mi 6,6–8) und des *Gegenübers von Gott und Mensch* (Ps 8,4f) ins Zentrum stellen.

II. Texte und Themen

1. Gen 2,18–25 – die Entsprechung der Geschlechter

Zu den grundlegenden Charakteristika alttestamentlicher Anthropologie zählt der die personale Identität konstituierende Zusammenhang von Leib und „Seele“ (*næpæš*) oder – wie wir genauer sagen müssten – von Leib und „Leben(skraft)“[22]. Wie dieser Zusammenhang zustande kommt, lässt sich Gen 2,4b–7, dem anthropologischen *locus classicus* der nichtpriesterlichen Schöpfungsgeschichte entnehmen:

---

19 *Schüle*, aaO 94, vgl. *Taylor*, Quellen des Selbst, 29.

20 *Di Vito*, Anthropologie, unten 129ff.

21 Der Begriff der Konstellation ist anders gelagert als der Begriff der „Corporate Personality“, den H.W. Robinson vor über 70 Jahren in die Diskussion um eine Anthropologie des Alten Testaments eingeführt hat, s. dazu die Kritik von *Rogerson*, Corporate Personality, 43ff.

22 Hebr. *næpæš* bedeutet nicht „Seele“ im metaphysischen Sinn, sondern „Leben(skraft), Vitalität“, s. dazu *Seebass*, *næpæš*, 531ff; *di Vito*, Anthropologie, unten 129ff; *Janowski*, Konfliktgespräche mit Gott, 204ff (Lit.); *Frevel* / *Wischmeyer*, Menschsein, 27f.29f (Frevel); *Liess*, Weg des Lebens, 216ff; *Wagner*, Körperbegriffe, 307ff u.a.

4b Am Tag, als JHWH Elohim Erde und Himmel machte,
5a während noch kein einziges Gesträuch des Feldes auf der Erde entstanden
b und noch kein einziges Kraut des Feldes gesproßt war,
c weil JHWH Elohim es noch nicht hatte regnen lassen auf die Erde,
d und kein Mensch da war, den Ackerboden zu bearbeiten,
6a *wobei ein Wasserstrom aus der Erde aufzusteigen*
b *und die ganze Oberfläche des Ackerbodens zu tränken pflegte,*
7a da formte JHWH Elohim den Menschen aus Erde vom Ackerboden,
b und blies in seine Nase den Hauch des Lebens (*nišmat ḥayyîm*).
c Da wurde der Mensch zu einem lebenden Wesen (*næpæš ḥayyāh*).

Der Verbalsatz Gen 2,7 besteht aus *zwei Teilsätzen*, die jeweils ein Handeln JHWHs beschreiben – JHWH „formte" den Menschen zunächst wie ein Tongebilde „aus (feuchter) Erdkrume vom Ackerboden" (Gebundenheit des *ʾādām* an die *ʾ^{a}dāmāh*)[23] und „blies" dann „Lebensatem in seine Nase" (Abhängigkeit des *ʾādām* vom Schöpfer) – und einer Folgeschilderung, die besagt, dass der erschaffene Mensch nicht ein vitales Selbst *hat*, sondern ein vitales Selbst *ist*[24]: „Da wurde der Mensch zu einem lebenden Wesen / Lebewesen (*næpæš ḥayyāh*)". Der Zusammenhang zwischen der Vergabe des „Lebensatems" (*nišmat ḥayyîm*) durch Gott und dem Werden des aus Erde vom Ackerboden gebildeten Menschen zu einem „lebenden Wesen, Lebewesen" (*næpæš ḥayyāh*) ist dabei so eng wie möglich, d.h. die Erschaffung des Menschen vollzieht sich in einer materialen Herstellung (Formung aus „Erde vom Ackerboden") *und* einer Belebung (Einhauchung des „Lebensatems"), wodurch der Mensch *insgesamt* zu einer *næpæš ḥayyāh* wird.[25] Der Lebensatem ist also das Kennzeichen des physischen Lebens, ohne das Mensch und Tier tot sind (vgl. Gen 7,22; Ps 104,29). Schematisch lässt sich der in Gen 2,7 beschriebene Schöpfungsvorgang folgendermaßen darstellen:

Der Mensch entsteht durch den Schöpfer
aufgrund der beiden Akte

Formung: + *Belebung*:
„Erde vom Ackerboden" „Hauch des Lebens"

mit dem Ergebnis:
„da wurde der Mensch zu einem lebenden Wesen/Lebewesen"

Nachdem der ersterschaffene und geschlechtlich undifferenzierte Mensch von Gott in den Garten Eden gesetzt (Gen 2,8.9a) und mit Nahrung von allen Bäumen des Gottesgartens bis auf den „Baum des Wissens von gut und böse" versorgt worden war (Gen 2,16f), setzt Gen 2,18 damit ein, dass dieser Mensch eine „Hilfe" braucht, die ihm entspricht (vgl. V.20, ferner Tob 8,6). Gen 2,18–25 schildert diesen neuen Schritt auf dem

[23] Zur Bedeutung von *ʿāpār* s. *Keel / Schroer*, Schöpfung, 145 und *Waschke*, Mensch, 498ff.
[24] Vgl. *Wolff*, Anthropologie, 33, ferner *Seebass*, Genesis I, 106f u.a.
[25] Vgl. *Hieke*, Staub, 245.247ff; *Schüle*, Prolog, 162f und *Waschke*, aaO 500f.

Weg zur Menschwerdung als ein zweifaches Experiment Gottes, dessen erster Teil einen negativen Ausgang hat:

18a Da sprach JHWH Elohim:
b „Es ist nicht gut, dass der Mensch allein ist,
c ich will ihm eine Hilfe machen, die ihm entspricht."
19a Da formte JHWH Elohim aus dem Ackerboden alle Tiere des Feldes
und alle Vögel des Himmels,
b und er brachte (sie) zu dem Menschen,
c *um zu sehen, wie er sie nennen würde,*
d *und alles, was der Mensch ihnen als lebendes Wesen zurief,*
e *das wurde ihr Name.*
20a Da gab der Mensch Namen allem Vieh, den Vögeln des Himmels
und allen Tieren des Feldes,
b aber für den Menschen fand sich/man keine Hilfe, die ihm entspricht.

Der erste Versuch, die Tiere als eine „Hilfe" für den Menschen zu erschaffen, die ihm entspricht, gelingt nicht, weil sie dem Menschen keine entsprechende Hilfe bieten (2,19f). Worin diese bestehen könnte, läßt sich zunächst *via negativa* bestimmen. Eine „Hilfe" für die Arbeit des Menschen im Garten (Gen 2,5, vgl. 2,15) ist damit jedenfalls nicht intendiert, weil die Tiere – die Tiere des Feldes und die Vögel des Himmels[26] – dafür von vornherein ungeeignet sind. Was der Mensch braucht, ist nicht Assistenz, sondern Geselligkeit bzw. Vergesellschaftung (vgl. 2,18.20). Diese können ihm die Tiere – trotz ihrer geschöpflichen Verwandtschaft und ihrer Schicksalsgemeinschaft mit dem Menschen – aber nicht bieten, was der Mensch offenbar an ihrer aneignenden Benennung erkennt (2,20b).

So unternimmt Gott einen zweiten Versuch und „baut" eine der „Rippen" (*ṣelā*)[27] des *ʾādām* zu einer Frau aus, die er zu dem Menschen bringt, um zu sehen, wie er reagiert (2,21f). Diese Reaktion fasst der Text in die hymnisch-poetische Verwandtschaftsformel (V.23), die bei *geschlechtlicher Differenz* von Mann und Frau ihre *somatische Gleichheit* (V.23a: „Gebein von meinem Gebein und Fleisch von meinem Fleisch") betont, was durch die Benennung (V.23b: *ʾiššāh* „Frau" → *ʾîš* „Mann") noch unterstrichen wird. Diese Formel besagt, dass der Mensch nicht dem Tier, sondern nur dem Menschen verwandt ist und sich allein in ihm als seinem „Gegenüber" erkennt. Ihr wird in V.24 eine Metareflexion angehängt, die davon spricht, dass ein Sohn seine Eltern um der Liebe zu seiner Frau willen verlässt.[28] V.25 formuliert schließlich ein Summarium und bildet gleichzeitig den Übergang zu Gen 3,1–24:

21a Da ließ JHWH Elohim einen Tiefschlaf auf den Menschen fallen,
21b und er schlief ein,
21c und er nahm eine von seinen Rippen,

---

[26] Nicht die Fische des Meeres, vgl. *Keel / Schroer*, aaO 146 Anm. 24.

[27] Vgl. *dies.*, aaO 149.

[28] Dass V.24 ein Reflexionstext ist, ist auch daran zu erkennen, dass das Urmenschenpaar keine Eltern hat, vgl. *Schüle*, aaO 170ff.

21d und er verschloss das Fleisch an ihrer Stelle.
22a Und JHWH Elohim baute die Rippe,
22b die er von dem Menschen genommen hatte,
22a zu einer Frau
22c und brachte sie zu dem Menschen.
23a Da sprach der Mensch:
23b „Dieses mal ist es Gebein von meinem Gebein und Fleisch von meinem Fleisch;
23c und diese wird man *ʾiššāh* nennen,
23d denn vom *ʾîš* ist diese genommen.
24a *Darum wird ein Mann seinen Vater und seine Mutter verlassen*
24b *und seiner Frau anhängen,*
24c *und sie werden zu einem Fleisch."*
25a Und beide waren nackt, der Mensch und seine Frau,
25b und sie schämten sich nicht voreinander.

Der Impuls zur Erschaffung der Frau geht danach nicht vom Motiv der Zeugung und Aufzucht der Kinder, sondern von dem Gedanken aus, dass es für den *ʾādām* nicht gut ist, „allein" zu sein. Die Verhinderung der Einsamkeit durch Zweisamkeit – und wie der Reflexionstext V.24 präzisiert: durch Liebe – ist, wie der Schöpfer nach V.18 feierlich deklariert, der eigentliche Sinn der Erschaffung der Geschlechter:

Es ist *nicht gut*, dass der Mensch *allein* ist,
ich will ihm eine *Hilfe* machen, die ihm *entspricht*.

Wie das Syntagma *ʿezær kᵉnægdô* „eine Hilfe wie sein Gegenüber / die ihm entspricht" (V.18b, vgl. V.20b) zeigt, wird die Zweisamkeit der Geschlechter durch zwei Aspekte konkretisiert: zum einen durch die *Hilfsbedürftigkeit des ʾādām* (*ʿezær*-Aspekt) und zum anderen durch die *Entsprechung der Geschlechter* (*nægæd*-Aspekt). Entgegen der Auslegungsgeschichte von Gen 2,18–25[29] – wie sie etwa, den hebräischen Wortlaut von Gen 2,18.20 gleichsam karikierend, in vielen Übersetzungen[30] zum Ausdruck kommt – besteht die „Hilfe" der Frau für den Mann nicht in der Entlastung bei der Arbeit im Gottesgarten,[31] sondern gemäß der Abfolge der Satzteile V.18aβ und V.18b in der Überwindung der Einsamkeit. Nicht derjenige, der Hilfe braucht, ist stark – er ist im Gegenteil „allein" und „elend" (Ps 25,16; 72,12; 107,12 u.ö.) –, sondern derjenige, der anderen eine Hilfe ist.[32] Von einer Unterordnung des Helfers unter den Hilfsbedürftigen ist dabei nirgends die Rede. Das zeigt mit wünschenswerter Deutlichkeit die Nebenprädikation

[29] Vgl. *Schüngel-Straumann*, Frau, 103ff.

[30] S. z.B. die Lutherbibel in der revidierten Fassung von 1984: „Ich will ihm eine Gehilfin machen, die um ihn ist". Immerhin wird anmerkungsweise die richtige Übersetzung mitgeteilt.

[31] Das wäre auch deswegen nicht plausibel, weil die Arbeit (Gen 2,5, vgl. 2,15) offenbar „mühelos" vonstatten geht und von einer Arbeitsbelastung („unter Mühsal") erst im Strafspruch für den Mann (3,17–19) die Rede ist.

[32] Vgl. *Hieke*, Staub, 148; *Keel / Schroer*, Schöpfung, 148. Diese Lebenshilfe ist auch dort gemeint, wo Gott das Subjekt von *ʿezær* bzw. von *ʿāzar* ist (Ps 25,5; 27,9f; 33,20; 70,6; 115,9–11; 121,1f; 124,8; 146,5 u.ö.) und den Beter / Israel aus Gewalt, Unterdrückung oder Todesnot errettet.

k^enægdô, die syntaktisch als pleonastische Variante zu *k^e* „wie" fungiert[33] und mit „wie sein Gegenüber" oder vereinfachend mit „ihm entsprechend" bzw. „seinesgleichen" zu übersetzen ist.[34] Diese von Lebenserfahrung geprägte Einsicht, dass Einsamkeit für einen Menschen nicht gut ist, findet sich auch in der Weisheitsliteratur und hier besonders im Kohelet- und im Sirachbuch.[35]

Für den konstellativen Personbegriff des Alten Testaments, so können wir unsere bisherigen Überlegungen zusammenfassen, ist Gen 2,18–25 von zentraler Bedeutung: zum einen, weil die Entsprechung der Geschlechter *schöpfungstheologisch begründet* wird, und zum anderen, weil dieser Text der von Hierarchie, Konkurrenz und Missachtung geprägten Alltagserfahrung, wie sie im Strafspruch für die Frau (Gen 3,16) zum Ausdruck kommt, die Vision der *geschlechtlichen und sozialen Ebenbürtigkeit* entgegensetzt. Was aus dieser Vision des Anfangs wird, das ist eines der großen Themen der nachfolgenden Menschheits- und Israelgeschichte außerhalb des Gottesgartens. Hier, in der realen Welt der Erzähler, herrschen härtere, sozusagen realistische Lebensbedingungen. Wie diese gemeistert werden können, ist das Thema der prophetischen Gerechtigkeitstheologie.

2. Mi 6,6–8 – die Anerkennung des anderen

In seinem Buch „Kampf um Anerkennung" hat der Sozialphilosoph A. Honneth Elemente einer „moralischen Grammatik sozialer Konflikte" (so der Untertitel) untersucht, um von ihnen her eine normativ anspruchsvolle Gesellschaftstheorie zu entwickeln. Danach sind soziale Konflikte durch bestimmte Typen von Missachtung motiviert, die sich als *Mißhandlung und Vergewaltigung*, als *Entrechtung und Ausschließung* sowie als *Entwürdigung und Beleidigung* des anderen bestimmen lassen.[36] Alle drei Missachtungsformen stellen Angriffe auf die physische, die soziale und die moralische Integrität der Person und ihrer Interaktionsfähigkeit dar. Ihnen stehen drei Formen intersubjektiver Anerkennung gegenüber, die als *Liebe/Freundschaft*, als *rechtliche Anerkennung* und als *soziale Wertschätzung* eine ungestörte Selbst- und Gemeinschaftsbeziehung ermöglichen.[37]

---

33 Vgl. *Jenni*, Pleonastische Ausdrücke, 210 und *ders.*, Präposition Kaph, 44; zur Konstruktion ist die Wendung *ʾænôš k^eʾærkî* „ein Mensch, der mit mir gleichrangig ist/meinesgleichen" in Ps 55,14 zu vergleichen.

34 Vgl. auch Ges[18] 778 s.v. *nægæd*.

35 Vgl. die Hinweise bei *Krüger*, Kohelet, 193 und *Schwienhorst-Schönberger*, Kohelet, 303.

36 Vgl. *Honneth*, Anerkennung, 212ff.

37 „Anerkennung" beruht auf dem Prinzip der Gegenseitigkeit / Reziprozität zwischen Personen. Im Unterschied zur distributiven oder Verteilungsgerechtigkeit repräsentiert sie eine Form der *kommunikativen oder Tauschgerechtigkeit*, die den Verzicht von Gewalt voraussetzt bzw. einschließt, s. dazu *Honneth*, aaO 148ff.

Wie aber kommt solche Anerkennung zustande, und was garantiert ihre Verbindlichkeit? Diese Frage ist in der Soziologie und Sozialphilosophie nach wie vor Gegenstand der Diskussion. Im Blick auf das Alte Testament dürfte dies das *Prinzip „Gerechtigkeit“* sein, denn Gerechtigkeit ist im Alten Testament der Rahmen für den Gemeinschafts- und den Gottesbezug. Durch den Zusammenhang beider Bezüge, des ethischen und des religiösen, wird die Integrität des Menschen definiert. Wo durch Formen der Mißachtung einer dieser Bezüge verstellt oder verhindert wird, ist die Integrität der Person verletzt.

Diese Verletzung des anderen wird in den Klageliedern des einzelnen und im Hiobbuch[38] mit dem Auftreten des Feindes und dessen „Verletzungsmacht“ in Zusammenhang gebracht. Die Verletzungsmacht ist als direkteste Form von Macht „die Macht, anderen in einer gegen sie gerichteten Aktion Schaden zuzufügen, – anderen ‚etwas anzutun‘“[39]. Was dem anderen an Verletzung zugefügt werden kann, wird dabei schonungslos benannt. So stößt man bei der Analyse des Feindbildes in den Psalmen immer wieder auf die *Anonymität* des Feindes/der Feinde, was sich auch in den offenen Begriffen „viele“ (*rabbû/rabbîm*)[40] oder „alle < Gesamtheit von“ (*kôl*)[41] widerspiegelt. Das Moment der Anonymität beinhaltet ein Element von *Überlegenheit*, das den Beter dazu veranlasst, seine Feinde zahlen- und kräftemäßig zu überhöhen, z.B.:

> Eine Schar von 10.000, die sich ringsum gegen
> mich aufstellen. (Ps 3,7)
>
> Mehr sind als Haare auf meinem Kopf, die mich
> grundlos hassen. (Ps 69,5aα)[42]

So zahlreich wie die Feinde sind auch die Formen und Aktionen sozialer Missachtung, die von ihnen ausgehen. Eine Stufenfolge dieser Missachtungsformen, wie sie aus den Klageliedern des einzelnen erhoben werden kann, könnte folgendermaßen aussehen:

- spöttisches Augenzwinkern als Zeichen eines den anderen ausschließenden Einvernehmens (Ps 35,19, vgl. Prov 6,13; 10,10 u.o.);
- Kopfschütteln als Ausdruck des ungläubigen Erstaunens (Ps 22,8; 109,25, vgl. Ps 44,15; Hi 16,4; Klgl 2,15 u.ö.);
- Lippenverziehen (Ps 22,8) und Zähnefletschen/-knirschen (Ps 35,16; 37,12; 112,10 vgl. Hi 16,9; Klgl 2,16) als Zeichen der Erniedrigung;
- verbale Beschimpfung (Ps 69,8), Verachtung (Ps 22,7; 31,19) und Beschämung (Ps 69,21);
- prahlerisches Reden (Ps 35,26; 38,17; 41,10; 55,13, vgl. Jer 48,26.42 u.ö.).[43]

---

[38] Vgl. *Janowski*, Gerechtigkeit Gottes, 1ff.

[39] *Popitz*, Macht, 43.

[40] Vgl. *Blum*, *rab*, 294ff.

[41] Vgl. Ps 3,2.3; 6,8; 22,8; 31,14; 38,20; 52,4; 71,7 u.ö.

[42] Vgl. Ps 25,19; 62,4 u.ö.

[43] Vgl. *Lamp / Tilly*, Öffentlichkeit, 46ff, s. zur Sache auch *Bail*, Schweigen, 31ff. Es handelt sich bei diesen Verhaltensformen in der Hauptsache um körpersprachliche Gesten, die durch *verba gesticulationis* ausgedrückt werden, vgl. auch *Jenni*, Verba gesticulationis, 150ff, mit der aufschlußreichen Tabelle 159ff.

Wie reagiert der Beter auf diese Äußerungen der Missachtung? Mit einer Fülle von Klagen, in denen er seinem Schmerz Ausdruck verleiht und seine Angst unverhohlen hinausschreit:

> 2 Vernimm, Gott, mein Gebet,
> und verbirg dich nicht vor meinem Flehen.
> 3 Achte auf mich und erhöre mich.
> Ich irre umher in meiner Unruhe,[44] und ich bin verwirrt
> 4 wegen des Geschreis des Feindes, wegen der Bedrängnis
> seitens des Frevlers.
> Ja, sie wälzen auf mich Unheil,
> und im Wutschnauben beschuldigen sie mich.
> 5 Mein Herz bebt in meiner Mitte,
> und Schrecken des Todes sind auf mich gefallen.
> 6 Furcht und Zittern kommen zu mir,
> und es hat mich Schrecken bedeckt.
> 7 Und ich sprach: Hätte ich doch Flügel wie die Taube –
> ich wollte fliegen und mich niederlassen.
> 8 Siehe, ich möchte in die Ferne flüchten,
> übernachten in der Wüste[45] – *Sela*
> 9 Eilen möchte ich zu meinem Zufluchtsort
> vor dem reißenden Wind, vor dem Sturm. (Ps 55,2–9)[46]

Wenn man sich vergegenwärtigt, dass Einsamkeit und Ausschluss aus der – Nahrung, Schutz und Recht gewährenden – sozialen Gemeinschaft (Dorf oder Stadt) für den Beter lebensbedrohlich waren,[47] dann ermisst man das Ausmaß seines Leidens, das Ps 55,7f mit den Fluchtbildern „Ferne" und „Wüste" vor Augen stellt:

> „In normalen Zeiten gilt die Stadt als ein Zufluchtsort, in dem man sicher leben kann, während die Wüste der Ort des Todes, der Ausweglosigkeit und des Unbewohnbaren ist. Diese Verhältnisse haben sich umgekehrt: Die Stadt ist unbewohnbar geworden, und die Wüste wird zur einzigen Chance für das Überleben."[48]

Was bleibt, ist nicht die stumme Ergebenheit ins Schicksal, sondern der Weg der (An-) Klage, die sich an JHWH als den *Gott der Gerechtigkeit* wendet. Diesen Weg, der oft genug steinig war, weil „die Treuen unter den Menschen verschwunden sind" (Ps 12,2, vgl. Ps 14,1–3), beschreiten die Klagelieder des einzelnen, indem sie nicht müde werden, ihre Stimme gegen das Unrecht zu erheben:

---

44 Die Wendung *rûd + śî*^{a}*ḥ* bezeichnet ein depressives Verhalten, vgl. *Barré*, „Wandering about", 184.

45 Vgl. Ps 102,7f.

46 Vgl. Ps 22,7f.15f; 31,13; 69,21; 102,7f u.ö., ferner Jer 9,1 u.ö. Zur Interpretation von Ps 55,2–9 vgl. *Bail*, aaO 160ff; *Riede*, Netz des Jägers, 279ff und *Hossfeld / Zenger*, Psalmen 51–100, 93ff (Hossfeld).

47 Vgl. *Lamp / Tilly*, aaO 54f.

48 *Hossfeld / Zenger*, aaO 98f (Hossfeld).

1 *Für den Chormeister. Nach der Achten. Ein Psalm Davids.*

2 Rette, JHWH, denn der Fromme schwindet dahin, ja, verschwunden sind die Treuen unter den Menschen. 3 Nichtiges reden sie untereinander, mit glatter Lippe, mit zweierlei Herzen reden sie.	Klage (+ Invocatio)
4 Ausrotten soll JHWH alle glatten Lippen, die Zunge, die Großes redet, 5 die da sagen: „Mit unserer Zunge sind wir mächtig, unsere Lippen sind mit uns, wer ist Herr über uns?“	Bitte
6 „Wegen der Vergewaltigung der Schwachen, wegen des Stöhnens der Armen stehe ich jetzt auf“, spricht JHWH, „ich bringe Rettung dem, gegen den man schnaubt.“	Antwort JHWHs
7 Die Worte JHWHs sind lautere Worte, Silber, im Schmelztiegel geschmolzen zur Erde hin (?), gereinigt siebenmal.	Lobpreis
8 Du, JHWH, wirst sie behüten, du wirst ihn erretten vor diesem Geschlecht für immer, 9 auch wenn ringsum Frevler (frei) umhergehen und Niedertracht sich erhebt unter den Menschen. (Ps 12)[49]	Vertrauens- bekenntnis

Dass der Beter zu diesem Unrecht nicht schweigt – ebenso wie die Propheten nicht dazu geschwiegen haben –, macht bei all seinem Leiden seine Würde aus. Der Preis dafür war unter Umständen hoch. Aber auch in diesem Fall wäre Schweigen gotteslästerlich, weil es der „Auflösung des altüberlieferten JHWH-Ethos, bei dem Gottes- und Nächstenliebe die Grundsäulen gedeihlichen Zusammenlebens waren“,[50] nur Vorschub leisten würde.

Wie wir sehen, vermitteln die angeführten Texte das Todesbild der sozialen Missachtung und *via negationis* das Lebensbild der sozialen Anerkennung oder Konnektivität. Danach ist einer allein gar nicht lebensfähig und deshalb auch nicht im vollen Sinn lebendig. Es muss einer da sein – Gott, ein Familienangehöriger, Nachbar oder Freund –, der ihn in seinem Leben geleitet, der sich um ihn kümmert und dafür sorgt, dass seine Ehre, wie Ps 7,6 formuliert, nicht „in den Staub“ gelegt wird.

Der „Kampf um Anerkennung“ durchzieht die Feindpsalmen also wie ein *cantus firmus*. Entsprechend stark ist der Schrei nach Gerechtigkeit in einer Welt voller Ungerechtigkeit. Die prophetische Theologie hat dieses Thema im Rahmen ihrer Sozial- und Kultkritik ebenfalls aufgegriffen und es in dem frühnachexilischen Text Mi 6,6–8, der zugleich eine Zusammenfassung prophetischer Theologie[51] darstellt, ins Grundsätzliche gewendet:

---

[49] Zu diesem Text vgl. *Bail*, aaO 45ff.72f.

[50] *Hossfeld / Zenger*, Psalm 1–50, 94 (Zenger), vgl. auch *Lamp / Tilly*, aaO 55ff.

[51] Vgl. *Kessler*, Micha, 270f und *Jeremias*, Joel, Obadja, Jona, Micha, 204f.

6 Womit soll ich dir entgegentreten,
mich beugen vor dem Gott der Höhe?
Soll ich ihm entgegentreten mit Brandopfern,
mit einjährigen Kälbern?
7 Hat JHWH Gefallen an Tausenden von Widdern,
an zehntausenden von Ölbächen?
Soll ich (ihm) meinen Erstgeborenen hingeben für mein Verbrechen,
meine Leibesfrucht für mein verfehltes Leben?
8 Man hat dir gesagt, Mensch, was gut ist
und was JHWH von dir fordert:
nichts als Recht tun und Hingabe lieben
und einsichtig gehen mit deinem Gott.

Wie J. Jeremias[52] gezeigt hat, erschliesst sich der Sinn dieses Textes – der in V.6f aus ratlosen Fragen des ‚kollektiven Ich' Israel und in V.8 aus einer generalisierenden Antwort des „frühnachexilischen Lehrer-Propheten"[53] besteht –, wenn er von V.8 aus gleichsam rückwärts gelesen wird. Diese Antwort besteht aus einer Kombination zentraler Stichworte prophetischer und weisheitlicher Theologie, die das *Gemeinschafts- und Gottesverhältnis* betreffen und den Charakter einer Grundorientierung für das „gute Leben" haben. Ungewöhnlich ist dabei die zweite der beiden *māh*-Fragen, die – entgegen der sonstigen Suchrichtung – von einer Bewegung Gottes hin zum Menschen spricht und dessen Forderung durch drei Verben im Infinitiv konkretisiert, die „eine sich steigernde Linie"[54] bilden, d.h. „Hingabe lieben" schließt „Recht tun" ein, und beides ist in „einsichtig gehen mit deinem Gott" enthalten:[55]

Man hat dir gesagt, Mensch, was gut ist	**Parallelismus**: das Gute //
und *was JHWH von dir fordert*:	die Forderung JHWHs
nichts als *Recht tun* und *Hingabe lieben*	**Steigerung**: Recht → Hingabe
und *einsichtig gehen mit deinem Gott*.	→ Weg mit Gott

Während der dritte Infinitiv – „*einsichtig gehen mit deinem Gott*" – das menschliche Leben als „Weg *mit* Gott" beschreibt, bei dem es auf die praktische (!) „Einsicht"[56] in die „Heilstaten JHWHs" (*ṣidqôt JHWH* V.5bβ) ankommt – aus den göttlichen Zuwendungen (vgl. V.3–5) soll der einzelne „besonnen" die entsprechenden Folgerungen für sein Verhalten ziehen, gerade gegenüber dem anderen –, rekurrieren die beiden ersten Infinitive – „*Recht tun*" // „*Hingabe lieben*" – in expliziter Antithese zu Mi 3,8 (Verbrechen Jakobs // Verfehlung Israels, vgl. Mi 6,7!) auf das Tun des „Rechts" (*mišpāṭ*) und das Lieben der „Hingabe" (*ḥæsæd*). Dadurch erhält das Zusammenleben seinen Massstab („Recht") und seine Ausrichtung („Hingabe"), was in der abschließenden Wegmetapher bündig zusammengefasst wird.

---

52 Vgl. *Jeremias*, aaO 196ff, ferner *Kessler*, aaO 256ff.

53 *Jeremias*, aaO 205.

54 *Kessler*, aaO 270.

55 Vgl. ebd.

56 Zur Bedeutung von *ṣnʿ* qal und hif. (außer in Mi 6,8 noch in Prov 11,2; Sir 16,25; 34,22 [LXX 31,22]; 35,3 [LXX 32,3]; 42,8) s. *Stoebe*, *ṣnʿ*; *Ringgren*, *ṣnʿ*; *Kessler*, aaO 271 und *Jeremias*, aaO 204.

Im Blick auf unser Thema ist schließlich zu beachten, dass der mittlere Infinitiv „Hingabe lieben“ von zwei Infinitiven umgeben wird, die das rechte Gemeinschafts- und Gottesverhältnis umschreiben. Die Verbindung von *ḥæsæd* und *ʾāheb* (Inf.cstr.) ist dabei ungewöhnlich und zeigt, dass die Hingabe „über das reine ‚Tun‘ hinausgeht und die innerste Intention bezeichnet“[57]. Die liebende „Hingabe“ bzw. „Huld, Güte, Solidarität“ ist die *konnektive Kraft*, die der Gemeinschaft Sinn und Zusammenhalt verleiht, weil sie verläßlich ist und „dem anderen mehr gibt, als rechtlich gefordert ist“[58]. Dieses Mehr ist das soziale Band, das zwischen den Mitgliedern einer Gemeinschaft geknüpft wird und das man als *Füreinander-Handeln*[59] bezeichnen kann. Wo die Kraft des Füreinander-Handelns nachlässt, treten Kräfte auf den Plan, deren Destruktivität Mi 3,1–12 und die Individualpsalmen in kaum zu überbietender Deutlichkeit beschwören. Mi 6,8 stellt dem das Handlungsprinzip der konnektiven Gerechtigkeit entgegen und verbindet es mit dem Gottesbezug. Der Mensch, so der Beitrag von Mi 6,1–8 zum konstellativen Personbegriff des Alten Testaments, bleibt nur Mensch, wenn er diesen Zusammenhang von Gottes- und Nächstenliebe als für sein Leben bestimmend sein lässt.

3. Ps 8,4f – das Gegenüber von Gott und Mensch

Das dritte Beispiel für den konstellativen Personbegriff, mit dem wir zu den schöpfungstheologischen Ausgangsüberlegungen zurückkehren, kommt aus Ps 8, der so etwas wie ein „poetisches Kompendium klassischer psalmtheologischer Anthropologie“[60] darstellt. Den Mittelteil dieses Textes bilden die sachlich parallelen JHWH-Prädikationen V.2b–3 und V.4–9, die von den beiden JHWH als Weltherrscher und Schöpfergott preisenden Bewunderungsrufen V.2a und V.10 gerahmt werden. Diese theozentrische Perspektive des Psalms bringt in prägnanter Weise auch V.5 zum Ausdruck, wenn er die Frage nach dem Wesen des Menschen – „Was ist der Mensch?“ (V.5a) – durch den Hinweis auf das „Gedenken“ (*zākar*) und das „Nachsehen, In-Augenschein-Nehmen“ (*pāqad*) durch JHWH beantwortet (V.5b) und damit konstatiert, dass sich die Menschenwerdung des Menschen nach biblischem Zeugnis in der Situation „vor Gott“ (*coram Deo*) ereignet:

2a JHWH, unser Herr, wie gewaltig ist dein Name auf der ganzen Erde!
  2b Der du deine Hoheit gelegt (< gegeben) hast auf den Himmel.

---

[57] *Jeremias*, aaO 204, vgl. *Kessler*, aaO 271.

[58] *Kessler*, ebd., vgl. *Jeremias*, aaO 203f.

[59] Vgl. *Janowski*, Tat, 175ff.

[60] *Spieckermann*, Heilsgegenwart, 237, s. zu Ps 8 bes. *Irsigler*, Frage nach dem Menschen, 10ff.16ff; *Neumann-Gorsolke*, Menschenwürde, 44ff; *dies.*, Herrschen, 20ff; *Weber*, Werkbuch Psalmen I, 72ff; *Meinhold*, Menschsein, 13ff; *Frevel*, „Theologie der Menschenwürde“ und *Schnieringer*, Psalm 8, passim.

3 Aus dem Mund von Kindern und Säuglingen hast du eine Macht gegründet
um deiner Bedränger willen, um zum Aufhören zu bringen Feind und Rachgierigen.

4 Wenn ich sehe deinen Himmel, die Werke deiner Finger,
Mond und Sterne, die du festgesetzt hast –
5 Was ist der Mensch, dass du an ihn denkst,
und ein Menschenwesen, dass du (sorgend) nach ihm siehst?

6 Du hast ihm nur wenig fehlen lassen zu(r) Gott(heit),
und mit Ehre und Pracht hast du ihn gekrönt.
7 Du hast ihn zum Herrscher eingesetzt über die Werke deiner Hände,
alles hast du gelegt unter seine Füße:
8 Kleinvieh und Rinder, sie alle,
und auch die Tiere des Feldes,
9 die Vögel des Himmels und die Fische des Meeres,
was durchzieht die Pfade der Meere.

10 JHWH, unser Herr, wie gewaltig ist dein Name auf der ganzen Erde!

Der Mensch ist Mensch, weil Gott an ihn denkt und wohlwollend nach ihm sieht (vgl. Ps 144,3) oder weil er – wie Hi 7,17f den Gedanken der fürsorglichen Aufmerksamkeit Gottes bezeichnenderweise abändert – sein „Herz" prüfend auf ihn richtet.[61] *pāqad* führt die Aussageintention von *zākar* weiter und steigert sie sogar, indem es zum *mentalen* („denken an") noch einen *sinnlichen* Aspekt („nachsehen, in Augenschein nehmen"), nämlich denjenigen des *Entschlusses zum handelnden Eingreifen* hinzufügt.[62] Die dem Verb *zākar* eignende *intentionale Ausrichtung* – „gedenken < denken an" und daraus resultierendes Handeln[63] – ist auch für das parallele *pāqad* charakteristisch, das die Zuwendung JHWHs im Sinn eines wohlwollenden Interesses am Geschick des Menschen[64] zum Ausdruck bringt („nachsehen, in Augenschein nehmen"), d.h.: JHWH überlässt den Menschen in Situationen akuter Bedürftigkeit nicht sich selbst, sondern er ist „ihm darin stets anteilnehmend und wohlwollend zugetan, so daß er aufmerksam nach ihm sieht und erkundet, wessen er bedarf"[65]. Diese Aufmerksamkeit Gottes gilt *allen Menschen* und sie gilt, wie die Protasis V.4 mit ihrem Hinweis auf die majestätische Höhe und Weite des nächtlichen Himmels mit seinen Gestirnen (Mond und Sterne) deutlich macht, dem Menschen in seiner *Kleinheit und Hinfälligkeit*. Damit steht sie im Dienst der Herausstellung der Größe des Schöpfers von Himmel und Erde (V.2b + 10!)

---

[61] Zu Hi 7,17f s. zuletzt *Frevel*, aaO 244ff.

[62] Vgl. *Schnieringer*, aaO 231 und zur Parallelität der beiden Verben Jer 14,10; 15,15; Hos 8,13; 9,9 und Ps 106,4 (jeweils mit Subj. JHWH).

[63] Vgl. *Janowski*, Schöpferische Erinnerung, 172ff.

[64] Vgl. *Schottroff*, *pāqad*, 476 („aufmerksam sehen nach, achten bzw. schauen auf, sich jemandes annehmen"), vgl. *André*, *pāqad*, 709 („genau beobachten"); *Brünenberg*, Jahwes Widerstand, 55f und *Schnieringer*, aaO 229ff.

[65] *Schnieringer*, aaO 231 (Hervorhebung im Original).

und damit „der Gnade, die darin besteht, daß dieser so große Gott sich dem so kleinen/hinfälligen Menschen zuneigt“[66].

Nur von Gott her lässt sich nach alttestamentlichem Verständnis also sagen, was oder wer der Mensch ist. Und nur von ihm her wächst dem Menschen, wie der weisheitliche Frage-Antwort-Zusammenhang von V.4–9[67] verdeutlicht, auch die Fähigkeit zu, seine Stellung in der Welt wahrzunehmen (V.6–9). Diese Stellung wird nicht wie in Gen 1,26–28 unter Rückgriff auf die *imago Dei*-Tradition, sondern anhand der Metapher vom „königlichen“ Menschen und seiner Herrschaft über die Tiere präzisiert:[68]

6 Du hast ihm nur wenig fehlen lassen zu(r) Gott(heit),
und mit Ehre und Pracht hast du ihn gekrönt.
7 Du hast ihn zum Herrscher eingesetzt über die Werke deiner Hände,
alles hast du gelegt unter seine Füße:
8 Kleinvieh und Rinder, sie alle,
und auch die Tiere des Feldes,
9 die Vögel des Himmels und die Fische des Meeres,
was durchzieht die Pfade der Meere.

In der Betrachtung des gestirnten Himmels, so können wir resümieren, kommt der Mensch von Ps 8 also zu einer wichtigen ‚Einsicht‘. Denn was er sieht, ist „dein“, nämlich Gottes Himmel. Und ebenso sind die Gestirne „die Werke deiner (scil. Gottes) Finger“. Sein Blick zum Himmel leitet ihn an, angesichts der Größe und Herrlichkeit des Schöpfers seine Geschöpflichkeit und Hinfälligkeit zu bedenken und vertrauensvoll in die Geschichte Gottes mit dem Menschen einzutreten, die „mit der Schöpfung beginnt und auf Gottes Zukunft hin unterwegs ist“.[69]

Und Gott der Schöpfer? Er hat sich nicht wie der ägyptische Sonnengott Re im Mythos von der Vernichtung des Menschengeschlechts („Buch von der Himmelskuh“)[70] an den fernen Himmel zurückgezogen, um die Welt und den Menschen sich selbst zu überlassen, sondern er gedenkt (*zākar*) seines Geschöpfs und kommt ihm helfend nahe (*pāqad*), wenn dieses seiner Hilfe bedarf.[71] Die Aussage, dass Gott „gedenkt“, richtet sich dabei nicht darauf, dass er sich punktuell einer Sache erinnert und eine andere vergisst, sondern darauf, dass er „in den Zusammenhängen geschöpflichen Lebens eine Wirklichkeit stiftet, die durch solche duale Abstraktionen selbst nicht zureichend erfaßt wird“.[72] Es geht in Ps 8 also nicht um den Menschen an sich oder um den Menschen in seiner Selbstbezüglichkeit, sondern um die *Relation von Schöpfer und Geschöpf*. Wie

---

66 *Schnieringer*, aaO 233, vgl. *Irsigler*, Psalm 8, 12f.21f.25.39ff. 42ff.

67 Zu diesem Ausdruck s. *Irsigler*, aaO passim.

68 Vgl. *Neumann-Gorsolke*, Menschenwürde, 59ff; *dies.*, Herrschen, 79ff und zur Verbindung von Gottebenbildlichkeit und Herrschaftsauftrag in Gen 1,26–28 *Janowski*, Gottebenbildlichkeit, 1159f und *ders.*, Statue Gottes, 183ff.

69 *Schoberth*, Einführung, 34.

70 Vgl. dazu die Hinweise bei *Janowski*, Schöpferische Erinnerung, 193f.

71 Vgl. *Schoberth*, aaO 231f.

72 *Schüle*, Gottes Handeln, 269.

stark diese Relation ist und wie ausschließlich sie vom Schöpfergott her gedacht ist, zeigt schließlich auch die Komposition des Psalms, die mit dem rahmenden Bewunderungsruf V.2a / V.10 den Ausgangs- und den Zielpunkt des Menschseins angibt.

III. Ausblick

Ziehen wir ein Fazit. Die Frage, was der Mensch ist, ist die Grundfrage aller Anthropologie, der philosophischen und theologischen ebensogut wie der medizinischen, psychologischen oder soziologischen. Das Alte Testament stellt sie mehrfach (Ps 8,5; 144,3; Hi 7,17f), gibt aber jedesmal eine etwas andere Antwort. Dies deutet darauf hin, dass es *das* alttestamentliche Menschenbild nicht gibt, sondern nur „sich ergänzende und z.T. auch in Kontrast stehende Aspekte“[73]. Statt von *der* Anthropologie des Alten Testaments wäre also angemessener von dessen Anthropologien oder von anthropologischen Entwürfen des Alten Testaments zu sprechen. Wie das Gottes- und das Weltbild hat sich auch das Menschenbild des alten Israel über die Zeiten hin verändert und entwickelt.[74]

Dennoch gibt es so etwas wie *anthropologische Konstanten*, die die unterschiedlichen Menschenbilder des Alten Testaments jenseits aller Variabilität prägen. Dazu zählt neben der *Korrelation von Leibsphäre und Sozialsphäre* und dem *Axiom der Geschöpflichkeit* vor allem der *konstellative Personbegriff*. Der Begriff der „Konstellation“ verweist auf komplexe Beziehungen, die dem menschlichen Leben Sinn und Richtung verleihen. Drei dieser Beziehungen sind im Vorhergehenden besprochen worden. Was sie eint, ist die Auffassung von der *Eingebundenheit des Menschen* in Zusammenhänge (Konstellationen), die auf dem *Prinzip der Gegenseitigkeit* – Entsprechung der Geschlechter, Anerkennung des anderen, Gegenüber von Gott und Mensch – beruhen und der Eingebundenheit ihre geschlechtsspezifische, soziale und religiöse Konkretion verleihen.

Ausblickhaft sei hinzugefügt, dass der konstellative Personbegriff auch in anderen Lebensbereichen des alten Israel begegnet, die im Vorhergehenden nur gestreift werden konnten: im Kult (*homo ritualis*),[75] in der Wirtschaft (*homo oeconomicus*) oder in der Politik (*homo politicus*). Sie sind ebenso zentral und komplex wie etwa der Bereich des Rechts mit seiner Leitvorstellung der „konnektiven Gerechtigkeit“. So könnte man am Beispiel des Kults zeigen, dass für den *homo ritualis* unterschiedliche – geschlechtsspezifische, soziale, religiöse – Aspekte der Person konstitutiv sind und je nach Anlaß, Ort, Zeit oder Zweck eines Ritus in den Vordergrund treten. Besonders deutlich wird dies an den Vorschriften zu Rein und Unrein,[76] die nicht nur die Einbindung des einzelnen in

---

[73] *Frevel*, Anthropologie, 1.

[74] Dies detailliert zu beschreiben, wäre die Aufgabe einer „Historischen Anthropologie des Alten Testaments“, die noch geschrieben werden muss. Das ist zwar ein schwieriges Unterfangen, sollte aber doch zu den Zukunftsaufgaben der alttestamentlichen Wissenschaft gehören, s. dazu die vorläufigen Hinweise bei *Janowski*, Konfliktgespräche mit Gott, 2ff.434ff (Nachträge zur 3. Aufl.).

[75] Vgl. *Janowski*, Homo ritualis, 134ff.

[76] Vgl. etwa *Douglas*, Reinheit und Gefährdung und *Erbele-Küster*, Körper und Geschlecht.

soziale und religiöse Zusammenhänge, sondern – unter bestimmten Bedingungen – auch dessen Ausgrenzung thematisieren. Eine konstellative Anthropologie des Alten Testaments, die alle diese Aspekte erfasst und systematisch darstellt, ist erst noch zu schreiben.

Literatur

André, G., Art. *pāqad*, ThWAT 6 (1989) 708–723

Assmann, J., Tod und Jenseits im alten Ägypten, München 2001

– , Ma'at – Gemeinschaftskunst im alten Ägypten, in: *ders. / H. Schmidt-Glintzer / E. Krippendorff*, Ma'at – Konfuzius – Goethe. Drei Lehren für das richtige Leben, Frankfurt a.M. 2006, 23–69

Bail, U., Gegen das Schweigen klagen. Eine intertextuelle Studie zu den Klagepsalmen Ps 6 und Ps 55 und der Erzählung von der Vergewaltigung Tamars, Gütersloh 1998

Barré, M.L., „Wandering about" as a Topos of Depression in Ancient Near Eastern Literature and in the Bible, JNES 60 (2001) 177–187

Blum, E., Art. *rab*, ThWAT 7 (1993) 294–315

Bremmer, J.N., Die Karriere der Seele. Vom antiken Griechenland ins moderne Europa (in diesem Band unten 173–198)

Brünenberg, E., Wenn Jahwes Widerstand sich regt. Überlegungen zum alttestamentlichen Verständnis von Strafe, in: *K. Kiesow / Th. Meurer* (Hg.), Textarbeit. Studien zu Texten und ihrer Rezeption aus dem Alten Testament und der Umwelt Israels (FS P. Weimar) (AOAT 294), Münster 2003, 53–74

Brunner-Traut, E., Art. Aspektive, LÄ 1 (1975) 474–484

–, Der menschliche Körper – eine Gliederpuppe, ZÄS 115 (1988) 8–14 (in diesem Band oben 25–33)

–, Frühformen des Erkennens. Am Beispiel Altägyptens, Darmstadt [2]1992

Cancik, H., Art. Person I, RGG[4] 6 (2003) 1120f

Douglas, M., Reinheit und Gefährdung. Eine Studie zu Vorstellungen von Verunreinigung und Tabu, Berlin 1985

Erbele-Küster, D., Körper und Geschlecht. Studien zur Anthropologie von Leviticus 12 und 15 (WMANT 121), Neukirchen-Vluyn 2008

Frevel, Ch., „Eine kleine Theologie der Menschenwürde". Ps 8 und seine Rezeption im Buch Ijob, in: *F.-L. Hossfeld / L. Schwienhorst-Schönberger* (Hg.), Das Manna fällt auch heute noch. Beiträge zur Geschichte des Alten, Ersten Testaments (FS E. Zenger) (HBS 44), Freiburg / Basel / Wien 2004, 244–272

–, Art. Anthropologie, in: *ders. / A. Berlejung* (Hg.), Handbuch theologischer Grundbegriffe zum Alten und Neuen Testament, Darmstadt 2006, 1–7

– , Art. Körper, in: *ders. / A. Berlejung* (Hg.), Handbuch theologischer Grundbegriffe zum Alten und Neuen Testament, Darmstadt 2006, 280–284

– / *O. Wischmeyer*, Menschsein. Perspektiven des Alten und Neuen Testaments (NEB.Themen 11), Würzburg 2003

Gladigow, B., Art. Seele, HrwG 5 (2001) 53–56

Halfwassen, J., Art. Seelenwagen, HWP 9 (1995) 111–117

Hieke, Th., Staub vom Ackerboden oder weniger als Gott? Menschenbilder des Alten Testaments in spannungsvoller Beziehung, LebZeug 53 (1998) 245–261

Hossfeld, F.-L. / Zenger, E., Die Psalmen I. Psalm 1–50 (NEB.AT 29), Würzburg 1993

–, Psalmen 51–100 (HThK.AT), Freiburg / Basel / Wien 2000

Irsigler, H., Die Frage nach dem Menschen in Psalm 8. Zu Bedeutung und Horizont eines kontroversen Menschenbildes im Alten Testament, in: *ders.*, Vom Adamssohn zum Immanuel (ATSAT 58), St. Ottilien 1997, 1–48

Janowski, B., Die Tat kehrt zum Täter zurück. Offene Fragen im Umkreis des Tun-Ergehen-Zusammenhangs, in: *ders.*, Die rettende Gerechtigkeit. Beiträge zur Theologie des Alten Testaments 2, Neukirchen-Vluyn 1999, 167–191

–, Art. Gottebenbildlichkeit I, RGG[4] 3 (2000) 1159f

–, Art. Mensch IV, RGG[4] 5 (2002) 1057–1058

–, Die lebendige Statue Gottes. Zur Anthropologie der priesterlichen Urgeschichte, in: *M. Witte* (Hg.), Gott und Mensch im Dialog (FS O. Kaiser) (BZAW 345/I–II), Berlin / New York 2004, 183–214

–, Konfliktgespräche mit Gott. Eine Anthropologie der Psalmen, Neukirchen-Vluyn [3]2009

–, Der Mensch im alten Israel. Grundfragen alttestamentlicher Anthropologie, in: *ders.*, Die Welt als Schöpfung. Beiträge zur Theologie des Alten Testaments 4, Neukirchen-Vluyn 2008, 107–139

–, Schöpferische Erinnerung. Zum „Gedenken Gottes" in der biblischen Fluterzählung, in: *ders.*, Die Welt als Schöpfung. Beiträge zur Theologie des Alten Testaments 4, Neukirchen-Vluyn 2008, 172–198

–, Homo ritualis. Opfer und Kult im alten Israel, BiKi 64/3 (2009) 134–140

–, „Die Erde ist in die Hand eines Frevlers gegeben" (Hi 9,24). Die Frage nach der Gerechtigkeit Gottes im Hiobbuch, in: *H. Lichtenberger* / *H. Zweigle* (Hg.), Wo ist Gott? Die Theodizee-Frage und die Theologie im Pfarramt (Theologie Interdisziplinär 7), Neukirchen-Vluyn 2009, 1–18

Jenni, E., Die hebräischen Präpositionen, Bd. 2: Die Präposition Kaph, Stuttgart / Berlin / Köln 1994

–, Verba gesticulationis im Hebräischen, in: *ders.*, Studien zur Sprachwelt des Alten Testaments, Stuttgart / Berlin / Köln 1997, 150–161

–, Peonastische Ausdrücke für Vergleichbarkeit (Ps 55,14; 58,5), in: *ders.*, Studien, 206–211

Jeremias, J., Die Propheten Joel, Obadja, Jona, Micha (ATD 24,3), Göttingen 2007

Keel, O. / *Schroer, S.*, Schöpfung. Biblische Theologien im Kontext altorientalischer Religionen, Göttingen / Freiburg (Schweiz) [2]2008

Kessler, R., Micha (HThK.AT), Freiburg / Basel / Wien 1999

Krüger, Th., Kohelet (Prediger) (BK XIX. Sonderband), Neukirchen-Vluyn 2000

–, *ach ja die seele.* Der Verlust der Seele – ein Gewinn für die theologische Anthropologie?, Hermeneutische Blätter 1/2 (2005) 34–41

–, Das „Herz" in der alttestamentlichen Anthropologie, in: *A. Wagner* (Hg.), Anthropologische Aufbrüche. Alttestamentliche und interdisziplinäre Zugänge zur historischen Anthropologie (FRLANT 232), Göttingen 2009, 103–118

Lamp, E. / *Tilly, M.*, Öffentlichkeit als Bedrohung. Ein Beitrag zur Deutung des „Feindes" im Klagepsalm des Einzelnen, BN 50 (1989) 46–57

Liess, K., Der Weg des Lebens. Psalm 16 und das Lebens- und Todesverständnis in den Individualpsalmen (FAT II/5), Tübingen 2004

Meinhold, A., Menschsein in der Welt vor Gott. Alttestamentliche Perspektiven, in: *ders.*, Zur weisheitlichen Sicht des Menschen. Gesammelte Aufsätze (ABG 6), Leipzig 2002, 13–34

Meyer, M.F., Der Wandel des Psyche-Begriffs im frühgriechischen Denken von Homer bis Heraklit, ABG 50 (2008) 9–28

Neumann, K., Art. Kultur und Mentalität, in: *ders.* / *A. Berlejung* (Hg.), Handbuch theologischer Grundbegriffe zum Alten und Neuen Testament, Darmstadt 2006, 35–42

–, Art. Person, in: *ders. / Berlejung* (Hg.), Handbuch theologischer Grundbegriffe zum Alten und Neuen Testament, Darmstadt 2006, 339f

Neumann-Gorsolke, U., „Mit Ehre und Hoheit hast Du ihn gekrönt" (Ps 8,6). Alttestamentliche Aspekte zum Thema Menschenwürde, JBTh 15 (2000) 39–65

–, Herrschen in den Grenzen der Schöpfung. Ein Beitrag zur alttestamentlichen Anthropologie am Beispiel von Psalm 8, Genesis 1 und verwandten Texten (WMANT 101), Neukirchen-Vluyn 2004

Popitz, H., Phänomene der Macht. Autorität, Herschaft, Gewalt, Technik, Tübingen 1986

Riede, P., Im Netz des Jägers. Studien zur Feindmetaphorik der Individualpsalmen (WMANT 85), Neukirchen-Vluyn 2000

Ringgren, H., Art. *ṣnʿ*, ThWAT 6 (1989) 1078–1080

Rogerson J. W., The Hebrew Conception of Corporate Personality: A Re-examination, in: *B. Lang* (ed.), Anthropological Approaches to the Old Testament, Philadelphia / London 1985, 43–59

Schnieringer, H., Psalm 8. Text – Gestalt – Bedeutung (ÄAT 59), Wiesbaden 2004

Schoberth, W., Einführung in die theologische Anthropologie, Darmstadt 2006

Schönpflug, U. / Schrader, W.H., Art. Selbst, HWP 9 (1995) 292–313

Schottroff, W., Art. *pāqad*, THAT 2 (⁵1995) 466–486

Schüle, A., Gottes Handeln als Gedächtnis. Auferstehung in kulturtheoretischer und biblisch-theologischer Perspektive, in: *H.-J. Eckstein / M. Welker* (Hg.), Die Wirklichkeit der Auferstehung, Neukirchen-Vluyn 2002, 237–275

–, Der Prolog der hebräischen Bibel. Der literar- und theologiegeschichtliche Diskurs der Urgeschichte (Genesis 1–11) (AThANT 86), Zürich 2006

Schüngel-Straumann, H., Die Frau am Anfang. Eva und die Folgen, Freiburg / Basel / Wien 1989

Schwienhorst-Schönberger, L., Kohelet (HThK.AT), Freiburg / Basel / Wien 2004

Seebass, H., Art. *næpæš*, ThWAT 5 (1986) 531–555

–, Genesis I: Urgesichte (1,1–11,26), Neukirchen-Vluyn 1996

Spieckermann, H., Heilsgegenwart. Eine Theologie der Psalmen (FRLANT 148), Göttingen 1989

Stoebe, H.-J., Art. *ṣnʿ*, THAT 2 (⁵1995) 566–568

Taylor, Ch., Quellen des Selbst. Die Entstehung der neuzeitlichen Identität, Frankfurt a.M. 1994

Vernant, J.-P., Individuum, Tod, Liebe. Das Selbst und der andere im alten Griechenland (in diesem Band unten 155–171)

di Vito, R.A., Alttestamentliche Anthropologie und die Konstruktion personaler Identität (in diesem Band unten 129–152)

Wagner, A., Körperbegriffe als Stellvertreterausdrücke der Person in den Psalmen, in: *ders.*, Beten und Bekennen. Über Psalmen, Neukirchen-Vluyn 2008, 289–317

Waschke, E.-J., Der Mensch „aus Staub" und „Gottes Ebenbild" – Anmerkungen zu unterschiedlichen anthropologischen Perspektiven, in: *A. Drost-Abgarjan* u.a. (Hg.), Vom Nil zur Saale (FS A. Mustafa), Halle 2008, 489–505

Weber, B., Werkbuch Psalmen I. Die Psalmen 1 bis 72, Stuttgart 2001

Welker, M., Is the Autonomous Person of European Modernity a Sustainable Model of Human Personhood?, in: *N.H. Gregersen / W.B. Drees / U. Görman* (ed.), The Human Person in Science and Theology, Edinburgh 1999, 95–114

Wolff, H.W., Anthropologie des Alten Testaments. Mit zwei Anhängen neu herausgegeben von *B. Janowski*, Gütersloh 2010

Robert A. di Vito

Alttestamentliche Anthropologie und die Konstruktion personaler Identität

Vor rund fünfzig Jahren hielt O. Cullmann an der Universität Harvard seine berühmte Vorlesung über die Unsterblichkeit der Seele.[1] Cullmann verglich dabei in einer interessanten Neuaufnahme eines altbekannten Themas den Bericht vom Tod des Sokrates mit dem Todesbericht Jesu, und zwar in einer Weise, die an den Gegensatz erinnerte, den die frühen Gegner des Christentums zwischen beiden gezogen hatten. Ja, ebenso wie sie argumentierte er für eine unversöhnliche Opposition zwischen der hellenistischen Philosophie und dem Christentum. Aber während die frühen Gegner des Christentums Jesu Furcht vor dem Tod als ein Argument für die moralische Überlegenheit des Heidentums betrachtet hatten, sah Cullmann in jener Furcht die große Ernsthaftigkeit, mit der das Christentum den Tod behandelt, widergespiegelt, ebenso wie dessen positive Wertung der gesamten menschlichen Person, den Leib eingeschlossen.[2] Zwei völlig verschiedene Anthropologien seien implizit in den kontrastierenden Darstellungen des Todes Jesu bzw. des Sokrates enthalten, und in aller Ausführlichkeit legte Cullmann seinem Auditorium deren grundlegende Inkompatibilität dar. Gegenüber einem griechischen Dualismus, der die Seele gegen den Leib ausspielte und den Tod als Befreiung der Seele betrachtete, stünde der jüdische und christliche Glaube an ihre fundamentale Einheit und das entschiedene Zeugnis des Neuen Testaments für die Auferstehung des Leibes.[3]

Fast umgehend erntete Cullmanns Erörterung scharfe Kritik, insbesondere für ihren Anti-Hellenismus und ihre vermeintliche Achtlosigkeit gegenüber der Diversität der Vorstellungen im zwischentestamentlichen Judentum.[4] Doch über die Jahre hin konnte sich seine Darstellung der alttestamentlichen Anthropologie in bemerkenswerter Weise durchsetzen, und heute kann man durchaus berechtigt von ihr behaupten, dass sie unter Bibelwissenschaftlern wie Dogmatikern nahezu selbstverständlich akzeptiert wird. Allerdings war Cullmann mit seiner These nicht der Erste. Bereits zu Beginn des Jahrhunderts hatten H.W. Robinson und J. Pedersen den Gedanken geäußert, dass die Hebräer vorlogische und nichtanalytische Denkformen mit „primitiven" Völkern teilten. Diese

[1] Eine leicht erweiterte Fassung der Vorlesung findet sich bei *Cullmann*, Immortality, 9ff.

[2] Vgl. *ders.*, aaO 18.

[3] Vgl. *ders.*, aaO 22ff.

[4] Zu letzterer s. *Nickelsburg*, Resurrection, 177ff.

Denkformen bedingten ihr Verständnis von sich selbst als untrennbare Einheit – die Einheit von Leib und Seele oder, mit den Worten von Gen 2,7, eine *næpæš ḥajjāh*, „lebendige Seele".[5] Indem heutige Wissenschaftler das hebräische Personverständnis weiterhin als das einer ungeteilten psychosomatischen Einheit betrachten, nehmen sie diese Sichtweise lediglich auf und erweitern sie – selbst jene Forscher, die der Ansicht, die frühen Hebräer seien „primitiv" gewesen, kritisch gegenüberstehen.

In jüngster Zeit hat J. Barr dieser Vorstellung von einem alttestamentlichen „Totalitätsdenken" und seinem Verständnis der Person als einer psychosomatischen Einheit widersprochen. Er vertritt die These, dass in bestimmten Kontexten hebräisch *næpæš*, „Seele", nicht eine Einheit von Leib und Seele oder eine Totalität der Persönlichkeit bezeichnet, sondern dass es gelegentlich tatsächlich so etwas wie „Seele" im traditionellen Sinne meint (d.h. etwas, das unsterblich ist und das Prinzip der personalen Einheit bildet, etwas, das vom Leib unterschieden ist und im Tod endgültig von diesem getrennt wird).[6] Angesichts nur weniger eindeutiger Sachverhalte, die Barrs Analyse unterstützen, und zahlreicher biblischer Texte, die, wie er zugibt, vom Tod der *næpæš* sprechen,[7] wird man allerdings kaum die Bedeutung „unsterbliche Seele" aus dem alttestamentlichen Gebrauch von *næpæš* ableiten können, sofern man nicht schon prädisponiert ist, diese Bedeutung im Alten Testament zu finden. Hans Walter Wolffs Stellungnahme zu diesem Thema hat auch nach einigen Jahren ihre Gültigkeit nicht verloren, nämlich, dass *næpæš* „nie die Bedeutung eines im Unterschied zum leiblichen Leben unzerstörbaren Daseinskerns zukommt, der auch getrennt von ihr existieren könnte"[8].

Durchaus berechtigt allerdings ist Barrs Skepsis dagegen, die Einheit der Person im hebräischen Denken so einseitig zu betonen, wie es in der alttestamentlichen Wissenschaft gern getan wird. Berechtigt ist auch seine Frage, wie wahrscheinlich es ist, dass die alten Hebräer tatsächlich zu einem Konzept von Person kamen, das den heutigen Empfindungen so entgegenkommt. Wie kann es sein, fragt er, dass die Hebräer es schafften, die Dinge richtig zu sehen, wenn die Griechen dagegen alles so fürchterlich missverstanden?[9] Mit anderen Worten: Für Barr ist die vorherrschende Sicht der altisraelitischen Psychologie eher ein Produkt heutiger Empfindungen denn das Ergebnis der Reflexion von alten Denkmustern. Damit aber ist es nicht mehr als eine Projektion der neuzeitlichen Antipathie gegenüber dualistischem Denken. In der Tat lässt sich die Disposition so mancher Alttestamentler, heute in der biblischen Darstellung eine Vorstellung von der Einheit der Person zu finden, die ein Spiegelbild ihrer eigenen Vorstellung bildet, in gewissem Maße mit der Entstehung der modernen Rede vom Selbst während der Aufklärung und deren Nachwirkungen in der Romantik erklären.

---

[5] Vgl. *Robinson*, Hebrew Conception, bes. 30f; *Pedersen*, Israel, 99ff, bes. 101.108.

[6] *Barr*, Garden of Eden, 42f: „a superior controlling centre which accompanies, expresses and directs the existence of that totality and (…) provides the life to the whole".

[7] Ps 78,50; Num 23,10; Ri 16,30 u.a.

[8] *Wolff*, Anthropologie, 40, vgl. *Knibb*, Life and Death, 398.

[9] Vgl. *Barr*, Garden of Eden, 36f.

Das bedeutet, dass das Ganze bis zu einem gewissen Grade sogar noch weiter reicht, als Barr es darstellt.[10] Es geht nicht einfach um die Projektion moderner Sichtweisen auf die biblische Anthropologie; es geht vielmehr um die moderne Konstruktion personaler Identität insgesamt. Unglücklicherweise ist dieser weitere Bezugsrahmen des Themas verschleiert worden, weil die Parameter für die Erforschung der alttestamentlichen Anthropologie durch ein traditionelles theologisches Interesse an der metaphysischen Ordnung der Person – psychosomatische Einheit oder Dualismus von sterblichem Leib und unsterblicher Seele – weitreichend festgelegt wurden (wie Barr gezeigt hat). Inzwischen hat zwar eine breitere Diskussion zu Themen eingesetzt,[11] welche die alttestamentliche Anthropologie betreffen, aber nur so weit, dass die übliche Fixierung auf das Leib-Seele-Problem – welche nahezu unvermeidlich den Vergleich mit antiken griechischen anthropologischen Modellen einschränkt – nicht überwunden wird. Damit wird die Diskussion weiterhin in der Gefahr stehen, grundlegende Differenzen in den verschiedenen Wahrnehmungen des Selbst zu verdecken. Tatsache ist, dass durch eine linguistische Bedeutungsverschiebung die Rede von einer „Seele" mit der Aufklärung durch den Diskurs über das „Selbst" ersetzt wurde. Zwar wird in antiken Sprachen durchaus reflexive Rede gebraucht, und klassische Autoren können die Tugend der Selbsterkenntnis erörtern, aber eine radikal reflexive Perspektive und die Objektivierung der Subjektivität sind modernen Ursprungs. Sie bewegen Guru und Laie gleichermaßen dazu, nicht allein über sich selbst zu reden, sondern über *das* Selbst, welches sie „haben", oder *das* Selbst, welches sie sind.

In diesem Essay wird der Versuch unternommen, das Blickfeld der Reflexion über alttestamentliche Psychologie zu erweitern, indem sie deutlicher mit der zeitgenössischen Diskussion über das Personsein und der Konstruktion der modernen westlichen Identität verbunden wird. Dies wird durch eine Untersuchung des Alten Testaments im Licht einer anerkannten zeitgenössischen Darstellung der modernen Identität erfolgen. Nur indem die Exegeten explizit machen, was eine Rolle spielt bei der modernen Konstruktion personaler Identität mit ihrer Bindung an eine bestimmte Sprache vom Selbst, können sie die alttestamentliche Konstruktion in eine angemessene historische Perspektive einbinden und hinreichend die Entfernung erkennen, die zwischen beiden besteht. Glücklicherweise ist in der Zwischenzeit viel zur Erklärung des zeitgenössischen Verständnisses von personaler Identität geleistet worden, und diverse ausgezeichnete Studien widmen sich der Entwicklung der modernen westlichen Identität und ihrer charakteristisch modernen Auffassung vom Selbst.[12] Unter diesen Studien hat C. Taylors „Sources of the Self" besondere Aufmerksamkeit erlangt. Sein Entwurf von moderner

---

[10] *Barr*, Garden of Eden, 2, bringt die vorherrschende Sichtweise mit den Anfängen der Dialektischen Theologie in den 1920er Jahren in Verbindung.

[11] Vgl. z.B. *Eilberg-Schwartz*, Savage, bes. 1ff.

[12] S. u.a. *Carrithers / Collins / Lukes* (ed.), Category of the Person, 1ff.83ff.217ff; *Davis*, Our Modern Identity, 159ff; *Heller / Sosna / Wellbery* (ed.), Reconstructing Individualism; *MacIntyre*, After Virtue; *Taylor*, Sources of the Self; *Weintraub*, Value.

Identität kann hier gleichsam als eine Linse dienen, durch welche das biblische Material in den Blick genommen werden soll.

Im Wesentlichen erstreckt sich die von Taylor dargestellte Entwicklung von Augustin über Descartes, Locke und Kant bis hin zur Romantik und kulminiert in der Erklärung des menschlichen Subjekts als autonome, ungebundene, selbstgenügsame und selbstverantwortliche Einheit, als ein Subjekt, dessen eigene „innere Tiefen" der hinreichende Grund seines Bemühens um Selbst-Äußerung und Selbst-Erkundung sind. Dies ist ein Verständnis des Selbst, das, wie Taylor formuliert, wesentlich aus einer bestimmten Auffassung von *Innerlichkeit* hervorging, nämlich der Auffassung, dass jede Person ein „Inneres" besitzt, das dem „Äußeren" gegenübersteht: Eine Welt, die „innen" liegt, wie auch eine Welt „außen", und dass diese innere Welt den Schlüssel zu unserem „wahren" Selbst besitzt.[13] Mit anderen Worten: Augenfällige Merkmale der modernen Identität – wie beispielsweise ihr ausgeprägter Individualismus – gründen in der neuzeitlichen Verortung des Selbst in den „inneren Tiefen" des eigenen Innenlebens statt in der sozialen Rolle eines Menschen oder in seinen gesellschaftlichen Beziehungen.

Im Anschluss an B. Snell sieht Taylor die Vorbedingung für das Aufkommen dieser Auffassung von „inneren Tiefen" in Platos Verortung des menschlichen Denkens und Fühlens in der ψυχή, „Seele" oder „Verstand". Indem Plato dergestalt die emotionalen, intellektuellen und spirituellen Quellen einer Person in der Seele lokalisierte, konnte er die Vorherrschaft des Verstandes innerhalb ihrer behaupten und somit die Herrschaft des Verstandes über das gesamte moralische Leben des Menschen – so zum Beispiel in der bekannten Metapher aus dem *Phaidros*, wo die Seele als eine zweispännige Kutsche mit ihrem Lenker erscheint.[14] Damit erweist sich die Tugend als solche in der Herrschaft des Verstandes über das Chaos der eigenen Sehnsüchte und der Gefühle. Dominiert der Verstand, erlangt die Person *in* sich eine Form der Einheit oder Harmonie, ein Ruhen in sich selbst, das sie davor bewahrt, konkurrierenden Sehnsüchten ausgesetzt zu sein. Dieses Ruhen in sich selbst ist von solcher Bedeutung, dass für Plato der Erfolg in der Welt nicht länger entscheidend ist für das persönliche Glück, sondern das gerechte Leben ist das vorteilhafteste Leben, selbst wenn der Mensch für sein tugendhaftes Handeln leiden muss.[15]

Taylors Skizze der modernen Konzeption vom Selbst bietet einen guten Ausgangspunkt für den Vergleich von Moderne und Bibel und für eine klärende Darstellung des alttestamentlichen Verständnisses von Personsein. Er liefert mindestens vier Gesichtspunkte für den unmittelbaren Vergleich: (1) die neuzeitliche Auffassung, dass menschliche Würde in Selbstgenügsamkeit und Selbstbeschränkung begründet liegt. Beides wird erreicht durch radikale Loslösung von der persönlichen und sozialen Stellung in der Welt; (2) die neuzeitliche Empfindung von personaler Einheit und klar definierten Grenzen der Person; (3) den neuzeitlichen Glauben an „innere Tiefen"; und (4) die neuzeit-

---

[13] Vgl. *Taylor*, Sources of the Self, 111.

[14] Plato Phaidr. 33–38 (253d–256e).

[15] Vgl. *Taylor*, Sources of the Self, 111ff.

liche Überzeugung, dass unser Menschsein auf einer Fähigkeit zu autonomen und selbstbestimmten Handlungen basiert. Natürlich wird im Alten Testament eine völlig andere Konstruktion personaler Identität sichtbar: Das Subjekt ist (1) zutiefst eingebettet in seine soziale Identität bzw. eng damit verbunden. Es ist (2) vergleichsweise dezentriert und undefiniert im Blick auf die Grenzen seiner Person. Es ist (3) relativ transparent, ins gesellschaftliche Leben eingebunden und darin verkörpert (mit anderen Worten: Es ermangelt all dessen, was mit „inneren Tiefen" bezeichnet ist). Und schließlich ist es (4) „authentisch" gerade in seiner Heteronomie, in seinem Gehorsam anderen gegenüber und in seiner Abhängigkeit von anderen.

I. Zur Einbettung des Individuums

Ein bekanntes Merkmal der alttestamentlichen Darstellung des sozialen Lebens in Israel ist die Bindung der einzelnen Israeliten an ihre soziale Identität. Gegenüber dem relativen Atomismus, der Selbstgenügsamkeit und der Ungebundenheit des modernen Selbst – das selbst im Rahmen der Familie als Individuum verstanden werden will –, steht der Israelit im Zentrum immer weiter werdender Kreise von verwandtschaftlichen Beziehungen, angefangen mit der „Familie". Dies ist ein alter Gegensatz: Israel ist ein „aggregate of groups rather than a collection of individuals"[16], und ohne die Familie ist der Einzelne kaum eine lebensfähige Größe – sei es sozial, sei es ökonomisch, sei es juristisch.

Dabei darf man nicht nur an die Kernfamilie denken. Im idealisierten Schema von Jos 7,14–18, der Episode von Achans Entdeckung, ist die kleinste Einheit in Israels Sozialstruktur der *bêt-ʾāb*, das „Haus des Vaters" (in diesem Text: Achans Großvater Sabdi). Es gibt keine bestimmte Bezeichnung für Achans eigene Familieneinheit (seine Söhne, Töchter und Ehefrau, die mit ihm für sein Verbrechen leiden), abgesehen von dem vagen Ausdruck „alles, was er hatte" (V.15.24), der sie zur bloßen Erweiterung seiner selbst macht. Die Wendung *bêt-ʾāb* bezieht sich ausschließlich auf jene Gruppierung der Familie oder „Abstammungslinie", die mit dem ältesten lebenden Vorfahr der väterlichen Linie (in diesem Fall Achans Großvater) beginnt.[17] Achans „Kernfamilie" ist für ihren Teil schlicht darin eingeschlossen, so dass sich in dieser Darstellung ein einfacher „Haushalt" aus den Angehörigen von vier Generationen zusammensetzt! Natürlich war

---

[16] *Rogerson*, Anthropology and the OT, 25.

[17] Den Begriff „Abstammungslinie" („lineage") gebraucht *Stager*, Archaeology of the Family, 20ff. Die Abstammungslinie besteht aus all jenen, die sich rechtmäßig auf die Abstammung von einem gemeinsamen väterlichen Vorfahr berufen können. In jüngerer Zeit gab es heftige Diskussionen um die Zusammensetzung des *bêt-ʾāb* („Kernfamilie", „Abstammungslinie", „Mehrfachfamilie" [„multiple family"] oder „erweiterte Familie"). Der biblische Wortgebrauch scheint hier uneinheitlich zu sein, insofern *bêt-ʾāb* als Bezeichnung für verwandtschaftliche Gruppen unterschiedlicher Größe verwendet wird, von jener der erweiterten Familie (selbst der Kernfamilie?) angefangen bis hin zur (und einschließlich der) Abstammungslinie, s. *Martin*, Israel, 104f.

die Mehrzahl der Haushalte in Wirklichkeit nicht so groß.[18] Gleichwohl stellten größere Haushalte oder Haushalte mit mehreren Familien vermutlich eine Art Ideal dar, das solche Familien umfasste, in denen die einzelnen Israeliten ihre personale Identität und ihr Selbstsein wiederfanden. Archäologische Funde, die diese Annahme bestätigen, stammen aus diversen Orten der Eisenzeit I–II, für die Gruppierungen von Wohnanlagen typisch sind, welche jeweils aus zwei oder drei Einzelhäusern zusammengesetzt sind. Jedes Einzelhaus besitzt dabei einen separaten Ausgang zu einem gemeinsamen Hof. Stager nimmt an, dass diese von ihm „compounds“ genannten Gruppierungen die grundlegende Einheit für das soziale und ökonomische Leben im Ort darstellten und auf Haushalte von mehreren oder erweiterten Familien schließen lassen, wobei der klassisch-israelitische *bêt-ʾāb* dem Mehrfamilienhaushalt entspricht, den die modernen Bewohner Palästinas *zaʾila* nennen.[19]

Ein wichtiger Aspekt der unzweifelhaft patriarchalen Ordnung der altisraelitischen „Familie“, der für die gegenwärtige Diskussion von Bedeutung ist, ist das Prinzip der einlinigen Abstammung.[20] Dieses gewährleistet unter anderem, dass die Familienzugehörigkeit stets eindeutig ist und dass der Einzelne immer nur zu einer Familienlinie, nämlich der des Vaters, gehört. Wie Anthropologen festgestellt haben, wird durch dieses Prinzip zugleich das Maß an Sozialkontrolle maximiert, welche die patriarchal strukturierte Familie über den Einzelnen in einer Vielzahl von Kontexten ausüben kann, nicht zuletzt in Angelegenheiten des Eigentums, namentlich des Ackerlandbesitzes.[21] Unter dem Strich ergibt sich daraus eine von sozialer Stabilität geprägte Gesellschaft, vor allem dann, wenn dieser Effekt verstärkt wird durch eine Hochachtung gegenüber dem Alter (vgl. Dtn 28,50). Tatsächlich ist die patriarchale Familienstruktur mit strikter Unterordnung der individuellen Ziele unter jene des größeren Familienverbandes als System wie geschaffen dafür, den Bestand und das Überleben der Familie sicherzustellen.[22] Die Rollen, welche die Individuen dabei spielen, ebenso wie die Rechte und Pflichten, die sie innehaben, sind vornehmlich auf dieses eine Ziel hin ausgerichtet.

Zumindest in früheren Epochen bildeten das „Vaterhaus“ und die weiteren Verwandtschaftsstrukturen, in die es eingebettet war, vermutlich die vorherrschenden Formen der

---

[18] Vgl. *Stager*, Archaeology of the Family, 20.

[19] Vgl. *ders.*, aaO 18ff. Stager nimmt an, dass sich dieser Typ von Gruppierung bis in die römische Zeit hielt. *Weinberg*, *bēit ʾābōt*, 400ff, argumentiert dagegen, dass der *bêt-ʾāb* – zumindest in der von Gottwald für das frühe Israel angenommenen Gestalt – eine sekundäre, ökonomisch motivierte Erfindung der Perserzeit ist. *Blenkinsopp*, Ezra – Nehemiah, 77, versteht das „Vaterhaus“ als die grundlegende soziale Einheit der nachexilischen Tempelgemeinde, in der sich eine alte Stammesstruktur der vorexilischen Zeit erhielt.

[20] Vgl. *de Vaux*, Ancient Israel, 20. In Genealogien wird nur selten die Mutter genannt; die nächsten seitlichen Verwandten nach dem Bruder sind der Onkel väterlicherseits und dann dessen Sohn (Lev 25,49), s. *Sanmartín-Ascaso*, *dôr*, 157. Die mütterliche Sippe lässt in der Darstellung spezifische Verwandtschaftsmerkmale vermissen und wird genealogisch nicht zur Verwandtschaft gerechnet, s. *Wright*, Family, 762.

[21] Vgl. *Winthrop*, Dictionary, 75.

[22] Vgl. *Kluckhohn* / *Strodtbeck*, Variations, 17ff.

sozialen Organisation, in welchen die einzelnen Israeliten ihr Leben verbrachten. Im vorkönigszeitlichen Israel, wo ausgeprägt politische Institutionen noch fehlten, waren Verwandtschaftsbeziehungen die einzig bedeutsame Quelle von Sicherheit und Schutz für das Individuum. In den meisten Fällen waren Familie und Dorf schlicht deckungsgleich (vgl. 1Sam 20,6).[23] Soweit das Dorf aus einer einzigen Sippe (*mišpāḥāh*) bestand und sich aus dem Verband mehrerer „Väterhäuser" zusammensetzte, entsprach die Dorfleitung einer Versammlung von Familienoberhäuptern, die in allen Belangen des Dorflebens Autorität ausübten (vgl. Hi 29).

Bedenkt man die zahlreichen Formen, in denen die einzelnen Israeliten in die Familie eingebettet und in ihrer Identität von ihr abhängig waren, so sind die ökonomischen und rechtlichen Dimensionen dieser Einbindung gewiss erstaunlich.

Auf ökonomischer Ebene beispielsweise konnte man von den wenigsten Israeliten behaupten, sie besäßen auch nur den Ertrag ihrer eigenen Arbeit. Da Ackerland die Haupteinkommensquelle darstellte, war die Familie, die das Land gemeinsam bestellte und seine Erzeugnisse teilte, der einzige Bereich, in dem sich überhaupt ökonomische Möglichkeiten boten.[24] Im Kontext des „Vaterhauses" bedeutete dies, dass die Söhne, selbst die verheirateten Söhne mit eigenen Kindern, den Hausherrn als alleinigen Besitzer des familiären Vermögens akzeptieren mussten. Für seinen Teil jedoch besaß der Hausherr lediglich das Recht zur Nutznießung des ererbten Besitzes; ihm oblag es, den Besitz für die Familie zu erhalten (vgl. 1Kön 21), da dieser die essentielle Grundlage der zukünftigen ökonomischen Lebensfähigkeit der Familie darstellte.[25] In diesem Sinne besaß selbst der Hausherr nicht den Ertrag seiner eigenen Arbeit.

In ähnlicher Weise bildete das „Vaterhaus" den grundlegenden rechtlichen Rahmen, in welchem der Israelit lebte, und zwar von Kindheit an bis möglicherweise ins Erwachsenenleben hinein.[26] Absolute Autorität über die Belange des Haushaltes lag in den Händen des *pater familias*. In frühen Zeiten konnte er zumindest theoretisch auch ohne Bezug zu äußeren Autoritäten agieren, ja selbst die Todesstrafe verhängen (vgl. Gen 38). Söhne, Töchter und Ehefrauen hatten, wenn überhaupt, nur wenig andere Rechte als jene, die ihnen vom Hausherrn zugestanden worden waren.[27] Einige Gesetze implizieren sogar, dass selbst die Kinder im rechtlichen Sinne als Vermögen oder Besitz mit einem monetären Gegenwert galten (vgl. Jos 7,15). Infolgedessen konnte ein Mann seine Tochter ins Konkubinat (Ex 21,7–11) und in Extremfällen seine Kinder in die „Schuldsklaverei" verkaufen (Neh 5,1–5; 2Kön 4,1–7). Natürlich wurden Kinder nicht nur als Besitz

---

23 S. *Bellefontaine*, Customary Law, 49ff. *Stager*, Archaeology of the Family, 23f, merkt an, dass die Annahme, dass eisenzeitliche Dörfer nach Verwandtschaftslinien organisiert waren, gestützt wird durch zahlreiche Ortsnamen (z.B. *ḥ^aṣar-ʾaddār* „die Einfriedung der Addar Familie", Num 34,4, oder *gat-Rimmon* das Anwesen [eig. die Kelter] der Rimmon-Familie", Jos 19,45).

24 Vgl. *Westbrook*, Property, bes. 11ff; *Stager*, Archaeology of the Family, 18ff.

25 Einschränkungen bestehen für das Familienoberhaupt sogar bei der Weitergabe von Land an seine Erben, s. Dtn 21,15–17 und *Westbrook*, Property, 14ff.

26 Vgl. *Wright*, Family, 764.

27 Vgl. *Bellefontaine*, Customary Law, 49f; *Emmerson*, Women, 280f.

verstanden, und das Entstehen ausgeprägt politischer und religiöser Institutionen minderte zunehmend die Macht des *pater familias*. Nach dem „Gesetz für widerspenstige Söhne" im Deuteronomium beispielsweise (Dtn 21,18–21) war die Todesstrafe für einen Sohn der Entscheidung der Ältesten „im Tor" vorbehalten, während Dtn 24,16 die stellvertretende oder Ersatzstrafe eines Sohnes für das Vergehen seines Vaters verbot.[28] Dennoch kann die Macht des Vaters selbst für die spätesten Epochen der Geschichte Israels kaum überschätzt werden.

Persönlich, sozial, ökonomisch und rechtlich war der einzelne Israelit eingebettet in die Familie und verwandtschaftlichen Verpflichtungen unterworfen, die noch über den Haushalt des Vaters hinausgingen. Das Ausmaß, in welchem die familiäre Solidarität einzelne Familienmitglieder in das Geschick eines anderen Angehörigen verwickelte, ist gut bezeugt, und ihre Auswirkungen auf die hebräische Psychologie sind schon länger Gegenstand einer nennenswerten Debatte. JHWH straft Kinder für die Sünden der Väter (Ex 20,5; Ez 18,1–3), und die Schuld für das Verbrechen eines Einzelnen wird dem gesamten „Vaterhaus" aufgelastet.[29] Zweifellos aber bietet die „Sippe" (*mišpāḥāh*) auch eine Art sozioökonomisches „Sicherheitsnetz" für den einzelnen *bêt-ʾāb*; das zeigt sich nicht zuletzt an der Institution des „Lösers" (*goʾel*) und an den Verpflichtungen gegenüber einem Sippen„bruder" (Lev 25,49).[30] Selbst ohne einige der exotischen Theorien, die aufgestellt worden sind, um diese Formen von Solidarität zu erklären (z.B. die Theorie von Israels „kollektiver Persönlichkeit" [„corporate personality"]), findet man im Alten Testament ein Konzept von personaler Identität, das sich radikal von dem unterscheidet, was der moderne Mensch heute kennt.[31]

Im Licht solcher Einbettung des Individuums in die Familie erweisen sich die Sprache und die konzeptionellen Grundlagen des zeitgenössischen moralischen Diskurses in weiten Teilen als unzutreffend für das Israel des Alten Testaments: namentlich das Beharren auf Selbstverantwortlichkeit, Autonomie und persönlicher Freiheit. Das liegt nicht daran, dass die Perspektive des modernen Selbst es unmöglich machte, dem Individuum den Status einer „moralischen Person" zuzusprechen, d.h. einer Person, die echte moralische Wahlfreiheit besitzt.[32] Der Punkt ist, dass man für das, was sich innerhalb des alttestamentlichen Horizonts befindet, von einer „moralischen Gemeinschaft" spre-

---

[28] Vgl. *Stulman*, Sex and Familial Crimes, bes. 52ff; *Bellefontaine*, Customary Law, 55ff; *Wright*, Family, 767.

[29] Vgl. 1Sam 22,16–19; 2Sam 3,29; 21,1–4 und 24,17, ferner Jos 7.

[30] Die Verpflichtungen des *goʾel* schließen die Rache für ein ermordetes Sippenmitglied ein (Ri 8,18–21; 2Sam 3,27; 14,1–11), ebenso das Einlösen von Land des „Vaterhauses" (Lev 25,23–28) oder von Verwandten in Schuldknechtschaft (Lev 25,47–55) und das Eingehen der Leviratsehe (Dtn 25,5–10), s. *Wright*, Family, 763.

[31] Die Theorie von Israels „corporate personality" ist vor allem von *Robinson*, Hebrew Conception, bes. 27ff, vertreten worden. Deutliche Kritik daran findet sich bei *Porter*, Legal Aspects, 361ff; *Rogerson*, Hebrew Conception, 1ff, bes. 3ff; *ders.*, Anthropology and the Old Testament, 46ff, s. auch *Kaminsky*, Corporate Responsibility.

[32] „Person" bezieht sich hier auf eine kulturspezifische Kategorie, s. dazu die klassische Diskussion bei *Mauss*, Kategorie.

chen sollte.[33] Die Gemeinschaft gewährt die *raison d'être* für die Handlungen und das konkrete Verhalten des Einzelnen. Die einzelnen Israeliten sind, losgelöst von ihren sozial festgelegten Rollen, welche die Grundlage ihrer Verantwortlichkeit bilden, kein „Selbst", über das man sinnvoll sprechen oder dessen Handlungen man sinnvoll beurteilen könnte. Einzig das sozial „eingebettete" Selbst, das ausgewiesen ist durch seine Zugehörigkeit zu einem „Vaterhaus", ist ein auf moralischer Ebene erkennbares Agens. Eine „persönliche Moral", die von der durch die sozialen Rollen und Handlungsgewohnheiten der Gruppe gesetzten Moral unabhängig ist, existiert nicht, ebenso wenig wie eine alttestamentliche Theorie „universeller Rechte", die auf der Loslösung von den Spezialfällen des sozialen Kontexts gründen. Biblische Ethik ist wie biblische Moral unabdingbar an den sozialen Kontext gebunden und festgelegt auf das soziale Leben im antiken Israel.

II. Zur Einheit der Person

Ebenso wie das moderne Programm eines sozial ungebundenen Selbst im Kontrast steht zu der Einbettung des Israeliten in die Familie, findet auch die neuzeitliche Überzeugung von der Einheit der Person nur ein entferntes Echo im biblischen Verständnis der Identität des Einzelnen. Der Ausgangspunkt für eine Diskussion über die hebräische Psychologie, insbesondere über die Frage nach der Einheit der Person, ist in der Regel Gen 2,7: „Da bildete Gott, der HERR, den Menschen aus Staub vom Erdboden und hauchte in seine Nase den Atem des Lebens; so wurde der Mensch ein ‚lebendiges Wesen' (*næpæš ḥajjāh*)." Übersetzt man *næpæš* hier als „Seele", kann das Wort nicht im traditionellen Sinne verstanden werden, nämlich als Seele, die von außen in den Körper einfließt. Im hebräischen Denken, so die Kommentare, gibt es keine Dichotomie von Seele und Körper nach Art des griechischen Dualismus; Gott erschafft den Menschen in Ganzheit und nicht in Einzelteilen zu einer lebendigen Kreatur.[34]

Dass eine Vorstellung von psychischer Ganzheit und Einheit der Persönlichkeit im hebräischen Denken beheimatet ist, steht hier nicht zur Debatte. Die alten Hebräer konnten mithilfe des Pronomens „ich" sich selbst durchaus als individuelle Subjekte einer Handlung bezeichnen und waren klug genug, ‚einem wütenden Bullen aus dem Weg zu gehen'.[35] Aber wie ist diese psychische Einheit *genau* zu verstehen? Die Worte von M. Mauss aus seinem klassischen Essay von 1938 über die soziale Konstruktion des

---

[33] Selbst in Ez 18, wo eine Bewegung hin zur persönlichen Verantwortung im religiösen Bereich deutlich sichtbar ist, wird Gerechtigkeit definiert mit Hilfe von Begriffen für Forderungen, die aus der Zugehörigkeit zur Gemeinschaft Israel erwachsen (z.B. in V.5–10), s. *Knibb*, Life and Death, 401: „The concern is primarily with the fate of the exilic generation as a group, rather than with that of individuals. (...) Each generation is responsible for its own fate."

[34] Zu *næpæš ḥajjāh* s. *Westermann*, Genesis 1–11, 281ff; *Barr*, Garden of Eden, 38ff.

[35] *Bremmer*, Early Greek Concept, 66f, nennt dies als eine Standardkritik an Snells These, dass die frühen Griechen kein Konzept für die psychische Gesamtheit besaßen.

Selbstverständnisses sind immer noch zutreffend, „daß es niemals ein menschliches Wesen gegeben hat, welches abgesehen von dem Gefühl seiner Körperlichkeit keinerlei Sinn für seine zugleich geistige wie körperliche Individualität gehabt hätte." Die entscheidende Frage für die Sozialgeschichte ist: „Wie hat sich im Laufe der Jahrhunderte und in den verschiedenen Gesellschaften nicht nur das ‚Ich'-Gefühl, sondern wie haben sich Vorstellung und Begriff entwickelt, die die Menschen verschiedener Zeiten sich davon gebildet haben?"[36] Aufgrund des neuzeitlichen Ideals, das meistenteils der alttestamentlichen Forschung zugrunde liegt,[37] verlangt die vergleichsweise dezentrierte und „dividuelle" d.h. teilbare Form der personalen Existenz in der hebräischen Darstellung vom seelischen Leben unmittelbare Aufmerksamkeit.[38]

Im Alten Testament genießen menschliche Fähigkeiten und körperliche Organe ein Maß an Unabhängigkeit, das heutzutage nur recht schwer zu erfassen ist, will man es nicht als rein poetische Sprache oder, schlimmer noch, als „primitives Denken" abtun.[39] Eine Auswahl aus den zahlreichen Texten, mit denen man dieses Phänomen belegen könnte, soll hier genügen.[40]

1. Das Auge des Ehebrechers lauert auf die Dämmerung mit den Worten „Kein Auge wird mich sehen" (Hi 24,15a).
2. Hörte es ein Ohr, pries es mich glücklich, und sah es ein Auge, legte es Zeugnis für mich ab (Hi 29,11).
3. Und er [JHWH] sprach: „Was hast du getan? Die Stimme des Blutes deines Bruders schreit zu mir von der Erde" (Gen 4,10).
4. Der Hunger (*næpæš*) des Arbeiters arbeitet für ihn; denn sein Mund spornt ihn an (Spr 16,26).
5. Meine Nieren werden frohlocken, wenn deine Lippen reden, was recht ist (Spr 23,16).
6. Und ich [JHWH] werde in Israel siebentausend übriglassen, all die Knie, die sich nicht vor dem Baal gebeugt haben, und jeden Mund, der ihn nicht geküsst hat (1Kön 19,18).
7. Und sie sollen antworten und sagen: „Unsere Hände haben dieses Blut nicht vergossen, und unsere Augen haben es nicht gesehen" (Dtn 21,7).
8. Sie beugen sich nieder vor der Arbeit ihrer Hände, zu dem, was ihre Finger gemacht haben (Jes 2,8).
9. Meine Seele (*napšî*) sehnt sich, ja schmachtet nach den Vorhöfen JHWHs; mein Herz und mein Fleisch jauchzen über den lebendigen Gott (Ps 84,3).
10. Weit aufgerissene Rachen (*r^eḥab-næpæš*) erregen Streit (Spr 28,25) .
11. All meine Gebeine werden sagen: „JHWH, wer ist wie du?" (Ps 35,10)

---

[36] *Mauss*, Kategorie, 225.

[37] *Bratsiotis*, *bāśār*, 860, geht in seiner Stellungnahme zu der „betonten anthropologischen Ganzheitsbetrachtung" der hebräischen Sichtweise sogar so weit, von einer „festen Geschlossenheit" zu sprechen, „die sich durch ein ausgeprägtes Einheitsbewußtsein äußert."

[38] Zum Begriff „dividuell" (engl. „dividual") s. *Morris*, Anthropology, 94. Er zitiert M. Marriott zur fehlenden Ganzheit in der indianischen Kultur: Personen sind keine „Individuen" im Sinne von „unteilbaren, festumrissenen Einheiten".

[39] Vgl. *Dodds*, The Greeks and the Irrational, 16.

[40] S. auch 1Sam 24,6; 25,37–38; 1Kön 9,3; 21,5; Ps 16,7; 42,6; 51,8.10; 119,148; Hi 28,4; 31,20; Spr 15,31; 16,9; 18,21; 23,33; 27,7; Klgl 4,10a. Eine umfassendere Liste mit einer deutlich anderen Analyse findet sich bei *Johnson*, Vitality und *Wolff*, Anthropologie, 25ff.

Hier scheinen die einzelnen Organe und Körperteile beinahe als unabhängige Handlungszentren zu fungieren, die entweder spezifische Aufgaben von anderen Organen übernehmen oder in ein Verhalten eingebunden sind, das man ansonsten mit der gesamten Person assoziieren würde. Sie können sogar den unmittelbaren Gegenstand eines moralischen Urteils bzw. einer moralischen Bewertung bilden. So findet man lügende Lippen (Spr 12,22) und wahrhaftige Lippen (Spr 12,19), treue Herzen (Neh 9,8) und störrische oder widerspenstige (Jer 5,23); den schärfsten Fluch aber empfängt das Auge, das den Vater verspottet oder den Gehorsam gegen die Mutter verachtet (Spr 30,17).[41]

Bestrebt, jedwede Form eines Leib-Seele-Dualismus zu vermeiden, und zugleich im Bemühen, diese Textphänomene zu erklären, haben Bibelwissenschaftler die Einheit betont, die implizit dem hebräischen Personverständnis zugrunde liegt. Denn auf diese Weise können verschiedene Körperteile oder Organe spezifisch seelische Funktionen erfüllen oder einfach die Person als ganze zum Ausdruck bringen.[42] So spricht Wolff von der Austauschbarkeit von „Herz", „Seele", „Fleisch" und „Geist", insbesondere im Rahmen poetischer Rede, und führt diesen fließenden Gebrauch als Beleg für das „stereometrische Denken" der Hebräer an, eine Art des einfühlenden Denkens, bei welchem Konzepte wie „Herz" oder „Seele", oftmals parallel gebraucht, lediglich unterschiedliche Aspekte desselben Subjekts darstellen.[43] In eine ähnliche Richtung geht Johnson, indem er in seiner Interpretation auf poetische Sprache und deren auffälligen Gebrauch der Synekdoche verweist. Dabei wird ein bestimmter Aspekt der *næpæš* oder der Person, welcher zeitweilig das Zentrum der Aufmerksamkeit bildet, einfach „picturesquely and graphically with reference to the individual as whole"[44] genannt. Natürlich ist das hebräische Denken in diesen Zusammenhängen nicht durch irgendeine Art von Geist-Materie- oder Leib-Seele-Dichotomie gekennzeichnet – vielmehr wird im hebräischen Denken gar nicht klar unterschieden zwischen dem Physischen und dem Psychischen. Was aber in diesen typischen Interpretationen unbeachtet bleibt, ist die Art der betreffenden Einheit. Die Verweise auf Poesie und Bildhaftigkeit der Sprache legen den Verdacht nahe, dass die meisten Kommentatoren die Art der Einheit für eine Selbstverständlichkeit halten. Wenn indes die Einheit der Person angenommen werden soll – wie es geschehen muss, und zwar aufgrund der Möglichkeit einzelner Glieder und Teile des Körpers, die Person als Ganzes zu repräsentieren –, so ist jene Einheit zweifellos eine komplexe und differenzierte Einheit, nicht nur eine einfache.[45]

---

41 Zu diesen und anderen Beispielen s. *Johnson*, Vitality, 45ff.

42 S. z.B. *ders.*, aaO 87.

43 Vgl. *Wolff*, Anthropologie, 26.

44 *Johnson*, aaO 64.

45 Johnsons stärkstes Argument für eine Synekdoche als Hintergrund des fraglichen Phänomens basiert auf dem parallelen Vorkommen von Organen, zuweilen mit dem Personalpronomen oder Suffix der ersten Person (z.B. Ps 6,3f; Dtn 8,17; Hi 31,5), s. *Johnson*, aaO 51. Dies betrifft indes nicht die Form der unübersehbaren Einheit, die im Nebeneinander der Begriffe implizit vorhanden ist.

Kurz, der biblische Mensch präsentiert sich uns eher in Einzelteilen denn in seiner Gesamtheit.[46] Selbst das Gesicht (*pānîm*) eines Menschen, mit welchem er sich anderen zuwendet, und an das sich umgekehrt die anderen richten, steht immer im Plural – als ob die verschiedenen Züge, aus denen sich das Gesicht zusammensetzt, betont werden sollten, oder die zahlreichen Formen, in denen das Gesicht sich zeigt.[47] Das gilt auch für die Person als ganze, insofern geistige Fähigkeiten und körperliche Organe nicht auf eine einzelne Eigenschaft oder ein einziges Prinzip innerhalb der Einheit der Person reduziert oder zu einfachen Äquivalenten erklärt werden können. Folglich sucht man im Alten Testament vergeblich nach etwas, das der platonischen Lokalisierung von Verlangen und Gefühl an einem zentralen „Ort“ entspricht: nach etwas wie der „Seele“ unter der Hegemonie des Verstandes, einem einheitlichen und abgeschlossenen Zentrum, von welchem die Handlungen des Individuums ausgehen könnten, einem „Selbst“, das am Ende gar die Herrschaft über das Individuum beanspruchen könnte. Am nächsten kommt *næpæš* dem traditionellen Konzept von „Seele“ im Zusammenhang mit einem Sprachgebrauch, der die ursprüngliche Wortbedeutung von „Kehle“ und ihren charakteristischen Tätigkeiten „Bedürfen“ oder „Verlangen“ erweitert. In diesem erweiterten Sprachgebrauch fungiert *næpæš* als Sitz eines breiten Spektrums von Empfindungen oder Gefühlen jenseits des Verlangens, so wie Leid, Mitleid, Furcht oder Bitterkeit.[48] Allerdings sind diese Empfindungen keineswegs der *næpæš* vorbehalten. Das Wort *ru^{a}ḥ*, „Geist“, beispielsweise, das wie *næpæš* sowohl den Lebensatem (Hi 12,10) als auch menschliches Verlangen (Jes 26,9) umfasst, rekurriert gleichfalls auf verschiedene dieser Gefühlszustände und Empfindungen (Leiden, Zorn, Bitterkeit und Mutlosigkeit).[49] In ähnlicher Weise fungiert das Herz (*leb[āb]*) als der Sitz des Verlangens[50] und ist darüber hinaus der Sitz vieler Empfindungen, welche dieselben sind wie bei *næpæš* und *ru^{a}ḥ* (Leid, Zorn, Freude und Traurigkeit).[51] Selbst wenn *næpæš*, *ru^{a}ḥ* und *leb* charakteristische Bedeutungsnuancen aufweisen, trägt doch nirgends auch nur annähernd die Bedeutung „Seele“ im traditionellen metaphysischen Sinne.[52] Vielmehr wird der Mensch als ganzer mit nahezu

---

46 Selbst Referenzen auf den Körper sind weitgehend Referenzen auf die einzelnen Teile des Körpers und nicht auf den Körper als solchen.

47 Für *Joüon*, Grammar, 499f § 136a–c ist dies eine pluralische Erweiterung („plural extension“), vgl. *Wolff*, Anthropologie, 116; *Johnson*, Vitality, 40ff.

48 Vgl. Hi 19,2; 30,25; Ps 6,4; 1Sam 1,10 und *Wolff*, aaO 35f.

49 Leiden und Verzweiflung in Jes 54,6 und Hi 7,11; Zorn in Ri 9,23 und Hi 15,13 (vgl. 2Sam 17,8); Hoffnungslosigkeit in Ex 6,9 (vgl. Jon 2,7), s. allgemein dazu *Wolff*, aaO 63ff.

50 Vgl. Ps 21,3; Spr 13,12; Hi 31,7.

51 Leiden in Jer 4,19; Zorn in Pred 11,10; Freude in Dtn 28,47; Ri 18,20; 19,6.9; Trauer in 1Sam 1,18 (vgl. V.10) und Spr 17,22, s. grundsätzlich dazu *Wolff*, aaO 77.

52 In Ps 103,1 weist *næpæš* („soul“ in der NAB und der NRSV; „Seele“ in der Luther-Übersetzung, der Einheitsübersetzung und in der Elberfelder Bibel, vgl. Ps 42,6.12; 43,5) noch Spuren der ursprünglichen Verbindung mit dem Hals auf (daher: „Leben“, „Atem“ und „Verlangen“) und kennzeichnet somit, mit Wolffs Worten, den Menschen als „bedürftigen“ und „nach Leben trachtenden“, s. *Wolff*, aaO 47.

jeder seiner Fähigkeiten oder jedem seiner Organe identifiziert beziehungsweise dadurch erfasst.

Wie weit die alttestamentliche Konzeption von *næpæš* entfernt ist von einem traditionellen Verständnis der Seele, vor allem von der Vorstellung eines Zentrums oder Prinzips der personalen Einheit, lässt sich vielleicht anhand der Schwierigkeit erfassen, welche die Standardübersetzungen mit einem hebräischen Idiom wie jenem in Ps 42,7a haben, „Mein Gott, meine Seele (*næpæš*) ist gebeugt *über mir* (*ʿālaj*).“[53] Obwohl die Präposition mit dem Pronominalsuffix *ʿlj*, „über mir“, hier üblicherweise als „in mir“ aufgefasst wird (vgl. RSV [V.6], NRSV [V.6], JPSV und NAB; Luther-Übersetzung, Elberfelder Bibel), kann *ʿlj* grammatisch nicht „in“ bedeuten oder die Überlegung rechtfertigen, dass die *næpæš* als ein Zentrum der personalen Einheit fungiert. Im Gegenteil, die Präposition dient an dieser Stelle dazu, die niederdrückende Kraft oder das Gewicht der „Seele“ aufzuzeigen, und zwar nicht *innerhalb* der Person, sondern nach hebräischer Perspektive *über* dem leidenden Opfer – als ob sie außerhalb davon stünde.[54] Wiederum wird innerhalb der Grenzen, die das Individuum konstituieren, nichts explizit genannt, das als Zentrum der personalen Einheit identifiziert werden könnte.

Gerade weil es kein festgelegtes Zentrum gibt, in dem menschliches Vermögen und Gefühl lokalisiert werden, sind die Grenzen, durch welche die personale Identität umrissen wird, besonders durchlässig. Konnte man dies bereits im Vorwege aus der Einbettung des Individuums in die Familie schließen, so wird es doch besonders deutlich sichtbar im alttestamentlichen Gebrauch von *ruaḥ*, „Wind“ oder „Geist“, dem Begriff für die treibende Kraft in einem Menschen. Handlungen, die jenseits der normalen Natur einer Person liegen, werden gewohnheitsmäßig nicht der *ruaḥ* der betreffenden Person zugeschrieben, sondern Gott und seiner *ruaḥ*. So befähigt JHWHs *ruaḥ* Samson dazu, einen Löwen in Stücke zu reißen (Ri 14,6), und macht den gerade gesalbten Saul zu einem „anderen Menschen“ (1Sam 10,6, vgl. Num 11,17; 2Kön 2,9). Untypisch negative Zustände werden gewöhnlich ebenso „erklärt“, beispielsweise der „böse Geist“, den JHWH sendet, um Saul zu quälen (1Sam 16,14). Sauls Melancholie ist, wie auch seine frühere prophetische Verzückung, nicht in wirklichem Sinne seine eigene. Aber da der Text bemüht scheint zu versichern, dass dieser böse Geist auch nicht JHWHs eigener (böser) Geist ist – wessen ist er dann?[55]

Man könnte annehmen, dass sich der Mangel an personaler Einheit, wie ihn diese Analyse aufzeigt, in einem tiefen inneren Konflikt und in innerer Gespaltenheit äußert. Das ist jedoch nicht der Fall. Das Vorhandensein eines solchen Konflikts hängt vielmehr von einer Vorstellung von Innerlichkeit und Introvertiertheit ab, wie sie Taylor zufolge mit der Herausbildung des modernen Selbstverständnisses grundlegend verbunden ist. Nirgends findet man im Alten Testament tatsächlich die gequälte Subjektivität, die in

---

[53] S. dazu Ps 43,5; 131,2; 142,4; Jon 2,8 u.a., vgl. Hhld 5,4; Jer 8,18; Mi 3,6.

[54] Zu *ʿālaj* als *dativus incommodi*, der zusammen mit Verben des schmerzlichen Gefühls ein Opfer kennzeichnet, s. *Joüon*, Grammar, 2, 489f § 133f und BDB, *ʿl* II.1d.

[55] Vgl. den „Lügengeist“ in 1Kön 22,21–23.

den Hodayot aus Qumran zu erkennen ist.[56] Noch findet man eigentlich einen Hinweis auf irgendeine dramatische Zerrissenheit zwischen persönlichem Wissen und dem menschlichen „Willen“, wie sie so oft als die Basis von Röm 7,15–19 aufgefasst wird.[57] Tatsächlich finden wir gerade das Gegenteil, insofern nämlich die Unterscheidung zwischen Wissen und Willen zumeist *nicht* eine ist, die sprachlich explizit gemacht würde. Demzufolge wird *šmʿ* im Alten Testament sowohl für „hören“ als auch „gehorchen“ gebraucht, und *jdʿ* sowohl für „wissen“ als auch für „wählen“.[58] Mit einem Wort: Jeremia mag sich bitter beklagen über sein Los als Prophet, indem er Gott vorwirft, er habe ihn „getäuscht“ und „verführt“, ja „überwältigt“ (Jer 20,7a), aber seine Klage erreicht in all ihrer Bitterkeit doch nie den Punkt, an dem Jeremia seine Frustration als „Selbst-Konflikt“ (i.S.v. innerem Konflikt, d.Ü.) oder „Selbst-Zweifel“ erfährt. Seine Anklage richtet sich schließlich nicht an ihn selbst oder liegt gar *innerhalb* seiner selbst, wie die Zwischenüberschrift der NAB für 20,7–18, „Jeremiah's Interior Crisis“, irrtümlich suggeriert. Vielmehr richtet sich seine Klage schlicht an seinen Gott. Es ist nicht Jeremias Botschaft, die in 20,7–9 in seiner Brust zerbirst, sondern das Wort JHWHs selbst.[59]

III. Zu den „inneren Tiefen“

Eine der erstaunlichsten Manifestationen der neuzeitlichen Vorstellung von Innerlichkeit ist die Überzeugung, dass jeder Mensch „innere Tiefen“ besitzt, die ihn zu etwas Einzigartigem machen. Diese „inneren Tiefen“ für sich auszumachen, ist die Aufgabe eines jeden Menschen, da nur der Einzelne allein den Schlüssel zu seinem wahren Selbst besitzt. Die Fähigkeiten, die *im* Menschen und nicht außerhalb seiner liegen, sind es, die

---

[56] *Newsom*, Case, 13ff. Wie Newsom bemerkt (aaO 16), kann das „Selbst“ in den alttestamentlichen Psalmen zwar leiden und schuldig sein, aber seine sprechende Stimme ist gänzlich in seine Erfahrung integriert. Es entsteht sogar dieser jeweilige Aspekt seiner Stimme aus dem erfahrenen Leid oder der Schuld heraus.

[57] Die Annahme, dass Röm 7,15–19 eine solche Zerrissenheit zugrunde liegt, beruht vermutlich auf einem Irrtum, so *Stendahl*, Paul among Jews, 78ff, bes. 92ff.

[58] Ähnlich ist *leb*, „Herz“, sowohl der Sitz des Verstandes als auch der Entscheidung (des „Willens“ oder der Absicht), s. *Wolff*, Anthropologie, 84ff. Entsprechend bedeutet Gott zu kennen, ihn zu fürchten (Spr 2,5), und ihn nicht zu kennen, bedeutet schlicht, gegen ihn zu sündigen (1Sam 2,25), vgl. *Botterweck*, *jdʿ*, 500).

[59] Die Sichtweise des modernen Lesers ist geprägt durch die Annahme der persönlichen Autonomie und der individuellen Integrität des Propheten. Allerdings stellt der Prophet in V.7a sich selbst als das Opfer von Täuschung und roher Gewalt dar. Zur gewaltsam-sexuellen Konnotation des Verbums *ptḥ* „überwältigen“ s. BDB, *htp*, ferner Ex 22,16; Hos 2,16; Ri 14,15. Zu einer ähnlichen Konnotation von *ḥzq* „überwältigen“ s. *Holladay*, Jeremiah 1, 553; 2Sam 13,14; Dtn 22,25. Man beachte zudem, dass das Subjekt von V.9a das „Wort JHWHs“ ist (gegen NRSV: „there is something like burning fire“), so *Bright*, Jeremiah, 132; ebenso *Holladay*, Jeremiah 1, 555, der von der „compulsion of the word of Yhwh on (Jeremiah's) psyche“ spricht. Jeremia kann JHWHs Wort ebenso wenig für sich behalten, wie er in 6,11 JHWHs Zorn zurückzuhalten vermag.

für das moderne Selbst den Brennpunkt seiner Selbstdefinition und seiner personalen Identität bilden.

Diese Überzeugung ist der Gedankenwelt des Alten Testaments völlig fremd. Dort entsteht Identität mit der sozialen Rolle und dem dadurch verliehenen Status, unabhängig davon, ob jemand Laie oder Geistlicher, Herr oder Knecht, Reicher oder Armer ist. In einer Weise, die dem modernen Denken fremd ist, *ist* man im Alten Testament einfach seine soziale Rolle.[60] Denn anders als bei den modernen Menschen, die schlicht Rollen „spielen", die sie als unterschieden von ihrem eigentlichen, „inneren" Sein betrachten, dient Innerlichkeit im altorientalischen Denken nicht in demselben Maße wie in der Moderne als Brennpunkt einer alternativen Selbstdefinition.[61] Und so kann ein realistisch denkender Verfasser im Proverbienbuch die Warnung aussprechen:

> Wohlleben steht einem Toren nicht an,
> wie viel weniger einem Sklaven, über Fürsten zu herrschen. (Spr 19,10)

Es geziemt Sklaven nicht, über Fürsten zu herrschen, weil das Dasein als Sklave oder Fürst die Substanz dessen berührt, wer man ist: Jenseits des Platzes, den man in der

---

[60] Dies zeigt, wie sehr Vorsicht geboten ist bei der Interpretation von Ausdrücken der Liebe zu JHWH „mit deinem ganzen Herzen, deiner ganzen Seele und all deiner Kraft" (Dtn 6,4) oder Rekursen auf das Herz als „‚ungeteilt' mit (oder nicht mit) dem Herrn" (NAB übersetzt mit „entirely" in 1Kön 8,61; 11,4; 15,3 u.ö.). Während für heutige Leser die Implikation von innerem Konflikt und „innerer" Zerrissenheit evident ist, ist das, was Jer 3,10 meint („Schwester Juda kehrte nicht zurück zu mir mit ihrem ganzen Herzen, sondern nur in Falschheit"), die Möglichkeit von Täuschung und Heuchelei. Dies trifft für eine ganze Reihe von Texten zu, die auf den ersten Blick tiefe Zerrissenheit oder einen heftigen inneren Konflikt zu thematisieren scheinen. So ist in Jer 17,9 („More tortuous than all else is the human heart" [NAB]; „Trügerisch ist das Herz, mehr als alles" [Elberfelder Bibel]) das Thema keineswegs ein Herz voller Selbsttäuschung („heart deeply self-deceived" [Westphal]), wie *Westphal*, Socrates, 206 und *Holladay*, Jeremiah 1, 496 behaupten. Es ist auch nicht eine Reflexion von Röm 7,14–25, nämlich, dass wir uns vor uns selbst verstecken wie auch verstellen („both conceal and disguise ourselves from ourselves" [Holladay]). Eine reformatorische Anthropologie liegt dem Geist des Textes fern, welcher lediglich von der Falschheit und Heuchelei der Menschheit spricht. Vergleichbares trifft zu für Ps 86,11, wo NRSV übersetzt „give me an undivided heart". *jaḥed lᵉbābî* bedeutet hier, wie *Kraus*, Psalmen, 760 formuliert: „Wende dem Einen mein Herz zu, deinen Namen zu fürchten!" *Weinfeld*, Deuteronomy, 75ff.268f argumentiert ebenso für die Vollkommenheit mit Gott: „to be perfect (*tāmim*) with the Lord" (Dtn 18,13, vgl. Gen 6,9): *Tāmîm* bezieht sich hier nicht auf die „Ganzheit", die durch das Heilen einer Zerrissenheit entsteht, sondern auf vollkommenen und loyalen Dienst und das Fehlen einer janusköpfigen Heuchelei.

[61] S. selbst in dem vergleichsweise späten Text Jes 24,1f (Teil der sog. Jesaja-Apokalypse) den Schrecken, der angesichts der Bedeutungslosigkeit sozialer Differenzierung und Klassenunterschiede zum Ausdruck kommt (vgl. Jer 16,5; Ez 21,31; ferner Enkidus Totenbett-Traum im Gilgamesch-Epos VII iv 41–44, wo der Schrecken der Unterwelt zum Teil darin besteht, dass der Tod die Bedeutsamkeit von sozialer Rolle und sozialem Status ablehnt). Ähnlich wird in Ezechiels Totenklage über den Pharao (Ez 32,2–8) durch die Assoziation des Falls des Pharaos mit einem gleichzeitigen Umsturz in der Natur unterstrichen, dass der Status grundsätzlich zu dem gehört, wie die Dinge in der Welt beschaffen sind: eine „gegebene Größe" ebenso wie das Licht von Sonne und Mond.

Gesellschaft einnimmt, gibt es keinerlei Haftpunkt einer personalen Identität, keine „inneren Tiefen", welche die eigene Identität mit charakteristischem Inhalt füllen könnten. So besteht, in weit größerem Maße als für die Moderne, das wahre „Selbst" im öffentlichen „Selbst". Man *ist* seine soziale Rolle und sein sozialer Status, man geht darin auf – abgesehen von der Offenheit gegenüber jenen Veränderungen, die durch das Einfließen einer *ruaḥ* zustande kommen.[62]

Man schaut nicht *in* sich *hinein*, um zu erkennen, wer man ist. Vielmehr kommt man zu dieser Erkenntnis durch Erziehung, durch das konkrete Erlernen der Rollen, die man in der Gesellschaft zu spielen hat, und des Status, der mit ihnen einhergeht.

> Höre auf Rat und nimm Anweisungen an,
> so dass du am Ende weise sein mögest. (Spr 19,20, vgl. 8,32–36; 12,1)

> Gib (Anweisung) den Weisen, dass sie noch weiser werden;
> lehre die Gerechten, dass sie noch mehr lernen. (Spr 9,9)

Folglich ist Selbsterkenntnis relativ unproblematisch für die biblischen Menschen, da der biblische Mensch keine „versteckten Tiefen" besitzt, die erst entdeckt werden müssten.[63] Ferner gibt es, zumindest für den Aufmerksamen, immer noch die Möglichkeit, die Gedanken und innersten Absichten eines anderen auszumachen. Wie ein Verfasser im Proverbienbuch es formuliert:

> Ein Vorhaben im Herzen eines Menschen ist tiefes Wasser;
> aber der Mensch von Verstand wird es herausschöpfen. (Spr 20,5, vgl. Spr 27,19)

Ein Mensch von Verstand kann es herausschöpfen, weil das Fehlen „innerer Tiefen" bedeutet, dass Menschen sich selbst bereits durch ihr konkretes Verhalten „offenbaren", abgesehen von Fällen direkter Täuschung (so kann in Ps 64,7 der Psalmist tatsächlich das menschliche Herz als tief bezeichnen, vgl. Spr 26,23–27). Wiederum, so stellen die Verfasser einer ganzen Reihe von Sprichwörtern gern fest: der Mensch *ist* sein Verhalten – und das ist eine Feststellung, die einer in Innerlichkeit geschulten Generation in gewisser Hinsicht durchaus Unbehagen bereiten mag. „Ein wahrhaftiger Zeuge lügt nicht", sagt der Verfasser von Spr 14,5, „aber ein falscher Zeuge atmet Lügen." Wenn wir nicht dieses und ähnlich geartete Sprichwörter (z.B. Spr 11,13; 15,2) nur als simple Tautologien abtun wollen, dann geht es hier nicht darum, dass das eigene Tun Ausdruck des inneren „Selbst" oder der „Seele" ist, sondern darum, dass in der Regel das Verhalten den Inhalt dessen, was jemand ist, zugleich definiert und nach außen hin erkennen lässt.[64] So wird

---

62 Vgl. 1Sam 10,6; Num 11,17; 2Kön 2,9.

63 Nach Spr 20,27 besitzt man eine zusammen mit dem Lebensatem von Gott verliehene Leuchte, die es einem erlaubt, selbst die verstecktesten Gedanken sicher zu ergründen, s. *McKane*, Proverbs, 547.

64 S. aber Ps 51,8, wo der Psalmist für eine Treue betet, die deutlich über das hinausgeht, was für alle anderen dem Augenschein nach sichtbar ist. Dies suggeriert ein Bewusstsein oder einen Sinn für das Selbst, der nicht einfach auf das Ausfüllen einer Rolle reduziert werden kann. Dies ist, wie *Collins*, Categories, 74, es genannt hat, eine Lücke, „[a] gap between private consciousness and public character". Demzufolge ist die alttestamentliche Konzeption von Person nicht rein soziozentrisch.

menschliches Verhalten als ein Ausdruck des persönlichen Charakters und der Identität gewertet (s. Spr 20,11; Sir 27,6 [in der NAB, vgl. Luther-Übersetzung], vgl. Sir 27,7).

Angesichts dieses weitgehend fehlenden Begriffs von Innerlichkeit ging Pedersen in seiner großen Kulturgeschichte Israels zu weit, als er von der Seele sprach, die sich im Körper manifestiere.[65] Gleichwohl „besitzt" man auch nicht einfach einen Körper. Man *ist* sein Körper, und zwar in einem Maße, dass bereits Sauls Erscheinungsbild darauf hindeutet, dass er König werden muss (1Sam 10,23, vgl. Ps 45,3), oder dass die Gestalt von Gideons Brüdern nahelegt, dass es sich um Königssöhne handelt (Ri 8,18). Man ist auch in dem Maße sein Körper, dass unwillkürliche körperliche Ausflüsse ihren Träger unrein machen (Lev 15,1–33) und dass physische Defekte allein ansonsten geeignete Individuen für die Ausübung des priesterlichen Dienstes (Lev 21,16–24) oder für den Eintritt in die Kultgemeinde (Dtn 23,2) disqualifizieren können. Solche strengen Auflagen sind weit von einem leeren Formalismus oder einem oberflächlichen Externalismus entfernt. Sie stellen vielmehr das Fehlen von „inneren Tiefen" heraus, die, wie in der Moderne wirksam, als Brennpunkt von Selbstdefinition und personaler Identität fungieren könnten. Wer jemand ist, lässt sich nicht einfach von seiner körperlichen Integrität trennen, denn es gibt kein „Zentrum" innerhalb eines Selbst und abgesehen vom Körper, das dem Körper als ein „reales" Selbst im Unterschied zum sichtbaren Selbst gegenübergestellt werden könnte.

Derselbe Sachverhalt zeigt sich in dem Umstand, dass im Alten Testament bei der Festlegung dessen, was ethisches Verhalten ist, der Intention oder Motivation eines Handelnden kaum Beachtung geschenkt wird. Die Israeliten konnten sehr wohl unterscheiden zwischen unbeabsichtigter Sünde und gewollter Übertretung;[66] aber das machte die unbeabsichtigte Sünde nicht weniger schwerwiegend oder bewahrte jemanden vor dem Verhängen der Todesstrafe.[67] Gerade in diesem Punkt könnte der Gegensatz zur modernen Privilegierung der intentionalen Sphäre größer nicht sein; er zeigt sich lexikalisch im Gebrauch derselben hebräischen Begriffe (*ḥaṭṭāʾt*, *ʾāšām*, *ʿāwôn* etc.) für die Benennung sowohl der sündigen Tat als auch der Schuldigkeit des Handelnden. Während für die Menschen heutzutage „Innerlichkeit" für die Festlegung von Schuld und der aus ihr folgenden Bestrafung entscheidend ist, war für das alte Israel *die Handlung selbst* entscheidend. Das eine geht mit dem anderen einher. Dies betrifft selbst die positive Seite: So ist Ehre, die im hebräischen Denken niemals nur etwas „Externes" ist (vgl. Spr 27,21), doch umgekehrt auch nicht wirklich ein Aspekt der „Innerlichkeit". Das zeigt die Art und Weise, in der im Alten Testament Ehre typischerweise erlangt wird: Man gewinnt sie durch die Zugehörigkeit zu einer bestimmten Familie, durch den Besitz von Kraft und durch mutige Taten, durch ein hohes Alter, eine Vielzahl von Söhnen und

---

[65] *Pedersen*, Israel, 226.

[66] Vgl. Gen 20,6; Num 35,16–21.22–28; Dtn 19,5f.

[67] Vgl. Num 4,13.20; 6,9–11; Lev 7,20f; 1Sam 14,24f.36–44; Ps 19,13f. Mangelnde Absicht impliziert nicht das Fehlen von Schuld.

natürlich durch Wohlstand.[68] Mag dies alles als Grundlage von Ehre aus moderner Sicht rein zufällig erscheinen, kann es doch im Einzelnen in der alttestamentlichen Literatur von zentraler Bedeutung sein.[69] Auch hier findet das moderne Konzept von „inneren Tiefen“ keine antike Analogie.[70]

Tatsächlich findet man im Alten Testament zuweilen die Rede von den „inneren Bereichen“ (*ṭuḥôt* Ps 51,8), dem „Inneren“ (*qæræb*) oder selbst von „inneren Kammern“ (*ḥadrê-bāṭæn* Spr 18,8), aber in all diesen Fällen zeigt der Kontext, dass es lediglich um die Unterscheidung zwischen dem geht, was für andere wahrnehmbar ist, und dem, was dem Auge verborgen bleibt – dem inneren Potential jedes Menschen für Heuchelei und Täuschung.[71] Keinesfalls transportiert diese Redeweise die moderne Vorstellung von „inneren Tiefen“.

IV. Zur Heteronomie

Von den verschiedenen Aspekten der Innerlichkeit, die Taylor als zentral für das moderne Identitätsverständnis betrachtet, ist im Vergleich zur Bibel keiner so bemerkenswert wie das Streben des zeitgenössischen Menschen nach Autonomie. Im Alten Testament gerät dieses Streben in direkten Konflikt mit den ebenso nachdrücklichen Forderungen der traditionellen Gesellschaft, in der die persönlichen Ziele des durchlässigen Individuums wiederholt und in charakteristischer Weise denen der verwandtschaftlichen Gemeinschaft untergeordnet sind, und zwar zum langfristigen Wohl dieser Gemeinschaft. Diese Unterordnung ist niemals absolut, gleichwie es die Autonomie auch in noch so individualistischen modernen Gesellschaften nicht ist;[72] aber relativ gesehen besteht doch ein klarer Kontrast zwischen der Moderne und der Bibel in diesem Punkt. Der moderne Mensch entdeckt Authentizität in der Zurückweisung jeglicher Form von Heteronomie;[73] biblische Autoren treten gerade dafür ein. „Wer die Rute schont, hasst seinen Sohn“, sagt der Erzieher in Spr 13,24. Weisheit gelangt nicht zu denen, die in sich selbst nach Welten suchen, die es zu erforschen gilt, oder die neue, bislang unbeschrittene Wege einschlagen, sondern lediglich zu jenen, welche die autoritative Stimme der Tradition zu achten gewillt sind (Spr 1,8–9).

---

[68] Zur Familie s. Spr 17,6; Ri 8,2f; zu Kraft und mutigen Taten 1Sam 18,10; 2Sam 23,8–24; 2Kön 14,10; zum hohen Alter Spr 16,31; 20,29; 23,22–25 (vgl. Jes 3,5); zur Vielzahl von Söhnen Hos 9,11; Ps 127,5; zum Wohlstand Pred 6,2; Hi 29–31.

[69] Vgl. *Pedersen*, Israel, 224.

[70] Das bedeutet nicht, dass die Verfasser des Alten Testaments reinen Verhaltenskonformismus befürwortet hätten, s. Jesajas Eintreten für „persönlichen Einsatz“ beim Gottesdienst in Jes 29,13f, vgl. Sir 20,3.

[71] S. dazu Ps 62,5, vgl. Spr 26,24.

[72] Vgl. *Kluckhohn / Strodtbeck*, Variations, 17ff.

[73] Vgl. *Davis*, Our Modern Identity, bes. 159.

Vermutlich nirgends sonst ist die zentrale Stellung des Gehorsams gegen die traditionelle Autorität deutlicher als im Bereich der Religion Israels. Die Grundlage des Gesetzes – welches Einhaltung gebietet – sind nicht seine Vernunftgemäßheit oder sein praktischer Nutzen, sondern ist, wie Jon Levenson festgestellt hat, die Autorität JHWHs als des Gottes Israels.[74] So bestehen für das Deuteronomium Israels Gerechtigkeit vor dem Herrn und die Grundlage seiner Bundestreue darin, dass „wir darauf achten, all diese Gebote [...] zu tun, so wie er es uns befohlen hat" (6,25). Die Geschichte von Abrahams Versuchung und der beinahe erfolgten Opferung Isaaks in Gen 22 zeigt, wie weit Gottes Forderungen gehen konnten. Und trotzdem wird in Gen 26,5 Abrahams Reaktion lediglich als Akt des Gehorsams aufgefasst.[75] Er tut nicht mehr als das, was von jedem frommen Menschen erwartet wird, denn selbst für so jemanden wie Hiob (Hi 42,1–6) ist das, worauf es am Ende ankommt, dass der Herr es befohlen hat. Das allein garantiert die Integrität einer Handlung.

Diese Sichtweise wird, möglicherweise ironisch gebrochen, auch von der späteren Weisheitstradition Israels geteilt. Hier sieht man wiederholt die traditionelle Wertschätzung des Verstehens unmittelbar neben die einfache religiöse Unterwerfung gestellt. Wie der Verfasser von Spr 3,7 formuliert, „Sei nicht weise in deinen Augen, fürchte den Herrn und weiche vom Bösen." Hier geht es darum, dass das Bemühen um „intellektuelle Selbstbestimmung" der Unterscheidung zwischen Gut und Böse entgegensteht und schließlich zum moralischen Scheitern verdammt ist (vgl. Jes 5,20–21).[76] „Vertraue auf den Herrn mit deinem ganzen Herzen", lesen wir in Spr 3,5, „und stütze dich nicht auf deinen Verstand." Moralische Kompetenz besitzt allein JHWH. Allein sein Urteil legt den ethischen Stellenwert einer Handlung fest. Wie der Verfasser von Spr 14,12 es ausdrückt, „Da ist ein Weg, der einem Menschen richtig erscheint, aber an seinem Ende liegen die Wege des Todes."[77]

Wenn das richtig ist und der Menschheit insgesamt die Fähigkeit abgeht, für sich selbst festzulegen, was Recht ist, dann besteht die einzige Hoffnung für die Menschheit darin, dass JHWH ihr den Weg zeigen wird. Nur eine Form der Heteronomie kann dann die Grundlage der Moral bilden. Dementsprechend hielten im Gefolge der Zerstörung Jerusalems und von Israels offenkundigem Unvermögen, sich selbst in den Gesetzesforderungen zu erziehen (s. Dtn 11,19 und vgl. Jer 9,4–5),[78] sowohl Jeremia als auch Ezechiel eine Hoffnung aufrecht, welche die Abhängigkeit von jedweder Form menschlicher Gesetzesvermittlung umging: die Hoffnung, dass Gott das Gesetz stattdessen *direkt* in die Herzen der Menschen schreiben und *seinen* „Geist" in sie geben würde, auf dass sie in seinen Ordnungen lebten (Jer 31,31–34; Ez 36,25–27).

---

[74] *Levenson*, Sinai and Zion, 53: „It is because the covenant relationship is founded upon personal fidelity that there can be laws whose only 'explanation' is the unfathomable decree of God."

[75] Vgl. *Van Seters*, Abraham, 273.

[76] „Intellectual self-determination" ist der treffende Ausdruck bei *McKane*, Proverbs, 292.

[77] Vgl. Spr 16,25, s. ferner Spr 16,2; 21,2.

[78] Zu diesem Problem s. *Holladay*, Jeremiah 1, 198f.

> „Die Tage werden wahrhaftig kommen“, spricht der Herr, „da werde ich einen neuen Bund schließen mit dem Haus Israel und dem Haus Juda, nicht wie der Bund, den ich mit ihren Vätern geschlossen habe (...) Ich werde meine Lehre (*torāh*) in ihr Inneres legen und werde es auf ihr Herz schreiben; und ich werde ihr Gott sein, und sie werden mein Volk sein. Sie werden nicht mehr ihren Nächsten oder Verwandten lehren und sagen, ‚Erkenne den Herrn!‘ Sondern sie alle werden mich erkennen von ihrem Geringsten bis zu ihrem Größten.“ (Jer 31,31–34)

Dann wird es keinen Grund mehr geben, sich auf irgendeine Form menschlicher Vermittlung oder Lehre zu stützen.

Freiheit ist, mit anderen Worten, nicht die Grundlage der Moral im Alten Testament. Vielmehr besteht für Jeremia wie für Ezechiel die Lösung für das Problem von Israels Sünde in der Überwindung der potentiellen Autonomie des moralischen Subjekts (als Wissendem und als Handelndem), so dass das Gesetz befolgt wird und der Ungehorsam der Vergangenheit angehört. Natürlich schränkt diese relative Geringschätzung der Autonomie die Verantwortung für das eigene Verhalten keineswegs ein – nicht einmal, wenn JHWH Ordnungen gibt, „die nicht gut waren“, mit dem Ziel, Israel zu vernichten (Ez 20,25–26). Während Verantwortung heutzutage der Fähigkeit zu reiner Selbstbestimmung gleichkommt, bei der die Grenzen des Selbst strikt gewahrt bleiben müssen, um jeden äußeren Einfluss auszuschließen, gab es für einen Jeremia oder Ezechiel niemals ein monadenhaftes „Selbst“, das (selbst)bestimmt werden musste. Die Grenzen des Selbstseins waren durchlässiger, das Selbst war weniger auf ein Zentrum ausgerichtet. Für Jeremia und Ezechiel – und die Verfasser des Alten Testaments insgesamt – war individuelle Verantwortung, die sich durch Beziehungen nach außen eher konstituierte statt durch sie gemindert wurde, stets kompatibel mit der Souveränität Gottes.

Folglich suggeriert im Rahmen des Alten Testaments jedes Zeichen menschlicher Autonomie und Unabhängigkeit das Vorhandensein eines sündigen Hochmuts, der sich feindlich gegen Gott erhebt und der verkörpert ist in dem bekannten Prahlwort, „Meine eigene Macht hat mich siegreich gemacht!“ (Ri 7,2). Augustin war nicht weit von dieser Vorstellung entfernt: Als Anspruch auf menschliche Autonomie ist Hochmut im Alten Testament „die Ursünde“, die Grundlage aller Sünde.[79] Die Rolle, welche die ὕβϱις historisch im sozialen Denken der griechischen Antike spielte, lässt vermuten, dass die Bedenken über den Hochmut, die man im Alten Testament findet, nicht einfach theologisch motiviert sind.[80] Stattdessen geht es, jedenfalls aus soziologischer Perspektive,

---

[79] Augustin, De Civitate Dei XIV 13. Wir können Augustin in seiner Interpretation der Geschichte von Adam und Eva insofern nicht folgen, als er eine durchgehende Verinnerlichung des Hochmuts vertritt, so dass die Sünde des Hochmuts „vor“ dem eigentlichen Akt des Ungehorsams erfolgte, s. *Hundert*, Augustine, 91f.

[80] Zu ὕβϱις im griechischen Denken s. *Fisher*, Hybris, 493, ferner Solons Gesetzgebung zu Akten der ὕβϱις. Sie zielte darauf ab, soziale Solidarität herzustellen, indem sie einen Sinn der Menschen für strenge Grenzen zwischen Gruppen und Klassen sicherstellte. Dennoch ist das biblische Konzept von Hochmut nicht äquivalent zur griechischen Vorstellung von ὕβϱις, auch wenn die traditionelle Interpretation von ὕβϱις unter dem Einfluss des biblischen Konzepts diesen Eindruck erwecken

wiederum um die Solidarität der menschlichen Gemeinschaft und um Israels Überleben, insofern die Verfasser des Alten Testaments es explizit anprangern, wann immer das individuelle Streben, insbesondere das Streben der Reichen und Mächtigen, über die Interessen einer Gemeinschaft im Dienst eines religiösen Gesetzes gestellt wird. Auffällig ist in diesem Zusammenhang vor allem die gängige Bezeichnung der Übeltäter als „hochmütig" in den Klagen des Psalmisten.[81]

V. Schluss

J. Barr hat zu Recht einen Gemeinplatz alttestamentlicher Anthropologie in Frage gestellt, der eine Generation vor uns in O. Cullmanns berühmtem Vergleich vom Tod des Sokrates mit dem Tod Jesu besonders deutlich zum Ausdruck kam: das allzu einseitige Betonen der psychosomatischen Einheit der Person. Allerdings geht für eine Rückkehr zu einer Art klassisch-metaphysischem Paradigma Barrs Argumentation nicht weit genug.[82] Sie wäre gestärkt worden, hätte man versucht, eine Analyse des Alten Testaments deutlicher mit den modernen Vorstellungen von Person und Selbstsein in Zusammenhang zu bringen. Es wäre der Versuch gewesen, die Art und Weise, in welcher die Einheit der Person im Alten Testament von modernen Vorstellungen differiert, anzuerkennen – oder vielleicht sogar die Komplexität jener Einheit wahrzunehmen. Wir haben die Überlegung vorgebracht, dass das biblische Subjekt im Verhältnis zum modernen nicht nur viel stärker dezentriert ist, „dividual" und unbestimmt hinsichtlich der Grenzen der Person, sondern dass es auch, im deutlichen Gegensatz zum modernen Subjekt, viel mehr mithilfe seiner und durch seine sozialen Rollen identifiziert wird, dass es eher transparent als tiefgründig ist, eher heteronom als autonom und selbstbestimmt. In all diesen Punkten differiert die biblische Deutung von personaler Identität entscheidend von der modernen.

Bedeutet das, wie einige ältere Autoren und sogar noch mehr Vertreter der jüngeren Forschung es vertreten, dass es dem antiken Israel an jeder Vorstellung von Individualität mangelte, oder dass die alten Hebräer nichts von persönlicher Autonomie und Eigeninitiative wussten?[83]

Solch eine extreme Charakterisierung hebräischen Denkens ist unbegründet. Vielmehr können wir eher wie Kluckhohn mit gutem Grund annehmen, dass alle Gesell-

---

mag. Wie Fisher (aaO 2) definiert, ist ὕβρις das absichtsvolle Beschämen oder Entehren eines einzelnen oder einer Gruppe, die namentlich durch Reiche und Mächtige geschieht.

[81] Z.B. in Ps 10,1–6; 17,9–14; 32,16–19; 35,26.

[82] *Barr*, Garden of Eden, 38.

[83] *Malina*, New Testament World, 53ff, vertritt die Ansicht, dass die Menschen des ersten Jahrhunderts den modernen Begriff des Individuums nicht verstehen würden. Sie seien sogar in der Beurteilung des Charakters und der Psychologie des Einzelnen unfähig gewesen und „did not know each other very well in the way we know people, (...) psychologically, individually, intimately, and personally" (58).

schaften mehr oder weniger denselben Grundstock an Werten teilen, in dem Maße jedenfalls, dass das, was wir „Werte" nennen, in Wirklichkeit „Lösungen" für allgemeinmenschliche Probleme darstellen. So unterscheiden sich Gesellschaften nicht in den Werten, die sie, absolut gesehen, gemeinsam haben, sondern in der *Rangfolge* dieser Werte und in dem *Maße*, wie sie diese Werte explizit machen.[84] Vergleicht man das antike Israel mit dem modernen Westen im Blick auf das jeweilige Individualitätsverständnis, wird nicht etwa eine absolute Dichotomie zwischen beiden sichtbar, sondern etwas dazwischen.[85] So mag zwar Homer beispielsweise keinen Begriff kennen für einen Akt der freien Wahl durch seine Helden in der Ilias, aber es wäre ein Fehler, daraus zu schließen, dass es der Gesellschaft bei Homer an jeglichem Bewusstsein für persönliche Freiheit oder Entscheidung mangelte. In der Welt Homers schloss das Wesentliche, das heißt: die Wertvorstellung, die sich in der Sprache niederschlug, die Unterscheidung zwischen normalen Handlungen und jenen, die im Zustand der ἄτη erfolgten, ein – nicht hingegen die Unterscheidung zwischen willentlichen und ungewollten Handlungen.[86]

Dieses Verständnis von kultureller Differenz kann und sollte uns helfen, den voreiligen Schluss zu vermeiden, dass die biblische Konstruktion von personaler Identität im Vergleich zur modernen Sicht einfach „veraltet" und (unbekümmert) von der Hand zu weisen ist. Die richtige Schlussfolgerung ist vielmehr, dass in diesem Zusammenhang die biblischen Ermahnungen gegen jedwede Form von Idolatrie Beachtung verdienen, und dass unsere Vorstellungen von personaler Identität einer kritischen Prüfung unterzogen werden sollten. Denn wie C. Davis in anderem Zusammenhang bemerkt hat, bedeutet Idolatrie nicht mehr als die Versuchung, demjenigen eine Bedeutung für die Ewigkeit beizumessen, was lediglich kontingente und kulturspezifische Formen von Selbstsein und personaler Identität sind.[87]

Literatur

Barr, J., The Garden of Eden and the Hope of Immortality, Minneapolis, MN 1993

Bellefontaine, E., Customary Law and Chieftainship: Judicial Aspects of 2 Samuel 14.4–21, JSOT 38 (1987) 47–72

Blenkinsopp, J., Ezra – Nehemiah: A Commentary (OTL), Philadelphia, PA 1988

Botterweck, G.J., Art. *jdʿ*, ThWAT 3 (1982) 486–511

Bratsiotis, N.P., Art. *bāśār*, ThWAT 1 (1973) 850–867

Bremmer, J., The Early Greek Concept of the Soul, Princeton, NJ 1983

Bright, J., Jeremiah (AncB 21), Garden City, NY 1965

[84] S. die grundlegenden Äußerungen im Rahmen dieser Position durch *Kluckhohn / Strodtbeck*, Variations, 10.

[85] Vgl. *Strodtbeck*, Variations, 4f.

[86] Mit ἄτη ist eine zeitweilige Verwirrtheit gemeint, die durch von außen wirkendes dämonisches Handeln hervorgerufen wird. Zum Thema der Freiheit bei Homer s. *Dodds*, Greeks and the Irrational, 7f Anm.31.

[87] Vgl. *Davis*, Our Modern Identity, 169.

Carrithers, M. / Collins, S. / Lukes, S. (ed.), The Category of the Person: Anthropology, Philosophy, History, Cambridge 1985

Collins, S., Categories, Concepts or Predicaments? Remarks on Mauss's Use of Philosophical Terminology, in: *M. Carrithers / S. Collins / S. Lukes* (ed.), The Category of the Person: Anthropology, Philosophy, History, Cambridge 1985, 46–82

Cullmann, O., Immortality of the Soul or Resurrection of the Dead?, in: *K. Stendahl* (ed.), Immortality and Resurrection, Ingersoll Lectures, New York 1965, 9–47

Davis, C., Our Modern Identity: The Formation of the Self, Modern Theology 6 (1990) 159–171

Dodds, E.R., The Greeks and the Irrational (Sather Classical Lectures 25), Berkeley, CA 1951

Eilberg-Schwartz, H., The Savage in Judaism: An Anthropology of Israelite Religion and Ancient Judaism, Bloomington / Indianapolis 1990

Emmerson, G.I., Women in Ancient Israel, in: *R.E. Clements* (ed.), The World of Ancient Israel: Sociological, Anthropological, and Political Perspectives, Cambridge 1989, 371–394

Fisher, N.R.E., Hybris: A Study in the Values for Honour and Shame in Ancient Greece, Warminster 1992

Heller, T.C. / Sosna, M. / Wellbery, D.E. (ed.), Reconstructing Individualism: Autonomy, Individuality, and the Self in Western Thought, Stanford, CA 1986

Holladay, W.L., Jeremiah 1: A Commentary on the Book of the Prophet Jeremiah, Chapters 1–25 (Hermeneia), Philadelphia, PA 1986

Hundert, E.J., Augustine and the Sources of the Divided Self, Political Theory 20 (1992) 86–104

Johnson, A.R., The Vitality of the Individual in the Thought of Ancient Israel, Cardiff [2]1964

Joüon, P., A Grammar of Biblical Hebrew, übers. u. bearb. v. T. Muraoka (SubBi 14), Rom 1993

Kaminsky, J.S., Corporate Responsibility in the Hebrew Bible (JSOT.S 196), Sheffield 1995

Kluckhohn, F.R. / Strodtbeck, F.L., Variations in Value Orientations, Evanston, IL 1961

Knibb, M.A., Life and Death in the Old Testament, in: *R.E. Clements* (ed.), The World of Ancient Israel: Sociological, Anthropological, and Political Perspectives, Cambridge 1989, 395–415

Kraus, H.-J., Psalmen 60–150 (BK XV/2), Neukirchen-Vluyn [7]2003

Levenson, J.D., Sinai and Zion: An Entry into the Jewish Bible (New Voices in Biblical Studies), San Francisco, CA 1985

MacIntyre, A., After Virtue: A Study in Moral Theory, Notre Dame [2]1984

Malina, B.J., The New Testament World: Insights from Cultural Anthropology, Atlanta, GA 1981

Martin, J.D., Israel as a Tribal Society, in: *R.E. Clements* (ed.), The World of Ancient Israel: Sociological, Anthropological, and Political Perspectives, Cambridge 1989, 95–118

Mauss, M., Eine Kategorie des menschlichen Geistes. Der Begriff der Person und des ‚Ich' (1938), in: *ders.*, Soziologie und Anthropologie, Bd. 2, Frankfurt a.M. 1978, 221–252 (engl. Übers.: A Category of the Human Mind: The Notion of Person; the Notion of Self, in: *M. Carrithers / S. Collins / S. Lukes* [ed.], The Category of the Person: Anthropology, Philosophy, History, Cambridge 1985, 1–25)

McKane, W., Proverbs: A New Approach (OTL), Philadelphia, PA 1970

Morris, B., Anthropology of the Self: The Individual in Cultural Perspective (Anthropology, Culture, and Society), London / Boulder, CO 1994

Newsom, C.A., The Case of the Blinking I: Discourse of the Self at Qumran, Semeia 57 (1992) 13–23

Nickelsburg, G.W.E., Resurrection, Immortality, and Eternal Life in Intertestamental Judaism (HTS 26), Cambridge, MA 1972

Pedersen, J., Israel: Its Life and Culture, 1–2, Kopenhagen / London 1926

Porter, J.R., The Legal Aspects of the Concept of ‚Corporate Personality' in the Old Testament, VT 15 (1965) 361–380
Robinson, H.W., The Hebrew Conception of Corporate Personality, in: *P. Volz / F. Stummer / J. Hempel* (Hg.), Werden und Wesen des Alten Testaments (BZAW66), Berlin 1936, 49–62 (wiederabgedr. in: *H.W. Robinson*, Corporate Personality in Ancient Israel, Philadelphia, PA 1964, 25–44)
Rogerson, J.W., The Hebrew Conception of Corporate Personality: A Re-Examination, JThS 21 (1970) 1–16
–, Anthropology and the Old Testament (Growing Points in Theology), Atlanta, GA 1979
–, Anthropology and the OT, in: *R.E. Clements* (ed.), The World of Ancient Israel: Sociological, Anthropological, and Political Perspectives, Cambridge 1989, 17–38
Sanmartín-Ascaso, J., Art. *dôr*, ThWAT 2 (1977) 152–167
van Seters, J., Abraham in History and Tradition, New Haven, CT 1975
Stager, L.E., The Archaeology of the Family in Ancient Israel, BASOR 260 (1985) 1–35
Stendahl, K., Paul among Jews and Gentiles, and Other Essays, Philadelphia, PA 1976
Stulman, L., Sex and Familial Crimes in the D Code: A Witness to Mores in Transition, JSOT 53 (1992) 47–63
Taylor, C., Sources of the Self: The Making of the Modern Identity, Cambridge, MA 1989
de Vaux, R., Ancient Israel 1: Social Institutions, New York 1961
Weinberg, P., Das *bēit ʾābōt* im 6.–4. Jh. v.u.Z., VT 23 (1973) 400–414
Weinfeld, M., Deuteronomy and the Deuteronomic School, Winona Lake, IN 1992
Weintraub, K.J., The Value of the Individual: Self and Circumstance in Autobiography, Chicago, IL 1978
Westbrook, R., Property and the Family in Biblical Law (JSOT.S 113), Sheffield 1991 *Westermann, C.*, Genesis 1–11 (BK I/1), Neukirchen-Vluyn [3]1983
Westphal, M., Socrates between Jeremiah and Descartes: The Dialectic of Self-Consciousness and Self-Knowledge, Philosophy and Theology 2 (1988) 199–219
Winthrop, R.H., Dictionary of Concepts in Cultural Anthropology (Reference Sources for the Social Sciences and Humanities), New York 1991
Wolff, H.W., Anthropologie des Alten Testaments, München [7]2002 (engl. Ausgabe: Anthropology of the Old Testament, Philadelphia, PA 1974)
Wright, C.J.H., Art. Family, ABD 2 (1992) 761–769

Griechenland und Rom

Jean-Pierre Vernant

Individuum, Tod, Liebe

Das Selbst und der andere im alten Griechenland

Das Individuum in der Polis

I. Einleitung

Ausgangspunkt unserer Überlegungen ist die von Louis Dumont eingeführte Unterscheidung zwischen zwei gegensätzlichen Formen des Individuums: außerweltliches Individuum, innerweltliches Individuum.[1] Das Urbild des ersten ist der indische Asket, der Weltentsagende, der, um sich als unabhängig und einzig zu setzen, alle sozialen Bindungen aufkündigen und sich von dem Leben, wie es auf dieser Welt gelebt wird, lösen muss. In Indien hat die geistige Entwicklung zum Individuum die Abkehr von der Welt zur Voraussetzung, den Bruch mit allen Institutionen, die die Grundlage des kollektiven Lebens bilden, das Verlassen der Gemeinschaft, der man angehört, den Rückzug an einen Ort der Einsamkeit, der durch seine Distanz zu den anderen, ihrem Verhalten, ihrem Wertesystem bestimmt ist. Nach dem indischen Modell vollzieht sich die Herausbildung des Individuums nicht im Rahmen des sozialen Lebens: Es impliziert, dass man ihm den Rücken gekehrt hat.

Das zweite Modell ist der moderne Mensch, das Individuum, das seine Individualität, die als ein Wert hingestellt wird, mitten in der Welt behauptet und lebt, das innerweltliche Individuum: jeder von uns.

Wie ist dieser zweite Typus der Individualität entstanden? Louis Dumont sieht ihn in Ableitung und Abhängigkeit vom ersten. Wenn sich in einer traditionellen Gesellschaft erste Keime des Individualismus zeigen, so meint er, geschehe dies immer in Opposition zu dieser Gesellschaft und in Gestalt des außerweltlichen Individuums. Auch im Okzident sei dies der historische Ablauf gewesen. Von der hellenistischen Epoche an bestimme sich der Weise als Idealbild des Menschen durch den Gegensatz zum weltlichen Leben: Weisheit erlangen heißt, der Welt entsagen, sich von ihr lösen. Auch das Christentum der ersten Jahrhunderte stelle in dieser Hinsicht und auf dieser Ebene keinen Bruch mit dem heidnischen Denken dar, sondern eine Kontinuität, wenn auch mit einer

[1] Dieser Text wurde 1986 in der englischen Übersetzung von James Lawler als Lurcy Lecture an der Universität von Chicago vorgetragen. Die in einem Band *Sur l'individu*, Paris 1987, 20–37, veröffentlichte französische Fassung wurde für die vorliegende Fassung mit Anmerkungen versehen.

Akzentverschiebung: Das christliche Individuum existiere in seinem und durch sein Verhältnis zu Gott, d.h. wesentlich durch seine Ausrichtung auf etwas Außerweltliches, durch die Entwertung der weltlichen Existenz und ihrer Werte.

Schrittweise – und die Etappen dieses Weges steckt Louis Dumont in seinen *Essais sur l'individualisme* ab – werde sodann das weltliche Leben allmählich von diesem Außerweltlichen kontaminiert, das den ganzen Bereich des Sozialen zunehmend erfasse und durchdringe. „Nach diesem Verständnis", schreibt Dumont, „kann das Leben in der Welt nun in völliger Übereinstimmung mit dem höchsten Wert geführt werden, das außerweltliche Individuum ist das moderne innerweltliche Individuum geworden. Dies ist der historische Beweis für die außerordentliche Macht der ursprünglichen Disposition."[2]

Nun hat Louis Dumont diese schlüssige und systematische Sicht der Bedingungen, unter denen die Entstehung des Individuums durch Weltentsagung und damit Lösung aus den sozialen Zwängen möglich wurde, anhand der Untersuchung einer bestimmten Zivilisation entwickelt, nämlich der altindischen, und zunächst auch nur auf solche Gesellschaften angewandt, die er hierarchisch oder holistisch nennt, Gesellschaften also mit einem Kastensystem, in denen der einzelne eine Realität nur in Abhängigkeit vom Ganzen und in Bezug auf das Ganze besitzt und der Mensch ganz und gar durch den Platz bestimmt ist, den er im sozialen Gefüge einnimmt, durch seine Position in einer Rangordnung, in der jeder Status von jedem anderen unterschieden und zugleich bedingt ist. Später jedoch hat Louis Dumont diese Auffassung auf alle Gesellschaften einschließlich der westlichen übertragen und zu einer allgemeinen Theorie der Entstehung des Individuums und der Entwicklung des Individualismus erweitert.

II. Das Individuum im Griechenland der archaischen Zeit

Diese Generalerklärung wollen wir hier auf ihre Gültigkeit prüfen, indem wir uns genauer ansehen, wie sich die Dinge im Griechenland der archaischen und klassischen Zeit darstellen, im Griechenland der Stadtstaaten des 8. bis 4. Jahrhunderts vor unserer Zeitrechnung.

1. Vorbemerkungen

Vorausgeschickt seien Vorbemerkungen von zweierlei Art: Die ersten betreffen die Religion und die Gesellschaft des alten Griechenland, die zweiten den Begriff des Individuums selbst.

Der griechische Polytheismus ist eine Religion vom innerweltlichen Typus. Nicht nur sind die Götter in der Welt präsent und handeln in ihr, sondern die kultischen Handlungen ihrerseits haben die Einbindung der Gläubigen in die von den göttlichen Mächten

---

[2] *Dumont*, Essais.

gelenkte kosmische und soziale Ordnung zum Ziel, und die unterschiedlichen Modalitäten des Sakralen entsprechen den vielfältigen Aspekten dieser Ordnung. In diesem System ist für die Gestalt des Weltentsagenden kein Platz. Die ihr am nächsten kamen, die – von uns – sogenannten „Orphiker" sind die gesamte Antike hindurch Randfiguren geblieben, ohne jemals innerhalb der Religion eine Sekte im eigentlichen Sinne oder auch nur eine fest umrissene religiöse Gruppe zu bilden, die imstande gewesen wäre, in den offiziellen Kultus eine Heilsperspektive und damit ein Komplement, eine zusätzliche Dimension hineinzutragen.

Die griechische Gesellschaft andererseits ist ihrem Typ nach nicht hierarchisch, sondern egalitär. Die Polis bestimmt die Gruppe derer, aus denen sie besteht, indem sie sie auf ein und dieselbe horizontale Ebene stellt. Wer immer zu dieser Ebene keinen Zutritt hat, steht außerhalb der Polis, außerhalb der Gesellschaft, im Grenzfall außerhalb der Menschheit wie der Sklave. Jedes Individuum aber ist, wenn es Bürger ist, grundsätzlich zur Ausübung aller sozialen Funktionen mitsamt ihren religiösen Weiterungen befähigt. Eine Priesterkaste gibt es so wenig wie eine Kriegerkaste. So wie jeder Bürger imstande ist, Krieg zu führen, ist er auch befähigt, sofern er unbescholten ist, bei sich zu Hause oder, wenn sein Status als Magistrat ihn dazu berechtigt, im Namen einer größeren Gruppe das Opferritual zu vollziehen. In diesem Sinne steht der Bürger der klassischen *polis* dem *homo aequalis* näher als Dumonts *homo hierarchicus.*

In einem schon einige Jahre zurückliegenden Aufsatz – ich verglich darin das indische Opfer und das griechische Opfer unter dem Gesichtspunkt der Rolle, die das Individuum in beiden spielt, und stellte fest, dass bei der indischen Weltentsagung das Individuum, um zu existieren, alle Bande der wechselseitigen Verpflichtung gekappt haben muss, die es zuvor ausmachten, indem sie es mit den anderen, der Gesellschaft, der Welt, und mit sich selbst und den eigenen Akten des Begehrens verbanden – habe ich deshalb geschrieben: „In Griechenland bleibt der Opfernde als solcher fest in die verschiedenen häuslichen, bürgerlichen, politischen Gruppen eingebunden, in deren Namen er opfert. Diese bis in die religiöse Betätigung hinein wirksame Einbindung in die Gemeinschaft gibt den Fortschritten der Individualisierung ein ganz anderes Gesicht: Sie vollziehen sich im sozialen Rahmen, in dem das, allmählich sich herausbildende Individuum nicht als der Entsagende in Erscheinung tritt, sondern als Rechtssubjekt, politischer Akteur, Privatperson in der Familie oder im Kreis der Freunde."[3]

2. Was bedeutet Individuum, Individualismus?

In *Die Sorge um sich*[4] unterscheidet Michel Foucault unter diesen Vokabeln drei ganz verschiedene Dinge, die miteinander verbunden sein können, es aber weder konstant sind noch notwendig sein müssen:

---

3 *Vernant*, Religion grecque, 26 (Antrittsvorlesung am Collège de France, 5. Dezember 1975).

4 Vgl. *Foucault,* Die Sorge um sich, 58f.

a) die Stellung, die dem Individuum in seiner Einzigkeit zuerkannt wird, sowie der ihm zugestandene Grad der Unabhängigkeit von der Gruppe, deren Mitglied es ist, und von den Institutionen, denen es untersteht;

b) die Aufwertung des Privatlebens gegenüber den öffentlichen Aktivitäten;

c) die Intensität des Selbstbezugs, also sämtlicher Praktiken, mit denen sich das Individuum in seinen verschiedenen Dimensionen zum Objekt seiner Sorge und seines Sinnens und Trachtens macht, und der Art und Weise, wie es sein Beobachtungs-, Reflexions- und Analysevermögen auf sich selbst richtet: Sorge um sich, aber auch Arbeit an sich, Bildung des Selbst durch alle mentalen Techniken des Auf-sich-Achtens, der Bewusstseinserforschung, der Prüfung, Erkundung, Erklärung und Äußerung des eigenen Selbst.

Dass diese drei Bedeutungen sich nicht decken, ist offensichtlich. Der Krieger in einer Militäraristokratie behauptet sich als besonderes Individuum in Dreieinigkeit seiner außergewöhnlichen Tapferkeit. Sein Sinnen und Trachten richtet sich weder auf sein Privatleben noch auf eine mittels Selbsterforschung betriebene Arbeit an sich selbst. Umgekehrt kann die Intensität des Selbstbezugs, etwa im Klosterleben, mit einer Herabwürdigung der Werte des Privatlebens und sogar einer Ablehnung des Individualismus einhergehen.

Ich für meinen Teil würde aus historisch-anthropologischer Sicht eine etwas andere Klassifikation vorschlagen, die, wie ich ohne weiteres zugebe, einen Schuss Willkür enthält, jedoch im Hinblick auf mein Thema eine klarere Problemstellung erlaubt:

a) das Individuum im strengen Sinne; sein Platz, seine Rolle in seiner Gruppe oder seinen Gruppen; der Wert, der ihm zuerkannt wird; der Handlungsspielraum, den man ihm lässt; seine relative Autonomie gegenüber dem institutionellen Rahmen, in den es gestellt ist;

b) das Subjekt; das Individuum, wenn es, von sich in der ersten Person und im eigenen Namen sprechend, bestimmte Merkmale formuliert, die aus ihm ein einmaliges Wesen machen;

c) das Ich, die Person; die Gesamtheit der Praktiken und psychologischen Haltungen, die dem Subjekt eine Dimension von Innerlichkeit und Einheitlichkeit verleihen es für sich in seinem Inneren als reales, einmaliges, einzelnes Wesen begründen, als ein besonderes Individuum, dessen wahre Natur ganz im Geheimnis seines Innenlebens beschlossen ist, im Kern einer Intimität, zu der, da sie als Bewusstsein seiner selbst bestimmt ist, niemand außer ihm selbst Zugang haben kann.

Wenn ich um der besseren Verständlichkeit dieser drei Ebenen und ihrer Unterschiede willen einen Vergleich wagen soll, nämlich mit literarischen Gattungen, so würde ich – ganz schematisch – sagen, dass dem Individuum die Biographie entspricht, in dem Sinne nämlich, dass bei ihr im Gegensatz zur epischen oder historischen Erzählung das Leben einer Einzelperson im Mittelpunkt steht; dem Subjekt entsprächen die Autobiographie oder die Memoiren, wenn das Individuum selber erzählt, wie sein Leben verlaufen ist; und dem Ich die Bekenntnisse und die Tagebücher, Schriften also, bei denen das innere Leben, die einmalige Person des Subjekts in ihrer Komplexität und psychologischen Verästelung, ihrer relativen Nichtmitteilbarkeit, den Stoff des Geschriebenen abgibt. Die

Griechen kannten bereits im klassischen Zeitalter bestimmte Formen der Biographie und Autobiographie. A. Momigliano ist in einem neueren Werk ihrer Entwicklung nachgegangen und zu dem Schluss gekommen, dass hier der Ursprung unserer Vorstellung von der Individualität und dem Charakter einer Person liegt.[5] Bekenntnisse oder Tagebücher hingegen gibt es im klassischen und hellenistischen Griechenland nicht – die Sache selbst ist undenkbar –, und die Charakterisierung des Individuums in der griechischen Autobiographie kennt, wie G. Misch bemerkt hat und A. Momiliano bestätigt, keine „Ich-Intimität".

III. Beginnen wir mit dem Individuum

Von drei Ansatzpunkten aus lässt sich seine Präsenz in Griechenland einkreisen: 1. das Individuum, das als solches, in seiner Einzigkeit, hoch geschätzt wird; 2. das Individuum und seine persönliche Sphäre: der Bereich des Privaten; 3. die Herausbildung des Individuums in sozialen Institutionen, die ihm seit dem klassischen Zeitalter durch ihre bloße Funktionsweise nach und nach eine zentrale Stellung einräumen.

1. Das Individuum in seiner Einzigkeit

Für das archaische Zeitalter möchte ich das „herausragende" Individuum an zwei Beispielen erläutern: am kriegerischen Heros: Achilles; am erleuchteten Weisen, göttlichen Menschen: Hermotimes, Epimenides, Empedokles.

Für einen Heros sind weniger sein Status und seine Titel im Gemeinwesen charakteristisch als die Einzigartigkeit seines Schicksals, das außerordentliche Prestige seiner Taten, der von ihm erworbene und durchaus nur ihm gehörende Ruhm, sein über die Jahrhunderte hinweg im kollektiven Gedächtnis weiterlebender Ruf. Gewöhnliche Menschen verlieren sich mit ihrem Tod im dunklen Vergessen des Hades; sie verschwinden, *nonumnoi:* Sie sind „anonym", „Namenlose". Einzig das heroische Individuum, das sich in der Blüte seiner Jugend bewusst der Konfrontation mit dem Tod stellt, lebt mit seinem Namen über Generationen hinweg im Ruhmweiter. Es ist in seiner Einzigkeit auf immer zu einer Kerngestalt des Lebens der Gemeinschaft geworden. Dafür musste es sich absondern, sich über den Gegensatz sogar noch zur Gruppe der Seinen behaupten, sich abseits von seinesgleichen wie von seinen Führern verschanzen. Dies ist bei Achilles der Fall. Distanz aber heißt für ihn nicht Weltentsagung, Abkehr vom weltlichen Leben. Im Gegenteil, indem er die Logik eines dem Kriegerideal geweihten Menschenlebens auf die Spitze treibt, bewirkt er eine Überhöhung der weltlichen Werte, der sozialen Praktiken des Soldaten. Mit der radikalen Stringenz seiner Biographie, mit seiner Kompromisslosigkeit und seinem Beharren auf Vollkommenheit bis in den Tod hinein gibt er den

---

[5] Vgl. *Momigliano,* Marcel Mauss und *ders.*, Ancient Biography, 159ff.

gewohnten Normen, den Bräuchen der Gruppe, eine neue Dimension. Er begründet eine Form von Ehre und Vortrefflichkeit, die die gewöhnliche Ehre und Vortrefflichkeit übersteigt. Den existentiellen Werten, den diesseitigen, aber durch die Konfrontation mit dem Tod sublimierten, verwandelten sozialen Werten verleiht er einen Glanz, eine Erhabenheit, eine Festigkeit, die ihnen im normalen Lebenslauf fehlt und sie vor der Zerstörung bewahrt, die alles Diesseitig-Irdische bedroht. Diese Festigkeit, diesen Glanz, diese Erhabenheit aber erlangen sie durch eben jenes Gemeinwesen, das sie anerkennt, sich zu eigen macht und ihnen in seinen Institutionen Ehre und Dauer sichert.

Die Weisen. Auch sie sind besondere Individuen, die sich von den gewöhnlichen Sterblichen durch ihre Lebensweise, ihre Lebensführung, ihre außergewöhnlichen Fähigkeiten unterscheiden. Sie üben sich in Exerzitien, die ich nicht eigentlich „geistig" zu nennen wage: Beherrschung der Atmung – Konzentration des lebendigen Atems, damit er geläutert, vom Körper getrennt, befreit, auf die Reise ins Jenseits geschickt werden kann – Vergegenwärtigung der früheren Leben – Austreten aus dem Zyklus der unablässigen Wiedergeburten. Es sind göttliche Männer, *theoiander*, die noch zu Lebzeiten aus der Sterblichkeit in den Stand von unvergänglichen Wesen aufrücken. Sie sind keine Entsagenden, auch wer in sich in ihrem Gefolge eine Richtung des Denkens ausbildet, deren Anhänger die Flucht aus dem Diesseits anstreben. Im Gegenteil, gerade wegen ihrer Einzigkeit und ihrer Distanz zur Gruppe fällt diesen Persönlichkeiten in den Krisenzeiten des 7. und 6. Jahrhunderts die Rolle von Nomotheten zu, Gesetzesgebern wie Solon vergleichbar, die die Gemeinschaften von ihren Makeln reinigen, Aufstände befrieden, Konflikte schlichten, institutionelle und religiöse Regelungen verkünden. Zur Regelung der öffentlichen Angelegenheiten bedurfte die Polis des Beistands dieser „herausragenden" Individuen.

2. Die Privatsphäre

Schon Ende des 8. Jahrhunderts, in den ganz archaischen Formen der Polis und bereits bei Homer, beginnen sich die Zuständigkeitsbereiche des Allgemeinen, Öffentlichen, und des Besonderen, Privaten, abzuzeichnen, wechselseitig aufeinander bezogen und voneinander abhängig, miteinander verzahnt: *to koinon* und *to idion.* Das Allgemeine umfasst alle Tätigkeiten, alle Praktiken, die gemeinsam verrichtet werden müssen, die also niemandes ausschließliches Vorrecht sein dürfen, ob adliges Individuum oder Adelsgruppe, und an denen man teilnehmen muss, um Bürger zu sein; das Private ist, was nicht gemeinsam getan werden muss und nur den einzelnen betrifft.

Es gibt eine Geschichte der Konfigurationen des Allgemeinen und des Privaten und ihrer jeweiligen Grenzen. In Sparta bleiben die Erziehung der Jugend und die Gastmähler in Gestalt der *agoge* und der Syssitien, der obligatorisch gemeinschaftlich eingenommenen Mahlzeiten, mit der Sphäre des Allgemeinen verbunden; es sind staatsbürgerliche Betätigungen. In Athen, wo die Herausbildung einer rein politischen Ebene in der Polis auf einer höheren Abstraktionsebene erfolgt (das Politische in diesem Sinne ist die zum Zwecke der gemeinsamen Ausübung durch alle Bürger vollzogene Vergemeinschaftung der Befehls-, Beratungs- und Entscheidungs- sowie richterlichen Befugnisse), gehören die Erziehung der Kinder und die Gastmähler, zu denen man Gäste seiner Wahl einlädt, zur Sphäre des Privaten und damit in das häusliche Leben. Mit der Gruppe der Freunde und Verwandten ist eine Zone definiert, in der die privaten Beziehungen zwischen Individuen weiterentwickelt, differenzierter ausgeformt und mit intimeren Affekten besetzt werden können. Das *symposion,* d.h. der seit dem 6. Jahrhundert verbreitete Brauch, sich nach der Mahlzeit zu Hause zusammenzufinden um gemeinsam zu trinken, zu plaudern, sich zu zerstreuen, sich unter Männern mit Freunden und Kurtisanen zu vergnügen, im Zeichen des Dionysos, der Aphrodite oder des Eros Elegien zu singen, kennzeichnet das Aufkommen eines freieren und selektiveren interpersonellen Verkehrs im sozialen Leben, der der Individualität jedes einzelnen Rechnung trägt und dem Vergnügen dient, einem beherrschten und gemeinsamen Vergnügen, bei dem die Regeln des „vergnüglich miteinander Trinkens" einzuhalten waren. So schreibt Florence Dupont: „Für den Bürger als Privatmann ist das Gastmahl der Ort und das Mittel, das ihm Zugang zu Vergnügen und Genuss verschafft, parallel zur Volksversammlung, die für den Bürger als Mann der Öffentlichkeit der Ort und das Mittel des Zugangs zu Freiheit und Macht darstellt."[6]

Belegt wird die zunehmende Bedeutung, die die private Sphäre und damit die affektiven Bindungen des Individuums an seine Nächsten im Vergleich zur öffentlichen Sphäre gewinnen, auch durch Bestattungspraktiken und Grabmale. Bis zum Ende des 6. Jahrhunderts sind die Gräber in Attika im Allgemeinen individuelle Grabstätten; sie stehen noch ganz im Zeichen der Ideologie vom heroischen Individuum in seiner Einzigkeit. Die Stele trägt den Namen des Verstorbenen und wendet sich unterschiedslos an alle Vorübergehenden. Das eingravierte oder gemalte Bildnis stellt genauso wieder über dem Grab stehende *kouros* den Toten in seiner jugendlichen Schönheit als exemplarischen Repräsentanten der von ihm verkörperten Werte und sozialen Tugenden dar. Vom letzten Viertel des 5. Jahrhunderts an setzt sich dann neben und unabhängig von den öffentlichen Begräbnissen, die zu Ehren der im Kampf fürs Vaterland Gefallenen zelebriert werden und bei denen die Individualität des einzelnen Verstorbenen im gemeinsamen Ruhm der Polis gewissermaßen untergeht, der Brauch des Familiengrabs durch; die Grabstelen stellen von nun an eine Verbindung zwischen den Toten und den lebenden Angehörigen der Hausgemeinschaft her; die Epitaphe rühmen die persönlichen Gefühle der Zuneigung, Sehnsucht, Wertschätzung zwischen Mann und Frau, Eltern und Kindern.

3. Die öffentliche Sphäre

Aber lassen wir die private Sphäre; begeben wir uns in die öffentliche Sphäre. Hier sehen wir eine Reihe von Institutionen, innerhalb derer es ebenfalls zu einer Herausbildung des Individuums bzw. bestimmter Aspekte des Individuums kam. Wir wollen zwei Beispiele herausgreifen; das erste betrifft die religiösen Institutionen; das zweite das Recht.

---

6 *Dupont,* Plaisir et Loi, 25.

Neben der Bürgerreligion gibt es die Mysterien, etwa die von Eleusis. Auch sie werden natürlich unter der offiziellen Schirmherrschaft der Polis vollzogen. Doch stehen sie jedem offen, der Griechisch spricht, Ausländer wie Athener, Frau oder Mann, Sklave oder Freier. Die Teilnahme an den Feiern bis hin zur vollständigen Initiation hängt von einer Entscheidung ab, die der Einzelne fällt, nicht von seinem sozialen Status, seiner Funktion in der Gruppe. Im Übrigen erwartet der Initiierte von seiner Einsetzung etwas für sich selbst, individuell, nämlich ein besseres Los im Jenseits. Freie Entscheidung also, um die Initiation zu erlangen, und, ist sie vollzogen, Einzigkeit eines postumen Geschicks, auf das andere keinen Anspruch erheben können. Nach Abschluss der Feiern, Erlangung der Weihen aber unterscheidet sich der Initiierte in seiner Kleidung, seiner Lebensweise, seiner Religionsausübung, seinem Sozialverhalten in nichts von dem, was er vorher war, wie auch in nichts von einem Nichtinitiierten. Er hat durch seine neu erworbene Vertrautheit mit den beiden Göttinnen eine Art tiefinnerer Sicherheit gewonnen, ist innerlich religiös gewandelt. Sozial bleibt er unverändert, gleich. Zu keinem Zeitpunkt wird der Initiierte durch seinen individuellen Aufstieg in den Mysterien zu einem außerweltlichen Individuum, das sich vom Leben im Diesseits und von seinen Bindungen als Bürger lossagt.

Eine weitere Äußerungsform des religiösen Individualismus: Wohl seit dem 5. Jahrhundert bilden sich religiöse Gruppierungen, die auf Initiative eines Individuums zustande kommen, von einem Individuum gegründet werden, das in einem einer Gottheit geweihten Privatheiligtum Anhänger um sich schart, denen es um das Privileg zu tun ist, unter sich zu sein und einen bestimmten Gottesdienst zu feiern, der, wie Aristoteles sagt, „der Opfer und der Geselligkeit wegen da (ist)“.[7] Die Gläubigen sind *synousiastai,* Genossen, die eine kleine, geschlossene Religionsgemeinschaft bilden und Vergnügen daran finden, sich zur Abhaltung eines Gottesdienstes zu versammeln, an dem nur teilnehmen darf, wer persönlich darum nachgesucht hat und von einem anderen Mitglied der Gruppe empfohlen worden ist.

Durch die Wahl seines Gottes, für den er einen in seiner Art einmaligen Gottesdienst abhalten will, aber auch durch die Wahl, durch die er in die kleine Gemeinschaft der Gläubigen aufgenommen wird, vollzieht das Individuum zwar seinen Eintritt in die Organisation dieses Kultes, ist aber durch die Stellung, die es einnimmt, weder aus der Welt noch aus der Gesellschaft versetzt. Sein Hervortreten ist ein Kennzeichen dafür, dass im Gegensatz zu den religiösen Rollen, die durch den bürgerlichen Status des einzelnen vorbestimmt und wie programmiert sind, gestaltungsfähigere und freiere Beziehungen zwischen Privatpersonen in der religiösen Praxis und eine neue Form der Vereinigung im Bereich des Religiösen entstanden sind, die auf dem beruhen, was man „selektive Vergemeinschaftung“ nennen könnte.

Vor allem aber lässt sich die Herausbildung des Individuums in den öffentlichen Institutionen an der Entwicklung des Rechts ablesen: am Strafrecht, am Testament.

---

[7] *Aristoteles*, Nikomachische Ethik, 1160 a 19–23.

Im Zusammenhang mit den Blutsvergehen kommt im Übergang von einem vorrechtlichen Zustand zum Recht, von der Blutrache mit ihren Vergeltungs- und Schiedsverfahren zur Institution der Gerichte, die Vorstellung vom kriminellen Individuum auf. Von nun an geht es um das Individuum als Subjekt des Vergehens und Objekt des Urteils. Zwischen der vorrechtlichen Auffassung des Verbrechens als *miasma,* als ansteckendem und kollektivem Makel, und dem vom Recht entwickelten Gedanken der Schuld, die ja einer Einzelperson angehört und Grade beinhaltet, denen die verschiedenen Gerichtsbarkeiten entsprechen, je nachdem, ob das Verbrechen „gerechtfertigt" war und ob es „wider Willen" oder „bewusst" und „vorsätzlich" begangen wurde, liegt ein Bruch. Im Recht als Institution nämlich geht es um das Individuum und sein mehr oder weniger enges Verhältnis zu seiner verbrecherischen Handlung. Diese Rechtsgeschichte hat eine moralische Entsprechung; sie geht mit dem Gedanken von Verantwortlichkeit, persönlicher Schuld, Verdienst einher; und sie hat eine psychologische Entsprechung: Sie wirft das Problem der Bedingungen auf – Zwangslage, Spontaneität oder Vorsatz –, unter denen ein Subjekt zu seiner Entscheidung kommt, sowie das Problem der Motive und Beweggründe seines Handelns. Diese Probleme finden ihren Widerhall in der attischen Tragödie des 5. Jahrhunderts: Eines der charakteristischen Merkmale dieser literarischen Gattung ist die ständige Thematisierung des Individuums als handelndem, mit seinem Handeln konfrontierten menschlichen Subjekt, des Verhältnisses zwischen dem Helden des Dramas in seiner Einzigkeit und dem, was er getan und entschieden hat, was als Verantwortung auf ihm lastet und dennoch über ihn hinausreicht.

Ein weiterer Beleg für den sozialen Aufstieg des Individuums: das Testament. Die Bedingungen und Modalitäten seiner Entstehung sind von Louis Gernet sehr schön analysiert worden.[8] Zu Anfang, bei der Adoption zu Lebzeiten, geht es überhaupt noch nicht um das Individuum als solches. Hier handelt es sich vielmehr um ein kinderlos gebliebenes Familienoberhaupt, das auf seine alten Tage durch die Adoption einer ihm nahestehenden Person oder eines Verwandten dafür sorgt, dass sein Haus nicht ausstirbt und sein Erbe nicht zerstreut und auf lauter Nebenerben aufgeteilt wird. In dieser Tradition steht auch der Brauch der testamentarischen Adoption; immer geht es um das Haus, dessen Erhalt gesichert werden muss: der *oikos* steht in Frage, nicht das Individuum. Als dagegen ab dem 3. Jahrhundert, nun aber in Zusammenhang mit dem Vermächtnis im Falle des Todes, die Praxis des Testaments im eigentlichen Sinne eingeführt wird, ist daraus etwas strikt Individuelles geworden, das die freie Übertragung von Gütern nach dem schriftlich formulierten und unbedingt zu respektierenden Belieben eines privaten Subjekts gestattet, das Herr seiner Entscheidung über alles ist, was es besitzt. Zwischen dem Individuum und seinem in welcher Form auch immer vorhandenen Reichtum, Familiengut und Zugewinn, bewegliche und unbewegliche Güter, ist der Zusammenhang von nun an direkt und ausschließlich: Jedem Menschen gehört sein eigenes Hab und Gut.

---

[8] Vgl. *Gernet,* La Loi de Solon, 121ff.

IV. Das Subjekt

Der Gebrauch der ersten Person in einem Text kann je nach der Natur des Dokuments, und der Form der Äußerung ganz unterschiedliche Bedeutungen haben: Edikt oder Proklamation eines Herrschers, Grabinschrift, Anrufung des Dichters, der sich selbst zu Beginn oder im Laufe seines Gesangs als von den Musen inspiriert oder im Besitz einer offenbarten Wahrheit befindlich in Szene setzt, historische Erzählung, in die sich der Autor persönlich einschaltet, um seine Meinung kundzutun, Verteidigung und Rechtfertigung der eigenen Person in den „autobiographischen" Reden von Rednern wie Demosthenes und Isokrates.

Der Diskurs, in dem das Subjekt sich ausdrückt, indem es *ich* sagt, stellt also keine fest umrissene Kategorie mit eindeutiger Bedeutung dar. Wenn ich mich am Beispiel Griechenlands dennoch mit ihm befasse, dann weil ihm eine bestimmte Art Dichtung entspricht – pauschal gesagt die Lyrik –, in der der Autor dem *ich* durch den Gebrauch der ersten Person den besonderen Aspekt der Vertraulichkeit verleiht, die seinem eigenen Empfinden Ausdruck gibt, und es zur allgemeinen Bedeutung eines literarischen Modells erhebt, zum „Topos". Indem sie ihre persönlichen Gefühle, ihre augenblickliche Gefühlslage, zum Hauptthema der Kommunikation mit ihrem aus Freunden, Mitbürgern, *hetairoi* bestehenden Publikum machen, verleihen die lyrischen Dichter diesem unbestimmt und verborgen in uns beschlossenen Anteil des Intimen, der eigenen Subjektivität, eine präzise verbale Form, eine festere Konsistenz. In der Sprache der dichterischen Aussage formuliert, nimmt, was jeder Einzelne individuell in seinem Inneren als Gefühl empfindet, Gestalt an und gewinnt eine Art objektive Realität. Ja, man muss noch weiter gehen. Ausgesprochen, besungen, gepriesen, stellt die Subjektivität des Dichters die bestehenden Normen, die sozial anerkannten Werte in Frage. Sie setzt sich als Prüfstein dessen, was für das Individuum das Schöne und das Hässliche, Gut und Böse, Glück und Unglück ist. Die Natur des Menschen ist vielfältig, stellt Archilochos fest; jeder erfreut sein Herz an etwas anderem.[9] Und wie als Echo darauf erklärt Sappho: „Für mich ist wie für jeden Menschen am schönsten auf der Welt die, die er liebt."[10] Relativität also der allgemein anerkannten Werte. Was als Wert gesetzt wird, hängt in letzter Instanz vom Subjekt ab, vom Individuum, und zwar in dem, was sein persönliches Empfinden und den Stoff seines Gesangs ausmacht.

Noch ein weiteres Merkmal ist hervorzuheben: Neben die Zyklen der kosmischen Zeit und die Ordnung der sozialisierten Zeit, und im Gegensatz zu ihnen, tritt nun die Zeit, wie sie vom Individuum subjektiv erlebt wird: nicht-stetig, veränderlich, aber unerbittlich zu Alter und Tod hinführend, eine in ihren plötzlichen Umschwüngen, unvorhersehbaren Launen, ihrer ängstigenden Umkehrbarkeit erlittene Zeit. Das Subjekt macht in seinem Inneren die Erfahrung dieser persönlichen Zeit in Gestalt von Bedauern, Sehnsucht, Erwartung, Hoffnung und Leiden, der Erinnerung an verlorene Freuden, ent-

---

[9] Vgl. *Archilos*, Fr. 36 (éd. Lasserre, Paris 1958).
[10] *Sappho*, Fr. 27 (éd. Reinach/Puech, Paris 1960).

schwundene Anwesenheiten. In der griechischen Lyrik erfährt und äußert sich das Subjekt als jener Teil des Individuums, über den es keine Gewalt hat, dem es wehrlos, passiv, ohnmächtig gegenübersteht und der doch das Leben selbst in ihm ist, das Leben, das er besingt: *sein* Leben.

1. Das Ich

Natürlich haben die Griechen der archaischen und klassischen Zeit eine Erfahrung ihres Ichs, ihrer Person, wie sie eine Körpererfahrung haben, doch ist diese Erfahrung anders organisiert als unsere. Das Ich ist weder begrenzt noch einheitlich: Es ist ein offenes Kräftefeld, sagt H. Fränkel.[11] Vor allem: Diese Erfahrung ist am Außen orientiert, nicht am Innen. Das Individuum sucht und findet sich im anderen, in einem jener sein Bild zurückwerfenden Spiegel, die jedes *alter ego,* Eltern, Kinder, Freunde, für es darstellt. James Redfield etwa schreibt über den Helden des Epos: „Er ist in seinen eigenen Augen nur der Spiegel, den die anderen ihm vorhalten.“[12] Das Individuum projiziert und objektiviert sich auch, indem, was es tatsächlich vollbringt und verwirklicht: Tätigkeiten oder Werke, in denen es sich selber fassbar werden kann, und zwar nicht potentiell, sondern im Handeln, als *energeia,* und die niemals in seinem Bewusstsein sind.[13] Es gibt keine Introspektion. Das Subjekt stellt keine geschlossene Innenwelt dar, in die es eindringen muss, um sich zu finden oder vielmehr zu entdecken. Das Subjekt ist extravertiert. So wie das Auge sich selbst nicht sieht, so blickt das Individuum, um sich selbst wahrzunehmen, auf anderes, nach außen. Sein Bewusstsein von sich selbst ist nicht reflexiv, kein Selbstbezug, nichts in seinem Inneren Beschlossenes, keine Konfrontation mit der eigenen Person: Es ist existentiell. Die Existenz geht dem Bewusstsein des Existierens voraus. Das *cogito ergo sum,* „ich denke, also bin ich“ hat, wie schon oft bemerkt wurde, für einen Griechen keinen Sinn.[14]

---

[11] Vgl. *Fränkel,* Dichtung; engl. Übersetzung: *Early Greek Poetry and Philosophy*, 80, vgl. auch *Snell*, Entdeckung, 17–42; engl. Übersetzung: *The Discovery of Mind*, 1–22.

[12] *Redfield,* Le sentiment, 104.

[13] Vgl. *Vernant,* Catégories, 85–95.

[14] Vgl. *Sorabji,* Body and Soul, 4–64, insbes. Abschnitt 4 (“The contrast with Descartes”); *Kahn,* Aristotle's Psychology, 1–31. C. H. Kahn betont “the total lack of the cartesian sense of a radical and necessary incompatibility between thought or awareness, on the one hand, and physical extension, on the other”, vgl. *Brunschvig,* Aristote, 361–377. Der Autor schreibt: „Es ist schwer nachzuvollziehen, daß Aristoteles als Psychologe und Moralist denken konnte, das jeweilige Sein des Produzenten sei (wenn auch nur in bestimmtem Sinne) das Werk selbst, und das Werk des Sokrates sei, nach der Formulierung des Michael von Ephesos, ‚nichts anderes (…) als der sich vollziehende Sokrates selbst‘. Mein Werk (aber genauso mein Freund, mein Untergebener, mein Kind, mein Spiegelbild, mein Schatten) kann durchaus *etwas von mir* sein, meine Projektion, mein Ausdruck, meine Objektivierung oder meine ‚Entäußerung‘; zu sagen, *es ist ich,* ich bin da, wo es ist, es ist mein Sein, kommt einem absurd und unstatthaft vor (…). Mein Verhältnis zu mir selbst ist mit keinem anderen Verhältnis zu welchem Objekt auch immer zu vergleichen; alles, was Objekt für mich ist, ist grundsätzlich etwas anderes als ich. Meiner Meinung nach haben wir es

Ich existiere, denn ich habe Hände, Füße, Empfindungen, gehe, laufe, sehe und fühle. All das tue ich, und ich weiß, dass ich es tue.[15] Niemals aber denke ich meine Existenz über das Bewusstsein, das ich von ihr habe. Mein Bewusstsein ist immer einem Äußeren verhaftet: Ich habe das Bewusstsein, einen bestimmten Gegenstand zu sehen, einen bestimmten Laut zu hören, einen bestimmten Schmerz zu spüren. Die Welt des Individuums hat noch nicht die Form eines Bewusstseins vom eigenen Selbst angenommen, eines inneren Universums, das in seiner radikalen Einmaligkeit die Person jedes einzelnen definiert. Bernard Groethuysen fasst diesen besonderen Status der antiken Person in einer ebenso lapidaren wie provokanten Formel zusammen, wenn er sagt, das Bewusstsein seiner Selbst sei die Wahrnehmung noch nicht eines *ich,* sondern eines *er* in sich.[16]

---

hier, kurz gesagt, mit einer Art epistemologischem (sagen wir der Kürze halber ‚cartesianischem') Hindernis zu tun, von dem man sich frei machen muß, wenn man manche griechischen Gedanken überhaupt verstehen will. Es wäre in mehr als einer Hinsicht interessant, den Spuren eines gewissermaßen paradoxen *cogito,* im griechischen Denken nachzugehen, das sich so formulieren ließe: Ich sehe mich (in meinem Werk oder in irgendeiner anderen der bereits genannten Projektionen meiner selbst), also bin ich; und ich bin da, wo ich mich sehe; ich *bin* diese Projektion meiner selbst, die ich sehe." (375), vgl. im gleichen Sinne *Derbey,* L'âme, 364–380: „Wenn die Seele das Wesen ist, dem sich die Welt darbietet," schließt G. R. Derbey, „dann kommt es darauf an, daß man weiß, wie sich die Seele sich selbst darbietet. Dieses Problem der Subjektivität gibt es als solches bei Aristoteles nicht; ein Hinweis in Buch Λ der *Metaphysik* ist trotzdem aufschlußreich. Bekanntlich ist das göttliche Denken ein ‚Denken des Denkens', was darauf hinausläuft, daß das göttliche *nous* sein eigenes Objekt ist und sich direkt selbst denkt. Das Empfinden oder das Bewußtsein des Menschen ist demgegenüber ‚immer von einem anderen *(aei allou)*', und ‚obendrein von sich selbst *(heautes en parergoi)*'. Die Seele erfaßt sich also ‚obendrein', als Zugabe sozusagen, und dieses Erfassen kann nur über das Erfassen eines anderen Wesens geschehen, nur über die Wahrnehmung der Welt. Kurz, die Seele kann nur sie selbst sein, indem sie in gewisser Weise alle anderen Wesen ist. (…) Ist das göttliche Denken ein Denken von sich allein, so ist das Denken des Menschen ein Denken von sich und den Dingen, oder vielmehr von sich anhand der Dinge; die Seele ist nicht, wie später bei Descartes, eine *mens pura et abstracta,* oder wie auch schon bei Plotin das, was man entdeckt, wenn man alles wegnimmt! So verstohlen also schleicht sich das Bewußtsein in die Philosophie ein; wir befinden uns zwar auf dem Wege, der zum Cartesianismus führt, doch auf diesem Wege hat der Stagirit nicht einen einzigen Schritt getan." G. Simon, der auf den geistigen Umbruch hinweist, den Descartes' *Dioptrique* für den Bereich des Sehens und der Wahrnehmung im allgemeinen bedeutete, stellt fest, die Folge davon sei, dass „die Empfindung nun nicht mehr präkonstituiert ist, kein Mögliches mehr, das von der Welt angeboten wird und auf das agierende Subjekt wartet, das zu seiner Aktualisierung imstande ist. Das Problem der Apperzeption kann jetzt nicht mehr durch Präterition gelöst, ihr Platz nicht mehr von der Flut der Vermögen eingenommen werden, die ein in den Dingen bereits potentiell enthaltenes Sinnenhaftes nach und nach bis zum vollständigen Verstehen herausarbeiten. Nun ist es nicht mehr möglich, von der Wahrnehmung in der dritten Person zu sprechen: Zum ersten Mal wird die Seele recht eigentlich zum Subjekt" (*Simon,* Derrière, 328).

[15] Vgl. *Aristoteles,* Nikomachische Ethik, 1170 a 29–32: „… –, wenn ferner der Sehende wahrnimmt, daß er sieht, der Hörende, daß er hört, der Gehende, daß er geht, und so im übrigen immer ist, womit wir unsere Tätigkeit wahrnehmen dürften, daß wir wahrnehmen, und denken, daß wir denken, was wieder soviel ist als Wahrnehmen oder Denken, daß wir sind – Sein hieß uns ja wahrnehmen oder Denken …".

[16] Vgl. *Groethuysen,* Anthropologie, 61.

2. Die Psyche

Man wird mir entgegenhalten: Was fangen Sie dann aber mit Texten wie diesen an, in denen Platon schreibt: „... was das Selbst eines jeden von uns ausmacht, (sei) nichts anderes als die Seele (...) das wahre Selbst eines jeden von uns, das als unsterbliche Seele bezeichnet werde, enteile zu anderen Göttern" (*Gesetze,* 959 *a*6–*b*4)? Im *Phaidon* wendet sich der sterbende Sokrates mit diesen Worten an seine Freunde: „(...) daß ich der Sokrates bin, dieser, der jetzt mit euch redet und euch das Gesagte einzeln vorlegt (*ego eimi houtos Sokrates*), sondern er glaubt, ich sei jener, den er nun bald tot sehen wird" (*Phaidon,* 115 *c*). Und im Gespräch mit Alkibiades mahnt der platonische Sokrates: „... daß Sokrates mit dem Alkibiades redend der Sprache sich bedient, nicht an dein Gesicht seine Reden richtend, wie es scheint, sondern an den Alkibiades; dieser ist aber die Seele" (*Alkibiades,* 130 *c*).

Hier scheint die Angelegenheit geregelt. Sokrates und Alkibiades sind, jedes Individuum ist die Seele, *psyche.* Wir wissen, wie diese Seele, die nach dem Tod in das göttliche Jenseits eingeht, in die griechische Welt gekommen ist. Ihr Ursprung findet sich bei den bereits erwähnten, Weisen, die die traditionelle Vorstellung von der *psyche* als Doppelgängerin des Toten, kraftloses Phantom, unbeständiger, im Hades verblichener Schatten ablehnen und sich bemühen, durch ihre Übungen zur Konzentration und Reinigung des Atems die in allen Körperteilen verstreute Seele zu sammeln, damit sie, einmal isoliert und zur Einheit gebracht, nach Belieben vom Körper getrennt und ins Jenseits geschickt werden kann. Der Ausgangspunkt der platonischen Auffassung von einer Seele, die Sokrates ist, die „ursprüngliche Disposition", kommt also von Übungen her, die dem Verlassen des Körpers, der Flucht aus der Welt, dem Entweichen zum Göttlichen dienen und deren Ziel die Suche nach dem Heil, durch Abkehr vom irdischen Leben ist.

So weit, so gut. Auf einen Punkt allerdings, der wesentlich ist, muss noch näher eingegangen werden. Die *psyche* ist zwar Sokrates, aber nicht das „Ich" des Sokrates, nicht der psychologische Sokrates. Die *psyche* ist eine unpersönliche oder überpersönliche Wesenheit in jedem von uns. Sie ist eher *die* Seele in mir als *meine* Seele. Zunächst weil diese Seele sich durch ihren radikalen Gegensatz zum Körper und zu allem definiert, was mit ihm zusammenhängt, und infolgedessen alles ausschließt, was auf individuellen Besonderheiten beruht, auf der dem physischen Leben eigenen Begrenztheit. Sodann weil diese *psyche* in uns ein *daimon* ist, ein göttliches Wesen, eine übernatürliche Macht, deren Stellung und Funktion im Universum unsere einmalige Person übersteigt. Die Zahl der Seelen im Kosmos ist ein für alle Mal festgelegt; sie bleibt ewig gleich. Es gibt ebenso viele Seelen wie Sterne. Daher findet jeder Mensch bei seiner Geburt eine Seele vor, die vom Anfang der Welt an immer schon da ist, ihm in keiner Weise besonders eignet und sich nach seinem Tod in einem anderen Menschen oder einem Tier oder einer Pflanze verkörpern wird, wenn es ihr in ihrem letzten Leben nicht gelungen ist, so rein zu werden, dass sie zu dem Stern am Himmel zurückkehren kann, zu dem sie gehört.

Die unsterbliche Seele steht beim Menschen nicht für seine einmalige Psychologie, sondern vielmehr für das Bestreben des individuellen Subjekts, sich im Ganzen aufzulösen, wieder in die allgemeine kosmische Ordnung einzugehen.[17]

Natürlich hat diese *psyche* bereits bei Plato, und nach ihm erst recht, einen im eigentlichen Sinne persönlicheren Inhalt bekommen. Aber diese Öffnung zum Psychologischen hin vollzieht sich über mentale Praktiken, die in der Polis verankert und auf das Diesseits gerichtet sind.

Nehmen wir zum Beispiel das Gedächtnis. Das Ziel der Gedächtnisübungen der Weisen oder der Pythagoräer ist weder ein Festhalten der persönlichen Zeit, der flüchtigen Zeit der jeweils eigenen Erinnerungen wie bei den Lyrikern noch die Konstruktion einer zeitlichen Ordnung wie bei den Historikern, sondern die Vergegenwärtigung der vollständigen Reihe der früheren Leben vom Anbeginn der Welt an, um „das Ende mit dem Anfang vereinen" und den Kreislauf der Wiedergeburten verlassen zu können. Dieses Gedächtnis ist das Mittel, um aus der Zeit herauszutreten, nicht um sie zu konstruieren. Erst die Sophisten mit ihrer Begründung einer ganz auf den Nutzen gerichteten Mnemotechnik, erst Aristoteles mit seiner Verknüpfung des Gedächtnisses mit dem sinnenhaften Teil der Seele macht daraus einen Bestandteil des menschlichen Subjekts und seiner Psychologie.[18]

Entscheidend aber für die Konsistenz und Komplexität, die das Ich in seiner Innerlichkeit nun bekommt, sind vor allem jene Verhaltensweisen, mit denen die *daimon*-Seele, die göttliche, unsterbliche, überpersönliche Seele, in Berührung mit jenen anderen Teilen der Seele gebracht wird, die mit dem Körper verbunden sind, mit den Bedürfnissen und Lüsten: *thymos* und *epithymia.* Dieser Verkehr der noetischen, unpersönlichen Seele mit dem Rest hat eine bestimmte Richtung. Es geht darum, das Niedere dem Höheren zu unterwerfen, um im eigenen Inneren einen Stand der Freiheit zu schaffen, der dem des Bürgers in der Polis entspricht. Um Herr seiner selbst zu sein, muss der Mensch diesen begehrenden, leidenschaftlichen Teil beherrschen, den die Lyriker so gepriesen und dem sie sich hingegeben haben. Durch Selbstbeobachtung und selbst auferlegte Übungen und Prüfungen wie auch durch das Beispiel von anderen muss der Mensch den festen Halt finden, der ihm jene Selbstbeherrschung ermöglicht, die einem freien Manne ziemt, dessen Ideal es ist, in der Gesellschaft niemandes Sklave zu sein, eines anderen so wenig wie seiner selbst.

Diese ständig geübte moralische *askesis* entsteht, entwickelt sich, hat einen Sinn nur im Rahmen der Polis. Die Einübung in die Tugend und die Erziehung zum Bürger, mit der man auf das Leben eines freien Mannes vorbereitet wird, gehen Hand in Hand. „Die moralische *askesis* gehört", wie Michel Foucault ganz richtig schreibt, „zur *paideia* des freien Mannes, der in der Polis und gegenüber den anderen eine Rolle zu spielen hat; sie hat keine anderen Verfahren anzuwenden."[19]

---

[17] Vgl. *Vernant,* Aspects de la personne, 168–370.

[18] Vgl. *ders.*, Aspect mythiques, 107–152.

[19] *Foucault,* Gebrauch der Lüste, 102f.

Auch als sich diese Askese, die immer beides zugleich bezweckt, nämlich Herr seiner selbst und frei gegenüber den anderen zu sein, in den ersten Jahrhunderten unserer Zeitrechnung mit den Stoikern mehr oder weniger zur Übung am Selbst verselbständigt, als aus den Techniken des Insich-Hineinhorchens und der Selbstkontrolle, aus den Prüfungen, die man sich auferlegt, aus der Bewußtseinserforschung, aus dem Sich-Vergegenwärtigen aller Ereignisse des Tages allmählich die spezifischen Verfahren einer „Sorge um sich" werden, die nicht mehr nur zur Beherrschung der Lüste und Leidenschaften führen soll, sondern zum „Selbstbewusst" ohne Begehren und Erregung, wird damit weder die Welt noch die Gesellschaft verlassen.

So bemerkt Foucault, als er von Marc Aurel und jener Art Anachorese in sich selbst spricht, der dieser sich hingibt: „(Diese dem Selbst gewidmete Tätigkeit) bildet nicht eine Übung in Einsamkeit, sondern eine wahrhaft gesellschaftliche Praxis."[20]

3. Die Sorge um das Ich

Wann und wie nun wird diese Sorge um sich, wie sie sich im späten Heidentum darstellt, in einen neuen Sinn der Person münden und der Geschichte des Individuums in der westlichen Gesellschaft ihr ureigenstes Gepräge, ihre charakteristische Erscheinungsform geben? Die Wende vollzieht sich zwischen dem 3. und 4. Jahrhundert unserer Zeitrechnung. Im kollektiven Leben, in den Beziehungen zum Göttlichen, in der Erfahrung des Selbst tritt ein noch nie dagewesener Stil in Erscheinung. Peter Brown hat sehr schön die Bedingungen und die Folgen dieses Wandels untersucht, und zwar auf drei Ebenen, sozial, religiös und geistig. Ich will aus diesen Analysen nur jene Punkte herausgreifen, die direkt das Problem der inneren Dimension der Individuen betreffen, des Bewusstseins, das sie von sich haben.

Hervorzuheben ist zunächst das plötzliche Verschwinden jenes – in der antoninischen Epoche noch lebendigen – Gleichheitsmodells nach dem alle Bürger untereinander und alle Menschen vor den Göttern gleich waren.[21]

Zwar ist die Gesellschaft keine hierarchische wie in Indien, aber in den Gruppen der Menschen auf dem Land wie in den Städten macht sich mehr und mehr die Tendenz bemerkbar, die Funktion, für die Verbindung zwischen Erde und Himmel zu sorgen und in dieser Eigenschaft eine nun nicht mehr weltliche, sondern geistige Macht über die Menschen auszuüben, an außergewöhnliche Individuen zu delegieren, die sich durch ihre Lebensart, die ihnen gleichsam den Stempel des Göttlichen aufdrückt, aus dem gemeinen Volk herausheben.

Mit dem Aufkommen des heiligen Mannes, des Gottesmannes, des Asketen, des Anachoreten tritt der Typus eines Individuums in Erscheinung, das sich vom gemeinen Volk

---

[20] *Ders.,* Die Sorge um sich, 71.

[21] Vgl. *Brown,* Society and the Holy, französische Übersetzung: La Sociéte et le Sacré dans l'Antiquiée tardive, 78f.

nur abgesondert, vom Sozialen nur losgesagt hat, um sich auf die Suche nach seinem wahren Ich zu begeben, einem Ich in der Spannung zwischen dem Schutzengel, seiner Erweiterung nach oben hin, und den dämonischen Kräften, die die Grenzen seiner Persönlichkeit nach unten hin markieren. Gottsuche und Ichsuche sind zwei Dimensionen ein und derselben Prüfung in Einsamkeit.

Peter Brown spricht in diesem Zusammenhang von der „ungeheuren Wichtigkeit", die nun das Bewusstsein von sich bekommt, die unbarmherzige und nicht enden wollende Introspektion, die wachsame, peinlich genaue, den Neigungen, dem Wollen, der Willensfreiheit stets misstrauende Prüfung, die der Ausforschung des Grades ihrer Durchlässigkeit oder Undurchlässigkeit für die Gegenwart des Göttlichen dient.[22] Damals nimmt eine neue Form von Identität Gestalt an: Sie definiert das menschliche Individuum durch seine innersten Gedanken, seine geheimen Phantasien, seine nächtlichen Träume, seine sündhaften Triebe, durch alle Formen der in seinem Innersten immer bereitliegenden, ständig lauernden Versuchung.

Dies ist der Ausgangspunkt für die moderne Person und das moderne Individuum. Doch in diesem Bruch mit der heidnischen Vergangenheit gibt es auch eine Kontinuität. Diese Menschen entsagten nicht der Welt. In ihrer Gottsuche, Selbstsuche, Suche nach Gott in sich blieb ihr Blick auf das Irdische gerichtet. Durch ihre Berufung auf eine himmlische Macht, die ihre Person innerlich wie äußerlich deutlich genug prägte, um sie ihren Zeitgenossen als wahre „Gottesfreunde" zweifelsfrei kenntlich zu machen, hatten sie sich zugleich qualifiziert, um ihre Mission im Diesseits zu erfüllen.

Ein guter Zeuge für diese Wende in der Geschichte der Person ist Augustinus, wenn er vom Abgrund des menschlichen Bewusstseins spricht, *abyssus humanae consientiae,* und sich angesichts der Tiefe und unendlichen Vielfalt seines eigenen Gedächtnisses nach dem Geheimnis dessen fragt, was er ist: „Dies hier ist mein Geist, bin ich selbst. Was also bin ich, mein Gott? Ein veränderliches, vielgestaltiges Leben von gewaltiger Unermesslichkeit." Wie Pierre Hadot schreibt: „Statt ‚Seele' sagt Augustinus: ich bin, ich kenne mich, ich will mich, und diese drei Handlungen bedingen einander wechselseitig (...). Um zu diesem Bewußtsein vom Ich zu gelangen, hat das Christentum vierhundert Jahre gebraucht."[23]

Wieder ein neuer Sinn der Person also, verbunden mit einem anderen, intimeren Verhältnis des Individuums zu Gott. Aber ganz sicher keine Weltflucht. Im selben Buch, in dem er das Ausmaß der Veränderungen hervorhebt, denen die Struktur des Ichs im 4. Jahrhundert in Rom unterworfen ist, weist Peter Brown auch darauf hin, dass der Wert, den das Übernatürliche in diesem Wandel bekommt, „nicht nur die Weltflucht nicht gefördert, sondern den Menschen durch Schaffung neuer oder reformierter Institutionen nachdrücklicher denn je in die Welt eingebunden hat"[24].

Der Mensch Augustinus, derjenige, der im Dialog mit Gott *ich* sagen kann, hat sich vom Bürger der klassischen Polis vom *homo aequalis* der heidnischen Antike, aller-

---

[22] Vgl. *ders.,* Genèse, 176; die engl. Ausgabe erschien 1978 unter dem Titel „The Making of Late Antiquity".

[23] *Hadot*, De Tertullien à Boèce, 133f.

[24] *Brown,* Genèse, Nr. 22, 6.

dings entfernt, doch ungleich größer ist die Distanz, ungleich tiefer der Graben, die ihn vom weltentsagenden Individuum und *homo hierarchicus* der indischen Zivilisation trennen.

Literatur

Aristoteles, Nikomachische Ethik, in: Aristoteles. Philosophische Schriften in sechs Bänden, Bd. 3, nach der Übers. von *E. Rolefs* bearb. von *G. Bien*, Hamburg 1995

Brown, P., The Making of Late Antiquity, Cambridge / London 1978

–, Society and the Holy in Late Antiquity, London 1982

–, Genèse de l'Antiquité tardive, Paris 1983

–, La sociéte et le sacré dans l'Antiquité tardive, Paris 1985

Brunschvig, J., Aristote et l'effet Perrichon, in: *J.-L. Marion*, La passion de la raison (Hommage à Ferdinand Alquié), Paris 1983, 361–377

Derbey, G.R., L'âme est en quelque façon tous les êtres (Aristotel, De anima, T 8,431 *b* 21), Blenchos, Rivista di studi sul pensiero antico 8 (1987) Fasz. 2, 364–380

Dumont, L., Essais sur l'individualisme. Une perspective anthropologique sur l'idéologie moderne, Paris 1983

Dupont, F., Le Plaisir et la Loi. Du Banquet de Platon au Satiricon, Paris 1977

Fränkel, H., Dichtung und Poesie des frühen Griechentums. Eine Geschichte der griechischen Epik, Lyrik und Prosa bis zur Mitte des fünften Jahrhunderts, München [2]1962

–, Early Greek Poetry and Philosophy. A History of Greek epic, lyric and prose to the middle of the fifth century, Oxford 1975

Foucault, M., Der Gebrauch der Lüste. Sexualität und Wahrheit 2, Frankfurt a.M. 1986

–, Die Sorge um sich. Sexualität und Wahrheit 3, Frankfurt a.M. 1986

Gernet, L., La Loi de Solon sur le testament. Droit et Société dans la Grèce ancienne, Paris 1955

Groethuysen, B., Anthropologie philosophique, Paris (1952) [2]1980

Hadot, P., De Tertullien à Boèce. Le développement de la notion de personne dans les controverses théologiques, in: *I. Meyerson* (Éd.), Problèmes de la personne, Paris / Den Haag 1973, 123–134

Kahn, C.H., Sensation and consciousness in Aristotle's Psychology, in: *J. Barnes / M. Schofield / R. Sorabji* (Éd.), Articles on Aristotle 4, London 1979, 1–31

Momigliano, A., Marcel Mauss e il problema della persona, in: Gli uomini, la società, la civiltà. Uno studio intorno all'opera di Marcel Mauss, a cura di R. Di Donato, Pisa 1985, 7–15

–, Ancient Biography and the Study of Religion in the Roman Empire, in: *A. Momigliane* (Ed.), On Pagans, Jews and Christians, Middletown 1987, 159–177

Redfield, J., Le sentiment homérique du Moi, Le Genre humain 12 (1985) 93–111

Simon, G., Derrière le miroir, Le Temps de la reflexion 2 (1981) 298–332

Snell, B., Die Entdeckung des Geistes. Studien zur Entstehung des europäischen Denkens bei den Griechen, Hamburg [3]1955

Sorabji, R., Body and Soul in Aristotle, in: *J. Bames / M. Schofield / R. Sorabji* (Ed.), Articles on Aristotle 4, London 1979, 42–64

Vernant, J.-P., Catégories de l'action et l'agent en Grèce ancienne, in: *ders.*, Religions, histoires, raisons, Paris 1979, 85–95

–, Religion grecque, religions antiques, in: *ders.*, Religions, 5–34

–, Aspects de la personne dans la religion grecque, in: *ders.*, Mythe et pensée chez les Grecs. Etudes de psychologie historique, Paris (1965) [10]1985, 168–370

–, Aspect mythiques de la mémoire et du temps, in: *ders.*, Religions, 107–152

Jan N. Bremmer

Die Karriere der Seele

Vom antiken Griechenland ins moderne Europa

Im zwanzigsten Jahrhundert vollzog sich ein kometenhafter Aufstieg der Wissenschaften der *Psych*iatrie und der *Psych*ologie; offensichtlich waren nun alle um das diesseitige Heil ihrer ψυχή, griechisch für ‚Seele', besorgt.[1] Dieser Aufstieg verlief parallel zu – vielleicht auch untrennbar verbunden mit – einer zunehmenden Säkularisierung der westlichen Welt. War die Erlösung der Seele nämlich das wichtigste Ziel antiker, mittelalterlicher und frühmoderner westlicher Christentümer, erschien dieses Ideal im Anschluss an den anthropozentrischen Wandel, welchen die *crise de la conscience européenne* ausgelöst hatte, als zunehmend unattraktiv.[2] Die Terminologie jedoch hat dabei etwas Merkwürdiges, denn im alten Griechenland hätte wohl niemand diese Verwendung des Wortes ‚Seele' verstanden. In der ältesten griechischen Literatur, die wir kennen, der *Ilias* und der *Odyssee* des Homer, hat das Wort ψυχή keinerlei Verbindung mit den psychologischen Aspekten einer Person; diese werden mit einer Reihe anderer Begriffe umschrieben. Die Griechen mögen uns also die sprachliche Grundlage für unsere Terminologie gegeben haben, doch ursprünglich verfügten sie nicht über ein Konzept einer einheitlichen Seele als Hauptsitz von Bewusstsein und Emotion, als einer Seele, die überdies den Menschen auch nach dessen Tod noch repräsentiert. Sie waren nicht die einzigen ohne ein derartiges Konzept. Auch die Hebräische Bibel liefert uns keinen Anhaltspunkt für ein Seelenkonzept, welches auch nur entfernt dem modernen ähnelt. Mit anderen Worten: weder Griechenland noch Israel – immerhin die Kulturen, aus denen das Christentum hervorgegangen ist – verfügten über ein Seelenkonzept, welches den Erlösungsaspekt in den Vordergrund rückte.

Trotz des großen Interesses für die ‚Wissenschaften der Seele' erlebte das 20. Jahrhundert auch den Bedeutungsverfall der Seele: Die Seele ist nicht mehr Teil der allgemeinen Vorstellungswelt, und selbst Theologen thematisieren die Seele nur noch selten. Sofern

---

[1] Dieser Beitrag geht zurück auf meine früheren Studien zum Thema ‚Seele', s. insbesondere *Bremmer*, Greek Concept, wo die ältere Literatur genannt wird; *ders.*, Concepts of the Soul; *ders.*, Soul, Death and Afterlife; *ders.*, Rise and Fall, 1ff; *ders.*, Soul; *ders.*, Psychê. Für den vorliegenden Beitrag habe ich die Literaturangaben ergänzt und die jüngsten wissenschaftlichen Diskussionen berücksichtigt.

[2] Damit beziehe ich mich natürlich auf die klassische Studie von *Hazard*, La Crise, *Israel*, Enlightenment, bietet darüber hinaus wichtige neue Perspektiven.

Menschen überhaupt noch über ein Leben nach dem Tod nachdenken, geht es ihnen eher um die Fortexistenz ihrer Identität oder ihres Selbst, weniger um die Seele. Tatsächlich lässt sich in den letzten Jahrzehnten ein zunehmendes Interesse an Reinkarnation erkennen, und zwar als das zentrale Modell menschlicher Fortexistenz nach dem Tod. Auch wenn in vielen Teilen der Welt der Glaube an Reinkarnation weitaus verbreiteter war als gewöhnlich angenommen,[3] müssen wir erneut zu den antiken Griechen zurück, um den Ursprung unserer modernen Ideen darüber zu eruieren.

Vor dem Hintergrund dieser Zusammenhänge werde ich zunächst die Entstehung des modernen Seelenkonzeptes im archaischen Griechenland beschreiben, wobei sowohl die Seele der Lebenden und der Toten, als auch die nach-Homerischen Entwicklungen eine besondere Rolle spielen. Anschließend werde ich die Entstehung des Reinkarnationsgedankens erörtern sowie das Konzept der einheitlichen Seele. Nach einer Diskussion der frühen jüdischen und christlichen Entwicklungen werde ich meine Übersicht mit einigen Beobachtungen zum Bedeutungsverlust der Seele in der Moderne abschließen. Was die Rolle der Seele in der Moderne betrifft, befindet sich die Forschung noch völlig am Anfang. Schließlich macht es einen großen Unterschied, ob man ein überschaubares Korpus von Texten untersucht – wie jenes des frühen Griechenland oder des alten Israel –, oder ob man, zumindest idealiter, die gesamte westliche Welt zur Grundlage der Untersuchung machen muss. Jede Analyse des Untergangs der Seele kann deshalb nur einen ersten oberflächlichen Zugriff darstellen.

I. Der Aufstieg der Seele

1. Die Seele der Lebenden

Sieht man sich die Verwendung des Wortes ψυχή bei Homer an, so fällt ein wichtiger Sachverhalt ins Auge: ψυχή bezeichnet einen Teil oder Aspekt lebender Personen, allerdings nur dann, wenn diese sich in einer Krisensituation befinden, nicht aber, wenn der Besitzer der Seele normal funktioniert.[4] Dieser Aspekt von ψυχή kommt deutlich zum Ausdruck, wenn Achilles auf die Bitte der Gesandten der griechischen Armee, seinen Ärger zu unterdrücken und den Kampf einzustellen, entgegnet, er habe schon die ganze Zeit seine ψυχή ‚eingesetzt' (*paraballomenos*; IX.322[5]). Die Metapher stammt aus dem Glücksspiel und impliziert, dass Achilles einen wertvollen Besitz aufs Spiel setzt. Ganz offensichtlich ist für Homer die ψυχή etwas, für das es zu kämpfen lohnt. Deshalb kön-

[3] Vgl. *Bremmer*, Transmigration (mit weiterer Literatur).

[4] Als eine gründliche Analyse der frühen griechischen Zeugnisse s. *Sullivan*, Multi-Faceted Term; ferner *ders.*, Psychological and Ethical Ideas, 76ff; *Padel*, In and Out of the Mind; *Chadwick*, Lexicographica Graeca, 307ff; *Clarke*, Songs of Homer (vgl. dazu den Rezensionsartikel von *Cairns*, Myths and Metaphors).

[5] Die Bücher der *Ilias* werden mit römischen Ziffern bezeichnet, jene der *Odyssee* mit arabischen Ziffern.

nen Achilles und Hector in einem Wettrennen gegeneinander antreten, dessen Sieger die ψυχή Hectors als Hauptpreis winkt,[6] und deshalb kann Agenor feststellen, dass Achilles „gewiß die Haut verwundbar von scharfem Erz [ist], und in ihm ist nur eine ψυχή, und er ist sterblich, sagen die Menschen“[7]. Dasselbe Verständnis zeigt sich auch in Hesiods Bemerkung, dass Menschen Risiken eingehen, weil sie Geld mit der ψυχή gleichsetzen (*Werke und Tage* 686). Mit anderen Worten, ψυχή ist eine notwendige Voraussetzung, ohne die Leben nicht möglich ist, ein Aspekt, der bisweilen auch betont wird durch die Kombination von ψυχή und αἰῶν, der Quelle der menschlichen Lebenskraft.[8] Und gerade weil sie die Grundlage des Lebens bildet, betrachten Menschen sie als den wertvollsten Besitz.

ψυχή ist auch die Grundlage des Bewusstseins. Dies zeigt sich in Homers Beschreibungen von Ohnmacht, welche meist nach dem gleichen Muster ablaufen.[9] Als zum Beispiel ein Speer aus der Seite des Sarpedon, eines Verbündeten der Trojaner, gezogen wurde, „verließ ihn seine ψυχή und ein Nebel legte sich über seine Augen“ (V.696). Wenn die ψυχή den Körper verlässt, hat dies den Verlust des Bewusstseins zur Folge. Sobald das Bewusstsein wiedererlangt wurde, wird die ψυχή nicht mehr erwähnt. Das ist vermutlich der Grund dafür, dass man über den genauen Aufenthaltsort der Seele im Körper spekulierte, denn die ψυχή verlässt den Körper wechselnd durch den Mund (IX.409), durch die Brust (XVI.505), eine Wunde in der Seite (XIV.518) oder durch die Extremitäten (ῥέτεα:[10] XVI.856, XXII.362). In keinem einzigen Homerischen Passus weist die ψυχή eine wie auch immer geartete psychologische Konnotation auf. Sicher ist lediglich, dass wenn sie den Körper für immer verlassen hat, ihr Eigner stirbt.

Wenn ψυχή aber keine Verbindung zu psychologischen Aspekten einer Person hatte, wie stellten sich die frühen Griechen dann die seelische Konstitution des Menschen vor? Nimmt man wieder Homer als Maßstab, so stellt man fest, dass es keinen eindeutigen Ort für die psychologischen Attribute des Menschen gibt. Stattdessen verfügte man über ein ganzes Spektrum von Begriffen.[11] Das wichtigste Wort, mit dem man den Sitz von Emotionen benannte also Freundschaft, Wut, Freude, Trauer, aber auch Emotion selbst – ist θύμος,[12] das auch heute noch für eine bestimmte Drüse verwendet wird. Es gibt jedoch noch eine Reihe anderer Wörter, etwa für rasenden Zorn (μένος) oder für die

---

6 Ähnlich auch in *Il.* V.654, IX.406–409, XI.445, XVI.625, XX.159–161; *Od.* 1.5, s. *Cairns*, Myths and Metaphors, 54.

7 *Homer*, Ilias, XXI.568–569.

8 *Il.* XVI.453; *Od.* 9.523–524, s. *Bremmer*, Greek Concept, 15f; *Cairns*, Myths and Metaphors, 49 Anm. 21.

9 Vgl. *Nehring*, Homer's Description; *Schnaufer*, Totenglaube, 191ff.

10 Zur umstrittenen Bedeutung dieses Wortes s. *Cairns*, Myths and Metaphors, 53 Anm. 31.

11 Als einen detaillierten Überblick zu dieser Diskussion im 19. und 20. Jh. s. *Jahn*, Wortfeld ‚Seele-Geist‘, 124ff; wichtig außerdem *Gelzer / Anderson*, Emotions of the Soul; *Sullivan*, Metaphorical Uses.

12 Vgl. dazu *Caswell*, Study of Thumos; *Sullivan*, Person and Thymos; *Sullivan*, “Self” and Psychic Entities.

Tätigkeit des Geistes (νοός),[13] für Niere, Herz,[14] Lunge,[15] Leber oder Gallenblase (χόλος)[16] – alles Wörter, die den Sitz der Gefühle oder auch die Gefühle selber bezeichnen. Hinzu kommt, dass jene Wörter auf eine willkürliche und semantisch kaum zu unterscheidende Art verwendet werden. Ganz offensichtlich gibt es für Homer kein Zentrum unseres Bewusstseins, keine Vorstellung von einem ‚Ich', welches unsere Handlungen bestimmt. Während wir mit dem Wort ‚Seele' eine vom Körper unterschiedene Dimension menschlichen Seins beschreiben, die zugleich weithin die Natur des Menschen ausmacht, verfügten die frühen Griechen also über eine ganze Palette von Worten für diese Dimension.

Wie können wir diese Diskrepanz erklären? Zunächst einmal können wir natürlich kulturvergleichend argumentieren und Parallelen heranziehen. Es ist das große Verdienst insbesondere skandinavischer Anthropologen, eine große Menge von Daten gesammelt zu haben, aus der hervorgeht, dass die meisten ‚primitiven' Völker den Menschen mit zwei Seelen ausstatten. Auf der einen Seite gibt es die so genannte *Freiseele*, welche die individuelle Persönlichkeit repräsentiert. Diese Seele ist im Ruhezustand, solang der Körper aktiv ist; sie zeigt sich lediglich bei Ohnmacht, Träumen oder beim Tod (die Erlebnisse des ‚Ich' während Ohnmacht oder Traum werden dabei der Seele zugeschrieben), doch sie hat keine eindeutige Verbindung mit den physischen oder psychischen Aspekten des Körpers. Auf der anderen Seite gibt es sodann eine Reihe von *Körperseelen*, welche den Körper mit Leben und Bewusstsein erfüllen; keine dieser Seelen wird jedoch als Teil der Persönlichkeit betrachtet, welcher den Tod des Menschen überlebt.[17]

Das Homerische Konzept der Seele im lebenden Menschen ist eindeutig verbunden mit diesen Vorstellungen, beinhaltet es doch sowohl die ψυχή als eine Art Freiseele, als auch die verschiedenen Körperseelen wie θύμος usw. Die Freiseele wurde oft mit dem Atem assoziiert, und dies scheint für Griechenland ebenfalls zu gelten, wie man der etymologischen Verbindung zwischen ψυχή und ψυχεῖν („blasen, atmen") entnehmen kann. Tatsächlich ist in vielen indo-europäischen Kulturen der Begriff für ‚Seele' mit dem Atem verbunden.[18] Dieser enge Zusammenhang ergibt sich auch aus der Tatsache, dass die ψυχή den Körper bei beginnender Bewusstlosigkeit verlässt, wie im Falle der Ohnmacht der Andromache (XXII.467), in deren Verlauf ihre ψυχή „weiteratmete" (ἐκάπυσσε) – ein Verb, das höchstwahrscheinlich mit dem Griechischen καπνός („Rauch") in Verbindung steht. In Griechenland wurde die Assoziation von ψυχή mit Atmen oder Blasen schon durch Anaximenes (ca. 550–500 v. Chr.) hergestellt. Vermutlich ging er davon aus, dass die ψυχή die Einheit unseres Körpers garantiert und kontrol-

---

[13] Vgl. *Sullivan*, Noos.

[14] Vgl. *Cheyns*, êtor, kêr et kradiê; *Biraud*, êtor; *Sullivan*, êtor.

[15] Vgl. *Balles*, Air. barae.

[16] Vgl. *Cairns*, Myths and Metaphors, 68ff.

[17] Zur skandinavischen Forschung s. *Bremmer*, Greek Concept, 9ff; *Wernhart*, Ethnische Seelenkonzepte, 53ff.

[18] Griechenland: *Jouanna*, Le souffle, la vie et le froid; Indo-europäische Kulturen: *Adams*, A Dictionary of Tocharian B, 41f; *Eichner*, Indogermanische Seelenbegriffe.

liert, ebenso wie der Wind die Erde kontrolliere (Fragment B 2 Diels-Kranz); dieselbe Verbindung begegnet auch in Form einer *figura etymologica* auf einem orphischen Goldblättchen, gefunden 1974: „(Die Unterwelt), wo die ψυχαι der Toten ψυχονται [d.h. ‚atmen']".[19]

Die Vergleiche skandinavischer Anthropologen sind jüngst von Walter Burkert in Zweifel gezogen worden. In einer breit angelegten Kritik des Klassikers *Die Entdeckung des Geistes* (zuerst erschienen 1946) von Bruno Snell führt Burkert aus, dass ein solcher klassifizierender Zugriff der Tatsache nur unzureichend Rechnung trägt, dass „*native speakers* sich nicht ganz sicher zurechtfinden" im „Bereich schwankender Erfahrungen und unklarer Verbalisierungen".[20] Ich denke, wir sollten hier vorsichtig sein. Zunächst einmal wissen wir überhaupt nicht, was *native speakers* im Alltag wirklich *sagten*, denn alles, was wir haben, sind hochgradig stilisierte Gedichte. Zweitens, auch wenn es stimmt, dass das psychologische Vokabular der Griechen oft willkürlich und in einer semantisch vieldeutigen Art verwendet wurde, sollte man das nicht überbewerten.[21] Drittens, selbst wenn wir die Vagheit der Begriffe akzeptieren, bleibt die Tatsache bestehen, dass ψυχή von den anderen Konzepten deutlich unterschieden werden kann, wird das Wort doch nur in einem ganz bestimmten Sinne verwendet. Außerdem bleibt, viertens, die „Familienähnlichkeit" zwischen dem griechischen Seelenkonzept und vergleichbaren anderen Systemen bestehen und ist auch von niemandem wirklich bezweifelt worden.

2. Die Seele der Toten

Die Seele von Gestorbenen hat nicht dieselbe wissenschaftliche Aufmerksamkeit erhalten wie die Seele von Lebenden, sodass es nur einige wenige vergleichende Studien gibt, die das Thema systematisch analysieren.[22] Meist konzentrieren sich diese Untersuchungen auf die Seelenaspekte des lebenden Menschen, die als Seele den Tod überleben. Zum Beispiel bezeichnen die sibirischen Mordvinen die Freiseele als *ört*. Da die Seele der Toten ebenfalls *ört* genannt wird, kann man den Schluss ziehen, dass die Idee der Seele der Toten von der Freiseele der Lebenden abgeleitet ist. Für Griechenland sollte man erwarten, dass es die ψυχή ist, die den Tod des Menschen überlebt, da in den meisten Fällen die Freiseele im Jenseits weiter existiert. Und genau das finden wir bei Homer: Nachdem Hyperenor tödlich getroffen wurde, verlässt ihn seine ψυχή sehr schnell (XIV.518), und in den Fällen von Patroclus (XVI.856), Hector (XX.362) und Elpenor (10.560 und 11.65) wird noch ergänzt, dass die ψυχή in den Hades gegangen sei. Das letzte Beispiel ist besonders interessant, denn im Dialog zwischen Odysseus und Elpenor in der Unterwelt macht Homer keinen Unterschied zwischen dem Individuum Elpenor

---

19 *Barnes*, The Presocratic Philosophers, 472–477; *Euripides*, Orestes 1163; *Plato*, Cratylus 399de. Das Zitat ist vom Goldblättchen 1 in *Graf / Johnston*, Ritual Texts.

20 *Burkert*, Mikroskopie der Geistesgeschichte, 177.

21 Dies zeigt *van der Mije* in seiner Rezension des Buches von *Jahn*, Zum Wortfeld ‚Seele–Geist'.

22 S. zum Folgenden *Bremmer*, Greek Concept, 70ff; *Cairns*, Myths and Metaphors, 54ff.

und seiner ψυχή – die Eigenschaften der beiden sind völlig identisch.[23] Der θύμος dagegen geht niemals in den Hades; er ist so eng mit dem Körper verbunden, dass er mit diesem verwest und verschwindet. Interessanterweise hielt Homer es für nötig, diese ‚Anthropologie' seinem Publikum zu erläutern. Als Odysseus seine Mutter Antikleia in der Unterwelt trifft, sagt diese zu ihm:

> Nein, nicht täuscht dich Pérsephoneia, die Tochter des Zeus;
> denn Dies ist Gesetz beim Tode sterblicher Menschen:
> Die Sehnen Halten das Fleisch und die Knochen dann nicht mehr zusammen;
> es machen Starke Kräfte lodernden Feuers dies alles zunichte,
> Hat erst der θύμος die weißen Gebeine verlassen.
> Dann aber fliegt die ψυχή auch flatternd davon wie ein Traumbild.[24]

Die Terminologie des Fliegens passt gut zu den Darstellungen von geflügelten Seelen, wie sie sich in zeitgenössischer griechischer Kunst finden. Etwas später zeigt eine Vase mit schwarzen Figuren sogar, wie Patroklus' Seele in der Form eines bewaffneten Zwerges über dessen toten Körper schwebt.[25] Derartige Abbildungen hielten lange, und auf weißgrundigen Lekythoi (Salbengefäßen aus dem attischen Grabkult) des fünften Jahrhunderts sind diese geflügelten Seelen oft in der Nähe der Totenbahre oder des Grabes dargestellt.[26]

Der genannten Passage kann man überdies entnehmen, dass die Griechen zu Zeiten Homers nicht an das Weiterleben des Körpers nach dem Tode glaubten. Tatsächlich betonen die Bewohner der Unterwelt gleich zweimal, dass sie ihr σῶμα ihren „Körper", auf der Erde zurück gelassen haben (*Od.* 11.52–54; 24.186f.). Zu den Darstellungen passt ferner, dass die ψυχή der Toten nicht berührt werden kann (XXIII.100), dass sie den Ort für psychische Aktivitäten, φρένες (ursprünglich wohl „Lungen") entbehrt (XXIII.104) und dass nur der Seher Teiresias einen νοός („Geist", aber auch „Sitz des Geistes") besitzt: die anderen sind nicht mehr als „Schatten" (11.493–495). Die Toten sind „die Abgenutzten" (11.476); an anderer Stelle werden „die kraftlosen Köpfe der Toten" erwähnt (10.521, 11.29). Auffallend ist hier die Pluralform: Die Toten werden eindeutig als eine große, undifferenzierte Gruppe betrachtet, denn der Homerische Begriff νεκυες/νεκροι für „die Toten" wird niemals im Singular verwendet. Das muss natürlich nicht bedeuten, dass die frühen Griechen an ihrem eigenen individuellen Überleben nicht interessiert waren, doch das einzige Überleben, welches für die Oberschicht zählte, war κλέος ἀφθιτόν, „ewiger Ruhm" – ein Weiterleben auf Erden innerhalb der eigenen sozialen Gruppen, nicht jedoch im Jenseits.[27]

---

23 Vgl. *Cairns*, Myths and Metaphors, 62, mit hervorragenden Anmerkungen bezüglich dieser Identität.

24 *Homer*, Odyssee, 11.217–222.

25 S. zuletzt *Sourvinou-Inwood*, 'Reading' Greek Death, 325 Anm. 99, 328, 336f, 340f; *Vollkommer*, Eidola.

26 Vgl. *Oakley*, Picturing Death in Classical Athens.

27 Vgl. *Goldhill*, The Poet's Voice, 69ff; *Segal*, Singers, Heroes, and Gods, 85ff; *Bakker*, Le Kleos épique et la poétique d'Homère.

3. Die Entwicklung nach Homer

Nach Homer verfügen wir über keine Quellen mehr, in denen die ψυχή den Körper eines lebenden Menschen verlässt. Ansonsten wurde jedoch das Bedeutungsspektrum von ψυχή in archaischer Zeit allmählich erweitert.[28] So spricht Sappho (Fragment 62.8 Voigt) einen Menschen als „geliebte ψυχή" an, und Hipponax sagt: „Ich werde meine viel erduldende ψυχή dem Bösen übergeben",[29] eine Formulierung, die unserem Begriff von „Selbst" sehr nahe kommt. Eine etwas andere Beschreibung gibt der beinah zeitgleich lebende Anacreon, wenn er in einem berühmten Gedicht über einen „Jungen mit jungfräulichem Blick" sagt, dieser sei „der Wagenlenker meiner ψυχή" (Fragment 360 Page) und damit die ψυχή vermutlich mit dem Sitz seiner Gefühle identifiziert. Unter den präsokratischen Philosophen scheint die ψυχή vor allem für Anaximenes (s.o. 1.1) und Heraklit wichtig gewesen zu sein.[30] Leider sind, wie Burkert festhält,[31] die Fragmente des Heraklit sehr schwer zu interpretieren, während man bei Anaximenes über die Authentizität des Textes nicht sicher sein kann. Wir sollten es deshalb an dieser Stelle mit der Beobachtung bewenden lassen, dass ψυχή ganz offensichtlich eine zunehmend wichtige Rolle in Psychologie und Kosmologie übernahm.[32] Ähnliches zeigt sich auch bei Pythagoras, der die Reinkarnation ‚erfand' und, indem er die Wichtigkeit der Rückkehr der ψυχή betonte, diese enorm aufwertete (s.u. Abschnitt 2). Bei Pindar setzt sich diese Entwicklung fort. Einerseits machte er die Seele noch wichtiger, indem er sie als „von den Göttern" abstammend bezeichnete (Fragment 131b Maehler); zugleich verband er ψυχή deutlicher mit ‚Charakter', wenn er von den Menschen sagt, sie hätten „ψυχαι die Besitztümern überlegen sind" (*Nemeen* 9.32).[33] In den späteren Tragödien ist die ψυχή zum Sitz aller Arten von Gefühlen geworden und scheint den θύμος vollständig integriert zu haben. ψυχή kann sogar „an ein Bett gefesselt" sein (Euripides, Hippolytos 160) oder „mit einem θίασος [d.h. einer Kultgemeinschaft] verbunden" sein (Euripides, Bacchae 75f.).[34] Diese zunehmende Betonung von ψυχή als Kern des inneren Lebens des Menschen kulminiert in Sokrates' Ansicht, die wichtigste Aufgabe des Menschen sei es, „für seine ψυχή zu sorgen" (s.u. Abschnitt 3).

In keinem dieser Beispiele finden wir jedoch eine Gegenüberstellung von σῶμα und ψυχή. Eine solche begegnet zum ersten Mal im Jahr 432 v.Chr., wenn es auf einem offiziellen Kriegsmonument heißt, die *psychai* der gefallenen Athener seien vom αἰθήϱ, also „der oberen Luft", aufgenommen worden, während ihre σῶματα auf der Erde geblieben seien (Inscriptiones Graecae I[3] 1179.6f.). Die Idee vom Himmel als dem Zielort der ψυχή

---

[28] Vgl. *Sullivan*, The Extended Use of *Psychê*; *Clarke*, Songs of Homer, 285ff.

[29] Hipponax Fragment 39 West[2] = 48 Degani[2].

[30] Zur *psychê* bei den Vorsokratikern s. *Ingenkamp*, Inneres Selbst und Lebensträger; *Gladigow*, „Tiefe der Seele"; *Kalogerakos*, Seele und Unsterblichkeit.

[31] Vgl. *Burkert*, Mikroskopie der Geistesgeschichte, 178.

[32] Wie *Clarke*, Songs of Homer, 288, zu Recht bemerkt.

[33] Vgl. *Sullivan*, The Wider Meaning of *Psyche*.

[34] Vgl. *Solmsen*, Phrên, Kardia, Psychê.

hat auch Euripides inspiriert, der sie anscheinend als Erster auf vergöttlichte Menschen anwandte (Erechtheus, Fragment 370.71f. Kannicht), doch später den αἰθήρ auch normalen Sterblichen zugänglich machte. Bis in die Spätantike kehrt dieser Gedanke dann in vielen Variationen auf privaten Grabsteinen zurück.[35] Allerdings verwendet Euripides in diesem Zusammenhang nie das Wort ψυχή, sondern bevorzugt aus unerfindlichen Gründen πνεῦμα.

Unser nächstes Beispiel können wir den Verteidigungsreden des Orators Antiphon entnehmen, etwa zehn bis zwanzig Jahre später entstanden. Nach Beteuerung seiner Unschuld führt der Redner aus: „Selbst wenn das σῶμα aufgibt, kann es noch gerettet werden durch eine ψυχή, die ein reines Gewissen hat und alles ertragen kann" (Antiphon 5.93). Um 400 v.Chr. begegnet dann die Gegenüberstellung von Seele und Körper noch einmal deutlicher in einer kleinen Gruppe von Knochentafeln aus Olbia: „Dio(nysos?): (????) – Wahrheit: Körper – Seele".[36] Mit diesem Zeugnis befinden wir uns eindeutig im Bereich Bacchischer Spekulation, auch wenn wir den genauen Kontext der Tafeln nicht eruieren können. Jedenfalls dürfte in jener Zeit die Gegenüberstellung von Seele und Körper schon zum Standard gehören, und im 4. Jahrhundert finden wir sie dann auf unterschiedliche Weise bei den wichtigsten attischen Rednern, von Lysias bis Demosthenes.[37]

Nachdem die Vorstellung einer unsterblichen Seele sich zunehmend durchgesetzt hatte, wurde sie von späteren philosophischen Schulen weiter ausgebaut. Die wohl wichtigste Innovation war Platons Betonung der Unsterblichkeit der Seele, bedeutete dies doch zugleich die Abkoppelung der Seele vom Atem (Plato, Phaedrus 245c–e; Leges 893bff.). Ferner verband man nun die Seele zunehmend mit dem Geist, und zwar in philosophischen Überlegungen, die den engeren Bereich der Religion, allgemein geteilter Vorstellung vom Hier und Jetzt oder vom Jenseits überschritten.[38]

II. Der Aufstieg des Reinkarnationsgedankens

Auch wenn Pythagoras im Allgemeinen als der ‚Erfinder' des Reinkarnationsgedankens angesehen wird, sind die Details seiner Lehren nur in Umrissen bekannt,[39] da er sie vermutlich nicht selber aufgeschrieben hat.[40] Wir können jedoch mit Sicherheit davon aus-

---

[35] Vgl. Euripides, Supplices 533f, Helena 1013–1016; Orestes 1086f, Fragmente 839.10f, 908b, 971 Kannnicht. S. *Hansen*, Carmina epigraphica, Nr. 535, 545, 558, 593; *Robert*, Hellenica 13, 170f; Inschriften Erythrae 302; Supplementum Epigraphicum Graecum 37.198, 38.440; 42.1612; 46.2212; 50.1465.

[36] *Vinogradov*, Orphiker-Plättchen von Olbia; *Zhmud*, Olbia; *Dubois*, Inscriptions grecques, 154f (jüngste Edition).

[37] Vgl. *Lysias* 2.15, 24.3; *Aeschines* 2.151; *Demosthenes* 19.227, 37.41, 60.33.

[38] Zu diesen späteren griechischen Entwicklungen s. jetzt, mit ausführlicher Bibliografie, *van der Eijk*, Aristotle's Psycho-Physiological Account; *Staden*, Body, Soul, and Nerves; *King*, Body and Soul.

[39] Zu Pythagoras' Seelenkonzept s. jüngst *Zhmud*, Pythagoreismus, 117ff.

[40] Zu einer anderen Auffassung gelangt *Riedweg*, Pythagoras, 61f.

gehen, dass Pythagoras das Weiterleben der ψυχή nach dem Tod lehrte, währenddessen sie bestimmte individuelle Charaktereigenschaften behält. Auch konnte die Seele sich in Tieren inkarnieren. Erst später taucht der Gedanke auf, dass sie sich auch in Pflanzen inkarnieren kann;[41] tatsächlich erwähnt Platon (Phaedrus 249b) nur die Tiere. Allerdings bleibt vieles im Unklaren. Verkörperte sich die Seele direkt nach dem Tod neu? Was waren die Gründe für eine Reinkarnation in Menschen, Pflanzen oder Tieren? War für diese unterschiedlichen Reinkarnationen das Verhalten der Menschen zu Lebzeiten verantwortlich? Wann erreicht die ψυχή schließlich den Hades, wo sie gemäß Ion ein „schönes Leben" vorfand? Die letzte Frage kann vielleicht am leichtesten beantwortet werden, denn sowohl Pindar (Fragment 133 Maehler) als auch Platon (Phaedrus 249a) sprechen von drei Zyklen, deren erster durch einen Fehler in der Unterwelt ausgelöst wird, was einen pythagoreischen Kontext nahe legt.[42]

Doch woher stammen Pythagoras' Reinkarnationsvorstellungen und warum wurden sie so populär? Lange Zeit nahm man an, hierfür seien schamanistische Einflüsse verantwortlich, eine Annahme, die ich an anderer Stelle hoffentlich widerlegt habe.[43] Andere Forscher halten es für möglich, dass Pythagoras seine Ansichten aus dem alten Indien übernommen hat,[44] doch auch dies ist aus verschiedenen Gründen unwahrscheinlich. Erstens, auch wenn Kontakte zwischen Indien und Griechenland durchaus möglich waren in Persepolis und Susa – Griechische Bildhauer arbeiteten in Persepolis, und Inder brachten ihre Steuern nach Susa[45] – dürften Kontakte zwischen diesen Kulturen für die Zeit um 500 v. Chr. schwer zu beweisen sein. Erst ein Jahrhundert später sind derartige Verbindungen eindeutig zu belegen.[46] Zweitens war die Lehre der Seelenwanderung noch ziemlich neu in den ersten Upanischaden und wurde allgemein nur im Buddhismus und Jainismus akzeptiert. Die Lebenszeiten des Buddha, des einzigen Fixpunktes in früher indischer Chronologie, sind in jüngster Zeit jedoch leider Gegenstand erhitzter Debatten geworden. Ging die Schulmeinung früher davon aus, dass der Buddha kurz nach 480 v. Chr. starb, argumentieren nun viele Wissenschaftler für eine „kurze Chronologie", die das Wirken des Buddha ein Jahrhundert später ansetzt. Sollte sich diese neue Chronologie als richtig herausstellen, dürfte ein Einfluss auf Griechenland noch unwahrscheinlicher sein. Drittens ist in Indien die Reinkarnation eng mit dem Opfer verknüpft; selbst wenn also die Griechen diese Gedanken übernommen hätten,

---

41 Zu Pflanzen s. *Heraclides Ponticus*, Fragment 89 Wehrli²; Alexander Polyhistor, FGrH 273 F 93, 28; Scholion zu Homer, *Il.* 16.857a; *Riedweg*, Pythagoras, 96f. (Pythagoras über Bohnen).

42 Vgl. *Graf*, Eleusis, 87f.

43 Vgl. *Bremmer*, Greek Concept, 25ff.

44 Vgl. *Burkert*, Lore and Science, 133; *Lloyd-Jones*, Greek Comedy, 301; *Schibli*, Pherekydes of Syros, 108; *Burkert*, Diels Vorsokratiker, 206.

45 Vgl. *Boardman*, Persia and the West; *Giovinazzo*, Les Indiens à Suse.

46 Vgl. *Karttunen*, India, 112ff; *Halbfass*, Early Indian References; *West*, Sophocles' Antigone, 113, hält fest, dass bei Pindar, den Tragödien und bei Aristophanes jegliche Hinweise auf Indien fehlen.

hätten sie sie vollständig verändert.[47] Wenn die Möglichkeit eines externen Einflusses auf Griechenland folglich als gering veranschlagt werden muss,[48] können wir vielleicht interne Entwicklungen ausmachen, die hier eine Rolle spielen? Ich bin mir natürlich darüber im Klaren, dass es für solche Entwicklungen keine expliziten Zeugnisse gibt, wodurch meine Interpretationen lediglich den Status von Spekulationen haben können, wenn auch von gut begründeten.

Wir hatten schon gesehen, dass die antiken Griechen viel größeres Interesse am Weiterleben in ihrer sozialen Gruppe hatten als an einer individuellen Fortexistenz. Aus verschiedenen Gründen begann sich im Laufe der archaischen Periode diese Haltung zu verändern und es kam zu einem größeren Interesse für ein Weiterleben der individuellen Person. Auch Literatur und Kunst bestätigen eine zunehmende Beschäftigung mit Fragen der Erinnerung an Gestorbene einerseits und auch Tod und Sterben im Allgemeinen. In der archaischen Periode entwickelten die Griechen eine Reihe von Möglichkeiten, um diesen neuen Haltungen zu begegnen. So entstanden eschatologische Konzepte wie jenes von Elysion; und es wurden Grabmonumente errichtet, deren Inschriften die Passanten an die Gestorbenen erinnerten. Man könnte sagen, dass die Idee der Reinkarnation eine radikalere Antwort auf diese allgemeinen Entwicklungen darstellt.[49]

Es gibt noch einen zweiten wichtigen Aspekt der Reinkarnation. Gegen Ende seines Lebens musste Pythagoras einen Verlust an politischer Macht hinnehmen, was ihn durchaus dazu angeregt haben könnte, die Lehre der Reinkarnation zu entwickeln, garantiert diese doch ein ‚Weiterleben' jenseits aller früheren Begrenzungen. Diese Möglichkeit muss für seine Anhänger attraktiv gewesen sein, doch auch für die Aristokratie im Allgemeinen, denn deren Macht und Einfluss war in der späten archaischen Periode im Niedergang begriffen. Hinzu kommt, dass auch das griechische Wertesystem seit geraumer Zeit einen Wandel erlebte und aristokratische Ideale zunehmend in die Defensive gerieten.[50] Der ‚ewige Ruhm' des einzelnen Kriegers wurde eindeutig abgelöst durch den kollektiven Ruhm der πόλις,[51] selbst wenn das alte Ideal in rhetorischen Abhandlungen bis in die Spätantike fortlebte.[52] Dieser Verlust von Prestige und Macht musste zwangsläufig einen destabilisierenden Einfluss auf Teile der Aristokratie haben, die nun nach neuen Betätigungsfeldern, neuen Rollen und erneuter Legitimation suchten. Pythagoreismus, mit seiner klaren aristokratischen Natur, kann ohne weiteres als eine Antwort auf den beginnenden Marginalisierungsprozess der Aristokratie gelesen werden. Die enorm hohe Anzahl von pythagoreischen Regeln wird eine gewisse Anziehungskraft gehabt haben auf Menschen, die ihres Ortes in der Welt unsicher geworden waren – ein

---

47 Buddha: *Embree*, Indian Tradition, 44f; *Bechert*, Dating of the Historical Buddha. Zum Opfer: *Bodewitz*, The Hindu Doctrine of Transmigration.

48 Zur interessanten Frage nach Verbindungen zwischen griechischen und keltischen Ideen von Reinkarnation s. *Birkhan*, Kelten, 913ff; *ders.*, Seelenwanderungsglaube.

49 Vgl. *Sourvinou-Inwood*, 'Reading' Greek Death, 108ff; *Casadio*, Archilochea, 49f.

50 Vgl. *Stein-Hölkeskamp*, Adelskultur und Polisgesellschaft, 104ff.

51 Vgl. *Goldhill*, The Poet's Voice, 69ff; *Bakker*, Le Kleos épique.

52 Vgl. *Setaioli*, The Fate of the Soul.

Mechanismus, der auch aus der modernen Religionssoziologie bekannt ist. Darüber hinaus dürfte das genaue Nachleben jener strengen Regeln den Schülern des Pythagoras eine hohe Wertschätzung in der Gesellschaft eingebracht haben.

Drittens muss die Aussicht auf Reinkarnation den Pythagoräern ein Gefühl der Wichtigkeit verliehen haben, wodurch ihr besonderer Ort in der Gesellschaft gewissermaßen wiederhergestellt werden konnte, wenn auch nur auf dem Gebiet der Religion. Hier ließe sich an Max Webers These anschließen, dass sich der Aufstieg von Erlösungsreligionen – etwa dem Christentum – einer Entpolitisierung von Bildungsschichten verdankt.[53]

Viertens und abschließend müssen wir davon ausgehen, dass Pythagoras, selbst wenn seine Lehren nicht von der religiösen und politischen Entwicklung der späten archaischen Periode abgekoppelt werden können, wohl kaum auf die Reinkarnation der ψυχή abgehoben hätte, wenn dieses Organ nicht bereits an Wichtigkeit zugenommen hätte – nicht umgekehrt. Doch warum entwickelte sich die ψυχή zu einer einheitlichen Seele? Und weiter: warum und wann geriet die Seele in Opposition zum Körper? Diesen Problemen werden wir nun weiter nachgehen.

III. Der Aufstieg der einheitlichen und unsterblichen Seele

Die Gründe dafür, warum sich die ψυχή zu einer einheitlichen Seele entwickelte, liegen noch immer teilweise im Dunkeln, wodurch alle Erklärungen vorläufigen Charakter haben müssen. Jüngst haben sowohl der französische Philosophiehistoriker André Laks, als auch der deutsche Historiker für griechische Religion Walter Burkert Interpretationen vorgelegt, die eine genauere Betrachtung verdienen. Laks sieht diese Entwicklung als Ergebnis eines Zusammenspiels dreier Felder: der lyrischen Poesie, der Philosophie und der orphisch-pythagoreischen Strömungen. Burkert dagegen sieht den wichtigsten Faktor in den Lehren des Sokrates.[54] Laks' erste beiden Aspekte scheinen mir überzeugend zu sein. Wie wir bereits sahen (s.o. 1.3), richtete sich die Aufmerksamkeit der Dichtkunst auf die Organe der Gefühle und der Lebenskraft, und Anaximenes und Heraklit – trotz der Schwierigkeit, die Details zu rekonstruieren – scheinen der ψυχή, großes Interesse entgegengebracht zu haben. Doch die von Laks genannten religiösen Bewegungen sind später als die Lyriker und frühestens in der Zeit Heraklits anzusiedeln; dementsprechend haben sie die Entwicklungen für sich nutzbar machen können, doch an ihrem Beginn standen sie nicht.

Zu wissen, an welcher Stelle eine Entwicklung entsteht, ist natürlich noch keine Erklärung. So gibt auch die anthropologische Forschungsliteratur zur Seele keinen Hinweis auf die Frage, *warum* ‚primitive Völker' ein dualistisches Seelenkonzept hatten; Stu-

---

[53] Vgl. *Weber*, Wirtschaft und Gesellschaft, 306f; s. dazu *Kippenberg*, Die vorderasiatischen Erlösungsreligionen.

[54] Vgl. *Laks*, Soul, Sensation, and Thought; *Burkert*, Mikroskopie der Geistesgeschichte, 178f.

dien zum Seelenglauben scheinen diese Frage nicht einmal zu stellen. Auch wenn ich hier keine vollständige Antwort geben kann, seien doch einige Faktoren benannt. Zunächst fällt auf, dass sich dualistische Seelenkonzeptionen verändern, sobald kleine Stammesgemeinschaften in größeren (Staats-) Verbänden aufgehen oder ihre Kulturen funktional ausdifferenzieren. In diesem Stadium werden andere Seelen in die Freiseele integriert.[55] In ähnlicher Weise nimmt nach Homer, wie wir sahen, die ψυχή kontinuierlich die Qualitäten des θύμος auf und wird zum Zentrum des Bewusstseins. Das wird besonders deutlich in der Athener Tragödie, die nun dramatische Situationen schildert, in denen die ψυχή von Personen, vor allem von Frauen, seufzt, in Verzweiflung schmilzt, Schmerz erleidet oder vom Schicksal ‚gebissen' wird – alles Gefühle, die bei Homer nicht mit der ψυχή assoziiert waren.[56]

Ganz offensichtlich zeigt sich in dieser Entwicklung die Ausbildung des privaten Raumes in der Athener Gesellschaft, was mit einer stärkeren Sensibilität und dem Ausdrücken von Gefühlen einherging. Mit anderen Worten, das frühere, ‚primitive' Seelenkonzept scheint einer weniger regulierten, weniger differenzierten, öffentlicheren Lebenswirklichkeit anzugehören, in der die Menschen weniger unter Entscheidungsdruck stehen und in der sie ihre Gefühle weniger kontrollieren müssen als in mehr zentralisierten Gesellschaften.[57] Mitglieder solcher Gesellschaften bedürfen offensichtlich keines Bewusstseinszentrums, da das Leben nach festen, unveränderbaren Regeln verläuft und somit Gefühle weniger stark bewusst unterdrückt werden müssen. Es versteht sich von selbst, dass diese früheren Gesellschaften normalerweise auch weniger individualistisch waren. Ihre Mitglieder sind in erster Linie Angehörige einer Gruppe, wie noch bei Homer, und erst später entwickeln sie sich zu unabhängigen Individuen. Mit anderen Worten, der Aufstieg der einheitlichen Seele ist unlösbar verbunden mit dem Aufstieg der πόλις und der damit verbundenen stärkeren Regulierung des Lebens.

Doch was hat dazu geführt, dass man die Seele in Opposition zum Körper interpretierte? Wie wir sahen, taucht dieses Thema im Grunde erst im späten 5. Jahrhundert auf. Die Idee, dass die Seele in den αἰθήρ geht, hat Burkert nun mit der Apotheose des Herakles in Verbindung gebracht, die bereits im 7. Jahrhundert belegt ist, sowie mit der Darstellung der ‚Himmelfahrt' von Hyakinthos und Poliboia, die auf dem Thron von Amyklai abgebildet ist (6. Jh.).[58] Der zeitliche Abstand zwischen diesen beiden Mythen und unserem Zeugnis aus dem 5. Jahrhundert ist allerdings zu groß, um einen echten Einfluss zu unterstellen. Burkerts Vergleich mit iranischem Material sieht dagegen sehr vielversprechend aus, denn die zoroastrische Seele „wird die Sterne erreichen, dann den Mond, dann die Sonne, und schließlich die ‚Lichter ohne Anfang', bei denen Ahura Mazda wohnt"[59]. In den letzten Jahrzehnten des 5. Jh.s werden die Magi in Athen tat-

[55] Beispiele bei *Bremmer*, Greek Concept, 23f.

[56] Vgl. dazu *Solmsen*, Phrên, Kardia, Psychê.

[57] Hiermit beziehe ich mich auf die Überlegungen des Soziologen *Norbert Elias* zur Beziehung zwischen Stufen der Zivilisation und politischer Kontrolle.

[58] Vgl. *Burkert*, Babylon, Memphis, Persepolis, 112f.

[59] *Ders.*, aaO 114.

sächlich verstärkt erwähnt,[60] sodass, wie Burkert zeigt, trotz aller Probleme unserer Interpretation ein Einfluss iranischer Traditionen nicht länger zu bestreiten ist.[61] Direkt oder indirekt könnten deshalb iranische Magi zur Entstehung der Opposition zwischen ψυχή und Körper beigetragen haben.

Abschließend sei erwähnt, dass das 5. Jahrhundert auch die wichtigste Zeit der Sophisten gewesen ist. Es ist deshalb nicht ausgeschlossen, dass sie ebenfalls zu jener Dichotomisierung beigetragen haben, wie Burkert vermutet. Allerdings gibt es sehr wenig Material, um diese These zu stützen. Im Grunde haben wir lediglich den Bericht von Sokrates' Schülern, dass nach Ansicht des Sokrates die wichtigste Aufgabe des Menschen darin bestehe, „für seine ψυχή zu sorgen".[62] Die Orphiker betrachteten den Körper als das Gefängnis der Seele. Auch wenn dies zweifellos zur Neubewertung der Seele passt, ist eine solche Lehre nicht vor dem späten Platon belegt.[63] Wie man es also dreht und wendet: so einflussreich die Gegenüberstellung von Seele und Körper später auch werden sollte, ihr Ursprung stellt uns noch immer vor große historische Probleme.

IV. Jüdische und frühchristliche Entwicklungen

Durch die Septuaginta, die griechische Bibelübersetzung, die im Alexandria des 3. Jahrhunderts v. Chr. entstand, gelangte die ψυχή als „Seele der Lebenden" ins Vokabular der griechischsprachigen jüdischen Gemeinschaft und anschließend in den Wortschatz der frühen Christen.[64] Da jedoch die Hebräische Bibel die griechische Gegenüberstellung von Seele und Körper noch nicht kannte, dauerte es eine Zeit, bis die frühen Christen begannen, ψυχή in diesem Sinne zu verwenden. So benutzt beispielsweise der Apostel Paulus manchmal jüdisch klingende Kombinationen wie „jede ψυχή" (Röm 13,1) oder bezieht sich auf ψυχή, als den Sitz der Gefühle (Phil 1,27), doch verwendet er ψυχή, niemals im Zusammenhang mit dem Jenseits oder dem Leben nach dem Tod.[65] Trotzdem sollte die Bedeutung von ψυχή, als „Seele der Toten" – eine Bedeutung, die quer durch die Antike präsent war – von griechischsprachigen Juden und Christen übernommen werden, ungeachtet dessen, dass diese Verwendung in griechischer Lyrik, in Elegien und Tragödien eher selten war. Das beste frühe Beispiel hierfür ist sicherlich Offenbarung 20,4, wo der Autor in einer seiner Visionen sagt: „Ich sah die ψυχαι aller, die enthauptet worden waren" im Himmel. Daraus kann man schließen, dass die frühen Christen noch

---

60 Vgl. *Bremmer*, ‚Magic'.

61 Vgl. *Burkert*, Babylon, Memphis, Persepolis, 112ff.

62 *Plato*, Apology 29d, 30a; *Alcibiades* I.128b–130e; *Xenophon*, Memorabilia 1.2.4; *Isocrates* 13.8. S. dazu *Ehnmark*, Socrates; *Solmsen*, Plato; *Steiner*, Psyche bei Platon.

63 Vgl. *Plato*, Cratylus 400c, Gorgias 492e–493a, Phaedo, 80e–81e, Phaedrus 248cd. S. dazu *Courcelle*, Connais-toi toi-même, Vol. 2, 394ff; *Mansfeld*, Heraclitus, Empedocles and Others, 132.

64 Als eine hervorragende und sehr detaillierte Darstellung der ψυχή und verwandter Begriffe im frühen Judentum und Christentum, mit ausführlicher Bibliografie, s. *Dihle*, psychê.

65 S. dazu jüngst *Heckel*, Body and Soul.

keine dezidierte Opposition zwischen Körper und Seele kannten. Das wird zusätzlich deutlich in den Berichten über den Tod der frühen christlichen Märtyrer, von denen in der Regel gesagt wird, dass sie in ihrer ganzen Person in den Himmel aufsteigen. Auch auf frühchristlichen Grabinschriften ist die Dichotomie nicht erkennbar.

Erst durch den wachsenden Einfluss von philosophisch geschulten griechischen Theologen, darunter Justin, Tatian, Klemens von Alexandria und Origenes, wurde die platonische Dichotomie allmählich von christlichen Gemeinschaften übernommen. Diese Theologen und Philosophen griffen auf das griechische Konzept der unsterblichen Seele zurück, um die Idee der Auferstehung argumentativ zu untermauern. Origenes ging so weit, dass er sogar die orphische Idee des Körpers als Gefängnis der Seele unterstützte. Allerdings war dieser Gedanke letztlich unvereinbar mit der christlichen Erwartung der körperlichen Auferstehung. Aus demselben Grunde fand auch die Lehre der Reinkarnation nicht viele Anhänger unter den frühen Christen.[66] Mit der Zeit beeinflusste das griechische Seelenmodell, vermittelt durch die lateinische Bibelübersetzung, auch die germanische Sprachwelt.[67] Damit ist es indirekt verantwortlich für den semantischen Gehalt unseres modernen Wortes „Seele“, das abgeleitet ist vom germanischen **saiwalo*.[68]

V. Der Bedeutungsverfall der Seele

Mit der Ausbreitung des Christentums in allen Schichten der europäischen Gesellschaften wurde die Seele zum Träger der menschlichen Identität im Jenseits. Im Grunde gab es einen allgemeinen Konsens darüber, dass die Seele immateriell, unsterblich und Teil des Körpers sei. Erst gegen Ende des Mittelalters wurde dieser Konsens zögernd in Frage gestellt, und es erhoben sich skeptische Stimmen gegen die Unsterblichkeit der Seele. Mit der Zeit einigte man sich darauf, dass eine solche Unsterblichkeit weder aus der Bibel abzuleiten noch philosophisch beweisbar sei.[69]

Im Spätmittelalter verbesserten sich die Griechischkenntnisse in Westeuropa erneut, und eine Reihe von griechischen Manuskripten wurde zugänglich. Ein Resultat dieser Entwicklung war ein zunehmender Einfluss Platons, wenn dieser auch in der Regel durch die Brille des Neoplatonismus gelesen wurde. Dasselbe gilt für die Renaissance und ihren einflussreichsten Interpreten der Seele, Marsilio Ficino (1433–1499), dem Leiter der „Platonischen Akademie“ in Florenz. Ficino hat umfangreiche Schriften verfasst, doch sein Hauptwerk, *Theologia Platonica*, das er in den frühen 1470er Jahren begann

---

66 Vgl. *Uytfanghe*, Platonisme et eschatologie chrétienne; *ders.*, Platonisme II; *Dautzenberg*, Seele IV; *Bremmer*, Rise and Fall, 58ff.

67 Das lateinische Seelenkonzept und sein sprachlicher Hintergrund sind wissenschaftlich viel weniger untersucht als das griechische, obwohl die romanischen Sprachen dadurch stark beeinflusst wurden. Vgl. aber *Negri*, La psyché chez Virgile.

68 Dazu *Hasenfratz*, Seelenvorstellungen bei den Germanen; *Riviello*, Seola nel Heliand.

69 Vgl. *Greshake*, Seele in der Geschichte.

und 1482 publizierte, ist als sein wichtigster Beitrag zur Diskussion um die Seele anzusprechen.[70] Der zweite Teil des Titels, *De immortalitae animae* („Über die Unsterblichkeit der Seele") geht zurück auf den Titel eines Traktates von Plotin (Enneaden 4.7), ein Philosoph, der in Ficinos Wertschätzung gleich hinter Platon folgte. Wie viele seiner Zeitgenossen meinte Ficino, dass die Verneinung individueller Unsterblichkeit die moralische Basis der Gesellschaft untergrabe, da ewiger Lohn und ewige Strafe auf diese Weise keine sinnvollen Kategorien mehr seien.

In seiner *Theologia* verankert Ficino den zentralen Ort der Seele im Kosmos auf eine rationale Art und Weise. Im Anschluss an Proklus unterscheidet er fünf Grade des Seins, nämlich Körper, Qualität, rationale Seele, Engel und Gott (Buch I), wobei die Seele „die Mittelebene des Seins ist. Sie verbindet und vereinigt alle oberen und unteren Ebenen, wenn sie zur höheren Ebene aufsteigt und zur niedrigeren Ebene hinabsteigt" (Prolog III.2). Anders als noch im Mittelalter baut Ficino seine Argumentation nicht auf der Bibel auf, sondern möchte, wie er selbst sagt, die Natur der Seele konzeptualisieren durch „erstens allgemeine Argumente, zweitens durch spezielle Beweise, drittens durch Zeichen und viertens durch das Lösen von Fragen" (I.1.3). Die Überzeugungskraft dieser Beweise braucht uns hier nicht zu interessieren. Bedeutsam für unsere Fragestellung ist die ungewöhnlich starke Betonung, die Ficino der Unsterblichkeit der Seele zuteilwerden lässt. Damit hat er vermutlich sogar das Fünfte Lateranische Konzil (1512) beeinflusst, welches die Unsterblichkeit der Seele offiziell zum christlichen Dogma erhob. Ficinos Adaption von Boethius' Konzept der Seelenkräfte – darunter Göttlichkeit, Vernunft, Intellekt und Imagination –, worin er sich mit seinem Freund Giovanni Pico della Mirandola (1463–1494) einig wusste, sollte eine breite Wirkung entfalten. Diese lässt sich, wenn auch eher indirekt als direkt, bis ins Denken des New Age und in moderne esoterische Konzepte der Seele hinein verfolgen. Um seine platonisierende Philosophie im Einklang mit den christlichen Kirchendogmen zu halten, musste Ficino freilich leugnen, dass Platon jemals die Seelenwanderung gelehrt habe – wie wir wissen, zu Unrecht.

Das neu erwachte Interesse an der Seele begann sich spektakulär durch die Philosophie Descartes' zu verändern. Dieser Denker war der erste, der das lateinische Wort *mens* („Geist") als Alternative zu *anima* („Seele") verwendete. Waren frühere Philosophen meist Platon gefolgt, indem sie die Seele als eine Art Kapitän auf einem Schiff betrachteten, band Descartes die Seele sehr eng an den Körper und behauptete, dass beide sich durch die Epiphyse im Gehirn gegenseitig beeinflussten. Hobbes ging noch einen Schritt weiter und erklärte die Seele zu einer gänzlich überflüssigen Metapher.[71] Diese neue Sicht wurde nicht zuletzt auch durch den wachsenden Einfluss der Kopernikanischen Revolution geprägt, durch Newton und dessen methodischen Ansatz sowie

---

70 Dieses Werk ist nun leicht zugänglich durch die ausgezeichnete Neuausgabe und Übersetzung von *Michael J.B. Allen* und *James Hankins*. Die Zitate im Folgenden sind Übertragungen aus der englischen Übersetzung.

71 Vgl. *Holzhey*, Seele IV.

den schwindenden Glauben an das apokalyptische Ende der Welt.[72] Hinzu kam das Problem, dass die Lokalisierung der Seele sich als eine unlösbare Aufgabe herausstellte.[73] Kant bereitete der metaphysischen Basis der Seele dann ein fast definitives Ende und machte den Weg frei für ‚Subjektivität' – ein Begriff, der zunehmend an Einfluss gewinnen sollte.[74]

Der Materialismus des 19. Jahrhunderts hat diese Entwicklung noch verstärkt, wie Friedrich Nietzsche notiert: „Der Mensch kannte sich nicht physiologisch, die ganze Kette der Jahrtausende entlang, er kennt sich auch heute noch nicht. Zu wissen z.B., dass man ein Nervensystem habe (– aber keine Seele –) bleibt immer noch das Vorrecht der Unterrichtetsten".[75] Dies führte in Frankreich bisweilen zu bizarren Vorstellungen. Nicht nur, dass man den Versuch unternahm, die Seele von Sterbenden zu wiegen,[76] eine Gruppe von überzeugten materialistischen Atheisten gründete selbst eine „Gesellschaft zur gegenseitigen Autopsie", um zu beweisen, dass die Seele nicht existiere, und um zu zeigen, dass die Mitglieder nicht an ein Weiterleben nach dem Tode glaubten.[77] Unter ihnen waren viele prominente französische Atheisten und Freidenker, einschließlich des unerbittlichen Gegners der Deutschen, Georges Clemenceau (1841–1929), der in seiner Doktorarbeit u.a. die Unmöglichkeit der Existenz der Seele nachzuweisen versuchte.[78] Nicht zuletzt aufgrund seiner Sympathie für diese Gruppe von Intellektuellen entwickelte Emile Durkheim sein Konzept der „kollektiven Seele". Durkheim wollte auf diese Weise die Lücke schließen, die ihr Gesellschaftsentwurf durch das Verneinen der Seele aufwies. Auch wenn für ihn die unsterbliche Seele kein glaubwürdiges Modell mehr darstellte, war es für Durkheim offensichtlich noch immer notwendig, diese Metapher im Hinblick auf seine über die rein weltlichen Dinge hinausgehende Terminologie zu verwenden. „Nur durch den Glauben an die Unsterblichkeit der Seele ist der Mensch in der Lage, einen Sachverhalt zu begreifen, der seiner Aufmerksamkeit nicht entgehen kann: dass das Leben einer Gruppe fortbesteht. [...] Da es sich immer um denselben Klan mit demselben Totemprinzip handelt, müssen es auch dieselben Seelen sein".[79] Der Unsterblichkeitsgedanke wurde nun durch die Idee des Nationalstaates beeinflusst, „mit seiner Persönlichkeit, seiner Erinnerung und langen zeitlichen Kontinuität".[80] Durkheims Metapher sagt sowohl etwas aus über den Rückhalt der Seelenvorstellung, als auch über deren heraufziehendes Ende.

In Großbritannien scheint die Seele in den frühen 1870er Jahren einer Neubewertung unterzogen worden zu sein, als Edward Burnett Tylor (1832–1917), einer der Väter von

---

[72] Vgl. *Martin/Barresi*, Naturalization of the Soul; *Sparn*, Fromme Seele, 33.

[73] Vgl. *Révész*, Geschichte des Seelenbegriffes.

[74] S. dazu auch die Kritik an *Sparn*, Fromme Seele, durch *Barth*, Selbstbewusstsein und Seele.

[75] *Nietzsche*, Wille zur Macht, 162 (229. Stück).

[76] Vgl. *Fisher*, Weighing the Soul.

[77] Vgl. *Hecht*, End of the Soul.

[78] Vgl. *Clemenceau*, Éléments anatomiques, 104ff.

[79] *Durkheim*, Forms of Religious Life, 271; s. *Hecht*, End of the Soul, 289.

[80] *Hecht*, aaO 289.

Ethnologie und Religionswissenschaft, mit *Primitive Culture* seine Theorie des Animismus vorlegte.[81] Im Grunde war Tylors Buch eine Fortsetzung und Ergänzung von Darwins *On the Origin of Species* (1859), indem es die kulturelle Entwicklungslinie nachzeichnete von den „niedrigsten Rassen“, die kaum über Kultur verfügen, bis zu den heutigen zivilisierten Gentlemen. In Tylors Interpretation[82] bildet das Konzept der Seele die Basis für jede primitive Erklärung. *Ancient savage philosophers* („frühe wilde Philosophen“), wie er sie nannte, kamen auf die Vorstellung der Seele als der Ursache des Lebens oder Denkens, die es im individuellen Menschen zum Leben erweckt, um auf diese Weise die Unterschiede zwischen dem lebenden und dem toten Körper zu erklären. Diese Seele war in der Lage, den Körper hinter sich zu lassen und weiter zu existieren und dem Menschen nach dem Tod des Körpers zu erscheinen. Von diesem doch recht dürftigen Ansatz her entwickelte der „primitive Mensch“ die Konzepte von Geistern, Göttern und schließlich einem Höchsten Wesen, das die niedrigeren Hierarchien ordnet und kontrolliert. Mit anderen Worten, diese frühen Philosophen legten die Basis für die Entwicklung von Religion, selbst des Christentums, ganz im Unterschied zur gängigen Meinung seiner Zeit, das Christentum sei das Ergebnis von Gottes Offenbarung an den Menschen. In Deutschland wurde Tylors Werk begeistert aufgenommen durch Erwin Rohde (1845–1898), der in seinem einflussreichen Buch ψυχή, der griechischen Seelenvorstellung eine lange Abhandlung widmete und dabei die Idee der unsterblichen Seele mit dem ekstatischen Kult des Dionysos in Verbindung brachte. Rohde vermutete einen Einfluss griechischer Vorstellungen auf das frühe Christentum, doch aufgrund seines frühzeitigen Todes konnte er diese These nicht mehr weiterentwickeln.[83]

Ein solches Interesse an der Seele ist bemerkenswert, doch nicht ganz unerwartet. Seit Mitte des 19. Jahrhunderts war das Leben nach dem Tode und, parallel dazu, das Schicksal der Seele durch die spiritistische Bewegung in Amerika und Großbritannien zu einem wichtigen Thema geworden. Tatsächlich hatte Tylor ausdrücklich erklärt, dass er seine Theorie ‚Animismus‘ nannte, weil „das Wort Spiritismus [*Spiritualism*] […] unserer Ansicht nach den offensichtlichen Mangel hat, das es zur Bezeichnung einer bestimmten modernen Sekte geworden ist“.[84] Tylors Interesse für die Seele wird man indes nicht von der spiritistischen Mode seiner Zeit abkoppeln können. Er führte 1872 sogar selber Feldforschungen unter mehreren Medien in London durch,[85] selbst wenn diese Erfahrungen ihn nicht von der Wirklichkeit des spiritistischen Phänomens überzeugten. Dennoch macht sein Interesse deutlich, dass auch die intellektuellen Köpfe der Viktorianischen

---

[81] Vgl. *Tylor*, Primitive Culture. Zu Tylors Theorien über die Seele s. *Ciattini*, L'animismo di Edward Burnett Tylor; *Kippenberg*, Discovering Religious History, 51ff.

[82] Im Folgenden wird auf Formulierungen zurückgegriffen, die sich bei *Tylor*, Primitive Culture, Vol. 1, 424ff finden.

[83] Vgl. *Rohde*, Psyche, merkwürdigerweise zitiert Rohde Tylor nirgends in seinem Haupttext; in den Fußnoten wird lediglich auf die gekürzte Fassung dessen Werk verwiesen. Zu Rohde s. *Cancik*, Erwin Rohde.

[84] Vgl. *Tylor*, Primitive Culture, Vol. 1, 424ff.

[85] Vgl. *Stocking*, Delimiting Anthropology, 116ff.

Zeit von den Behauptungen der Spiritisten verwirrt und herausgefordert waren. Deshalb ist es nicht überraschend, dass genau zur selben Zeit der Reinkarnationsgedanke ebenfalls wieder an Einfluss gewann.

Der Ausgangspunkt dieser Entwicklung war die Publikation von *Le livre des esprits* („Das Buch der Geister", 1857) des französischen Okkultisten und Freimaurers Hippolyte Léon Denisart Rivail (1804–1869), der unter dem Pseudonym Allan Kardec schrieb. Die zweite Ausgabe dieses Buches (aus dem Jahr 1860) erklärte etliche Aspekte der Reinkarnation im Stile eines Katechismus und wurde dadurch sehr erfolgreich. Bis zu Kardecs Tod erfuhr das Werk 16 Neuauflagen.[86] Dennoch verdankt sich das heutige Interesse an der Reinkarnation nicht allein Allan Kardec und der spiritistischen Bewegung, sondern vor allem dem Einfluss einer der ‚Mütter' des New Age, der Russin Helena Petrovna Blavatsky (1831–1891). Diese unternehmungslustige, über die Maßen fantasievolle Autodidaktin war sowohl die Mitbegründerin der Theosophischen Gesellschaft (1875), als auch die Autorin von Büchern, die großen Einfluss auf die Grundlagen der späteren New-Age-Bewegung hatten. Im Zuge ihres intensiven Privatstudiums wurde Blavatsky auch mit Kardecs Werk vertraut; außerdem war sie selbst in die spiritistische Szene der frühen 1870er Jahre involviert. Doch Reinkarnation spielte in ihrem Denken zu dieser Zeit praktische keine Rolle, was sich durch eine Analyse ihres ersten Hauptwerkes, *Isis Unveiled* („Die entschleierte Isis", 1877) leicht zeigen lässt. Das änderte sich erst durch ihren Umzug nach Indien im Jahre 1878. Hier nahm sie Impulse von hinduistischen und buddhistischen Quellen und Kontakten auf, doch das Ergebnis war weder eindeutig asiatisch noch europäisch. Helmut Zander betont, dass Blavatsky im Grunde die östlichen Konzepte mit einer europäischen Brille las. Das kann man etwa an ihrem Fortschrittsglauben erkennen, der auch Teil des spiritistischen Diskurses war, sowie an ihrer Verwendung europäischer Begriffe wie dem Überleben der „Persönlichkeit" oder der Wiedergeburt des „Ich".[87]

Auch wenn Blavatsky die Reinkarnation auf die Tagesordnung der alternativen Bewegungen um die Jahrhundertwende gebracht hatte, ließ ihre fehlende systematische Behandlung des Themas Raum für eine große Zahl unterschiedlicher Interpretationen und Varianten, von denen keine die dominante Rolle im 20. Jahrhundert übernehmen sollte. Wichtig für uns ist die Feststellung, dass die Reinkarnation durch Blavatskys Vermittlung immer weniger mit einem Nachdenken über die Seele selber verbunden wurde. Tatsächlich setzt sich hier ein Trend fort, der schon den Begriff „Reinkarnation" selber kennzeichnet, wie er im 19. Jahrhundert verwendet wurde. Vermutlich durch Allan Kardec eingeführt, entfernt sich der Begriff von seiner ursprünglichen Bedeutung, denn bis zur Zeit Blavatskys wurde der Sachverhalt meist mit „Metem*psycho*sis" umschrieben. Auch Begriffe wie *transmigratio animarum* oder „Seelenwanderung" waren recht popu-

---

86 Zu Kardecs Erfolg s. *Monroe*, Cartes de Visite from the Other World.

87 S. dazu die ausgezeichnete Darstellung bei *Zander*, Seelenwanderung in Europa, 477ff. Zanders Analyse stellt die beste bislang erschienene wissenschaftliche Interpretation des Themas dar.

lär.[88] Die Tendenz hin zum neuen Begriff „Reinkarnation“ ging einher mit einer zunehmenden Skepsis breiter Gesellschaftsschichten gegenüber der Vorstellung einer (unsterblichen) Seele. Ohne Zweifel gehörte die Seele nicht mehr zu den ernsthaft behandelten Themen der zeitgenössischen Philosophie und Psychologie.[89]

Auf den ersten Blick scheint es deshalb beinah paradox, dass das Konzept der Seele noch immer eine gewisse Rolle spielt bei den spirituellen Erben der Madame Blavatsky – der New-Age-Bewegung der zweiten Hälfte des 20. Jhs. Ein gutes Beispiel dafür ist Jane Roberts (1929–1984), eine der originellsten Köpfe des New Age. In *Seth Speaks* schreibt sie über die Seele: „Man kann die Seele als ein elektromagnetisches Energiefeld betrachten, dem du selber angehörst. Ein Feld konzentrierter Handlung, wenn du es in diesem Licht betrachtest – ein Kraftwerk der Möglichkeiten oder möglichen Handlungen, die sich ausdrücken möchten; eine Zusammenballung nicht-physischen Bewusstseins, das sich dennoch selber als Identität erkennt“[90]. Für Roberts ist die Seele Teil des so genannten Höheren Selbst, einer Zwischeninstanz zwischen der individuellen Persönlichkeit und dem universellen Geist oder Gott. Damit ist die Seele in Spekulationen über unseren Ort im Kosmos eingegangen. Doch die Worte „elektromagnetisch“ und „nicht-physisches Bewusstsein“ machen deutlich, wie weit wir uns vom traditionellen, christlichen Konzept der Seele entfernt haben. Hinzu kommt, dass der Begriff „Seele“ nur eine Möglichkeit von vielen ist, um die New-Age-Sicht auf menschliches und göttliches Bewusstsein auszudrücken. Die bescheidene Rolle des Begriffs scheint überdeutlich, wenn es im Sachregister eines Standardwerkes zu New Age lapidar heißt: „Seele: *siehe* Höheres Selbst“.[91]

Doch wie steht es nun mit dem Status der Seele in religiösen Überzeugungen heutiger Europäer? Für eine europäische Religionsgeschichte ist es ein großes Problem, dass es sehr schwierig ist, gesicherte Datenerhebungen durchzuführen, welche die Verbreitung der Idee der unsterblichen Seele in der breiten Bevölkerung angeben können. Schaut man sich die einschlägigen Enzyklopädien auf dem Gebiet der Theologie und der Religionswissenschaft an – seien sie nun protestantisch, römisch-katholisch, ökumenisch oder ‚agnostisch‘ ausgerichtet –, stellt man schnell fest, dass nur die führenden Theologen und Philosophen behandelt werden, die auf je eigene Weise die Seelenkonzeption zu retten suchten.[92] Was die normalen Menschen glauben, erfährt man hier nicht. Wie könnte man das auch eruieren? Eine solche Studie bedürfte einer groß angelegten Analyse von Tagebüchern und anderen Ego-Dokumenten, die zudem auch noch in zeitlicher und geografischer Hinsicht katalogisiert werden müssten. Man wird natürlich nicht davon ausgehen können, dass der Bedeutungsverfall der Seele überall in Europa mit der-

---

88 Vgl. *Zander*, aaO 610ff.

89 Vgl. dazu *Stocker*, L'anima; *Wahl*, Seele IV; *Treitel*, Science for the Soul; *Martin/Barresi*, Rise and Fall.

90 *Roberts*, Seth Speaks, 93, s. dazu *Hanegraaff*, New Age Religion, 214ff.

91 *Hanegraaff*, aaO 569.

92 Protestantisch: zuletzt *Barth*, Selbstbewusstsein und Seele. Römisch-katholisch: *Kiessling*, Seele.

selben Intensität und zur gleichen Zeit vonstatten ging. Eine genauere Untersuchung dieser Fragen hat indes noch nicht einmal begonnen.

Trotz dieser Schwierigkeiten können wir einige allgemeine Überlegungen hinsichtlich des noch immer vorhandenen Glaubens an eine unsterbliche Seele anstellen, und zwar auf Grund der *European Values Study*, eines groß angelegten, international und auf lange Zeitspannen ausgerichteten Forschungsprojektes, dessen Datenmaterial aus den Jahren 1999 und 2000 kürzlich publiziert wurde. Fragen nach Seelenkonzepten kommen darin zwar nicht vor, doch es wurden Daten erhoben über den Glauben an ein Leben nach dem Tod und an eine Wiedergeburt.[93] Es würde zu weit führen, alle Daten hier zu diskutieren, doch wenn wir uns auf einige aussagekräftige Beispiele aus großen und kleinen europäischen Ländern beschränken, können wir einen Eindruck über gegenwärtige Ansichten in Europa gewinnen:

Staat	Reinkarnation			Leben nach dem Tod		
	1981	1990	1999	1981	1990	1999
Tschechische Republik	–	10,9 ('91)	23,1	–	21,7 ('91)	35,9
Estland	–	–	37,0	–	28,7 ('96)	36,2
Finnland	–	33,6	18,3 ('00)	–	60,2	56,7 ('00)
Frankreich	25,2	28,1	28,8	41,1	44,1	44,7
Ostdeutschland	–	12,1	11,5 (16,3)	–	16,7	14,8 (29,2)
Westdeutschland	24,1	25,5	21,1 (16,3)	49,1	50,4	44,9 (29,2)
Großbritannien	33,0	28,6	–	55,9	51,9	58,3
Griechenland	–	–	26,1	–	–	60,8
Ungarn	–	23,2 ('91)	19,8	18,0 ('82)	26,2 ('91)	32,9
Italien	27,3	27,0	17,8	58,6	68,1	72,8
Niederlande	13,2	17,1	21,9	51,2	45,6	50,7[94]
Polen	–	42,4	24,7	–	72,9	80,4
Spanien	32,9	26,0	20,1	67,7	51,9	49,9
Schweden	17,4 ('82)	19,8	22,0	34,9 ('82)	38,1	49,4
Türkei	–	–	33,1 ('01)	–	80,4	91,2 ('01)

93 S. dazu http://www.gesis.org/en/data_service/topics/50-CD-ROM/index.htm sowie http://zacat.gesis.org/webview/index.jsp (letzter Zugriff am 6.1.2006).

94 Die jüngste Studie zum religiösen Leben und Glauben in den Niederlanden hat hier den Wert 49% für 2002, s. *Becker / de Hart*, Godsdienstige veranderingen, 72.

Die Ergebnisse zeigen, dass der Glaube an ein Leben nach dem Tod innerhalb Europas sehr unterschiedlich verbreitet ist; in Italien ist der Wert am höchsten, in Deutschland am niedrigsten, während die Niederlande stellvertretend für ganz Europa den Mittelwert aufweisen. Solche Interviewfragen geben natürlich nur einen sehr allgemeinen Eindruck, denn regionale und Altersunterschiede sind nicht eingearbeitet. Zwei Beispiele: der niedrige Wert Deutschlands beim Leben nach dem Tod ist zweifellos mit verursacht durch die atheistische Propaganda der ehemaligen DDR, die darin erfolgreicher gewesen ist als andere ehemalige kommunistische Staaten. Frühere Erhebungen haben außerdem gezeigt, dass man in Mittelitalien doppelt so häufig an Wiedergeburt glaubt wie in Süditalien, und die jungen Italiener doppelt so oft wie die älteren.[95] Auf ganz Europa bezogen, scheinen die Daten zur Reinkarnation weniger variabel zu sein, wodurch wir davon ausgehen können, dass dieser Glaube bei 20–25 % der europäischen Bevölkerung anzutreffen ist.

Interessant ist natürlich, wie der Einfluss der nach Europa kommenden Migranten zu bewerten ist. Die *European Values Study* hat auch die Türkei einbezogen, wo 91,2 % der Bevölkerung an ein Leben nach dem Tod glaubt und 33,1 % an Reinkarnation. Diese Werte werfen die Frage auf, ob ausreichend Migranten befragt wurden in Ländern mit einer großen Zahl von Muslimen, etwa in Frankreich, Italien, Deutschland oder den Niederlanden.[96] Und was ist mit den muslimischen und hinduistischen Gemeinschaften in Großbritannien? Wie wird sich der Einfluss dieser Gruppen innerhalb der europäischen Gesamtbevölkerung in den nächsten Jahren entwickeln?

Wie immer man diese Fragen auch beantwortet, die bleibende Präsenz der christlichen Kirchen in Europa, der immer noch verbreitete Glauben an ein Leben nach dem Tod und die eklektischen Ansichten zur Reinkarnation wird die Vorstellung von einer unsterblichen Seele vermutlich noch eine Weile am Leben halten. Allerdings könnte ihr Ort eher in dogmatischen Handbüchern und theologischen Traktaten zu suchen sein, denn in der Glaubenswirklichkeit der Menschen. Dieser Befund liegt meines Erachtens auch nahe, wenn man eine Quelle heranzieht, die für diese Fragen noch nicht ausreichend fruchtbar gemacht wurde: Seit Mitte der 1970er Jahre erregten Berichte von so genannten Nahtod-Erfahrungen Aufsehen unter weiten Kreisen der Bevölkerung. Das Phänomen ist inzwischen in vielen Kulturen und Regionen der Welt untersucht worden und scheint tatsächlich eine gewisse Einheitlichkeit aufzuweisen, von Lichterscheinungen über ein Gefühl körperlicher Abtrennung bis hin zu einer Reise durch einen Tunnel oder das Eintreten in eine andere Welt. Dass Erklärungen für diese Phänomene wissenschaftlich überaus umstritten sind, ist für unsere Fragestellung nicht so entscheidend. Wichtig ist vielmehr, dass jene Erfahrungen offensichtlich nicht auf eine bestimmte Klasse, ein Geschlecht oder eine Kultur beschränkt sind. Mit anderen Worten, diese Berichte geben

---

95 Vgl. *Zander*, Seelenwanderung, 841.

96 Zur Reinkarnation im Islam s. *Walker*, Metempsychosis in Islam. Die griechische Vorstellung einer Opposition zwischen Seele und Körper hat auch den Islam beeinflusst, s. dazu *Lator*, L'anima nel mondo musulmano.

einen recht guten Eindruck von populären Ansichten über das Jenseits und das Leben nach dem Tod. Was die Seele angeht, so enthalten viele Nahtod-Berichte Erfahrungen wie „ich habe meinen Körper verlassen", nicht aber „meine Seele hat den Körper verlassen", auch wenn in nachträglichen Analysen die Seele bisweilen genannt wird. Daraus kann man ableiten, dass die meisten Menschen nicht auf die Kategorie Seele zurückgreifen, wenn sie die eigene Person thematisieren, selbst wenn sie noch immer die Existenz der Seele als metaphysische Entität akzeptieren.[97] Menschen denken heute über ihre eigene Person im Sinne einer Kontinuität des ‚Selbst' oder einer Fortexistenz ihrer ‚Identität'.[98] Augenscheinlich ist die Vorstellung der Seele nach mehr als zwei Jahrtausenden an ihr Ende gekommen, selbst im Bereich des Jenseits – doch sie stirbt einen langsamen Tod.[99]

Literatur

Adams, D.Q., A Dictionary of Tocharian B (Leiden Studies in Indo-European 10), Amsterdam 1999

Allen, M.J.B. / Hankins, J., Marsilio Ficino. Platonic Theology, 6 Bde., Cambridge, MA 2001–2006

Bakker, E.J., Le Kleos épique et la poétique d'Homère, Cahiers des Etudes Anciennes 35 (1999) 17–26

Balles, I., Air. barae, gr. φρένες gr. πραπίδες und die Vertretung von idg. *-ku im Griechischen, in: *M. Fritz / S. Zeilfelder* (Hg.), Novalis indogermanica (FS G. Neumann), Graz 2002, 1–23

Barnes, J., The Presocratic Philosophers, London ²1988

Barth, U., Selbstbewusstsein und Seele, ZThK 101 (2004) 198–217

Bechert, H. (Hg.), The Dating of the Historical Buddha, 3 Bde., Göttingen 1991–1997

Becker, J. / Hart, d.J., Godsdienstige veranderingen in Nederland. Verschuivingen in de binding met de kerken en de christelijke traditie, Den Haag 2006

Biraud, M., Signification et histoire du mot ἦτορ, LAMA 10 (1989) 1–32

Birkhan, H., Kelten. Versuch einer Gesamtdarstellung ihrer Kultur, Wien 1997

–, Druiden und keltischer Seelenwanderungsglaube, in: *J. Figl / H.-D. Klein* (Hg.), Der Begriff der Seele in der Religionswissenschaft, Würzburg 2002, 143–158

Boardman, J., Persia and the West. An Archaeological Investigation of the Genesis of Achaemenid Art, London 2000

Bodewitz, H.W., The Hindu Doctrine of Transmigration. Its Origin and Background, Indologica Taurinensia 23–24 (1997–1998), 583–605

Bremmer, J.N., The Early Greek Concept of the Soul, Princeton 1983

–, Greek and Hellenistic Concepts of the Soul, in: *L. Sullivan* (Hg.), Death, Afterlife, and the Soul, New York / London 1989, 198–204

---

97 Vgl. *Dinzelbacher*, Schwelle zum Jenseits; *Bremmer*, Rise and Fall, 87ff; *Knoblauch*, Jenseits.

98 Die Literatur zum Thema ist enorm umfangreich. Als Einstieg s. *Taylor*, Sources of the Self, sowie *Stachel*, Identität.

99 Ich danke Pieter Nanninga für seine Unterstützung bei der Abfassung dieses Aufsatzes und Kocku von Stuckrad für seine Hinweise und die Übersetzung.

–, The Soul, Death and the Afterlife in Early and Classical Greece, in: *J.M. Bremer / T.P.J. Van Den Hout / R. Peters* (Hg.), Hidden Futures. Death and Immortality in Ancient Egypt, Anatolia, the classical, biblical and Arabic-islamic World, Amsterdam 1995, 91–106

–, The Birth of the Term 'Magic', ZPE 126 (1999) 1–12 = *ders. / Veenstra, J.R.* (Hg.), The Metamorphosis of Magic from Late Antiquity to the Early Modern Period, Leuven 2003, 1–11

–, The Rise and Fall of the Afterlife, London / New York 2002

–, The Soul in Early and Classical Greece, in: *J. Figl / H.-D. Klein* (Hg.), Der Begriff der Seele in der Religionswissenschaft, Würzburg 2002, 159–169

–, Transmigration, EncRel 14 (2005) 9325–9331

–, Psychê, in: *A.-F. Christidis* (Hg.), A History of Ancient Greek. From the Beginnings to Late Antiquity, Cambridge, MA 2006, 1146–1153

– / *Veenstra, J.R.* (Hg.), The Metamorphosis of Magic from Late Antiquity to the Early Modern Period, Leuven 2003

Burkert, W., Lore and Science in Ancient Pythagoreanism, Cambridge, MA 1972

–, Diels Vorsokratiker. Rückschau und Ausblick, in: *W.M. Calder* (éd.), Hermann Diels (1848–1922) et la science de l'antiquité. Huit exposés suivis de discussions (EnAC 45), Genf 1999, 169–206

–, Babylon, Memphis, Persepolis. Eastern Contexts of Greek Culture, Cambridge, MA / London 2004

–, Mikroskopie der Geistesgeschichte. Bruno Snells „Entdeckung des Geistes" im kritischen Rückblick, Ph. 148 (2004) 168–182 (Wiederabdruck in: *ders.*, Kleine Schriften 8, Göttingen 2008, 277–292)

Cairns, D., Myths and Metaphors of Mind and Mortality, Hermathena 175 (2003) 41–75

Cancik, H., Erwin Rohde – ein Philologe der Bismarckzeit, in: *W. Doerr* (Hg.), Semper Apertus 2. Das neunzehte Jahrhundert 1803–1918, Berlin 1985, 436–505

Casadio, V., Archilochea, MuCr 29 (1994) 45–54

Caswell, C.P., A Study of Thumos in Early Greek Epic, Leiden 1990

Chadwick, J., Lexicographica Graeca. Contributions of the Lexicography of Ancient Greek, Oxford 1996

Cheyns, A., Recherche sur l'emploi des synonymes êtor, kêr et kradiê dans l'Iliade et l'Odyssée, RBPH 63 (1985) 15–73

Ciattini, A., L'animismo di Edward Burnett Tylor. Uno sguardo sulla religion primitiva, Turin 1995

Clarke, M., Flesh and Spirit in the Songs of Homer. A study of Words and Myths, Oxford 1999

Clemenceau, G., De la génération des éléments anatomiques, Paris 1865

Courcelle, P., Connais-toi toi-même. De Socrate à Saint Bernard, Vol. 1–3, Paris 1974–1975

Dautzenberg, G., Art. Seele IV, TRE 30 (1999) 744–748

Dihle, A., psychê, ThWNT 9 (1973) 604–657

Dinzelbacher, P., An der Schwelle zum Jenseits. Sterbevisionen im interkulturellen Vergleich, Freiburg 1989

Dubois, L., Inscriptions grecques dialectales d'Olbia du Pont, Genf 1996

Durkheim, E., The Elementary Forms of Religious Life, New York (1912) [2]1995

Ehnmark, E., Socrates and the Immortality of the Soul, Er. 44 (1946) 105–122

Eichner, H., Indogermanische Seelebegriffe, in: *J. Figl / H.-D. Klein* (Hg.), Der Begriff der Seele in der Religionswissenschaft, Würzburg 2002, 131–141

Eijk, P.J.v.d., Aristotle's Psycho-physiological Account of the Soul-Body Relationship, in: *J.P. Wright / P. Potter* (Hg.), Psyche and Soma. Physicians and Metaphysicians on the Mind-Body Problem from Antiquity to Enlightenment, Oxford 2000, 57–77

Embree, A.T., Sources of Indian Tradition. From the Beginning to 1800, New York [2]1988

Fisher, L., Weighing the Soul. Scientific Discovery from the Brilliant to the Bizzare, London 2004
Gelzer, T. / Anderson, W.S., How to express emotions of the soul and operations of the mind in a language that has no words for them as exemplified by Odysseus and Calypso (Odyssey V,1–281) (Center for Hermeneutical Studies in Hellenistic and Modern Culture 55), Kalifornien 1988
Giovinazzo, G., Les Indiens à Suse, AION 60–61 (2000–2001) 59–76
Gladigow, B., „,Tiefe der Seele' und ,inner space'. Zur Geschichte eines Topos von Heraklit bis zur Science Fiction", in: *J. Assmann / T. Sundermeier* (Hg.), Die Erfindung des inneren Menschen. Studien zur religiösen Anthropologie, Gütersloh 1993, 114–132
Goldhill, S., The Poet's Voice. Essays on poetics and greek Literature, Cambridge, MA 1991
Graf, F., Eleusis und die orphisches Dichtung Athens in vorhellenistischer Zeit, Berlin / New York 1974
– */ Johnston, S.I.*, Ritual Texts for the Afterlife. Orpheus and the Bacchic Gold Tables, London 2007
Greshake, G., Seele in der Geschichte der christlichen Eschatologie, in: *W. Breuning* (Hg.), Seele. Problembegriff christlicher Eschatologie, Freiburg 1986, 107–158
Halbfass, W., Early Indian References to the Greeks and the First Western References to Buddhism, in: *H. Bechert* (Hg.), The Dating of the Historical Buddha, Bd. 1, Göttingen 1991, 197–208
Hanegraaff, W.J., New Age Religion and Western Culture. Esotericism in the Mirror of Secular Thought, Leiden 1996
Hansen, P.A., Carmina epigraphica Graeca saeculi IV a. Chr. n., Berlin / New York 1989
Hasenfratz, H.-P., Seelenvorstellungen bei den Germanen und ihre Übernahme und Umformung durch die christliche Mission, ZRG 38 (1986) 19–31
Hazard, P., La Crise de la Conscience européenne, 3 Bde., Paris 1935
Hecht, J.M., The End of the Soul. Scientific Modernity, Atheism, and Anthropology in France, New York 2003
Heckel, T.K., Body and Soul in Saint Paul, in: *J.P. Wright / P. Potter* (Hg.), Psyche and Soma. Physicians and Metaphysicians on the Mind-Body Problem from Antiquity to Enlightenment, Oxford 2000, 117–131
Holzhey, H., Art. Seele. IV. Neuzeit, HWP 9 (1995) 26–52
Homer, Odyssee. Griechisch und deutsch, Übertragung von Anton Weiher, München 1982
–, Ilias, Übersetzt von Wolfgang Schadewaldt, Düsseldorf / Zürich 2002
Ingenkamp, H.G., Inneres Selbst und Lebensträger. Zur Einheit des Psyche-Begriffs, RMP 118 (1975) 48–61
Israel, J., Radical Enlightenment. Philosophy and the Making of Modernity 1650–1750, Oxford 2001
Jahn, T., Zum Wortfeld ,Seele-Geist' in der Sprache Homers, München 1987
Jouanna, J., Le souffle, la vie et le froid. Remarques sur la famille de psychô d'Homère à Hippocrate, REG 100 (1987) 203–224
Kalogerakos, I.G., Seele und Unsterblichkeit. Untersuchungen zur Vorsokratik bis Empedokles, Stuttgart / Leipzig 1996
Kardec, A., Le livre des esprits, Paris 1857
Karttunen, K.J., India in Early Greek Literature (StOr 65), Helsinki 1989
Kiessling, K. u.a., Art. Seele, LThK 9 (2000) 369–89
King, R.A.H. (Hg.), Common to Body and Soul. Philosophical approaches to explaining living Behaviour in Greco-Roman Antiquity, Berlin / New York 2006
Kippenberg, H., Die vorderasiatischen Erlösungsreligionen in ihrem Zusammenhang mit der antiken Stadtherrschaft, Stuttgart 1991

–, Discovering Religious History in the Modern Age, Princeton 2002
Knoblauch, H., Berichte aus dem Jenseits. Mythos und Realität der Nahtod-Erfahrung, Freiburg 2003
Laks, A., Soul, Sensation, and Thought, in: *A.A. Long* (Hg.), The Cambridge Companion to Early Greek Philosophy, Cambridge, MA 1999, 250–270
Lator, S., L'anima nel mondo musulmano, in: *M.F. Sciacca* (Hg.), L'ani, Cremona 1954, 107–132
Lloyd-Jones, H., Greek Comedy, Hellenistic Literature, Greek Religion and Miscellanea. The Academic papers of Sir Hugh Lloyd-Jones, Oxford 1990
Mansfeld, J., Studies in Later Greek Philosophy and Gnosticism, London 1989
–, Heraclitus, Empedocles and Others in a Middle Platonist Cento in Philo of Alexandria, VigChr 39 (1985) 131–156
Martin, R. / Barresi, J., Naturalization of the Soul. Self and Personal Identity in the Eighteenth Century, London / New York 2000
–, The Rise and Fall of Soul and Self. An Intellectual History of Personal Identity, New York 2006
Mije, S.R. van der, Rezension von Jahn, Mn. IV 44 (1991) 440–445
Monroe, J.W., Cartes de visite from the Other World. Spiritism and the Discourse of Laicisme in the Early Third Republic, French Historical Studies 26/1 (2003) 119–153
Negri, A.M., La psyché chez Virgile. Conceptions et terminologie, BAGB 3 (1992) 273–294
Nehring, A., Homer's Description of Syncope, CP 42 (1947) 106–121
Nietzsche, F., Der Wille zur Macht, Stuttgart 1959
Oakley, J.H., Picturing Death in Classical Athens. Evidence of the White Lekythoi, Cambridge, MA 2004
Padel, R., In and Out of the Mind. Greek Images of the Tragic Self, Princeton 1992
Révész, B., Geschichte des Seelenbegriffes und der Seelenlokalisation, Stuttgart 1917
Riedweg, C., Pythagoras. Leben, Lehre, Nachwirkung. Eine Einführung, München 2002
Riviello, C., Seola nel Heliand, Rivista Cultura Classica e Mediov 41 (1999) 265–282
Robert, L. (Ed.), Hellenica. Recueil d'épigrapihe, de numismatique et d'antiquités grecques, Vol. 13, Paris 1960
Roberts, J., Seth Speaks. The Eternal Validity of the Soul, Englewood Cliffs, NJ 1972
Rohde, E., Psyche: Seelencult und Unsterblichkeitsglaube der Griechen, 2 Bde., Freiburg (1890–1894) [2]1898
Schibli, H.S., Pherekydes of Syros, Michigan 1984
Schnaufer, A., Frühgriechischer Totenglaube. Untersuchungen zum Totenglauben der mykenischen und homerischen Zeit (Spudasmata 20), Hildesheim 1970
Segal, C.P., Singers, Heroes, and Gods in the Odyssey, Ithaca 1994
Setaioli, A., The Fate of the Soul in Ancient "Consolations" Rhetorical Handbooks and the Writers, Prometheus 26 (2005) 253–262
Solmsen, F., Phrên, Kardia, Psychê in Greek Tragedy, in: *D.E. Gerber* (Hg.), Greek Poetry and Philosophy, Chico 1984, 265–274
–, Plato and the Concept of the Soul (Psychê): Some Historical Perspectives, JHI 44 (1983) 355–367
Sourvinou-Inwood, C., 'Reading' Greek Death. To the End of the classical Period, Oxford 1995
Sparn, W., Fromme Seele, wahre Empfindung und ihre Aufklärung. Eine historische Anfrage an das Paradigma der Subjektivität, in: *D. Korsch / J. Dierken* (Hg.), Subjektivität im Kontext. Erkundungen im Gespräch mit Dieter Henrich, Tübingen 2004, 29–48
Stachel, P., Identität. Genese, Inflation und Probleme eines für die zeitgenössischen Sozial- und Kulturwissenschaften zentralen Begriffs, AkuG 87 (2005) 395–425

Staden, H. v., Body, Soul, and Nerves: Epicurus, Herophilus, Erasistratus, the Stoics, and Galen, in: *J.P. Wright / P. Potter* (Hg.), Psyche and Soma. Physicians and Metaphysicians on the Mind-Body Problem from Antiquity to Enlightenment, Oxford 2000, 79–116

Steiner, P.M., Psyche bei Platon, Göttingen 1992

Stein-Hölkeskamp, E., Adelskultur und Polisgesellschaft, Stuttgart 1989

Stocker, A., L'anima nelle dottrine psicologiche contemporanee, in: *M.F. Sciacca* (Hg.), L'ani, Cremona 1954, 293–329

Stocking, G.W., Delimiting Anthropology. Occasional Inquiries and Reflections, Madison, Wisc. 2001

Sullivan, S.D., A Multi-Faceted Term. *Psychê* in Homer, the Homeric Hymns and Hesiod, SIFC NS 6 (1988) 151–180

–, The Extended Use of *Psychê* in the Greek Lyric Poets (Excluding Pindar and Bacchylides), PDP 44 (1989) 241–262

–, The Psychic Term *Noos* in Homer and the Homeric Hymns, SIFC NS 7 (1989) 152–195

–, The Wider Meaning of *Psyche* in Pindar and Bacchylides, SIFC NS 9 (1991) 163–183

–, Person and *Thymos* in the Poetry of Hesiod, EM 61 (1993) 15–40

–, „Self" and Psychic Entities in Early Greek Epic, Eos 82 (1994) 5–16

–, Psychological and Ethical Ideas. What Early Greeks Say, Leiden 1995

–, Metaphorical Uses of Psychological Terminology in Early Poetry: Evidence for Distinctive Meanings of the Terms, SIFC NS 14 (1996) 129–151

–, The Psychic Term *êtor*. Its Nature and Relation to Person in Homer and the Homeric Hymns, EM 64 (1996) 11–29

Taylor, C., Sources of the Self. The Making of the Modern Identity, Cambridge, MA 1989

Treitel, C., A Science for the Soul. Occultism and the Genesis of the German Modern, Baltimore / London 2004

Tylor, E.B., Primitive Culture, Vol. 1–2, London 1871

Uytfanghe, M. v., Platonisme et eschatologie chrétienne. Leur symbiose graduelle dans les Passions et les panégyriques des martyrs et dans les biographies spirituelles (IIe–VIe s.), in: *A.A.R. Bastiaensen / A. Hilhorst / C.H. Kneepkens* (Hg.), Fructus Centesimus (FS G.J.M. Bartelink), Steenbrugge / Dordrecht 1989, 343–362

–, Platonisme II, in: *L. Holtz / J.-C. Fredouille* (Hg.), De Tertullien aux Mozarabes. Mélanges Jacques Fontaine, 3 Bde., Paris 1992, Bd. 1, 69–95

Vinogradov, J., Zur sachlichen und geschichtlichen Deutung der Orphiker-Plättchen von Olbia, in: *P. Borgeaud* (Hg.), Orphisme et Orphée en l'honneur de Jean Rudhardt, Geneva 1991, 77–86

Vollkommer, R., Art. Eidola, LIMC 8/1 (1997) 566–570

Wahl, H., Art. Seele IV. Psychologisch, RGG4 7 (2004) 1106–1107

Walker, P., The Doctrine of Metempsychosis in Islam, in: *W.B. Hallaq / D.P. Little* (Hg.), Islamic Studies Presented to Charles J. Adams, Leiden 1991, 219–238

Weber, M., Wirtschaft und Gesellschaft. Grundriß der verstehenden Soziologie, Tübingen 51972

Wernhart, K.R., Ethnische Seelenkonzepte, in: *J. Figl / H.-D. Klein* (Hg.), Der Begriff der Seele in der Religionswissenschaft, Würzburg 2002, 45–60

West, S., Sophocles' Antigone and Herodotus Book Three, in: *J. Griffin* (Hg.), Sophocles Revisited, Oxford 1999, 109–136

Zander, H., Geschichte der Seelenwanderung in Europa. Alternative religiöse Traditionen von der Antike bis heute, Darmstadt 1999

Zhmud, L., Orphism and Graffiti from Olbia, Hermes 120 (1992) 159–168

–, Wissenschaft, Philosophie und Religion im frühen Pythagoreismus, Berlin 1997

Jörg Rüpke

Religiöse Individualität in der Antike

I. Einleitung

Wenn man nach Trennendem zwischen Antike und Moderne fragt, wird „Individualisierung" sicher einen Spitzenplatz unter den Nennungen einnehmen. Untrennbar gehört es zu dem Syndrom „Moderne" hinzu, mit dem europäische Intellektuelle gerne ihre eigene weltgeschichtliche Position beschreiben. Wenn in diesem Buch nach Bestimmungen des Menschen in der Antike gefragt wird, die möglicherweise noch für gegenwärtige anthropologische Reflexion bedeutsam sind, liegt der Blick auf Individualität nicht gerade nahe. Aber gerade das verbreitete Stereotyp der Moderne soll hier zum Ausgangspunkt eines Blickes auf die römische Antike gemacht werden. Wiederum negativ formuliert: Der Grund liegt nicht darin, dass sich Individualität und Individualisierung als besonders präzise Begriffe zur Beschreibung kultureller Phänomene in Vergangenheit und – ja, auch da nicht – Gegenwart erwiesen hätten. Im Gegenteil. Die oft banale inhaltliche Füllung oder die Zuspitzung auf ganz punktuelle Phänomene (etwa die Formulierung von Menschenrechten im rechtsphilosophischen Diskurs der Europäischen Aufklärung) hat diese Begriffe zu Kampfbegriffen, zu polemischen Stereotypen werden lassen, die nicht nur Moderne und Vormoderne, sondern auch „den Westen" und den Rest der Welt (und insbesondere Asien) voneinander scheiden sollen.[1]

Einer näheren Prüfung hält dies aber nicht stand. Das gilt für außereuropäische Kulturen, wie Melford Spiro am Begriff des „Selbst" gezeigt hat:[2] Menschliche Akteure in allen Kulturen können sich selbst in Unterscheidung von anderen denken. Das gilt auch für die Antike, wie das Forschungsprogramm zu zeigen versucht, auf dessen Arbeit ich mich im Folgenden stütze.[3] Gerade als scheinbare epochale Differenzbegriffe lenken „Individualität" und „Individualisierung" den Blick auf antike Phänomene, die in der verbreiteten Perspektive von Kollektivität und Einbettung wenig Beachtung finden und auch auf ihre europäische Nachgeschichte kaum untersucht wurden. Der Blick auf sol-

---

[1] Das gilt auch für die Religionsgeschichte: *Seiwert*, Post-durkheimianische Religion?, 106.

[2] Vgl. *Spiro*, Western Conception.

[3] Hans Joas, Jörg Rüpke (Sprecher), Kollegforschergruppe „Religiöse Individualisierung in historischer Perspektive", Max-Weber-Kolleg der Universität Erfurt (DFG-FOR 1013).

che Phänomene ist ein Anliegen dieses Kapitels. Insofern ist es komplementär zu anderen Kapiteln, die Konzeptionen, etwa Personenbegriffe, in den Vordergrund stellen. Die Provokation der Verwendung modernistischer Begriffe verlangt aber, zuvor einige Assoziationen dieser Begriffe zu beleuchten, die seine epochenübergreifende Benutzung berühren. Historische Differenzen sollen in diesem Zugriff ja nicht verwischt, sondern klarer konturiert werden.

1. Der Begriff der Individualität

Alltagssprachlich findet „Individualität" als ein Begriff Verwendung, der Unterschiede markiert: die Unterschiedenheit eines Menschen zu anderen, vor allem aber eines Menschen zur Gesellschaft. Entsprechend dient auch „Individualismus" dazu, das Verhältnis einzelner zur Gesellschaft zu beschreiben. Wenn dieser Begriff heute vielerorts einen positiven Klang hat, so ist doch daran zu erinnern, dass er bis weit ins zwanzigste Jahrhundert hinein vor allem als negativ besetzter polemischer Begriff galt[4] und auch heute mit dieser Konnotation verwendet wird. Insofern hat auch die hier vorgeschlagene Benutzung des Begriffsfeldes auf dem Hintergrund eines Bildes von „Moderne" selbst einen Ort in der Geschichte des Begriffes.

Individualität weist der skizzierten Nutzung zufolge zwei Seiten auf. Zunächst eine objektive Seite. Es geht um Differenzen zwischen Individuen und zwischen Individuen und Gesellschaften bis hin zu Devianz und Weltablehnung: Das Handeln von einzelnen wird als Verstoß gegen allgemeinverbindliche Normen gewertet oder der einzelne sieht sich selbst als außerhalb der Gesellschaft stehend. Differenzen dieser Reichweite bilden aber nicht den Regelfall. Weit weniger dramatisch können Unterschiede zwischen Individuen schon dadurch entstehen, dass die einzelnen jeweils unterschiedliche Kombinationen von Rollen leben, Knoten jeweils anderer Netzwerke darstellen. Das legt nahe, mit Georg Simmel die Entwicklung und Verbreitung von Individualität historisch mit der gestiegenen Kontaktdichte in Städten in Verbindung zu bringen.[5] Verfolgt man diese Annahme in die Antike zurück, dürfte man Phänomene von Individualität weit eher in den Städten und urbanen Zentren als in dörflichen *face-to-face*-Gesellschaften suchen, eher auch in lokalen Eliten, die in überregionale Kommunikationen eingebettet sind, und unter einzelnen Migrierenden.

Der formulierte Zusammenhang erleichterte die theoretische Modellierung der subjektiven Seite. Der einzelne Handlungsträger, das Subjekt, tritt in ein Selbstverhältnis ein und reflektiert die Differenz dieses Selbst gegenüber der Vielzahl von Rollen, die es einzunehmen hat, gegenüber anderen und gegenüber der Welt. All diesen gegenüber gilt es Identität, Je-Selbigkeit auszubilden. Lebensgeschichtlich bezeichnet man diesen Prozess als Individuation. In Quellen fassbar werden solche Prozesse für die historische For-

---

4 Vgl. zur Begriffsgeschichte: *Taylor*, Negative Freiheit?, *Luhmann*, Individuum.

5 *Simmel*, Individualismus.

schung in Ego-Dokumenten bis hin zu autobiographischen Erzählungen des Werdens des eigenen Ichs.

2. Individualität in der Antike

Aus dieser Fassung des Begriffs heraus resultieren verschiedene Vorschläge, Individualität schon in der Antike zu finden. Wenn Augustinus, Bischof von Karthago und Theologe (354–430 n.Chr.), die erste Autobiographie verfasste,[6] liegt es nahe, hier auch das Einsetzen von Individualität zu postulieren.[7] Dabei ist es nicht die bloße Erzählung von Ereignissen, die der eigenen Person zuzurechnen oder gar von ihr selbst im prägnanten Sinne erlebt worden sind, die zu dieser Bewertung führen. Hier könnte man über ein Jahrtausend zurück verweisen auf altorientalische Königsstelen, Xenophons Anabasis oder die lateinische Gattung der *commentarii* denken, die nicht immer wie bei Caesar in der dritten Person vom Autor und Erzähler reden müssen.[8] Charakteristisch für Augustinus' Text über sich selbst ist, dass er in der Form des Gebetes in der Wendung an Gott auch auf Negatives zu sprechen kommt: „Höre Gott! ... Wer macht der Sünde meiner Kindheit mich gedenkt? Ist vor Dir doch keiner rein von Sünde, auch das Kind nicht, das nur einen Tag lang auf der Welt ist. Wer macht ihrer mich gedenk? Nicht schon jedes kleine Kindlein, an dem ich sehe, was ich von mir selber nicht mehr weiß?"[9] Aber ist diese Textstrategie einem Durchbruch im Verständnis des Individuums geschuldet? Wie andere exponierte Personen vorher und nachher interessieren sich auch die Zeitgenossen für die Kindheit und insbesondere Jugend eines Manichäers, der es bis auf einen katholischen Bischofsstuhl geschafft hat. Es ist ein längst öffentlicher Diskurs, dessen Gestaltung Augustin sich in seinen Konfessionen wieder selbst anzueignen versucht.[10]

Auch Louis Dumont hatte in seiner Rekonstruktion der Geschichte des Individuums dem Christentum zentrale Bedeutung zugemessen, aber historisch darüber zurück auf Indien und für Europa bis in den Hellenismus zurückgegriffen. Seinen Ausgangspunkt bildet die Annahme, dass in traditionalen Gesellschaften sich Individualismus nur in deutlicher Opposition zur Gesellschaft, und das heißt in Gestalt außerweltlich orientierter Individuen zeigen könne.[11] Diese außerweltliche Orientierung ist aber nicht nur dem von Dumont unterstellten Zusammenbruch der klassischen griechischen Stadtstaaten (Poleis) zu verdanken, sondern hat die Rationalisierungsprozesse philosophischer Praxis, die das denkende Individuum über die Gesellschaft stellen, zur Voraussetzung.[12] Weitreichende praktische Konsequenzen bleiben allerdings noch aus, da auf der Grundlage

6 So *Misch*, Autobiographie.
7 Siehe *Schmitt*, Subjectivity, 319, für diesen und weitere Vorschläge.
8 Siehe etwa *Pongratz-Leisten*, Epos in Mesopotamien, 123f; *Rüpke*, Commentarii.
9 *Augustinus*, Bekenntnisse 1,7,11 (Übers. von Joseph Berhart).
10 *Fuhrer*, De-Konstruktion.
11 Vgl. *Dumont*, Essays on Individualism, 26.
12 Vgl. *ders.*, aaO 28.

der Dichotomie von Individuum und Welt gleichwohl Anpassung, ja aktive Mitgestaltung der Gesellschaft gewissermaßen als *Second-Best*-Lösung gewählt wird. Erst aus der radikalisierten Weltflucht des hellenistischen Judentums und entsprechend im Christentum wird die zweite Dichotomie erreicht, die Theokratie gegen Politik ausspielt. Differenzierte historische Analysen für Formen und Grade der Individualität eröffnet dieser doppelte Dualismus nicht.

3. Individualität als Begriff historischer Forschung

Weder die Projektion auf Weltbilder noch die Fokussierung auf die subjektive Seite erlauben einen Blick auf den ganzen Menschen, auf den Menschen als gesellschaftliches Wesen, der – nur scheinbar paradoxerweise – mit dem Relationen und Differenzen ansprechenden Begriff der Individualität markiert wird. Daher bleibt auch die Konzentration auf das Selbst unbefriedigend, das in der jüngeren Forschung zum Gegenstand einer ganzen Reihe vorzüglicher Tagungen und Arbeiten geworden ist; diese haben dazu beigetragen, die Verbindungslinien zwischen den Denkmodellen Platonischer und nachplatonisch-hellenistischer Philosophie, den biblisch inspirierten Vorstellungen jüdischer Denker der hellenistischen Epoche (insbesondere Philon von Alexandria) und den mittel- und neuplatonischen Ansätzen bis ins Christentum hinein deutlicher zu sehen.[13] Schwierig aber bleibt es hier, wie schon die Überlegungen zu Augustinus gezeigt haben, den individuellen Gehalt, die subjektivistische Stoßrichtung der philosophischen Reflexionen über das Selbst zu bestimmen. Christopher Gill hat mehrfach auf die allgemein-anthropologische Intention etwa stoischer Konzeptualisierungen des Selbst hingewiesen,[14] die keine individualistische Interpretation zuließen.[15] Wo scheinbar an Reflexion auf die individuelle Lage gedacht ist, geht es um die Besinnung auf Pflichten, die sich aus klaren gesellschaftlichen Positionen ergeben.[16] In diesem monistischen Weltbild gibt es gerade keinen Dualismus von Leib und Seele, der weitere Freiheitsgrade eröffnete.[17]

Ein weiteres Problem tritt hinzu, die „autobiographische Täuschung". Die Annahme, dass autobiographische Reflexion einen unverfälschten oder wenigstens privilegierten Zugang zum Individuum gewährt, indem Objekt und Subjekt der Untersuchung in eins fallen, ist selbst ein Topos der „Moderne"-Topik.[18] Gyburg Radke-Uhlmann hat so Autobiographien als „Entwürfe eines Selbst, das sich das Autor-Subjekt als Objekt literarisch erschafft" bestimmt; dieses Selbst und seine Wirklichkeit sind damit „subjek-

---

13 Vgl. z.B. *Arweiler / Möller*, Selbst-Verständnis; mit Konzentration auf religiöse Aspekte *Brakke*, Religion and the Self.

14 Vgl. *Gill*, The Structured Self, *ders.*, Philosophical Therapy, *ders.*, Seneca and Selfhood.

15 Vgl. *ders.*, Philosophical Therapy, 377.

16 Vgl. *ders.*, Personhood and Personality; zu Cicero.

17 Vgl. *ders.*, The Structured Self, mit *Setaioli*, La struttura dell'io.

18 Vgl. *Radke-Uhlmann*, Aitiologien, 109 mit Bezug auf *Tugendhat*, Selbstbewußtsein.

tive Fiktion und literarische[s] Konstrukt".[19] Dass diese Fiktionalisierung allerdings schon in der Antike nicht nur notwendiges Merkmal jedweden autobiographischen Schreibens ist, sondern bewusst und kontrafaktisch vorgenommen werden kann, und zwar nicht als Lüge, sondern als erkennbare Textstrategie – hier kann man ebenso an Kallimachos Aitienprolog im dritten Jahrhundert v. Chr. (so Radke-Uhlmann) wie an Lukian im zweiten Jahrhundert n. Chr. denken –, ist nicht nur literaturwissenschaftlich, sondern auch individualitätsgeschichtlich interessant, wie noch zu zeigen sein wird.

Erweist sich der Zugang über die subjektive Seite für einen Zugriff auf vergangene Individualität somit als schwierig, öffnet auch die objektive Seite keinen Königsweg. Bloße Devianz ist noch kein individualitätsgeschichtliches Datum, wenn sie auch als Schlüssel zu gewollter individueller Variation und Diskursen über die Legitimität und Grenzen individueller Kompetenz und Varianz dienen kann.[20] Dass Stoiker das Leben in der Verborgenheit empfehlen, weist auf das Problem, dass auch dort, wo man reflektierte Individualität in der Lebensführung unterstellen kann, eine detraditionalisierte Rationalität zu konformem Verhalten führen könnte.

In dieser Situation sind einige Befunde aus der Moderne selbst hilfreich. In einer Untersuchung religiösen Verhaltens und religiöser Überzeugungen in den Vereinigten Staaten von Amerika hat Richard Madsen aufgewiesen, dass „Individualität" selbst nicht schlechthin Merkmal „moderner" Religion ist, sondern selbst Optionscharakter besitzt. „Individualität" als Deutungsmuster wie als Verhaltensform wird dabei in erster Linie von mobilen Angehörigen der weißen Mittelschicht gewählt und durch das eigene Engagement und dessen soziale Folgen bestätigt.[21] „Individualität" ist dabei allerdings keine beliebige Option, sondern trägt hegemonialen Charakter, ist im Blick auf die gesamte Gesellschaft eine dominante und mit dem Anspruch auf Vorherrschaft ausgestattete Lebensform.[22] Diese Position gilt es zu beachten, wenn biographische Prozesse betrachtet werden, in denen einzelne „Individualität" als Vollmitglieder ihrer Gesellschaft erwerben. Individuierung als ein solcher Prozess jedes einzelnen ist damit ein Aneignungsprozess, der ebenso von dem kommunizierten Ideal und dessen konkrete Erfahrungen prägenden Kraft abhängig ist wie von den Spielräumen individueller Lebensführung und den dadurch tatsächlich ermöglichten Differenzerfahrungen, die ihrerseits auf die Kommunikation zurückwirken.[23]

Der zuletzt geschilderte Befund wie die zuvor kontrovers diskutierten Beispiele führen auf einen weiteren Punkt. Es scheint wenig fruchtbar, konkrete Situationen und Personen auf das Vorhandensein von Individualität hin zu untersuchen. Was jeweils als „Individualität" bezeichnet wird, umfasst verschiedene Phänomene in sehr unterschiedlichen Konstellationen. Die Unterstellung, dass diese nur unterschiedliche Ausprägungen ein-

---

19 *Dies.*, aaO 110, in Anlehnung an De Man, zum Folgenden vgl. 111.

20 Diesen Zugang erprobt für die römische Kaiserzeit *Rüpke*, Aberglauben oder Individualität?

21 Vgl. *Madsen*, Archipelago, 1279ff.

22 Vgl. *ders.*, aaO 1282.

23 Für Reflexionen auf den Individuierungsbegriff bin ich besonders Magnus Schlette in der Kolleg-Forschergruppe zu Dank verpflichtet.

unddesselben Merkmals „Individualität" seien, ist selbst ein Postulat jener Theoriebildung, die eine einheitliche Individualitätsskala als Gradmesser der Modernisierung, sozusagen als Konvergenzbegriff, benötigt. Wenn man aber, wie oben vorgeschlagen, Individualität primär als Differenzbegriff versteht, der den Raum zwischen Kollektivem und individuellen Akteuren sowie die Strukturierung dieses Raumes vom einzelnen her beschreibt, dann wird man zunächst nach Individuierung und darin erreichten Formen von Individualität fragen, die sich ablesen lassen an phänomenologischer Varianz und dem Handelnden zugemuteter oder von ihm geleisteter individueller Begründung einer Wahl auch konformer und phänomenologisch traditioneller Handlungsmuster. Damit lassen sich in je einzelnen Phänomenbereichen objektive und subjektive Seiten verklammern. Inwieweit unterschiedliche Formen sich gegenseitig verstärken, zu langfristigen Institutionen oder zu tradierbaren und reproduzierbaren Modellen werden, ist historisch kontingent. Dass solche Prozesse einheitlich und gerichtet seien, ist erneut Postulat. In diesem Sinne ist weder Individualität in der Antike schon Frühform oder Vorläufer „moderner" Individualität, noch lässt sich „moderne" Individualität als etwas prinzipiell anderes erweisen. Wohl aber schafft die Verwendung des Begriffes eine Vergleichbarkeit von Phänomenen zwischen Antike und Moderne – und über den damit assoziierten euro-mediterranen beziehungsweise sogenannten westlichen Raum hinaus.[24]

II. Praktiken religiöser Individualität in der Antike

Wie die vorangegangene Diskussion bereits deutlich gemacht hat, sind wir nur schwer in der Lage, anhand von Selbstzeugnissen individuelle Begründungen für als wählbar angesehene Handlungen zu greifen; vorhandene Zeugnisse lassen zwar vermuten, dass auch traditionelle und konforme Handlungen Resultat solcher Reflexionen und Entscheidungen gewesen sind, aber das lässt natürlich keinen Rückschluss auf die vorangegangene Konzeptionalisierung der Entscheidungssituation als Wahlsituation zu. Daher muss sich die Suche nach antiken Praktiken und Formen von Individualität und entsprechenden Individuierungsprozessen auf Bereiche deutlicher Varianz konzentrieren. Das wird im Folgenden für den Bereich religiösen Handelns unternommen, der hier im Mittelpunkt steht. Für die Kulturen des antiken Mittelmeerraums der griechisch-römischen Epoche dürfte Religion derjenige Handlungsbereich gewesen sein, der für die meisten Menschen den weitesten Spielraum in Quellen noch fassbarer Individualität, das heißt auf Dauer gestellter Institutionalisierung und mediatisierter Kommunikation, geboten hat.

[24] Für Gespräche, die zu diesen Überlegungen führten, bin ich insbesondere Hans Joas, Erfurt, aber auch Paul Lichterman, Los Angeles und Fellow am Kolleg im Jahr 2009, dankbar.

1. Kultkombinationen

In Gesellschaften, in denen die übermenschlichen, teilweise transzendenten Steuerungsmächte in vielen Zusammenhängen als eine Mehrzahl von Gottheiten konzipiert wurden, also in diesem Sinne polytheistisch sind, boten sich erhebliche Wahl-, ja Gestaltungsmöglichkeiten für die Kommunikation mit „dem Göttlichen“ oder „den Unsterblichen“ – zwei durchaus verbreiteten Formen der Vorstellung und Anrede (theoretischer Atheismus dagegen bildete eine extreme Ausnahme).

Zwei sehr unterschiedliche Handlungsfelder sind hier zu nennen. Das eine betrifft den Hauskult, wie er in archäologischen Befunden in Städten wie Ostia und Pompeji, aber auch in ländlichen Villen nachgewiesen ist. Mit dem Ausdruck bezieht man sich insbesondere auf kleine Schreine, Kultnischen oder Altäre, zum Teil sogar nur gemalte Kultstätten und deren Ausstattungen mit Statuetten von Gottheiten.[25] Wählt man einen gewissermaßen statistischen Zugang, der die Befunde zusammenfasst, ist das Ergebnis in den verschiedenen untersuchten Regionen und Orten wenig überraschend.[26] Die Präsenz der dominierenden Gottheiten lässt sich leicht mit Verweis auf typische Zuständigkeitsbereiche dieser Gottheiten und lokale Traditionen erklären.[27] Aber der Blick auf die Einzelbefunde, die Kombinationen von Gottheiten und die unterschiedlichen Materialien, Alter und Herkunftsorte der Statuetten in einem Haus, erweist den individuellen Charakter dieser Sammlungen.[28]

Selbstverständlich erfolgte die Wahl, durch die möglicherweise mehreren daran Beteiligten, nicht in freiem Zugriff auf einen Katalog des Pantheon. Tradierte Objekte standen neben neu erworbenen, die nur aus vorhandenem Angebot, Handel oder lokaler Produktion, ausgewählt werden konnten; die Präsenz in lokalen öffentlichen Kultstätten dürfte eine große Rolle gespielt haben, nur gelegentlich eine durch Texte vermittelte Kenntnis einer Gottheit; eigenes Reisen kann einen Einfluss gehabt haben. Insofern ist die archäologische gewonnene Momentaufnahme Ergebnis eines längeren biographischen (unter Umständen sogar Generationen übergreifenden) Prozesses, in dem Wahlentscheidungen getroffen, aber auch eingeübt worden waren. Die Wahrnehmung der je unterschiedlichen Zusammenstellungen anderer Haushalte, das heißt der Ergebnisse der Wahlentscheidungen anderer, dürfte dafür eine wichtige Rolle gespielt haben, mehr aber noch die öffentlich zugänglichen Dokumente dramatisierter Wahlentscheidungen anderer: Dedikationen, Votivgaben und -inschriften in Tempeln oder gar die Teilnahme an entsprechenden Ritualen der Gelübdeeinlösung, an Weihungen – das zweite hier anzusprechende Handlungsfeld.

---

25 Für weitere religiöse Medien im Haus vgl. *Kaufmann-Heinimann*, Religion in the House.

26 Nach *Boyce*, Lararia of Pompei, nun *Cicala*, Culti domestici, *Bassani*, Sacraria; Bilder: *Fröhlich*, Lararien- und Fassadenbilder; in der Provinz: *Kaufmann-Heinemann*, Götter und Lararien, und kurz *Schmidt* / *Kaufmann-Heinimann*, Götter im Haus.

27 Siehe *Van Andringa*, Quotidien, 265ff.

28 Vgl. *ders.*, aaO 265, *Bodel*, Cicero's Minerva, 261.

Die Wahrnehmung der Entscheidung konnte zufällig passieren. So bekommt im zweiten Jahrhundert n. Chr. Aelius Aristides von Asklepios den Auftrag, in sein Heiligtum zu gehen, „Opfer darzubringen und heilige Gefäße aufzustellen und sämtlichen Mitbesuchern des Heiligtums geweihte Anteile (des Opfers) zuzuteilen“[29]. Die Einbindung von Kindern in solche Rituale, etwa in Chören zur Aufführung von Hymnen, ließ solche Prozesse früh einsetzen.[30] Die Ausbildung von Individualität erfolgt in einem gesellschaftlichen Kontext.

Die Formulierung eines Gelübdes und – im Falle der Gewährung der Bitte durch die angesprochene Gottheit – die Einlösung des Gelübdes durch die Stiftung eines Weihmonumentes (mag es auch noch so klein sein) als Gabe an die Gottheit oder als Erinnerung an ein vergängliches Dankritual an die Gottheit ist typischerweise ein Krisenritual. Die Krise und ihre Behandlung muss nicht „hochindividuell“ sein; die Reaktion auf eine Krankheit, Missernte, die Gefahren einer bevorstehenden Geburt, Heirat oder Freilassung (von Sklaven) kann gesellschaftliche Routine sein. Und doch spricht die Bandbreite der Gestaltungen und der individuellen Kombinationen dafür, dass es sich hier um ein Feld handelt, in dem individuelle Kompetenz zugestanden wurde. Die Anrufung ortsfremder Gottheiten weist das ebenso aus wie Weihinschriften, die den Stifter oder die Stifterin über seine familiäre Position und Karriere charakterisieren.

Die anfangs angesprochene religiöse Kompetenz wird aber in der Verknüpfung verschiedener Gottheiten deutlich, die zu immer neuen Kombinationen führen, oder zu originellen Namensbildungen. In beiden Fällen dürfte das Interesse dahinter gestanden haben, den göttlichen Beistand möglichst präzise zu fassen. Für Karthago sind so ebenso die singuläre Kombination Juno, Minerva, Bellona wie eine Diana Caelestis Augusta zu nennen; Dedikanten wendeten sich an so weit entfernte Gottheiten wie die Venus vom sizilischen Berg Eryx wie an den in Thrakien verehrten Heros.[31] Das sind ebenso Zeugnisse individueller religiöser Spekulation wie von Praktiken, die nicht mehr durch die unmittelbare Umwelt geprägt sind.[32] Man könnte hier von einer kultpragmatischen Individualität sprechen. Auch hier darf Individualität aber nicht im Sinne von isoliertem Handeln verstanden werden.[33] In unbekanntem Umfang waren in die überlieferten Endergebnisse ebenso priesterliche Beratung wie handwerkliche Traditionen und Kenntnisse eingeflossen. Es ist für dieses Zusammenspiel sicher bezeichnend, dass wir gerade in den am stärksten elaborierten Inschriften einzelner, den sogenannten

---

29 *Aelius Aristides*, Heilige Berichte 2,27 (Übers. hier und im Folgenden Heinrich Otto Schröder, Heidelberg 1986).

30 Vgl. z.B. *ders.*, aaO 4,43; zu religiösen Rollen von Kindern allgemein *Leeuw*, Virginibus puerisque, und *Brelich*, Paides e parthenoi.

31 Vgl. *Rives*, Religion and Authority, 186ff mit Verweis auf *Corpus Inscriptionum Latinarum* 8,999; 24528 und 24518 sowie *Inscriptiones Latinae Africae* 354.

32 Vgl. *ders.*, aaO 190.192.

33 Vgl. allgemein: *Collins*, Accommodating.

kleinasiatischen „Beichtinschriften", das enge Zusammenspiel von Auftraggeber beziehungsweise Auftraggeberin und Priestern am jeweiligen Heiligtum auch im Text fassen können.[34]

2. Intensivierung religiöser Praxis

Auch wenn theoretischer Atheismus keine verbreitete Option darstellte, blieb die Möglichkeit der Nichtteilnahme am Kult. Angesichts der Überlieferungsprobleme lässt sich das verbreitete Fehlen von Kulteinrichtungen in Häusern kaum auswerten. Sicher sagen lässt sich dagegen, dass selbst die größten Anlagen in den allermeisten Städten keine Möglichkeit zur Teilnahme an öffentlichen Ritualen boten. Die Amphitheater und Zirkusanlagen der Kaiserzeit boten hier noch den größten Raum; für die christlichen Titelkirchen der Stadt Rom dürfte selbst am Ende des vierten Jahrhunderts das Platzangebot die Größenordnung von viereinhalbtausend Plätzen nicht überstiegen haben.[35] Vermutlich erreichte die Teilnahme einen quantitativen Höhepunkt an einigen dezentral gefeierten Festtagen.[36] Aber religiöse Praxis ließ sich auch über Teilnahme an Ritualen hinaus steigern.

Erneut sind zwei Felder zu bedenken. Komplexe Kulte und religiöse Organisationen forderten Arbeitsteilung und Spezialistenrollen, die von Sklaven mit Funktionen wie Schlächter oder Protokollant über Assistentinnen und Assistenten im Kindesalter bis hin zu Kultmusikern und Priestern reichten. Für römische Städte waren diese vielfach eng mit sozialem Prestige und politischen Funktionen verknüpft und lassen sich kaum als Indizien religiöser Individualität deuten. Dennoch konnte es auch hier zu einzelnen sehr individuellen Aneignungen[37] solcher Rollen kommen, die zu Konsequenzen in der Lebensführung führten, die bemerkt wurden. Ich rechne hierzu die schnelle Demissionierung mehrerer Priester wegen ritueller Details noch im dritten Jahrhundert v. Chr., grundsätzliche Verhaltensänderungen nach der Übernahme eines Flaminats oder die Unterbrechung militärischer Aktivitäten in Kleinasien als Begleithandlung eines Priesters zu rituellen Aktivitäten seiner Kollegen in Rom zu Beginn des zweiten Jahrhunderts n. Chr.[38] Der Individualität dieser religiösen Intensivierung tut die Tatsache keinen Abbruch, dass politische Motive mit im Spiel waren. In Anbetracht der eingeschränkteren Betätigungs- und Aufstiegmöglichkeiten spielten religiöse Berufsrollen und Ehrenämter für Frauen oder Freigelassene vermutlich eine größere Rolle. Das lässt zumindest die Zuspitzung der Charakterisierung einer Person auf Ehren- oder Grabinschriften auf eine solche Rolle vermuten, ob es sich hier um Tempelhüter oder Priesterinnen handeln

---

34 Grundlegend: *Petzl*, Beichtinschriften; zur religionsgeschichtlichen Einordnung wichtig: *Belayche*, Rites et „Croyances"; *Belayche*, Texte à l'image.

35 Vgl. *MacMullen*, Christian Ancestor, 597f nach der Schätzung Krautheimers.

36 Vgl. *Rüpke*, Organisationsmuster, 187f.

37 Vgl. zum Begriff der „Aneignung" in Anlehnung an Michel de Certeau kurz *Füssel*, Die Kunst der Schwachen, und *Winter*, Geheimnis des Alltäglichen.

38 Quellennachweise und historische Einordnung in *Rüpke*, Radikale.

mag.[39] Versuchsweise könnte man dieses religiöse Phänomen mit „expressiver Individualität" ansprechen. Es ist wichtig daran zu erinnern, dass wir um mehrere dieser Fälle auch oder allein aus der *Exempla*-Literatur, namentlich dem frühkaiserzeitlichen Werk des Valerius Maximus wissen. Hier kehrt sich die Blickrichtung um; das Verhalten wird registriert und aus der Überlieferung herausgegriffen, weil es exzeptionell ist, aber dies geschieht mit dem Ziel, Verhaltensangebote zu formulieren und Normen abzusichern.[40] Es ist für die besondere Bedeutung der Religion im Blick auf antike Individualität bezeichnend, dass Valerius Maximus sein Werk mit einem Buch über den „cultus deorum" und einem Kapitel „De religione" eröffnet, bevor er sich politischen und militärischen Institutionen im zweiten Buch zuwendet.

Während sich für die zuletzt genannten Rollen eine gewisse Frequenz in den religiösen Aktivitäten vermuten lässt, muss das für die Mitgliedschaft in den meisten religiösen Vereinen, die eine Initiation oder mehrere Durchgangsrituale forderten und sich durch esoterische Rituale und Erzählungen auszeichneten, nicht in gleicher Weise gelten. Die Zusammenkünfte scheinen vielfach auf wenige Tage im Jahr begrenzt gewesen zu sein, könnten dann aber – zumindest als Norm – höheren Verpflichtungscharakter besessen haben.[41] Wichtig sind diese in der Forschung unter „elective cults" verhandelten Gruppen deswegen, weil ihre Existenz selbst bekannt und im Einzelfall auch mit Ritualen verbunden war, die vor den Augen der Öffentlichkeit vollzogen wurden. Hier wurden also institutionalisierte Optionen – Erweiterungen und Intensivierungen eher denn Alternativen zur üblichen Praxis – bereitgehalten. Individualisierung und – im erfassten Bereich – Individualisierung phänomenologisch einebnende Institutionalisierung stehen in einem paradoxen Verhältnis zueinander.[42] Uniformität in der Gruppe sichert Differenz zur Gesellschaft.

Anerkannte religiöse Virtuosenrollen wie die christlichen Einsiedler oder mönchischen Koinobiten finden sich außerhalb der bisher besprochenen Formen kaum. Wenigstens hinzuweisen ist hier auf die Rolle des Philosophen mit seiner konsequenten von Lebensführung, die Fleischverzicht, auch besondere Kleidung einschließen kann und in der Kaiserzeit in einigen Gestalten – ich denke hier etwa an Apollonios von Tyana[43] – deutlich religiöse Züge gewann.[44] Langfristig färbte das auch auf das Priesterbild ab.[45]

---

[39] Zum Beispiel *Rüpke*, Fasti sacerdotum, Nr. 471: P. Aelius Malcus Tector, *CIL* 6,2256 = *ILS* 2090; s.a. Nr. 361, 365, 464, 466 u.ö.; *Rüpke*, Organisationsmuster.

[40] Zur moralischen Agenda des Werkes s. *Mueller*, Roman Religion, 148ff.

[41] Zu Charakteristiken der Kulte *Bonnet*, Religions orientales; *Casadio*, Ancient Mystic Religion; *Bowden*, Mystery cults.

[42] Vgl. *Schelsky*, Dauerreflexion, *North*, Religious Pluralism.

[43] Zu diesem *Demoen / Praet*, Theois Sophistes.

[44] *Hahn*, Philosoph. Zur Figur des „heiligen Mannes", die für den nichtjüdischen und nichtchristlichen Bereich nur an wenigen Befunden entwickelt worden ist, s. *Cox*, Biography; *Brown*, Body and Society. *Dillon*, Holy, betont zu Recht, dass die einschlägigen Texte nicht nur an der Qualität des Heiligen, sondern an kontingenten historischen Details interessiert sind; das lässt sich für die gesamte Gattung Biographie verallgemeinern.

[45] Vgl. *Haake*, Philosopher.

3. Individuelle Offenbarungen und Biographisierung der Autorschaft

Tausende von Inschriften geben, oft in reduziertester Form – *ex visu,* „aufgrund eines Gesichtes" – Zeugnis von Träumen oder auch Visionen, in denen Gottheiten einzelnen erscheinen und zu ihnen sprechen. Formularhafte und atypische Formulierungen finden sich darunter. Auch hier ist die Vielfalt der einbezogenen Gottheiten, über einhundert nach der Zählung von Gil Renberg, erwähnenswert.[46] Nicht immer, aber doch in bemerkenswert vielen Fällen erfolgt also die Rechtfertigung des eigenen rituellen Tuns mit dem detaillierten Hinweis auf eine individuelle Kommunikation mit einer Gottheit. Das Phänomen erstreckt sich dabei über den gesamten hier betrachteten Zeitraum. Und doch gibt es Veränderungen. Sie geschehen in einem anderen Medium.

Der schon zitierte Redner und Asklepiosverehrer Aelius Aristides bildet hier einen wichtigen Fall. Zunächst kann sein Text helfen, anstelle vieler Inschriftenzitate Anschaulichkeit für die Kommunikation zwischen Gott und Mensch, die in den Trauminschriften unterstellt wird, herzustellen. So berichtet er nicht nur von der Stiftung eines silbernen Dreifußes und von der zugehörigen Weihinschrift, sondern auch von der Korrektur der dritten und vierten Zeile der Inschrift durch den Gott selbst kurz vor dem Morgen, die er sich durch ständiges Wiederholen nach dem Aufwachen einprägte: „Dichter in einer Person, Kampfrichter und Führer des Reigens / weihte dies Denkmal, o Herr, dir für die Stiftung des Chors / [...] keinem Hellenen fremd, Aristides hat mich gestiftet, / ewig strömenden Worts ruhmvoller Lenker und Held" (4,45). „Als wir uns dann gemeinsam über die Weihegabe berieten", so fährt er in seinem Bericht fort, „beschlossen sowohl der Priester als auch die Tempelwärter einstimmig, sie in den Tempel des Zeus Asklepios zu stiften ... Die Inschrift ist darauf angebracht mit der Bemerkung, sie sei infolge eines Traumes beigefügt. Ich habe jedoch auch dem Olympischen Zeus die Inschrift nebst einer anderen Weihegabe gestiftet, so dass das Orakel seine volle Erfüllung fand" (4,46).

Die „Heiligen Berichte" des Aristides sind aber nicht nur eine Quelle für religiöse Praktiken, deren Historizität sich unserer Überprüfung entzieht. Interessanter ist die enge Verbindung, die Autobiographie und Übermittlung der göttlichen Botschaft eingehen. Der Text selbst mit seinen Sprüngen in Raum und Zeit folgt nicht einfach dem Gang der Ereignisse, sondern dem Gott selbst, der bestimmt, welche Erinnerungsräume abgeschritten werden (2,4) – wenn auch die theoretische Möglichkeit für den interessierten Leser bestünde, das an Dokumenten, an zeitnahen Verschriftlichungen der Träume durch Aristides zu überprüfen, genauer: zu detaillieren (2,8). Wie die Erstellung der Inschrift wird auch die Erstellung des Textes insgesamt dramatisiert.[47] Der Autor, der

[46] Für die mündliche Mitteilung danke ich herzlich, s. auch *Renberg*, Dream-Narratives.

[47] Vgl. *Petsalis-Diomidis*, Sacred Writing, 201. Zu P. Aelius Aristides s.a. *Behr*, Aelius Aristides; *Jones*, Aelius Aristides; zum Begriff der „Hieroi logoi", der „heiligen Reden" *Baumgarten*, Heiliges Wort.

nur Sprachrohr und Projektionsfläche göttlichen Handelns sein will, beglaubigt dieses göttliche Handeln, indem er sich selbst in äußerster Detailliertheit narrativ konstruiert und in seiner Individualität behauptet.

Mit dieser Strategie steht Aristides (117– nach 177 n.Chr.) im zweiten Jahrhundert nicht allein. Um den Beginn des Jahrhunderts hatte im Rahmen der Gattung Apokalypse (die erstmals mit diesem Begriff in diesem Text benannt wird) Johannes von Patmos dem Visionär und Autor ein individuelles Gesicht als Zeitgenosse seiner Leserschaft gegeben. Ein stadtrömischer Autor, im Text von seinem „Hirten“ als Hermas angesprochen, setzte diese Strategie in der ersten Jahrhunderthälfte fort. Seine Visionen werden biographisch und topographisch lokalisiert, mit relativen Zeitangaben versehen. Wie später Aristides entblößt er sich vor seiner Leserschaft bis hin in den Bereich der Gedankensünden hinein: Er führt sich selbst als ehemaligen Sklaven ein, der seine ehemalige Besitzerin nackt aus dem Tiber entsteigen sieht. Dafür wird ihm später die göttliche Erscheinung sündige Gedanken unterstellen (Hirt des Hermas 1 = visio 1,1).[48] Hier wird eine spezifisch religiöse Individuierung und biographische Individualität entwickelt, die an Formen individueller Autorschaft seit hellenistischer Zeit anknüpft. Wo der Dichter Kallimachus seine eigene literarische Person in einer literarischen Auseinandersetzung schafft, die er ebenso unter Historizitätsanspruch stellt wie mit Fiktionalitätssignalen versieht,[49] so schaffen Hermas, Aristides (und später Augustinus) mit Hilfe ihres jeweiligen göttlichen Gesprächspartners einen sozialen Raum eigenen Typs für ihre erzählte Individuierung.

4. Deifizierung

Dass gerade die großen Einzelnen seit hellenistischer Zeit institutionell divinisiert werden und diese Praxis seit der späten römischen Republik zwar kontrovers aufgenommen, aber um so effektiver in der räumlichen Weite des Imperiums umgesetzt wird, ist so bekannt, dass es kaum der Rede wert ist. Es wird auch nicht dadurch für unser Thema wichtiger, dass die postmortale Vergöttlichung zu einem verbreiteten Phänomen in der Freigelassenenschicht des Prinzipats wird.[50] Individualitätsgeschichtlich ist nicht das Faktum, dass einzelne Gesellschaftsmitglieder den Status eines Gottes – zumeist postmortal – erhalten, wichtig, sondern der individuelle Handlungsspielraum, die *agency,* daran mitzuwirken. Für das Ergebnis ausschlaggebend ist das im engeren Kreise etwa eigener Familienangehöriger, etwa für jene Plutia Vera, der der Seidenhändler Aulus Plutius Epaphroditus, ihr Vater, als Venus Vera Felix einen Tempel in Gabii stiftete.[51]

---

[48] Vgl. *Rüpke*, Hirte des Hermas; s.a. *Brox*, Hirt des Hermas, *Leutzsch*, Wahrnehmung sozialer Wirklichkeit, *Osiek*, Shephard of Hermas, und *Rüpke*, Apokalyptische Salzberge.

[49] Vgl. *Radke-Uhlmann*, Aitiologien.

[50] Vgl. bahnbrechend *Wrede*, Consecratio.

[51] Vgl. *Corpus inscriptionum latinarum* 14,2793; dazu *Rüpke*, Gestiftete Religion.

Das war mehr als die Errichtung eines „Ortes religiöser Scheu“ *(locus religiosus)* durch das Einbringen einer Leiche in ein Grab und der dadurch gegebenen Errichtung eines Kultes für die Di Manes der oder des Verstorbenen. Für die Divinisierung der Herrscher war Zustimmung ein Massenphänomen; aber gerade in der Wendung gegen die Bilder dieses Gottes konnte Unmut geäußert, politische Nonkonformität in scharfer Form ausgedrückt werden. Für die Angehörigen der Führungsschicht bot die differenzierte Zustimmung oder Ablehnung die Möglichkeit einer pointierten Beteiligung an der Diskussion über menschliche Tugenden und anzustrebende Werte, anhand derer das Transzendieren der Trennlinie zwischen Mensch und Gott diskutiert wurde.[52] Nur vor dem Hintergrund einer solchen, weit über die Senatsdiskussionen nach dem Tod eines Kaisers hinausreichenden diskursiven und rituellen Praxis in der Aussonderung von Individuen aus der Menschheit, ist die Heftigkeit der christologischen Auseinandersetzungen der Spätantike verständlich. Die Individualität einzelner wird hier zum Gegenstand eines normativen Diskurses, dessen Beteiligte selbst unter intensiver Beobachtung stehen.

III. Orte religiöser Individualität

Nach dem Aufweis von religiösen Praktiken, die die Ausbildung verschiedener Formen von Individualität befördern, soll noch ein kurzer Blick auf die besonderen Bedingungen der Orte einzelner Praktiken geworfen werden.

1. Tempel

Zunächst geht es um einen zentralen Ort religiöser Praxis, Brennpunkt historischer Erinnerung und medialer Repräsentation des Göttlichen. Durch den Zufall der Überlieferung erhalten wir einen überraschenden Blick auf diesen Ort, den Reden, poetische Texte und historiographische Überlieferung sonst als Bühne prachtvoller öffentlicher Rituale oder frommer Verhandlung von Hilfesuchenden und Priestern zeichnen. Eines der wenigen erhaltenen Fragmente der Schrift *De superstitione* des römischen Stoikers befasst sich mit Praktiken von Personen, die nicht dem Tempelpersonal angehören, so dem Waschen und Kämmen einer Statue im Tempel.[53]

> „Geh hinauf aufs Kapitol! Man schämt sich des offenbar werdenden Irrsinns, weil sich leerer Wahn mit dem Anspruch, Pflicht zu sein, schmückt. Der eine flüstert dem Gott Namen zu, ein anderer verkündet dem Juppiter die Uhrzeit. Einer ist Bader, einer ist Salber und ahmt mit leeren Bewegungen der Arme das Einsalben nach. Es gibt Frauen, die der Juno und der Minerva die Haare legen (sie stehen fern vom Tempel, nicht nur von der

---

[52] Vgl. die bei *Clauss*, Kaiser und Gott, zusammengestellten Dimensionen praktischer Kaiserverehrung.

[53] Sen. *superst.* fr. 36 Haase = fr. 69 Vottero (Aug. *civ.* 6.10).

> Statue, und bewegen die Finger in der Art von Friseuren); es gibt Frauen, die den Spiegel halten, es gibt Männer, die die Götter zu ihren Gerichtsterminen herbeirufen, solche, die ihnen ihre Klageschriften vorlegen und sie über ihre Prozesse unterrichten. Ein gelehrter Archimime, schon ein altersschwacher Greis, führte täglich auf dem Kapitol einen Mimus auf, als ob die Götter jenen zu sehen begehrten, den die Menschen verschmähten. Künstler jeder Art wünschen vor den unsterblichen Göttern zu wirken."

Das folgende Fragment, gleichfalls bereitwillig von Augustinus zitiert, macht die emotionale Komponente der Handelnden noch deutlicher:

> „Diese Leute versprechen dem Gott zwar eine unnütze, indes keine schimpflichen oder schlecht beleumdete Dienstleistung. Es sitzen sogar gewisse Frauen auf dem Kapitol, die sich einbilden, Geliebte Juppiters zu sein. Sie lassen sich nicht einmal von der Angst vor Juno abschrecken, die doch aufs äußerste erzürnt sein kann."

Der Stoiker Seneca kritisiert den Austausch von Vernunft und Maßhalten gegen Gefühl. Worte wie *furor, insanire, dementia* deuten das an. Die gesamte Argumentationslinie verläuft von den vermutlich fiktiven Gefühlen von Verlust und Freude, die im Fall der Isis vom Kalender reguliert werden (fr. 35), bis hin zum Verliebtsein mit Juppiter am Ende. Die Orte für diese Gefühle sind nach Senecas Argumentation die Heiligtümer. Das wird in einem etwas späteren Fragment deutlich, das Augustinus im gleichen Kapitel zitiert. Auch er interessiert sich, wie Seneca, für Gefühle, aber im Gegensatz zu ihm eher im Blick auf die Götter als auf deren Tempel. Die Zusammenstellung der Götter, die beide in ihrer Kritik vornehmen,[54] bezieht sich nicht auf mythologische Paare, sondern kultische Verbindungen, auf Tempel, wie die Begriffe *adoramus* und *cultum* zeigen.

Folgt man der Linie, die durch die Beispiele, die den „Aberglauben" veranschaulichen sollen, angezeigt wird, so stößt man auf intensive Emotionen, und, wie ich es fassen möchte, auf eine religiöse Erfahrung, die die soziale Kontrolle überschreitet. Hier wird der Tempel zu einem ambivalenten Ort. Er ist ein, besser: der häufig öffentliche, am stärksten institutionalisierte und am besten sichtbare Ort für Religion, also der Platz für die am wenigsten intime, am meisten traditionelle und am stärksten kontrollierte Form religiöser Betätigung. Gleichzeitig beherbergt dieser Ort die Statue des Gottes und bietet somit die Möglichkeit, die Götter als in ihren Statuen anwesend[55] zu erfahren, was potentiell zu – so das Urteil des Philosophen – schändlichstem individuellem Verhalten führen kann. Was dem einen Ort intensivster Begegnung mit dem Heiligen ist, ist dem anderen eine Bigotterie, die gerade den besonderen Charakter des Ortes in Frage stellt. Individualität religiöser Praktik wird hier zu Devianz, die sich dem Spott der Beobachter aussetzt und nicht, wie im Falle des Aristides, auf Zustimmung des Personals und Solidarität anderer Tempelbesucher stößt.

---

[54] Sen. *superst.* fr. 39 Haase = fr. 72 Vottero (Aug. *civ.* 6,10).

[55] Vgl. dazu *Rüpke*, Representation or presence?.

2. Selbst-Training

Solche Beobachter fehlen üblicherweise dem sich selbst Beobachtenden. Philosophie,[56] nicht Religion, bietet dazu eine Anleitung, ein echtes Training. Die stoische Selbst-Inspektion zielt dabei darauf, Konsistenz zu erreichen.[57] Das ist keine Form von gesteigerter Individualität, sondern orientiert sich eher an der Analyse der eigenen natürlichen[58] wie gesellschaftlichen Situation; die Seele, um die es dabei geht, ist gerade nicht eine individuelle, die vielleicht sogar den körperlichen Tod überdauert, sondern das Allgemeine, das Göttliche im Menschen.[59] Die Entwicklung der Vorstellung einer unsterblichen Seele, die mit ihren möglichen Konsequenzen, etwa der Seelenwanderungslehre, seit dem fünften Jahrhundert v. Chr. präsent war, hatte nicht zu einer verbreiteten Infragestellung traditioneller Religion geführt.[60] In diesem Punkte unterscheidet sich christliches Denken in seiner Akzentuierung ebenso deutlich von der philosophischen Tradition, wie sich christliche Praktik etwa in mönchischen Tagebüchern über die eigenen Seelenbewegungen mit ihr deckt.[61] Gleichwohl bleibt die Metaphorik, die Topographie des Inneren komplex und ist nicht durch eine Dichotomie von christlich und nichtchristlich einzuholen: Die Figur des Dämons bleibt von Platon bis Plotin eine Reflexionsfigur über das Verhältnis vom Inneren (Komparativ) oder gar Innersten (Superlativ), in der das Eigene entdeckt wird, zur Entdeckung des (oder gar, pluralisch, der) Anderen, das oder die uns im Innersten bestimmen.[62]

Hier wird noch einmal die Ambivalenz dieses Forums oder dieser Form reflexiver Individualität im Blick auf das kritisierte Einheitskonzept von Individualität deutlich: Auch ein ausgebildetes Selbst-Konzept muss nicht mit der Wertschätzung von Individualität einhergehen.[63] Gleichwohl bleibt historisch das Selbst nicht isoliert. Gerade bei Seneca, im ersten Jahrhundert n. Chr., lässt sich eine Verbindung mit einem spezifisch biographischem Interesse beobachten,[64] die aber ein Grundinteresse philosophischer Schulen trifft.[65] Diese lässt sich an die oben angestellten Überlegungen zur Biographisierung von Autorschaft anschließen.

---

[56] Vgl. *Sellars*, The Art of living.

[57] Vgl. *Gill*, Seneca and Selfhood, 77f.

[58] Das gilt auch für Plotin: *Kühn*, Se connaître soi-même, 140.

[59] Zu frühen Seelenvorstellungen ausführlich *Bremmer*, Greek Concept.

[60] Vgl. *Burkert*, Griechische Religion, 446ff.

[61] Deutlich herausgestellt von Clifford Ando (Vortrag in Erfurt Januar 2010). S.a. *Seim / Œkland*, Metamorphoses. Dieselbe Frontstellung findet sich auch noch als zentraler Streitpunkt für Mohammads Gegner im Koran, wie Patrica Crone in einem Vortrag am Forschungszentrum Gotha am 6.4.2010 gezeigt hat.

[62] Vgl. *Ildefonse*, Questions pour introduire, 233, *Aubry*, Démon, *Song*, Aufstieg und Abstieg.

[63] Das gilt natürlich nicht für das Verhältnis von Selbst und Identität (vgl. etwa *Bell*, Religious Self).

[64] Vgl. *Gill*, Seneca and Selfhood, 82.

[65] Vgl. *Sellars*, The Art of living, 171f.

3. Religiöse Gemeinschaft

Für die Institutionalisierung von Individualität verdient das Entstehen spezifisch religiöser Gemeinschaften besonderes Interesse. Der traditionelle Blick auf die Mysterienkulte hat in ihnen radikale Gegenentwürfe zur traditionellen Religion ausgemacht, aber mit Walter Burkert ist zu unterstreichen, dass für die orphischen und bakchischen Mysterien zwar „Einweihungen", Initiationen durch wandernde Kultspezialisten seit dem sechsten und fünften Jahrhundert v. Chr. nachzuweisen sind, aber sich über Jahrhunderte nicht feste Organisationsformen mit eigener Lebensführung greifen lassen; das einschlägige Experiment, der Pythagoreismus, scheitert in diesem Punkt schon in der Mitte des fünften Jahrhunderts im großgriechischen Unteritalien.[66] Im Rahmen antiker Religion korrespondierte der Kult einer bestimmten Gottheit nur gelegentlich mit Gruppengrenzen, er bildete eher ein geteiltes und zwar wichtiges, aber kaum exklusives Zeichen.

Eine besondere und geteilte, schließlich auch institutionell abgestützte Form eigener Lebensführung verbindet sich bis in die Kaiserzeit hinein mit philosophischen Schulen, *haireseis,* lateinisch *sectae.* Sich für eine von ihnen zu entscheiden erschloss ebenso die Übernahme eines Wissensvorrats wie eines Lebensstils; der Ausdruck *disciplina* brachte das zum Ausdruck und wurde in der Kaiserzeit zunehmend auf religiöse Phänomene übertragen. Die Sprache folgte hier institutionellen Veränderungen. Im Verlauf der Ausdehnung des Imperiums, seiner umfangreichen Verschiebung von Personen und seiner Delegitimierung von lokalen Autoritäten,[67] waren Komplexe religiöser Zeichen und Handlungen, die sich als „Kulte" an angebbaren Orten verstehen lassen, zu mehr geworden als bloß selbstverständliche Folge der Ehrfurcht vor einer bestimmten Gottheit. In der intellektuellen Diskussion, die sich regionenübergreifend vollzog, wurden Maßstäbe an Legitimität entwickelt, die einzelne Kulte ebenso rationaler Interpretation und Erklärung wie der Messung an universalen Humanitätsstandards unterzogen. Sozial wurde für eine wachsende Anzahl von Menschen Religion in dieser Form ein notwendiger Teil eigener Lebensführung, die die Grenze von Öffentlichem und Privatem überschritt und Orientierung bot. Die Mobilität von intensiver organisierten Anhängern – durchaus nicht im Falle jeder Gottheit, jeder *religio* und jedem *cultus* – schuf das Problem der überörtlichen Wiedererkennbarkeit. Dies wurde durch Annäherungen an eine ikonographische Standardisierung des Kultbildes im Falle des Mithras, durch ungewöhnliche Ritualen und ägyptische Dekorationen im Falle der Isis erreicht, durch den Austausch von Briefen und Sammlungen von Erzählungen im Falle von Christen, durch den Versuch, jeden Aspekt des Lebens zu regulieren, im Falle der rabbinischen Autoren der Mishna in Palästina. Auf diese Weise trug der politische Rahmen des Imperiums zum Institutionalisierungsprozess bei,[68] der in besondere Weise in jenen religiösen Gruppen

---

66 *Burkert*, Griechische Religion, 449ff.432ff und *Burkert*, Mysterien, zu den Mysterienreligionen insgesamt.

67 Siehe *Ando*, Imperial Ideology und *ders.*, Matter of Gods.

68 Dazu ausführlich die Beiträge von Rüpke in *Cancik / Rüpke*, Imperium Romanum.

vorangetrieben wurde, die sich in Differenz zu den dominierenden religiösen und politischen Strukturen sahen. Eine solche qualitative Differenz verband sich somit mit der durch die überregionale Mobilität bedingte quantitative Differenz in der Gestalt einer gesteigerten Zahl von Differenzerfahrungen. Es liegt nahe, hier in Übertragung der Überlegungen Georg Simmels, eine Quelle von Individualität zu vermuten.[69]

IV. Zusammenfassung

Lässt sich der vorgestellte Befund antiker Individualität als ein gerichteter Prozess, als fortschreitende Individualisierung deuten? Schon die Fragestellung ist zurückzuweisen, unterstellt sie doch jenen einheitlichen Begriff von Individualität, der die gegenseitige Aufrechenbarkeit unterschiedlicher als „Individualität" angesprochener Praktiken und Vorstellungen suggeriert. Beobachten lassen sich durchaus Entwicklungen, die das Gewicht, die gesellschaftliche Präsenz bestimmter Individualitätspraktiken verändern. Es lassen sich sogar parallele Entwicklungen finden, die Zunahme des Biographischen weist eine Parallelität in der Zunahme der Kommunikation über Divinisierung auf, Intensivierungsformen des Religiösen und religiöse Gruppenbildung scheinen sich zeitgleich zu entwickeln – bei aller Vorsicht, die die Datierung solcher diffusen und schlecht bezeugten Prozesse verlangt. Andere Formen, die an der religiösen Sprache des Polytheismus hängen, könnten sich eher gegenläufig entwickelt haben. Die hier nicht angesprochene Rolle religiöser Medien als Mittel aristokratischer Konkurrenz – in Tempelstiftungen und ästhetischen Gestaltungen oder im Ausbau von Festritualen – scheint unter den politischen Bedingungen der Kaiserzeit ebenfalls rückläufig gewesen zu sein. Das macht deutlich, dass die sozialstrukturelle Steigerung von Individualitätschancen, kurz: Individualisierung, ein historisch kontingenter Prozess ist und keine selbstlaufende religiöse oder gesellschaftliche Entwicklungslogik[70] darstellt.

Wenn die vorstehenden Beobachtungen diese historische Einbettung unterstrichen haben, haben sie noch eine andere Kontextualisierung von Individualität plausibel gemacht, die meine Ausgangsbestimmung von Individualität schon postulierte: Gerade der Blick auf Individualität zeigt einer historisch-anthropologischen Betrachtung den „ganzen Menschen" als soziales Wesen.

Literatur

Ando, C., Imperial ideology and provincial loyalty in the Roman Empire, in: *T. Habinek* (ed.), Classics and contemporary thought, Vol. 6, Berkeley, Ca 2000

–, The Matter of the Gods. Religion and the Roman Empire (Transformation of the Classical Heritage 44), Berkeley, Ca 2008

---

[69] Vgl. *Simmel*, Individualismus.

[70] Vgl. die Kritik von *Assmann* / *Stroumsa*, Introduction, 4.

Arweiler, A. / Möller M. (Hg.), Vom Selbst-Verständnis in Antike und Neuzeit. Notions of the Self in Antiquity and Beyond, Berlin 2008

Assmann, J. / Stroumsa, G.G., Introduction, in: *dies.* (ed.), Transformation of the inner self in ancient Religions (Studies of the History of Religions), Leiden et alii 1999, 1–6

Aubry, G., Démon et intériorité d'Homère à Plotin. Esquisse d'une histoire, in: *ders.* (Éd.), Le moi et l'intériorité, Paris 2008, 255–268

Bassani, M., Sacraria. Ambienti e piccoli edifici per il culto domestico in area vesuviana (Antenor Quaderni 9), Rom 2008

Baumgarten, R., Heiliges Wort und Heilige Schrift bei den Griechen. Hieroi Logoi und verwandte Erscheinungen (ScriptOralia 110 Reihe A. Altertumswissenschaftliche Reihe 26), Tübingen 1998

Behr, C.A., Aelius Aristides and the Sacred Tales, Amsterdam 1968

Belayche, N., Rites et „Croyances" dans l'Épigraphie Religieuse de l'Anatolie Impériale, in: *J. Scheid* (Éd.), Rites et Croyances dans les Religions du Monde Romain (EnAC 53), Genf 2007, 73–115

–, Du texte à l'image. Les reliefs sur les stèles „de confession" d'Anatolie, in: *S. Estienne* (Èd.), Image et Religion dans l'Antiquité Gréco-Romaine. Actes du colloque de Rome, Neapel 2008, 181–194

Bell, D.M., Development of the Religious Self. A Theoretical Foundation for Measuring Religious Identity, in: *A. Day* (ed.), Religion and the individual. Belief, practice, identity, Aldershot 2008, 127–142

Bodel, J., Cicero's Minerva, Penates, and the Mother of the Lares. An Outline of Roman Domestic Religion, in: *J. Bodel / S.M. Olyan* (ed.), Household and Family Religion in Antiquity, Oxford 2008, 248–275

Bonnet, C. / Rüpke, J. / Scarpi, P. (éd.), Religions orientales – culti misterici. Neue Perspektiven – nouvelle perspectives – prospettive nuove (Potsdamer altertumswissenschaftliche Beiträge 16), Stuttgart 2006

Bowden, H., Mystery cults of the ancient world, Princeton / London 2010

Boyce, G.K., Corpus of the Lararia of Pompei (MAAR 14), Rom 1937

Brakke, D. / Satlow, M.L. / Weitzman, S. (ed.), Religion and the self in antiquity, Bloomington, In 2005

Brelich, A., Paides e parthenoi Primo volume (Incunabula graeca 36), Rom 1969

Bremmer, J., The Early Greek Concept of the Soul, Princeton 1983

Brown, P., The Body and Society. Men, Women and Sexual Renunciation in Early Christianity (LHR.NS 13), New York 1988

Brox, N., Der Hirt des Hermas (KAV 7), Göttingen 1991

Burkert, W., Antike Mysterien. Funktion und Gehalt, München 1991

–, Griechische Religion der archaischen und klassischen Epoche (Die Religionen der Menschheit 15), Stuttgart 2011

Cancik, H. / Rüpke, J. (Hg.), Die Religion des Imperium Romanum. Koine und Konfrontationen, Tübingen 2009

Casadio, G., Ancient Mystic Religion. The Emergence of a New Paradigm from A.D. Nock to Ugo Bianchi, Mediterraneo Antico 9/2 (2006) 485–534

Cicala, V., Tradizione e culti domestici, in: *J. Ortalli / D. Neri* (ed.), Immagini divine. Devozioni e divinità nella vita quotidiana ei Romani, Testimonianze archeologiche dall'Emilia Romagna, Firenze (2007) 43–55

Clauss, M., Kaiser und Gott. Herrscherkult im römischen Reich, Stuttgart 1999

Collins, P., Accommodating the Individual and the Social, the Religious and the Secular. Modelling the Parameters of Discourse in 'Religious' Contexts, in: *A. Day* (ed.), Religion and the individual. Belief, practice, identity, Aldershot 2008, 143–167

Cox, P., Biography in Late Antiquity. A Quest for the Holy Man (Transformation of the Classical Heritage 5), Berkeley, Ca 1983

Demoen, K. / Praet, D. (ed.), Theois Sophistes. Essays on Flavius Philostratus' Vita Apollonii (Mn.S 305), Leiden 2009

Dillon, J., Holy and not so Holy. On the Interpretation of Late Antique Biography, in: *B. McGing / J. Mossman* (ed.), The Limits of Ancient Biography, Swansea 2006, 155–167

Dumont, L., Essays on individualism. Modern ideology in anthropological perspective, Chicago 1986

Fröhlich, T., Lararien- und Fassadenbilder in den Vesuvstädten. Untersuchungen zur „volkstümlichen" pompejanischen Malerei (MDAI.RE 32), Mainz 1991

Fuhrer, T., De-Konstruktion der Ich-Identität in Augustins Confessiones, in: *A. Arweiler / M. Möller* (Hg.), Vom Selbst-Verständnis in Antike und Neuzeit. Notions of the Self in Antiquity and Beyond, Berlin 2008, 175–188

Füssel, M., Die Kunst der Schwachen. Zum Begriff der ‚Aneignung' in der Geschichtswissenschaft, Sozial.Geschichte 21/3 (2006) 7–28

Gill, C., Personhood and Personality. The Four-personae Theory in Cicero, De officiis I, OSAP 6 (1988) 169–199

–, The Structured Self in Hellenstici and Roman Thought, Oxford 2006

–, The Self and Hellenstic-Roman Philosophical Therapy, in: *A. Arweiler / M. Möller* (Hg.), Vom Selbst-Verständnis in Antike und Neuzeit. Notions of the Self in Antiquity and Beyond, Berlin 2008, 359–380

–, Seneca and selfhood. Integration and disintegration, in: *S. Bartsch / D. Wray* (ed.), Seneca and the Self, Cambridge, Ma 2009, 65–83

Haake, M., Philosopher and Priest. The Image of the Intellectual and Social Practice of the Elites in the Eastern Roman Empire (First – Third Centuries AD), in: *B. Dignas / K. Trampedach* (ed.), Practioners of the Divine. Greek Priests and Religious Officials from Homer to Heliodorus, Cambridge, Ma 2008, 145–165

Hahn, J., Der Philosoph und die Gesellschaft. Selbstverständnis, öffentliches Auftreten und populäre Erwartungen in der hohen Kaiserzeit (Heidelberger althistorische Beiträge und epigraphische Studien 7), Stuttgart 1989

Ildefonse, F., Questions pour introduire à une histoire de l'intériorité, in: *G. Aubry* (Éd.), Le moi et l'intériorité, Paris 2008, 223–239

Jones, C.P., Aelius Aristides and the Asklepieion, in: *H. Koester* (ed.), Pergamon. Citadel of the gods. Archeological record, literary description, and religious development, Harrisburg, Pa 1998, 63–76

Kaufmann-Heinemann, A., Götter und Lararien aus Augusta Raurica: Herstellung, Fundzusammenhänge und sakrale Funktion figürlicher Bronzen in einer römischen Stadt (Forschungen in Augst 26), Augst, 1998

Kaufmann-Heinimann, A., Religion in the House, in: *J. Rüpke* (ed.), A Companion to Roman Religion, Oxford 2007, 188–201

Kühn, W., Se connaître soi-même. La contribution de Plotin à la compréhension du moi, in: *G. Aubry* (Éd.), Le moi et l'intériorité, Paris 2008, 127–149

Leeuw, G.v., Virginibus puerisque. A Study on the Service of Children in Worship (Mededeelingen der Koninklijke Nederlandsche Akademie van Wetenschappen, afd. Letterkunde, NR 2,12), Amsterdam 1939

Leutzsch, M., Die Wahrnehmung sozialer Wirklichkeit im „Hirten des Hermas" (FRLANT 150), Göttingen 1989

Luhmann, N., Individuum, Individualität, Individualismus, in: *ders.* (Hg.), Gesellschaftsstruktur und Semantik, Frankfurt a.M. 1989, 149–259

MacMullen, R., Christian Ancestor Worship in Rome, JBL 129/3 (2010) 597–613
Madsen, R., The Archipelago of Faith. Religious Individualism and Faith Community in America Today, AJS 114 (2009) 1263–1301
Misch, G., Geschichte der Autobiographie, Frankfurt a.M. 1969
Mueller, H.-F., Roman religion in Valerius Maximus, London u.a. 2002
North, J., The Development of Religious Pluralism, in: *J. Lieu* u.a. (ed.), The Jews Among Pagans and Christians. In the Roman Empire, London 1994, 174–193
Osiek, C., Shepherd of Hermas. A Commentary, Minneapolis 1999
Petsalis-Diomidis, A., Sacred Writing, Sacred Reading. The Function of Aelius Aristides' Self-Presentation as Author in the Sacred Tales, in: *B. McGing / J. Mossman* (ed.), The Limits of Ancient Biography, Swansea 2006, 193–211
Petzl, G., Die Beichtinschriften Westkleinasiens (Epigraphica Anatolica 22), Bonn 1994
Pongratz-Leisten, B., Überlegungen zum Epos in Mesopotamien am Beispiel der Kutha-Legende, in: *J. Rüpke* (Hg.), Von Göttern und Menschen erzählen. Formkonstanzen und Funktionswandel vormoderner Epik, Stuttgart 2001, 12–41
Radke-Uhlmann, G., Aitiologien des Selbst. Moderne Konzepte und ihre Alternativen in antiken autobiographischen Texten, in: *A. Arweiler / M. Möller* (Hg.), Vom Selbst-Verständnis in Antike und Neuzeit. Notions of the Self in Antiquity and Beyond, Berlin 2008, 107–129
Renberg, G., Dream-Narratives and Unnarrated Dreams in Greek and Latin Dedicatory Inscriptions, in: *E. Scioli / C. Walde* (ed.), Sub imagine somni. Nighttime Phenomena in the Greco-Roman World, Pisa 2010, 33–61
Rives, J.B., Religion and Authority in Roman Carthage from Augustus to Constantine, Oxford 1995
Rüpke, J., Commentarii, NP 3 (1997) 99–100
–, Apokalyptische Salzberge. Zum sozialen Ort und zur literarischen Strategie des ‚Hirten des Hermas', Archiv für Religionsgeschichte 1 (1999) 148–160
–, Der Hirte des Hermas. Plausibilisierungs- und Legitimierungsstrategien im Übergang von Antike und Christentum, ZAC 8 (2004) 276–298
–, Gestiftete Religion in der römischen Kaiserzeit, in: *H. Piegeler* u.a. (Hg.), Gelebte Religionen. Untersuchungen zur sozialen Gestaltungskraft religiöser Vorstellungen und Praktiken in Geschichte und Gegenwart (FS H. Zinser), Würzburg 2004, 73–79
–, Fasti sacerdotum. Die Mitglieder der Priesterschaften und das sakrale Funktionspersonal römischer, griechischer, orientalischer und jüdisch-christlicher Kulte in der Stadt Rom von 300 v.Chr. bis 499 n.Chr. (Potsdamer altertumswissenschaftliche Beiträge 12/13), Stuttgart 2005
–, Organisationsmuster religiöser Spezialisten im kultischen Spektrum Roms, in: *C. Bonnet* u.a. (ed.), Religions orientales – culti misterici. Neue Perspektiven – nouvelle perspectives – prospettive nuove, Stuttgart 2006, 13–26
–, Radikale im öffentlichen Dienst. Status und Individualisierung unter römischen Priestern republikanischer Zeit, in: *P. Barceló* (Hg.), Religiöser Fundamentalismus in der römischen Kaiserzeit, Stuttgart 2010, 11–21
–, Representation or presence? Picturing the divine in ancient Rome, Archiv für Religionsgeschichte 12 (2010) 183–196
–, Aberglauben oder Individualität? Religiöse Abweichung im römischen Reich, Tübingen 2011
Schelsky, H., Ist die Dauerreflexion institutionalisierbar?, in: *ders.* (Hg.), Auf der Suche nach Wirklichkeit, Düsseldorf 1965, 250–275
Schmidt, D. / Kaufmann-Heinimann, A., Götter im Haus (Augster Museumshefte 21), Augst 1999
Schmitt, A., Subjectivity as Presupposition of Individuality. On the Conception of Subjectivity

in Classical Greece, in: *A. Arweiler / M. Möller* (ed.), Vom Selbst-Verständnis in Antike und Neuzeit. Notions of the Self in Antiquity and Beyond, Berlin 2008, 313–341

Seim, T.K. / Œkland, J. (ed.), Metamorphoses. Resurrection, Body and Transformative Practices in Early Christianity (Ekstasis 1), Berlin 2009

Seiwert, H., Post-durkheimianische Religion? Überlegungen zum Kontrast moderner und vormoderner Religion im Anschluss an Charles Taylor, in: *T.E.A. Hase* (Hg.), Mauss, Buddhismus, Devianz (FS H. Mürmel), Marburg 2009, 99–114

Sellars, J., The art of living. The Stoics on the nature and function of philosophy Burlington, Vt 2004

Setaioli, A., La struttura dell'io in un libro recente, International Journal of the Classical Tradition 15 (2008) 440–456

Simmel, G., Individualismus, Marsyas 1 (1917) 33–39

Song, E., Aufstieg und Abstieg der Seele. Diesseitigkeit und Jenseitigkeit in Plotins Ethik der Sorge (Hyp. 180) Göttingen 2009

Spiro, M.E., Is the Western Conception of the Self "Peculiar" within the Context of the World Cultures?, Ethos 21/2 (1993) 107–153

Taylor, C., Negative Freiheit? Zur Kritik des neuzeitlichen Individualismus, Frankfurt a.M. 1988

Tugendhat, E., Selbstbewußtsein und Selbstbestimmung. Sprachanalytische Interpretationen Frankfurt a.M. 1997

Van Andringa, W., Quotidien des dieux et des hommes. La vie religieuse dans les cités du Vésuve à l'époque romaine (BEFAR 337), Rom 2009

Winter, R., Das Geheimnis des Alltäglichen. Michel de Certeau und die Kulturanalyse, in: *M.H. Füssel* (Hg.), Michel de Certeau. Geschichte, Kultur, Religion, Konstanz 2007, 201–219

Wrede, H., Consecratio in formam deorum. Vergöttlichte Privatpersonen in der römischen Kaiserzeit, Mainz 1981

Antikes Judentum

Hermann Lichtenberger

Der „gespaltene Mensch"

Menschenbilder in Qumran

Im Rahmen eines Buchs über den „ganzen Menschen" mag der Titel „Der gespaltene Mensch" überraschen. Wie noch zu zeigen sein wird, stellt er jedoch keinen Widerspruch dazu dar.

I. Die Kreatürlichkeit des Menschen

Die Reflexion des Wissens um die Niedrigkeit, die Hinfälligkeit und das Todesverhängnis geht in Qumran auf die alttestamentliche Überlieferung[1] zurück, sie wird aber in ganz spezifischer Weise weitergeführt. Einerseits, indem sich zur Niedrigkeit die Sündenverfallenheit hinzugesellt, andererseits, dass auch dort, wo die Hoheit des Menschen als Geschöpf Gottes in den Blick kommt, sich seine Beherrschtheit durch andere Mächte hineindrängt (1QS III,15).

1. Kreatürlichkeit und Sündhaftigkeit

Verbindet sich in der alttestamentlichen Überlieferung die Kreatürlichkeit des Menschen mit seiner Vergänglichkeit, so tritt in den frühjüdischen Texten von Qumran das Element der Sündhaftigkeit hinzu. Auch dies ist alttestamentlich vorgegeben (Ps 51), in Qumran wird dieses aber zum bestimmenden Gesichtspunkt, vgl. 1QH[a] IX 23–29[2] (= 1,21–27 Suk.):[3]

> (21)„Dies erkannte ich aus der von dir geschenkten Einsicht,
> denn du hast mein Ohr für deine wunderbaren Geheimnisse geöffnet.
> Und ich, ein Gebilde aus Lehm und im Wasser Geknetetes,
> (22) eine Gründung (d.h. ein Bau) der Schande und eine Quelle der Unreinheit,

---

[1] Zum alttestamentlichen Menschenbild siehe unter den Älteren *Eichrodt*, Menschenverständnis; *Köhler*, Mensch; *Wolff*, Anthropologie. Jetzt insbesondere *Janowski*, Konfliktgespräche mit Gott.

[2] Vgl. Edition von *Stegemann / Schuller / Newsom*, 1QHodayot[a], 119.

[3] Vgl. Edition von *Sukenik*, Dead Sea Scrolls.

> ein Brennofen der Schuld und ein Gebäude der Sünde,
> ein Geist der Verwirrung und verkehrt, ohne (23) Einsicht
> und in Schrecken versetzt durch die gerechten Gerichte."[4]

Dieses Ich spricht von sich als einer Einheit, das nicht zwischen einem guten und einem bösen Teil seiner selbst unterscheidet, sondern von sich als Gesamtheit redet. Ein Zwischenabschnitt spricht über die Determiniertheit allen Geschehens (Z. 23–25), um dann neu einzusetzen:

> (25) „Wie sollte ein Mensch seine Sünde aufzählen
> und wie könnte er sich für seine Vergehen verteidigen?
> (26) Und was könnte der Frevler auf das gerechte Gericht antworten?
> Bei dir, du Gott der Erkenntnisse, sind alle Taten der Gerechtigkeit
> (27) und der Rat der Wahrheit,
> aber bei den Menschenkindern sind Dienst der Sünde und Taten des Trugs."

Deutlich wird die gesamtmenschliche Schuldverfallenheit, die weder zwischen einzelnen Menschen differenziert – hier spricht ja der fromme Beter! –, noch im Menschen unterschiedliche Ebenen postuliert.

Nur ein weiterer Text sei angeführt, der die Fragestellung erweitert: 1QS XI, 9–12[5]. In den Zeilen zuvor hat der Beter des sog. Schlusspsalms der Handschrift 1QS auf Gottes wunderbare Geheimnisse geblickt, die er der Menge vorenthalten, aber seinen Erwählten zum ewigen Besitz gegeben hat (1QS XI, 2–9). Doch dann setzt er neu ein:

> (9) „Und ich, ich gehöre zur frevlerischen Menschheit,
> zur Gemeinschaft des Fleisches des Frevels.
> Meine Sünden, meine Übertretungen, meine Sünden
> zusammen mit der Verderbtheit meines Herzens
> (10) lassen mich zugehören zur Menge des Gewürms und derer,
> die in Finsternis wandeln.
> Denn [nicht] ist beim Menschen sein Weg,
> und ein Mensch kann seinen Weg nicht festmachen.
> Nur bei Gott ist Gerechtigkeit,
> und aus seiner Hand (11) kommt der vollkommene Wandel
> und durch sein Wissen geschieht alles.
> Und alles, was ist, richtet er nach seinem Plan,
> und ohne ihn geschieht nichts.
> Aber ich, wenn (12) ich wanke,
> so sind die Gnadenerweise Gottes meine Rettung für immer.
> Und wenn ich strauchle über die Sünde des Fleisches,
> so besteht meine Rechtfertigung in der Gerechtigkeit Gottes für immer."

In diesem Text wird die schöpfungsmäßige Determiniertheit zur Sünde und das Wunder der Rettung dieses Menschen zum Ausdruck gebracht. Die Unausweichlichkeit der Sünde müsste eigentlich zur Vernichtung des Menschen führen, doch Gottes Gnadenfülle rettet

---

[4] Die Qumranzitate werden, wenn nicht anders angegeben, in eigener Übersetzung geboten.
[5] Daraus Auszüge in eigener Übersetzung.

den Menschen, und zwar in Ewigkeit. Zu dem daraus folgenden Lob Gottes wird der Mensch erst durch Gott selbst befähigt (15ff). Dem entspricht, dass dem erstgenannten Text ein Abschnitt über den von Gott geschenkten Lobpreis folgt.[6]

2. Der niedrige und sündhafte Mensch und die Gemeinschaft mit den Engeln – Engelgemeinschaft im Lobpreis Gottes

Engeln und Menschen ist gemein, dass sie erschaffene Wesen sind, und doch haben Engel in außerordentlicher Weise Anteil an Gottes Heiligkeit – jedenfalls sofern es die „guten“ Engel betrifft. Dieser fundamentale Unterschied an Reinheit und Heiligkeit der Engel gegenüber den Menschen wird auch dort nicht aufgehoben, wo von einer Gemeinschaft der frommen Gemeinde mit den Engeln gesprochen wird. Gerade dort, wo die höchsten Aussagen über die Gemeinschaft des Beters mit den Engeln gemacht werden, bleibt die unüberbrückbare Unterscheidung bewusst: „Ich preise dich, Herr, denn du hast mein Leben erlöst aus der Grube und aus der Unterwelt des Abgrunds hast du mich emporgehoben zu ewiger Höhe. Und ich wandle auf grenzenloser Ebene und weiß, dass es Hoffnung gibt für den, den du aus Staub zum ewigen Rat gebildet hast. Und den verkehrten Geist hast du gereinigt von großer Freveltat, dass er sich aufstelle an den Standort mit dem Heer der Heiligen, und damit er komme in die Gemeinschaft mit der Gemeinde der Söhne des Himmels. Und du hast dem Mann ein ewiges Los geworfen mit den Geistern der Erkenntnis, damit er deinen Namen preise im gemeinsamen Jubel und er deine Wundertaten vor all deinen Geschöpfen erzähle. Und ich, das Gebilde aus Lehm, was bin ich? Mit Wasser Geknetetes. Und was gelte ich? Und was ist meine Kraft?“ (1QH^a XI 20–25 [= 1QH^a 3,19–24 Suk.]).[7]

Die Gemeinschaft mit den Engeln gilt trotz der Niedrigkeit und Anfälligkeit zur Sünde aufseiten der Menschen. Sie vollzieht sich in der Liturgie („im gemeinsamen Jubel“), in der der Mensch in Gemeinschaft mit der Gemeinde Anteil am himmlischen Gottesdienst der Engel erhält. Ein großes liturgisches Werk, die Sabbatlieder, dreizehn für das erste Vierteljahr bestimmte Lobpreisungen Gottes, geben Zeugnis von dieser, die spätere jüdische Mystik vorwegnehmende Gemeinschaft von Engeln und Menschen im Lobpreis.[8] Die Gemeinschaft mit den Engeln erfordert jedoch äußerste kultische Reinheit, um die Gegenwart der Engel nicht zu kontaminieren: „Denn die heiligen Engel sind in ihrer Gemeinde.“

---

[6] Vgl. 1QH^a IX 29–33 (= 1QH^a 1,27–31 Suk.): „Du hast geschaffen (28) den Hauch auf der Zunge / und du kennst ihre Worte / und du setztest die Frucht der Lippen fest, bevor sie wurde(n), / und du setztest fest Worte nach der Messschnur, / (29) und das Hervorgehen des Hauchs der Lippen nach Maß. / Und du ließest Laute hervorgehen nach ihren Geheimnissen.“

[7] Die Übersetzung nimmt Elemente der Übersetzung von *Lohse*, Qumran, 121ff, auf.

[8] Vgl. Edition *Newsom*, Songs.

3. Die Reinheit der Heilsgemeinde und die Unreinheit des Menschen

„Denn die heiligen Engel sind in ihrer Gemeinde“: Mit dieser und ähnlichen Wendungen wird einerseits die Gewissheit des Segens Gottes in der Gemeinde begründet („denn Gott ist mit euch und [seine heiligen] Engel sind [gegenwärtig] in eurer Gemeinde und sein heiliger Name ist über euch ausgerufen“ 11Q14 [Berakhot] 1,II, 14f), andererseits wird der Ausschluss geistig oder körperlich Versehrter von der Zulassung zur Gemeinde (CD XV,15–18) bzw. aus der „Versammlung der angesehenen Männer“ (1QSa II,3–9) und von der Teilnahme am endzeitlichen Krieg verfügt (1QM VII,3–6):

> „Ist einer ein Tor, ein Verrückter oder irgendein irrender Einfältiger, ein Schwachsinniger, der nichts sieht, ein Lahmer oder Hinkender oder Tauber und ein kleiner Knabe: Nicht darf ein[er von diesen in die Gemeinde hinein kommen, denn Engel der Heiligkeit sind ...] ... unter ihnen“ (CD XV,15–18).[9]
>
> „Und kein Mann, der mit irgendeiner Unreinheit des Menschen geschlagen ist, darf in die Versammlung Gottes eintreten. Und jeder Mann, der mit diesen (Unreinheiten) geschlagen ist, ist untauglich, eine Stellung inmitten der Gemeinde einzunehmen. Und jeder Mann, der an seinem Fleisch geschlagen ist, gelähmt an den Füßen oder Händen, hinkend oder blind oder taub oder stumm oder mit einem Makel an seinem Fleisch geschlagen, der vor den Augen sichtbar ist, oder ein alter Mann, der zittert, so dass er sich nicht aufrecht halten kann inmitten der Gemeinde: nicht dürfen diese kom[men], um [in]mitten der Gemeinde der angesehenen Männer einen Platz einzunehmen; denn die Engel der Heiligkeit sind [in ihrer G]emeinde“ (1QSa II, 3–9).[10] „Kein Hinkender oder Blinder oder Lahmer oder jemand, der ein dauerndes Gebrechen an seinem Fleische hat, oder einer der geschlagen ist mit der Unreinheit seines Fleisches – alle diese sollen nicht mit ihnen in den Kampf gehen (...) Und jeder Mann, der nicht rein ist von seiner Quelle her am Tage des Kampfes, soll nicht mit ihnen hinunterziehen; denn die heiligen Engel sind zusammen mit ihren Heerscharen“ (1QM VII,4–6).[11]

Diese Ausschlussbestimmungen gehen auf Lev 21,16–23 zurück, wo Angaben darüber gemacht werden, welche körperlichen Leiden vom aktiven Priesterdienst am Altar ausschließen. Werden nun in Qumran die Bestimmungen für die Kulttauglichkeit der Priester auf die Zulassung zur Gemeinde überhaupt übertragen, so kommt darin das priesterliche Selbstverständnis der Qumrangemeinde zum Ausdruck. Ein besonderer Akzent ist jedoch darin zu sehen, dass, abweichend von Lev 21,16–23, wo Gottes bzw. des Heiligtums Heiligkeit verletzt würden, nun die Gegenwart der heiligen Engel tangiert wird. Dies gilt auch für die Reinheit des Lagers nach Num 5,1–4: Darf die Reinheit nicht verletzt werden, weil Gott selbst dort wohnt, so sind es in Qumran wieder die Engel, deren Heiligkeit nicht verletzt werden darf. In den Aussagen über Engelgemeinschaft und die kreatürliche Existenz des Menschen wird einerseits ein Antagonismus extremer Rein-

---

[9] Übersetzung nach *Maier*, Qumran-Essener, 31.

[10] Übersetzung nach *Lohse*, Texte, 49ff.

[11] Übersetzung nach *ders.*, aaO 197.

heitsvorstellungen, die eigentlich der englischen himmlischen Sphäre eigen sind, mit der Kreatürlichkeit des Menschen sichtbar. Dem Bemühen um höchste Reinheit entspricht das Staunen, dass Gott den niedrigen Menschen der Gemeinschaft mit den Engeln würdigt. Der Kreatürlichkeit des Menschen korreliert jedoch eine von Gott bestimmte Herrscherstellung des Menschen.

II. Die Hoheit des Menschen

Gott hat seine Schöpfung in die Herrschaft und Verantwortung des Menschen gegeben: 1QH 1 (Suk),1–21. Nach der Aufzählung der Schöpfungswerke Gottes (Z. 1–15) fährt der Psalm fort: „[Und du übergabst sie zur Herrschaft] dem Geist des Menschen, den du auf Erden gebildet hast für alle ewigen Tage und ewigen Geschlechter [...] Zu ihren Zeiten hast du ihren Dienst eingeteilt in all ihren Geschlechtern und rechte Satzung zu ihren Zeiten für [ihre] Herr[schaft ...] von Geschlecht zu Geschlecht ... Und nach [ ]deinem Willen ent]stand alles, und ohne dich wird nichts getan. Dieses erkannte ich aufgrund der mir von dir geschenkten Einsicht; denn du hast mein Ohr aufgetan für wunderbare Geheimnisse“ (15–21).[12] Diese Hoheit wird aber sogleich kontrastiert mit der Sündigkeit eben dieses Menschen (21–23):

> „Und ich, ein Gebilde aus Lehm und im Wasser Geknetetes,
> (22) eine Gründung (d.h. ein Bau) der Schande und eine Quelle der Unreinheit,
> ein Brennofen der Schuld und ein Gebäude der Sünde,
> ein Geist der Verwirrung und verkehrt, ohne (23) Einsicht
> und in Schrecken versetzt durch die gerechten Gerichte.“[13]

Andererseits kann ganz ungebrochen von der Hoheit des Menschen gesprochen werden, so in einer Kriegsordnung für den endzeitlichen Kampf in der Kriegsregel 1QM X, wo von einem Priester in einer Ansprache vor der Schlacht die Macht Gottes beschworen wird:

> „Wer ist wie du, Gott Israels, im Hi[mm]el und auf Erden, der es deinen großen Werken gleichtäte und deiner mächtigen Stärke? Und wer – ist wie dein Volk Israel, das du erwählt hast aus allen Völkern der Länder? Das Volk der Heiligen des Bundes und derer, die im Gesetz belehrt sind, der einsichtigen Weisen [...], die die Stimme des Geehrten hören und die heiligen Engel schauen, deren Ohr geöffnet ist und die Unergründliches vernehmen ...“ (1QM X, 8–11).[14]

Diese Hoheit des Menschen wird in andern Traditionen des Menschenbildes von Qumran eingeschränkt durch die Beherrschtheit des Menschen durch andere Mächte. „Andere“ bedeutet zunächst nur, dass es sich um Mächte außerhalb des Menschen und seiner Entscheidungsmöglichkeiten handelt. Konkret sind das Mächte des Guten bzw.

---

[12] Übersetzung in Anlehnung an *ders.*, aaO 113.
[13] Vgl. oben Anm. 12.
[14] Übersetzung nach *Lohse*, Texte, 203ff.

des Lichts oder des Bösen bzw. der Finsternis. Der zum Herrscher der Erde eingesetzte Mensch ist also selbst ein Beherrschter. Das soll im nächsten Kapitel entfaltet werden.

Eine Zwischenbemerkung sei hier erlaubt. Der Dualismus, der im folgenden entfaltet werden wird, hat seit der Entdeckung der Texte vom Toten Meer die Diskussion bestimmt und als das Charakteristikum der Theologie von Qumran hervortreten lassen. Im Gang der nun über 60jährigen Geschichte der Qumranforschung ist deutlich geworden, dass nicht alle Texte des Fundes aus den 11 Höhlen von Qumran der Produktivität oder Abschreibertätigkeit einer bestimmten Gemeinde entstammen. Die wissenschaftliche Forschung unterscheidet darum unter den Funden in den 11 Höhlen und ihrer Zugehörigkeit zu einer bestimmten Gemeinschaft, im Näheren bestimmt als Qumrangemeinde.[15] Der im Folgenden entfaltete Dualismus ist nach Auffassung der heutigen Forschung älter als die Gemeinschaft von Qumran, wurde aber von ihr begierig aufgenommen und ausgestaltet.[16]

III. Der gespaltene Mensch bzw. der Mensch als Kampfplatz (1QS III,13–IV,26)[17]

Der grundsätzlichen Aussage, dass Gott den Menschen zum Herrscher über den Erdkreis eingesetzt habe (1QS III,17f), folgt sogleich die Einschränkung, dass dieser Mensch selbst beherrscht sei:

> „Und er schuf den Menschen zur Herrschaft über den Erdkreis, und er hat ihm zwei Geister gesetzt darin zu wandeln bis zur Zeit seiner Heimsuchung.[18] Dies sind die Geister der Wahrheit und des Frevels."

1. Was sind die beiden Geister und wie ist ihr Verhältnis zum Menschen zu bestimmen?

Zunächst ist die Aussage wichtig, dass Gott die beiden Geister dem Menschen gesetzt hat. Damit wird von vornherein jede Annahme eines Gott gleichgeordneten bösen Prinzips zurückgewiesen. Die beiden Geister bilden die Grundmöglichkeiten menschlicher Existenz und des Verhaltens, sie haben jedoch ihre zeitliche Begrenzung in Gottes endzeitlichem Eingreifen. An dieser Stelle wird weder geklärt, ob der Mensch die Möglichkeit hat zu wählen, nach welchem Geist er leben möchte, noch ob die beiden Geister

---

[15] Zu den Kriterien siehe *Lange*, Qumran, 45ff, hier: 45f.

[16] Die sog. „Zwei-Geister-Lehre" ist in 4QS^c bezeugt, vgl. *Lange*, Weisheit, 126.

[17] Zur älteren Literatur vgl. *Lichtenberger*, Menschenbild, 123ff; vgl. weiter *Lange*, Weisheit, 121ff; *Frey*, Antithese, 45ff.

[18] Das ist, wenn Gott endgültig eingreift.

jeden Menschen gleichzeitig bestimmen; die letztere Frage wird erst in IV,15–26 beantwortet. Im folgenden wird dann die Herkunft von Wahrheit und Frevel aus Licht und Finsternis hergeleitet, sie werden in Verbindung gebracht mit dem „Fürsten der Lichter“ und dem „Engel der Finsternis“:

> „Durch den Fürsten der Lichter geschieht die Herrschaft über alle Söhne der Gerechtigkeit, sie wandeln (dementsprechend) auf Wegen des Lichts; durch den Engel der Finsternis geschieht alle Herrschaft der Söhne der Finsternis, und auf den Wegen der Finsternis wandeln sie (demgemäß)“ (1QS III,20f).

Die strikte Zuordnung der Gerechten zum Lichtfürsten und der Frevler zum Finsternisengel wird durchbrochen in der Möglichkeit der Verführung der „Söhne der Gerechtigkeit“ durch den Finsternisengel: Die Sünden der Gerechten geschehen allein aufgrund seiner in Gottes unerforschlichem Geheimnis begründeten Verführung. „Aber der Gott Israels und der Engel seiner Wahrheit (kommen zu) Hilfe für alle Söhne des Lichts“ (1QS 3,24f). Bewältigt wird so das Problem, dass auch die Gerechten sündigen, obwohl sie unter der Herrschaft des Lichterfürsten stehen. Mit dem Bezug auf die Geheimnisse Gottes wird dieses Faktum einerseits dem menschlichen Begreifen entzogen und mit Gottes Plan begründet; andererseits wird sichergestellt, dass dem Bösen nicht freier Lauf gewährt ist.

2. Der Geist der Wahrheit und der Geist des Frevels

In ausführlichen Tugend- (1QS IV,2–6) und Lasterkatalogen (1QS IV,9–11) werden dann die Wirkungen der jeweiligen Geister benannt.

Wirkungen des Geistes der Wahrheit:

> „Das Herz des Menschen zu erleuchten und vor ihm alle Wege der Gerechtigkeit der Wahrheit zu ebnen und sein Herz fürchten zu machen die Gerichte Gottes; und ein Geist der Demut und Langmut und Fülle des Erbarmens und ewige Güte und Einsicht und Verständnis und mächtige Weisheit, die vertraut auf alle Werke Gottes und sich stützt auf die Fülle seiner Gnade; und ein Geist der Erkenntnis in allem Planen der Tat und Eifer für die gerechten Gerichte und heiliges Denken mit festem Sinn und Fülle der Gnade für alle Söhne der Wahrheit und herrliche Reinheit, die alle Götzen der Unreinheit verabscheut, und demütiger Wandel in Klugheit von allem, und zu verbergen für die Wahrheit die Geheimnisse der Erkenntnis“ (1QS IV,2–6).[19]

Wirkungen des Geistes des Frevels:

> „Habgier und Lässigkeit der Hände im Tun der Gerechtigkeit, Frevel und Lüge, Stolz und Hochmut des Herzens, Trug und grausame Täuschung und Fülle der Ruchlosigkeit, Jähzorn und Fülle der Torheit und Eifer des Übermuts, Werke des Greuels im Geist der

---

19 Übersetzung nach *Lichtenberger*, Gemeinderegel, 120ff, hier 122f.

Hurerei und Wege der Unreinheit im Tun der Unreinheit und Zunge der Lästerung, Blindheit der Augen und Schwere (= Taubheit) des Ohrs, Starrheit des Nackens und Härtigkeit des Herzens, zu wandeln auf allen Wegen der Finsternis, und böswillige Hinterlist" (1QS IV,9–11).[20]

3. Heil und Unheil

Dem jeweiligen Verhalten entspricht dann Heil bzw. Unheil. Für die, die nach dem Geist der Wahrheit wandeln:

„Heilung und Fülle des Friedens in Länge der Tage und Fruchtbarkeit des Samens mit allen ewigen Segnungen und ewiger Freude im ewigen Leben und Krone der Herrlichkeit mit dem Gewand des Glanzes im ewigen Licht" (1QS IV,6–8).[21]

Für die, die nach dem Geist des Frevels wandeln:

„Fülle der Plagen durch alle Engel der Nichtigkeit zum ewigen Verderben durch den Zornesgrimm Gottes, Rache zum ewigen Abscheu und ewige Schmach mit endgültiger Vernichtung im Feuer der Finsternisse. Und alle ihre Zeiten sind für ihre Generationen in Traurigkeit des Kummers und Unheil der Bitternisse im Verderben der Finsternis bis zu ihrer Vernichtung, ohne Rest und Rettung für sie" (1QS IV,12–14).[22]

Hier wird wieder ganz prinzipiell geredet: Je nach dem, welchem Geist der Mensch folgt, ist sein endzeitliches Geschick. Aber verhält sich ein Mensch nur dem einen Geist gemäß, also entweder ganz gerecht oder ganz frevelhaft? Und ist er frei, hier eine Wahl zu treffen?

Darauf antwortet der abschließende Abschnitt 1QS IV,15–26.

4. Der Kampf der Geister im Menschenherzen

Gott hat die jeweiligen Geistanteile im Menschen festgelegt, und dementsprechend verhalten sich die Menschen. Sie haben also nicht eine Wahl, sondern sie sind durch die ihnen zugeteilten jeweiligen Geistanteile von Wahrheit und Frevel in ihrem Tun determiniert, zu Heil oder Unheil prädestiniert.

„Denn Gott hat sie (d.h. die Geistanteile) zu jeweiligen Teilen gesetzt bis zur letzten Zeit" (1QS IV,16f). „Bis dahin kämpfen die Geister der Wahrheit und des Frevels im Herzen des Menschen" (1QS IV,23).

„Entsprechend dem Erbe (= Anteil) eines Menschen an der Wahrheit ist er gerecht, und so haßt er den Frevel, und entsprechend seinem Besitz am Los der Bosheit frevelt er dadurch, und so verabscheut er die Wahrheit" (1QS IV,24f).[23]

---

[20] Übersetzung nach *ders.*, aaO 123.

[21] Übersetzung nach ebd.

[22] Übersetzung nach ebd.

[23] Übersetzung nach *ders.*, aaO 123f.

Der Abschnitt spricht vom Streit der beiden Geister im Menschenherzen. Diesen Kampf führt also nicht der Mensch gegen den Geist des Frevels oder den Geist der Wahrheit, sondern diese beiden Geister kämpfen im Menschenherzen gegeneinander. Je nach der Größe des Anteils an einem jeden der beiden Geister handelt der Mensch überwiegend gut oder böse. Die Größe des jeweiligen Anteils kann vom Menschen nicht verändert werden, sondern ist in Gottes Schöpfung festgelegt. Dies gilt bis zum Ende der Zeit, wenn Gott die Gerechten von allem Frevelgeist befreien wird und sie die verlorene „Herrlichkeit Adams“ wiedererlangen; dies wird als ein Akt der Neuschöpfung verstanden (1QS IV,20–26). Während der jetzigen Zeit der „Herrschaft Belials (= des Teufels)“ (1QS II,19) aber ist der Mensch Kampfplatz der beiden widerstreitenden Geister, die ihn je nach dem von Gott zugeteilten Maß beherrschen. Diese Determination kann durch keine Paränese oder Askese überwunden werden, sondern findet erst in der endzeitlichen Restitution zur „Herrlichkeit Adams“ (1QS IV,23).

5. Ein Horoskop aus den Qumranfunden 4Q186

Ein Horoskop aus den Qumranfunden kann die schöpfungsmäßige Determination des Menschen im Blick auf Anteile des Guten (Licht) oder des Bösen (Finsternis) veranschaulichen. In der fragmentarisch erhaltenen Handschrift 4Q186[24] sind in verschlüsselter Form[25] auf sechs Kolumnen Reste von mindestens vier Geburtshoroskopen erhalten, in denen die Anteile von Licht und Finsternis je nach der Geburtskonstellation unterschiedlich ausfallen, aber immer in ihrer Summe neun sind. Je mehr Lichtanteile, desto schöner wird ein Mensch, der Überzahl von Finsternisanteilen entspricht ein hässlicher Mensch. Zwei Beispiele sollen dies veranschaulichen:

> „Seine Schenkel sind lang und dünn und seine Zehen sind dünn und lang“ (4Q186 1 II 5f). „Er hat sechs (Anteile) Geist im Haus des Lichts, und drei in der Grube der Finsternis. Und das ist die Konstellation, in der er geboren wird: Im Fuß des Stiers. Arm (im Sinn von demütig, gottgefällig) wird er sein, und das ist sein Tier[kreiszeichen]: Stier“ (4Q186 1 II 7–9).

In diesem Fall werden Aussehen und Lebensumstände mit einer bestimmten Geburtskonstellation und Anteilen an Licht und Finsternis verbunden.

> „Seine Zähne stehen nach außen, und die Finger seiner Hände sind dick und seine Schenkel sind dick und jeder ist voller Haare. Und die Zehen seiner Füße sind dick und kurz. Und er hat Geist(anteile) im Haus der [Finsternis a]cht und einen aus dem Haus des Lichts“ (4Q186 1 II 4–6).

Leider ist die Fortsetzung nicht erhalten, so dass wir nichts über den Lebensweg dieses Menschen erfahren. Mit der Summe neun der Anteile an Licht und Finsternis wird

---

24 Edition *Allegro*, Cave 4, 88–91, Plate XXXI.

25 Schreibweise von links nach rechts (Ausnahme 1 II 2), vereinzelt althebräische und griechische Buchstaben.

sichergestellt, dass keine Gleichmäßigkeit zustande kommt, sondern immer die eine Seite das Übergewicht hat. Ein solches Zahlenverhältnis begegnet in 1QS IV,15–26 nicht; aber auch dort scheint es nicht die Vorstellung zu geben, dass sich Gut und Böse die Waage halten könnten.

IV. Abschließende Überlegungen

Das Menschenbild, das uns in Texten aus den Qumranfunden begegnet, ist nicht einheitlich, auch die Texte, die wir auf eine bestimmte Gemeinschaft vom Toten Meer zurückführen („Qumran–Essener") sprechen keineswegs übereinstimmend über den Menschen und seine Freiheit oder Unfreiheit zum Tun des Guten. In Texten aus Qumran, die wir im weitesten Sinn den Psalmen zurechnen können, spricht sich das Staunen darüber aus, dass Gott den vergänglichen und sündigen Menschen des Heils und seiner Gemeinschaft – oft verstanden als Gemeinschaft mit den Engeln – würdigt. In dem lehrmäßigen Traktat 1QS III,13–IV,26 wird in argumentativem und sich gedanklich entwickelndem Stil Gottes Determinieren zu Wahrheit und Frevel, Licht und Finsternis und sein Prädestinieren zu Heil und Unheil ausgebreitet. Zunächst wird in dualistischen Gegenüberstellungen argumentiert, die sich aber rasch als unzureichend erweisen. Denn auch die Gerechten, die unter der Herrschaft des Fürsten der Lichter stehen, sündigen. Die sich daraus entwickelnde Lösung kann nur deterministisch erklären, warum Gut und Böse im Menschen zusammen auftreten: In den Anteilen des Geistes der Wahrheit einerseits und denen des Geistes des Frevels, die Gott in den Menschen gegeben hat. Der Mensch wird zum Kampfplatz der widerstreitenden Mächte und wird erst endzeitlich aus diesem Dilemma befreit werden.

Wir müssen heute sagen, dass dies, trotz aller mythologischen Vorgaben, ein beeindruckend realistisches Bild des Menschen zeichnet. Das Böse ist eben strukturell in der Welt und ist nicht bloß ein Mangel an Gutem, der durch guten Willen aufgehoben werden könnte. Dieses Menschenbild der Qumrantexte ist radikaler als die späteren rabbinischen Modelle, die wohl auch von einem Kampf der Triebe des Guten und des Bösen im Herzen des Menschen wissen, die aber dem Menschen dabei eine wichtige Rolle einräumen, für welchen der Triebe er sich entscheiden möchte. Es ist auch radikaler als die aus sokratisch-stoischer Tradition erwachsene Auffassung, dass der Mensch, wenn er nur wisse, was das Gute ist, dies auch tue. Qumran steht hier sehr viel näher an Paulus, der eben von der verzweifelten Erfahrung spricht, dass ich das Gute, das ich will, nicht tue.[26]

---

[26] Vgl. *Lichtenberger*, Ich Adams.

Abkürzungen der Qumrantexte

1QH	Loblieder
1QS	Gemeinderegel
1QSa	Gemeinschaftsregel
CD	Damaskusschrift
1QM	Kriegsrolle
4Q186	Horoskope
4QS^{c}	Handschrift der Gemeinderegel (eingearbeitet in Lohse)
11Q14	Berakhot Segenssprüche

Hebräischer Text mit deutscher Übersetzung dieser Texte (außer 4Q186 und 11Q14) bei *E. Lohse*, Die Texte aus Qumran. Hebräisch und Deutsch, München-Darmstadt 1964 (weitere Auflagen)

Literatur

Editionen und Übersetzungen

Allegro, J.M., Qumran Cave 4, I (4Q158–186) (DJD V), Oxford 1968

Lichtenberger, H., Die Gemeinderegel, in: *J.H. Charlesworth* (ed.), The Dead Sea Scrolls. Rule of the Community. Photographic Multi-Language Edition, Philadelphia 1996, 120–131

Lohse, E., Die Texte aus Qumran, München / Darmstadt 1964

Maier, J., Die Qumran–Essener. Die Texte vom Toten Meer, Bd. 2 (UTB 1863), München / Basel 1995

Newsom, C., Songs of the Sabbath Sacrifice, Atlanta 1985

–, Songs of the Sabbath Sacrifice (DJD XI), Oxford 1998

Stegemann, H. / Schuller, E. / Newsom, C., 1QHodayot^{a} (DJD XL), Oxford 2009

Sukenik, E.L., The Dead Sea Scrolls of the Hebrew University, Jerusalem 1955

Sekundärliteratur

Eichrodt, W., Das Menschenverständnis des Alten Testaments, Basel 1944

Frey, J., Die paulinische Antithese von ‚Fleisch' und ‚Geist' und die palästinisch-jüdische Weisheitstradition, ZNW 90 (1999) 45–77

Janowski, B., Konfliktgespräche mit Gott. Eine Anthropologie der Psalmen, Neukirchen-Vluyn ^{3}2009

Köhler, L., Der hebräische Mensch, Tübingen 1953 / Nachdruck Darmstadt 1976

Lange, A., Weisheit und Prädestination. Weisheitliche Urordnung und Prädestination in den Textfunden von Qumran (StTDJ 18), Leiden 1995

Lange, A. / Lichtenberger, H., Art. Qumran, TRE 28 (1997) 45–79

Lichtenberger, H., Studien zum Menschenbild in Texten der Qumrangemeinde (StUNT 15), Göttingen 1980

–, Das Ich Adams und das Ich der Menschheit (WUNT 164), Tübingen 2004

Wolff, H.W., Anthropologie des Alten Testaments. Mit zwei Anhängen neu herausgegeben von B. Janowski, Gütersloh 2010

Matthias Morgenstern

Der ganze Mensch der Tora

Anmerkungen zur Anthropologie des rabbinischen Judentums

I. Zwei Konzeptionen von Heiligkeit

Theodoret berichtet in seiner *Historia Religiosa* von Simeon dem Säulenheiligen (Stylites), dem ein neugieriger Laie, der bei ihm die Leiter hinaufgeklettert war, die Frage gestellt habe, ob er ein Mensch sei.[1] Die Frage nach dem *Menschsein* wird hier, in der Spätantike, nicht ohne Grund an einer *Grenze* thematisch: angesichts eines auf seiner Säule sitzenden Heiligen, der – wie Peter Brown geschrieben hat – „den Dämonen des Luftreichs" näher war „als den Menschen"[2] und der durch „theatralische Akte der Selbstabtötung" in sich eine „totale Abspaltung schuf, indem er sie aus einem ganzen Leben asketischer Existenz heraushämmerte."[3] Die Grenze menschlichen Lebens wird in dieser Szene dort kenntlich, wo das Leben aufzuhören droht oder – im monastischen Kontext – gar gleichsam aufhören soll: in der bis auf die Spitze getriebenen Askese, in der „Instabilität und Formlosigkeit des Lebens des einzelnen in der Wüste"[4], der dort das Ideal eines „engelhaften Lebens" verwirklichte.[5] Simeon Stylites stand mit seinem extremen Beispiel für diese Grenzüberschreitung, die Transzendierung des Menschseins hin auf eine unmenschliche oder übermenschliche Finalität. Die ihm zugesprochenen Epitheta – in den uns vorliegenden Texten wird er „Mauer"[6] oder „Löwe"[7] genannt – verweisen auf eine Entpersönlichung, auf eine „personifizierte Objektivität"[8], die als kennzeichnend für eine Epoche gelten kann, in der die mönchischen Gemeinschaften

---

1 PG 82, 1481B, Z. 23 (ἄνθρωπος εἶ, ἢ ἀσώματος φύσις;).

2 *Brown*, Gesellschaft, 36.

3 *Ders.*, aaO 38.

4 *Ders.*, aaO 25.

5 Vgl. *ders.*, aaO 57: „Der Heilige führte ein Leben, mit dem er Engel nachahmte. Er bezog seine Kräfte daraus, daß er sich in die Wüste zurückzog, also in die Antithese menschlichen Lebens, wo einst Christus von den Engeln bedient worden war und wo die Engel Johannes den Täufer in das erste Mönchsgewand gehüllt hatten." Vgl. dazu auch *Nagel*, Motivierung, 34–48.

6 *Hilgenfeld*, Lebensbeschreibung, 187 (Brief des Kosmas).

7 *Ders.*, Vorschriften und Ermahnungen, 180, 14.

8 *Brown*, Gesellschaft, 36.

„mit überraschender und bemerkenswerter Geschwindigkeit in Syrien und Palästina rings um den örtlichen Heiligen aus dem Boden schossen.“[9]

Diese Entwicklung lässt sich freilich zugleich als Begleiterscheinung eines neuen Interesses am individuellen Menschen deuten, einer Wahrnehmung der Möglichkeit biographischer Umbrüche und Diskontinuitäten unter Einschluss des Lösens aller verwandtschaftlichen Bindungen. Die Optionen des Ausbruchs aus normierten Handlungsräumen – in neutestamentlicher Sprache könnte man von einer „Wiedergeburt“ sprechen –, die hier sichtbar werden, waren Kehrseite des Verfalls der gesellschaftlichen Institutionen der klassischen Antike.[10] Was im griechisch-römischen Kulturraum viele Jahrhunderte hindurch fraglos Grund der menschlichen Existenz gewesen war, konnte – erneut mit den Worten von Peter Brown – „die furchterregende Last von Permanenz und Göttlichkeit“ nicht mehr tragen. „Den Menschen blieb nichts mehr als andere Menschen, worauf sie sich verlassen konnten.“[11] Der „Sieg des Christentums in der spätrömischen Gesellschaft“ war der Sieg des in dieser Weise christlich verstandenen Menschen „über die Institutionen ihrer Vergangenheit“.[12] Es war der Gestus des Veränderns, des Neu-Werdens, des Transzendierens hin auf die Christusförmigkeit, die dieses Menschenbild auszeichnete, und es war zugleich in religiöser Hinsicht „ein Sieg von Männern über Frauen, die früher die Hüterinnen der diffusen okkulten Traditionen ihrer Nachbarschaft gewesen waren.“[13]

Die Juden der Spätantike, die ihre Institutionen nur wenige Menschenalter zuvor in noch ganz anderer Weise als ihre nichtjüdischen Nachbarn verloren hatten, standen den revolutionären Veränderungen ihrer Zeit in einer eigentümlich distanzierten Haltung gegenüber. Die Zerstörung des Tempels hatte soziologisch – unter anderem mit dem Funktionsverlust der Jerusalemer Priesterschaft – eine komplette Neuordnung der jüdischen Gesellschaftsordnung mit sich gebracht und darüber hinaus auch das gesamte religiöse Symbolsystem verändert. Die Neuordnung, wie sie in Talmud und Midrasch erfolgte, war – zieht man die Literatur der Bibel oder die des Frühjudentums der Zeit des zweiten Tempels zum Vergleich heran – nicht weniger revolutionär als das, was die Rabbinen an radikalen Veränderungen in ihrer Umgebung beobachten konnten. Zugleich

---

[9] *Ders.*, aaO 44. Vgl. auch aaO 45: „Der Aufstieg der Heiligen ist das Leitmotiv der religiösen Revolution der Spätantike.“

[10] Der Begriff der „Subjektivität“ wird hier vermieden, um einen Anachronismus zu vermeiden. Immerhin ist – gerade im Vergleich mit dem Wenigen, was wir von den zeitgenössischen jüdischen Gelehrten, den Rabbinen des Talmuds, wissen – die Fülle des im Hinblick auf die christlichen Heiligen zur Verfügung stehenden biographischen Materials auffällig – unabhängig davon, für wie historisch zuverlässig man die jeweiligen Nachrichten hält. Das lässt auf ein Interesse am Individuum schließen, an Menschen, die „selbstständig und ohne Rücksicht auf den Gruppenkonsens handeln können“ (so *Jochum-Bortfeld*, Die Verachteten, 35, mit Blick auf neutestamentliche Texte).

[11] *Brown*, Gesellschaft, 45.

[12] *Ders.*, aaO 47.

[13] Vgl. *ders.*, aaO 46: „Der Segen des Heiligen und nicht ein Amulett, das eine weise Frau hergestellt hatte, war das, was jetzt als Schutz vor einer grünen Eidechse galt, die einem in die Suppe gefallen war.“

gab sich die rabbinische Literatur, die ihr Heiligtum in Gestalt des rabbinisch gedeuteten Gesetzes gewissermaßen neu aufbaute, aber das Gewand des Bewahrenden, des gegen die Grenzüberschreitung Gerichteten, des auf dem Wert von irdisch-materieller Lebenserhaltung Beharrenden.[14] Diese Orientierung hatte, wie sich zeigen wird, auch Konsequenzen für die rabbinische Anthropologie – Konsequenzen, die das Judentum immer wieder in einen gewissen Gegensatz zum Christentum bringen und die nicht zuletzt aus diesem Grund bis in die Gegenwart von Bedeutung sind.[15]

Schon ein erster Blick auf die Gliederung der Mischna, das am Ende des zweiten nachchristlichen Jahrhunderts redigierte Grunddokument des rabbinischen Judentums, gibt eine auf den irdisch-materiellen Bedingungen menschlicher Existenz beharrende Tendenz zu erkennen: Von den sechs Mischna-Ordnungen sind drei, die *Sedarim Zeraim* („Saaten"), *Qodashim* („Heiliges") und *Toharot* („Reines") zu einem großen Teil auf die Verhältnisse im Land Israel (den Ackerbau und kultische und rituelle Vorschriften, die mit dem Tempel zusammenhängen) bezogen. In den übrigen drei Ordnungen werden der Festkalender (die Ordnung *Moed*, „Festzeit"), das Personenstandsrecht (die Ordnung *Naschim*, „Frauen") sowie das Zivilrecht (*Neziqin*, „Schädigungen") diskutiert. Die Mischnatexte machen dabei in geradezu ostentativer Weise diesseitig-materielle Angelegenheiten zum Gegenstand: von Problemen der Unterscheidung von Getreidearten, die der Challa-Vorschrift unterliegen, über Modalitäten von Eheverträgen und Ehescheidungen bis hin zu Reinigungsvorschriften.[16] Die Rabbinen gingen von einer Konzeption menschlichen Lebens aus, die – sowohl im Hinblick auf die Nahrungsaufnahme als auch hinsichtlich des Sexuellen – deutlichen Abstand von asketischen und monastischen Vorstellungen nahm. Sie bestanden auf einer Nüchternheit, die die Gottesgegenwart gewissermaßen nicht in der *Einsamkeit*, sondern in der *Zweisamkeit* erwartete, nicht an der Grenze oder am Ende des menschlichen Lebens, sondern in dessen Anfang oder Mitte.[17]

Es gibt Anzeichen dafür, dass dieses Nicht-Transzendieren-Wollen, die Ablehnung des monastischen Allein-Seins, das pointierte Desinteresse an einer die biographische

---

[14] Indiz dieser Tendenz ist bereits die Tatsache, dass in engerem Sinne „theologische" Erörterungen in der Mischna ebenso fehlen wie liturgische Formulare, apokalyptische Visionen oder Gebete.

[15] Zur Entstehung der rabbinischen Theologie, die – im Schatten der Trümmer des zerstörten Heiligtums – die Gottesgegenwart nicht mehr kultisch-lokal denken kann, sondern mit der auf das Lernen hin ausgerichteten Neukonzeptionierung der Tora einen Prozess der Offenbarung entstehen lässt und zugleich eine neue Anthropologie entwirft, vgl. *Kline*, The Art of Writing the Oral Tradition, Jerusalem 1998, 12: „With the collapse of the institutions associated with the Temple, a new Man emerges, Rabbinic Man" (zitiert nach: *Boyarin*, Border Lines, 78 [= *ders.*, Abgrenzungen, 115]).

[16] Eine Rückbindung an die biblischen Traditionen findet, darauf hat J. Neusner hingewiesen, erst – einigermaßen künstlich – im Jerusalemer Talmud statt, der im vierten bzw. im beginnenden fünften Jahrhundert redigiert wurde.

[17] Die einzige mir bekannte Parallele zum Styliten in der jüdischen Religionsgeschichte ist der Fall des „Kotsker Rebben", jener 1859 gestorbenen chassidischen Führungspersönlichkeit, die sich im Hinblick auf materielle Güter und Sexualität einem asketischen Lebensstil hingab, damit in der zeitgenössischen Judenheit aber auch Anstoß erregte; vgl. *Aronowicz*, Heschels Yiddish Kotsk.

Kontinuität durchbrechenden „jenseitigen" Finalität des Menschen, mit einer Orientierung zusammenhängt, die in gendermäßiger Betrachtung dem von Peter Brown für das Christentum konstatierten „Sieg von Männern über Frauen" entgegengesetzt ist.[18] So findet die hier angedeutete gendermäßige Betrachtung ihr Pendant dann auch in tendenziell gerade entgegengesetzten Zügen des rabbinischen Judentums.[19] Neben der Vorstellung des „passiven", weil in den „vier Wänden" des Lehrhauses verbleibenden und dort Tora lernenden und daher „effeminierten" Mannes geht es dabei im wesentlichen um die im rabbinischen Judentum entwickelte Konzeption von Matrilinearität – Jude ist, wer von einer jüdischen Mutter geboren wurde[20] – sowie um das rabbinische Verständnis von Sexualität.[21] Es ist kein Zufall, dass der für die patristische Anthropologie so wichtige Begriff der *Heiligkeit* in der jüdischen Tradition gerade nicht auf *Einsamkeit* und *Enthaltsamkeit*, sondern auf den *Vollzug von Sexualität* bezogen ist: *„leqadesh isha"*, eine Frau „heiligen", bedeutet demnach im Hebräischen, sie zur Ehe zu nehmen; die substantivierte Form *„qiddushin"*, das „Heiligen", steht für die Institution der Ehe.[22]

II. Eine Anthropologie der Natalität

So entspricht es der rabbinischen Perspektive, die Frage nach dem Menschsein mit Blick auf eine Konstellation zu stellen, die nach jüdischer Auffassung dem Sinn und Zweck der Ehe entspricht und in unvertretbarer Weise am Beginn eines jeden menschlichen Lebens steht: die Konstellation von Mutter und zur Welt kommendem Kind.[23] Hier fallen erste anthropologische Entscheidungen: nicht im Sinne ontologischer Definitionen, sondern, vermittelt durch die Frage nach der Schutzwürdigkeit menschlichen Lebens, im

---

[18] *Brown*, Gesellschaft, 46.

[19] Die Kennzeichnung des rabbinischen Judentums als „weiblich" ist ein seit Jahrhunderten in der Philosophie (vgl. *Spinoza*, Opera, 128), der jüdischen Kommentarliteratur (*Hirsch*, Gesammelte Schriften, 63), dann auch der Psychoanalyse (vgl. die Stellenbelege bei *Morgenstern*, Theater, 301–317) und in der postmodernen Literaturtheorie eingebürgerter Topos; vgl. auch das – im Verlag Mohr Siebeck in Tübingen edierte – Projekt eines feministischen Kommentars zum Babylonischen Talmud. Natürlich werden sich nicht alle Züge des rabbinischen Judentums und seines Gegensatzes zur umgebenden Kultur in modischer Genderperspektive erschließen lassen; dennoch scheint die Frage nach dem sozial konstruierten Geschlecht geeignet zu sein, charakteristische Eigenheiten des rabbinischen Menschenbildes im Profil darzustellen.

[20] Zur Frage nach der historischen Entstehung des Matrilinearitätsprinzips im rabbinischen Judentum, das sich von den biblischen Vorstellungen ja deutlich unterscheidet, das bezüglich eines auf die Generationenfolge bezogenen Geschichtsverständnisses (*tôl^{e}dôt* = Geschichte) aber auch an sie anknüpfen kann, vgl. *Cohen*, Beginnings.

[21] Vgl. etwa *Boyarin*, Unheroic Conduct; *ders.*, Carnal Israel.

[22] Vgl. *Morgenstern*, Das jüdische Eherecht.

[23] Im Vergleich mit der griechisch-römischen Umwelt fällt auf, dass die Rolle der Frau beim Geburtsvorgang dort wenig Interesse findet, weil die legitime Nachkommenschaft über den Mann und Vater konstruiert wird (*Seim*, Motherhood, 99).

Hinblick auf die Anfänge menschlichen Lebens. In der Mischna (mOh 7,6) heißt es mit Blick auf mögliche Komplikationen beim Geburtsvorgang:

> „Befindet sich ein Weib in schweren Geburtswehen, so zerschneide man das Kind in ihrem Leibe und hole es stückweise heraus, denn ihr Leben geht seinem Leben vor (*mipne shechajjeha qodmim lechajjaw*). Ist die größere Hälfte herausgekommen, so rühre man es nicht an, denn man verstoße nicht eine nefesh wegen einer (anderen) nefesh (*mipne nefesch ʾen dochin nefesch*)."[24]

Sucht man nach einem biblischen Haft- oder Referenzpunkt für diese Erörterung des Schutzes von Schwangeren und ihrer Leibesfrucht, so lässt sich allenfalls die Bestimmung des biblischen Straf- und Schadensersatzrechtes im Falle der Schädigung von ungeborenem Leben nennen: Wenn Männer miteinander streiten und dabei eine schwangere Frau stoßen, so dass ihr die Frucht abgeht, so soll der Schädiger Schadensersatz leisten (Ex 21,22).[25] Die in der Bibel anschließend (Ex 21,23) gebrauchte talionsrechtliche Formulierung *næpæš taḥat næpæš* („Leben für Leben"[26]) hat den Sprachgebrauch der Mischna möglicherweise geprägt; andererseits wird *næpæš* hier – anders als in der Mischna – wohl gerade nicht mit Blick auf das embryonale Leben, sondern hinsichtlich eines „bleibenden Schadens" an der Mutter verwandt.[27]

Was soll *nefesch* im zitierten Mischnatext aber präzise bedeuten?[28] Ist mit Blick auf den ersten Satz („ihr Leben geht seinem Leben vor") von einem Parallelismus und einer Bedeutungsidentität (*chajjm = nefesch*) auszugehen?[29] Oder soll der erstgenannte Begriff im zweiten Satz präzisiert werden, etwa im Hinblick darauf, dass „menschliches" oder

---

24 Vgl. *Urbach*, Sages, 242f.

25 Vgl. *ders.*, ebd. und aaO 795 mit Bezug auf Mekhilta de R. Ishmael, Massekhta di-Neziqin 8, 275; vgl. auch *Grohmann*, Anfang, 391.

26 Vgl. *Wolff*, Anthropologie, 46 (in „§ 2 *næpæš* – der bedürftige Mensch" unter der Zwischenüberschrift „5. Leben").

27 Die Septuaginta und Philo beziehen *næpæš* augenscheinlich auf den Embryo, indem sie zwischen einer unvollständig „geformten" Leibesfrucht – in diesem Fall hat der Schädiger nur Schadensersatz zu zahlen – und einem vollständig „geformten" Embryo ausgehen: im letzteren Fall träte das talionsrechtliche *næpæš taḥat næpæš* in Kraft. Vgl. dazu *Heinemann*, Bildung, 390ff; *Belkin*, Philo, 130ff; *Urbach*, Sages, 242. Zur späteren jüdischen Auslegung s.u.; im Kommentar von *Dohmen*, Exodus, 165, wird dieser (für die Ethik der christlichen Tradition – zumal römisch-katholischer Provenienz! – doch etwas sperrige) Aspekt neben anderen Schwierigkeiten des Textes nicht einmal in den Blick genommen, geschweige denn befriedigend erklärt.

28 Zur Schwierigkeit der Übersetzung von *næpæš* vgl. *Janowski*, Anthropologie des Alten Testaments, 22. In welchem Maße den Rabbinen die biblische Terminologie fremd geworden war, läßt sich gelegentlich talmudischen Diskussionen entnehmen: im Jerusalemer Traktat Ketubbot etwa (jKet 5,8/4 – 30b,4–9) werden die Begriffe „*sheʾar*" und „*ʿona*" aus Ex 21,10 kontrovers diskutiert und von zwei anonym bleibenden Rabbinen jeweils mit unterschiedlichen, sich ausschließenden Inhalten gefüllt (*Morgenstern*, Ketubbot, 240).

29 So die Übersetzungen von *Goldschmidt*, Talmud, Bd. 12, 667: „ihr Leben geht seinem Leben vor (…), denn man verstoße nicht ein Leben wegen eines Lebens"; ähnlich *Correns*, Mischna, 833 und *Urbach*, Sages, 243: „her life has priority over that of the child (…), for one life may not be set aside on account of another."

„beseeltes" Leben gemeint ist? Natürlich steht das Wissen um die Erschaffung des Menschen als „eine lebendige *næpæš*" im biblischen Schöpfungsbericht (Gen 2,7) im Hintergrund, doch ist nicht sicher, ob der Begriff *næpæš* hier im Hinblick darauf verwandt wird, dass er das Menschsein ausmacht (dass der Mensch also *næpæš*, „Person", ist) oder dass er dem Menschen zukommt, ihm (als „Seele") eignet; an den in Gen 2,7 anklingenden Aspekt des göttlichen Odems (man könnte die Frage stellen, ob das Kind bereits atmen kann) ist in der Mischna offensichtlich ohnehin nicht gedacht. Festzuhalten ist immerhin, dass es um den Fall geht, in dem das Lebensrecht einer *næpæš* gegenüber dem einer anderen *næpæš* zu weichen hat. Mag Hans Walter Wolff im Hinblick auf die Bedeutung des Begriffes in der biblischen Literatur auch zu dem Ergebnis kommen, „dass nur in ganz wenigen Texten die Übersetzung ‚Seele' den Sinn von *næpæš* trifft"[30], so zeigt der Blick auf den größeren talmudischen Kontext, dass gerade diese Bedeutungsnuance einen nicht unwichtigen Zug der rabbinischen Diskussion trifft.

Aber nicht nur in dieser Hinsicht geht der Mischnatext über die Erörterung biblischer Vorgaben hinaus. Wie andere rabbinische Vorschriften mutet er auf den ersten Blick ebenso kasuistisch und befremdlich an, wie ihm auf den zweiten Realitätsnähe und insofern Relevanz nicht abzusprechen ist – dies nicht nur im Hinblick auf die wohl nicht seltenen Fälle von schweren Geburten und Fehlgeburten in der Antike[31], sondern (man denke an die Bedeutung der Stammzellenforschung im heutigen Israel und die Diskussionen um den Embryonenschutz) *mutatis mutandis* auch für die Gegenwart.[32] Mit Bezug auf die Umstände der biologischen Entstehung menschlichen Lebens wird hier eine religionsgesetzliche Kasuistik entwickelt, die den Geburtsvorgang zum Anlass von weitergehenden Erörterungen nimmt. Dieser für die Rabbinen charakteristische Fokus auf der Natalität des Menschen entspricht ihrem, im Gegenüber zu den Erlösungsvorstellungen konkurrierender Gruppen in der Spätantike, deutlich höhergestuften Interesse an der Schöpfung. Ein rabbinischer Satz wie der, die Unterlassung der Fortpflanzung sei ein Vergehen an der *Imago Dei*[33], ist auf dem Boden des Christentums in der Tat undenkbar.

---

30 *Wolff*, Anthropologie, 33.

31 Vgl. *Grohmann*, Anfang, 386–392 (im Hinblick auf Fehlgeburten).

32 Vgl. *Breitowitz*, The Preembryo in Halacha, www.jlaw.com/Articles/preemb.html (Zugriff vom 18.12.2010); zur halachischen Diskussion um die moderne Reproduktionsmedizin vgl. *Bleich*, Halakhic Problems, 106–109.

33 Vgl. tJev 8,4; vgl. bereits mJev 6,6: „Ein Mann sollte die Fortpflanzung nicht unterlassen, es sei denn, er hat bereits Kinder." In zensierten Handschriften des Babylonischen Talmuds zu bJev 62b wurde in dem Satz „Ein Mensch, der keine Frau hat, lebt ohne Freude, ohne Segen und ohne Güte" – offenbar, „weil darin ein Tadel des Zölibates erblickt wird" (*Goldschmidt*, Talmud, Bd. 4, 530) – die Wendung „ein Mensch" durch „ein Jude" ersetzt. Zum Zusammenhang vgl. *Urbach*, Sages, 227, Anm. 33. Zur Bedeutung des Motivs der Natalität in aktuellen Debatten im Judentum vgl. folgende Links: http://www.simpletoremember.com/articles/a/WillYourGrandchildrenBeJews/ und http://www.jewishpost.com/archives/news/a-new-demographic-pioneer-research-of-the-american-jewry-21st-century.html (28.1.2011); mein Dank an Stefan Scharf für diese Hinweise.

In unserem Zusammenhang soll der zitierte Text daher zum Thema des „ganzen" Menschen nach rabbinischem Verständnis hinführen: des ganzen Menschen in seiner Geschlechtlichkeit, seiner Natalität und seiner darin begründeten Stellung in der Abfolge der Generationen. Dieser Text scheint dazu nicht nur geeignet, weil hier, in gewisser Vordergründigkeit, die Frage nach dem Embryo in seiner „ganzen" – oder aber stückweisen (ist die größere Hälfte herausgekommen?) – Körperlichkeit gestellt wird. Entscheidend ist vielmehr, dass hier der Blick auf die Frage der Qualifizierung des Embryos als menschliches Leben und insofern auf die Spezifik menschlichen Lebens überhaupt gerichtet wird. Hinzu kommt eine Anzahl offener Probleme, an die die zitierten Mischnasätze erinnern. Diese Probleme betreffen – im Anschluss an die Frage nach der Deutung und Übersetzung von *næpæš* – auch sachliche Fragen, die für die Konstruktion der rabbinischen Anthropologie von Belang sind und den folgenden Ausführungen die Gliederung vorgeben: das Verhältnis von Leib und Seele (1.) und das Problem der gestuft-graduellen Anthropologie (2.): Mensch und „Noch-Nicht-Mensch" (a), Sklaven und Freie, Juden und Nichtjuden (b), Mann und Frau oder der androgyne Mensch (c)[34] sowie Mensch und „Nicht-Mensch" oder der Grenzfall der Chimäre (d). Die Erörterung der genannten Fragen führt dann zu einigen zusammenfassenden Überlegungen über die Anthropologie der Tora (III.).

1. Das Verhältnis von Leib und Seele

Was die erstgenannte terminologische Frage, die Übersetzung von *næpæš*, anbelangt, so scheint die Parallele von „*næpæš*" und „*ḥajjm*" in unserer Mischna zunächst die Übersetzung „Leben" zu bestätigen.[35] Andererseits könnte die Abfolge der beiden Mischnasätze zu der Vermutung führen, beide Begriffe eben *nicht* für austauschbar zu halten, wie der mittelalterliche Kommentator Raschi anmerkt.[36] Ist demnach die Interpretation möglich, dass der werdende Mensch die ihm einen höheren Rechtsschutz gewährende *næpæš*-Qualität erst durch die Vollendung der Geburt erwirbt, vor diesem Zeitpunkt also von keiner *næpæš* die Rede sein soll? Steht im Hintergrund der Mischna also die dualistische Vorstellung von der „Beseelung" eines vorher als „seelenlos" gedachten embryonalen Wesens? Haben wir es mit Ausprägungen einer – womöglich griechisch beeinflussten – dichotomischen oder auch trichotomischen Anthropologie zu tun, von denen es bei

---

34 Die letztgenannten Distinktionen wirken wie ein Echo auf das paulinische „nicht Sklave noch Freier, nicht Jude noch Grieche, nicht männlich noch weiblich" (Gal 3,28) – ein Eindruck, der nach *Boyarin*, A Radical Jew, vielleicht nicht zufällig ist.

35 Zur Problematik des Verständnisses von *næpæš* in der biblischen Literatur vgl. *Wolff*, Anthropologie, 44–48.

36 Vgl. *Raschi* zu bSan 72a: „Solange (der Embryo) nicht (ganz) an das Licht der Welt ausgetreten ist, ist er (noch) keine *næpæš* und man darf ihn töten, um (das Leben) der Mutter zu retten."

Hans Walter Wolff mit Blick auf die Wirkungsgeschichte biblischer Texte heißt, sie habe „semitisch-biblische Anschauungen überfremdet und verdrängt“?[37]

Was die menschliche Ontogenese anbelangt, so behandeln die Rabbinen im Midrasch und im palästinensischen und babylonischen Talmud, den beiden Kommentarwerken, die im 4.–5. und im 6.–7. Jahrhundert zur Mischna hinzutreten, in der Tat dualistisch anmutende Fragen: Ist das vorgeburtliche Leben als „bloßes Wasser“[38] oder als Teil des Körpers der Mutter (in beiden Fällen demnach offensichtlich ohne eigene „Seele“) anzusehen?[39] Oder handelt es sich um ein vierzig Tage nach der Empfängnis beseeltes und somit eigenständiges menschliches Leben?[40] Ab dem späten vierten Jahrhundert wird die Frage, von welchem Zeitpunkt an menschliche Wesen als „beseelt“ anzusehen sind, zum Ausgangspunkt von Diskussionen über die – hier *nᵉšāmāh* genannte[41] – Seele. Das folgende Gespräch im babylonischen Talmud (bSan 91b) zeigt Rabbi, den Redaktor der Mischna (Juda ha-Nasi), in einem Gespräch mit „Antoninus“, hinter dem sich nach der Fiktion des Textes möglicherweise der römische Kaiser Marc Aurel (121–180 n. Chr.)[42] oder aber Marcus Aurelius Severus Antoninus, genannt Caracalla (188–217 n. Chr.),[43] verbirgt:

---

[37] *Wolff*, 29; vgl. auch *Janowski*, Konfliktgespräche, 8.

[38] Vgl. bJev 69b; dazu: *Rosner*, Encyclopedia, 11–13; *Bleich*, Halakhic Problems, 325–371; *Morgenstern*, Nidda, 190.

[39] *Urbach*, Sages, 794, Anm. 93; vgl. bGit 23b; jBB 3,1–13d sowie bTem 25b und 30b

[40] Vgl. mNid 3,6.

[41] Zu *nsmh* in der hebräischen Bibel vgl. *Wolff*, Anthropologie, 102ff. Im Midrasch sind *nᵉšāmāh* und *næpæš* in manchen Fällen austauschbar: Im Zusammenhang einer Diskussion über das Geschick von Leib und Seele im göttlichen Gericht heißt es in WaR 4,5, S. 90, das himmlische Gericht gleiche „einem israelitischen Priester, der zwei Frauen heiratet: eine stammte aus einer priesterlichen Familie, die andere war eine einfache Israelitin. Er übergab ihnen Teighebe, aber sie entweihten sie. Daraufhin schalt er seine Frau aus priesterlichem Geschlecht, während er die andere ungeschoren ließ. Die erste sagte: Unser Herr Priester, uns beiden hast du doch die Teighebe gegeben. Warum tadelst du mich und läßt die andere in Ruhe? Er antwortete ihr: Du bist eine priesterliche Tochter, du hast in deines Vaters Haus gelernt. Sie ist eine (einfache) Israelitin, sie hat nicht in ihres Vaters Haus gelernt. Deshalb tadele ich dich. Auf dieselbe Weise wird der Heilige, gepriesen sei Er, in der künftigen Welt der Seele (*næpæš*) sagen: Warum hast du vor mir gesündigt? Sie wird ihm sagen: Herr der Welt: Ich und der Leib (*guf*) haben gemeinsam gesündigt. Warum tadelst du mich und läßt ihn in Ruhe? Er wird ihr antworten: Du stammst von den Himmlischen, einem Ort, wo keine Sünde ist, während der Leib unten von der Erde kommt, wo Sünde verübt wird. Deshalb tadele ich dich“ (*Urbach*, Sages, 241f).

[42] *Krauss* (Antoninus, 63) weist darauf hin, dass Marc Aurel sich in seinen Schriften mit embryologischen Fragen befasst habe, spricht sich jedoch gegen diese Identifizierung aus (vgl. *Krauss*, Antoninus, 75–78).

[43] Vgl. *Stemberger*, Judentum, 23 und 62. Caracalla soll in den Jahren 199 und 215 Palästina besucht haben; zu Argumenten gegen diese Identifizierung vgl. *Krauss*, Antoninus, 81.

> Antoninus fragte Rabbi: Wann kommt die Seele (*n^e^šāmāh*) in den Menschen (*b^eʾādām*), beim Bedenken (*p^eqidāh*)[44] oder bei der Bildung (*j^eṣirāh*)?[45] Er[46] erwiderte: Bei der Bildung. Jener entgegnete: Ist es denn möglich, dass ein Stück Fleisch (*bāśār*) ohne Salz sich drei Tage hält, ohne übelriechend zu werden? (Die Seele kommt) vielmehr beim Bedenken (in den Menschen). Rabbi sagte: Dies lehrte mich Antoninus, und ein Schriftvers unterstützt ihn. Denn es heißt: „Dein Bedenken (*ûp^equdāt^ekā*) bewahrte meinen Geist (*rûḥi*).“[47]

Die Tatsache, dass Rabbi, der Redaktor der Mischna, sich hier von einem nichtjüdischen Weisen belehren lässt[48], hat in den Kommentaren zu dieser Stelle Erstaunen hervorgerufen.[49] Zugleich handelt es sich hier offensichtlich um eine Frage, die selten frei von apologetischen Beweggründen erörtert werden konnte. E. Urbach hat in seinem Standardwerk über die rabbinischen Weisen den Nachweis versucht, dass Talmud und Midrasch sich in ihren anthropologischen Vorstellungen zunächst und im wesentlichen an den biblischen Vorgaben orientiert hätten; Einflüsse aus der griechischen Welt seien erst später und allmählich eingedrungen.[50] In diesem Zusammenhang kommt es, so Urbach, auf die eigentliche Aussageintention der jeweiligen Texte an: „Concepts derived from foreign sources, and for which there is no Biblical authority, were bounded by the belief in

---

44 Nach Mehrheitsmeinung der jüdischen Erklärer ist weder der Zeugungsakt noch die ursprüngliche Schöpfungsplanung Gottes, sondern ein bestimmter vorgeburtlicher Zeitpunkt gemeint, zu dem sich das künftige Schicksal des Menschen vor Gott bestimmt (vgl. die englische Übersetzung der Parallelstelle BerR 34,10: Midrasch Rabbah, 275: „When his destiny is determined“); Raschi verweist in seinem Kommentar auf bNid 16b, wo von einem über die Schwangerschaft gesetzten Engel die Rede ist, der den „Tropfen“ (wohl den Samentropfen) vor Gott bringt, der über dessen künftiges Geschick entscheidet. Zu diesem Zeitpunkt erfolgt demnach die Beseelung des Embryos.

45 Raschi erklärt: *she-nirqam kulo b^evasar w^e-gidin w^e-azmot* (wenn die Haut des Menschen „auf seinem ganzen Fleisch und die Sehnen und Knochen gebildet werden“); dieser Zeitpunkt tritt aber, wie Raschi kurz danach ausführt, mit dem Austritt des Embryos aus dem Mutterleib ein; dies bestätigt die Parallele in BerR 34,10 (*mišæ̂ jāṣā mim^eʿî ʾimô*); vgl. dazu *Theodor*, Bereschit Rabba, 321 (= *Wünsche*, Bereschit Rabba, 152 und die französische Übersetzung Midrach Rabba, 357); dieser Zeitpunkt gilt freilich – mit Verweis auf das ungesalzene Fleisch und die eigentümlich nachträglich eingefügte Bibelstelle (s.u.) – als zu spät für die Beseelung. Zu anderen Interpretationsmöglichkeiten vgl. *Shtainzalts*, Talmud bavli, 404. Demnach bezeichnet „Bildung“ den vierzig Tage nach der Zeugung (= „Bedenken“) liegenden Zeitpunkt der Beseelung. Die im Talmud genannte Drei-Tagesfrist wäre dann im Sinne einer *a minore ad majus*-Argumentation zu verstehen: Wenn schon Fleisch nicht drei Tage lang ungesalzen bleiben kann, um wie viel weniger kann ein Embryo vierzig Tage lang unbeseelt bleiben. Dem historischen Kontext des Arguments der Drei-Tagesfrist im Zusammenhang mit embryologischen Äußerungen aus der Literatur der Kirchenväter (vor allem *Tertullian*, de anima, 24 und *Lactantius*, de opificio Dei, 17) hoffe ich, in einem späteren Aufsatz nachgehen zu können.

46 Das Subjekt ist wie im folgenden Satz zu ergänzen, jedoch ist nach dem Zusammenhang davon auszugehen, dass hier Rabbi der Sprecher ist, der während des Gesprächs mit dem römischen Weisen dessen Lehrmeinung annimmt.

47 Hi 10,12; vgl. auch *Urbach*, Sages, 220.

48 Vgl. *ders.*, aaO 786, Anm. 16.

49 *Ders.*, aaO 220.

50 Vgl. *ders.*, aaO 217.

reward and punishment and by the postulate of free will."[51] Ein eindrückliches Beispiel ist erneut eine – wiederum natürlich auf Fiktion beruhende – Diskussion über die Bestrafung von Körper (*guf*) und Seele (*n^ešāmāh*) im göttlichen Gericht zwischen Rabbi und dem Kaiser, die im Talmudtraktat Sanhedrin (bSan 91ab) kurz vor der oben zitierten Stelle referiert wird:

„Antoninus sprach zu Rabbi: Körper und Seele können sich ja beide von der Strafe befreien, indem der Körper sagen kann, die Seele habe gesündigt, denn seit sie von ihm fort ist, liegt er ja wie ein Stein im Grabe, und die Seele sagen kann, der Körper habe gesündigt, denn seitdem sie von ihm fort ist, schwebt sie ja wie ein Vogel in der Luft umher. Dieser erwiderte ihm: Ich will dir ein Gleichnis sagen, womit dies zu vergleichen ist: Einst hatte ein König aus Fleisch und Blut schöne Früchte in seinem Obstgarten, in dem er zwei Wächter angestellt hatte, einen lahmen und einen blinden. Da sprach der Lahme zum Blinden: Ich sehe schöne Frühfrüchte im Garten; komm lass mich auf dir reiten, und wir holen sie uns und essen. Hierauf setzte sich der Lahme auf den Blinden, und sie holten sie und aßen. Nach Verlauf eines Tages kam der Eigentümer des Obstgartens und frage sie, wo denn die schönen Frühfrüchte hingekommen seien. Der Lahme erwiderte: Habe ich denn Füße, um gehen zu können? Der Blinde erwiderte: Habe ich denn Augen, um sehen zu können? Was tat er nun? Er setzte den Lahmen auf den Blinden und bestrafte sie zusammen. Ebenso verfährt auch der Heilige, gepriesen sei er; er holt die Seele (*n^ešāmāh*) und bringt sie in den Körper (*guf*), sodann bestraft er sie zusammen."[52]

Zu Recht betont Urbach, der Text selbst sage, dass das Konzept des Leib-Seele-Dualismus nicht-jüdischen Ursprungs sei[53], und auch der Hinweis auf die im Vergleich zur Mischna relativ späte Überlieferung dieses Dialoges ist angebracht.[54] In diese Richtung läuft zudem die Beobachtung, dass die rabbinische Literatur im Unterschied zu Philo eine Unterscheidung zwischen Seelen, die niemals an einen Körper gebunden werden und in „reiner" Weise dem Schöpfer dienen, und Seelen mit einer Neigung zur Materie, die in einen Körper hinabsteigen, nicht kennt.[55] Das im Talmud an verschiedenen Stellen anzutreffende Bild einer „Schatzkammer" der Seelen – einem Ort der merkwürdigerweise die Bezeichnung „*guf*" (wörtlich: „Leib") trägt[56] – gibt dem Gedanken der Präexistenz der Seele nach Urbach kein Eigengewicht, und auch die Vorstellung einer vorgeburtlichen Torakenntnis hat keine Metempsychose-Spekulation zum Ziel, sondern betont wie das Gleichnis vom Lahmen und Blinden die jüdische Verpflichtung zu einem toragemäßen Leben.

---

51 *Ders.*, aaO 224.

52 *Ders.*, aaO 223.

53 *Ders.*, aaO 220.

54 *Ders.*, aaO 242. Urbachs Formulierung „this question comes down to us only from the time of R. Judah the Patriarch in a dialogue that he had with Emperor Antoninus" (ebd.) wäre – in diesem Fall wohl im Sinne Urbachs – freilich dahingehend zu präzisieren, dass die redaktionelle Gestaltung dieses Textes im babylonischen Talmud Jahrhunderte später anzusetzen ist und wir im historischen Sinne über Begegnungen des frührabbinischen Gelehrten mit heidnischen Machthabern nichts wissen.

55 *Urbach*, Sages, 224.

56 *Ders.*, aaO 236f.

So sehr diese einschränkenden Bemerkungen Urbachs ihr Recht haben – wir werden Anlass haben, die Ausrichtung der rabbinischen Anthropologie auf die Tora weiter zu präzisieren und zu vertiefen –, so sehr ist an dieser Stelle aber der Vermutung Raum zu geben, dass die rabbinische Literatur die offensichtlich der griechischen Vorstellungswelt entnommenen Bilder nur hat aufrufen können, weil die Torafrömmigkeit sie sich in einer spezifischen Form zu eigen machen konnte. Dass die rabbinischen Weisen an keiner Stelle einer generellen Leibfeindlichkeit das Wort reden[57], sich gegen die Askese wenden und die diesseitige Welt niemals zugunsten der jenseitigen aufgeben, sprach offenbar nicht gegen die Übernahme der von ihnen interpretierten Leib-Seele-Dualität, die sie sich dienstbar machten, um von einem „ganzen Menschen" zu sprechen. Überhaupt entspricht, hinsichtlich des rabbinischen Judentums wie hinsichtlich der vorhergehenden jüdischen Zeitepoche[58], die Annahme eines antagonistischen Gegensatzes zwischen einem „semitisch-biblischen" und einem griechischen oder „hellenistischen" Denken nicht mehr dem Forschungsstand. Noch in seinem talmudischen und midraschischen Schrifttum der Spätantike ist und bleibt das rabbinische Judentum – wenn auch teilweise entgegen seiner erklärten Absicht der Abgrenzung[59] – Teil der griechisch-römischen Welt, mit der es schon die materielle Umwelt und die Realien teilt.[60]

Darüber hinaus gibt es Gründe für die Annahme, dass bereits die Tannaiten der Mischna mit ihrer sortierenden und kategorisierenden Tätigkeit philosophische Muster übernommen haben, wie sie etwa Aristoteles in seiner Schrift *De generatione animalium* sowie in seiner *historia naturalis* verwandt hat.[61] Ein Hinweis darauf, dass die in der Mischna zur Anwendung kommenden Kategorisierungsverfahren der griechisch-römischen Welt entnommen sind, lässt sich auch der Tatsache entnehmen, dass die Mischnagelehrten ihre Welt weitgehend ohne Bezugnahme auf die vorhergehende biblische und frühjüdische Literatur beschreiben und ordnen. In ihrer Behandlung des wirtschaftlichen und gesellschaftlichen Lebens, in der Klassifizierung von Gegenständen als kultisch rein oder unrein und eben auch im Bereich der Anthropologie nehmen die Rabbinen der Mischna in eigener Verantwortung eine Analyse der sie umgebenden Welt vor, für die sie offensichtlich – zunächst – keine autorisierende Tradition brauchen.[62] Umso

57 *Ders.*, aaO 248.

58 Vgl. *Hengel*, „Hellenisierung", 1–90 (bes. 85–90).

59 Zur negativen Bewertung der Septuaginta in der rabbinischen Literatur vgl. Midrasch Tanchuma (Warschau), Paraschat Ki Tissa 34 sowie *Veltri*, König Talmai.

60 Bemerkenswert ist im Hinblick auf die vielen lateinischen und griechischen Fremdwörter im Talmud – diese beziehen sich besonders häufig auf Realien – bereits der lexikographische Befund: vgl. z.B. *Morgenstern*, Nidda, 209f. und *ders.*, Ketubbot, 504f.

61 Vgl. *Neusner*, Rabbinic Judaism; die Beschreibung der Welt durch die Rabbinen beruhte insofern auf der genauen Beobachtung einer „Lebenswelt", die – etwa im Hinblick auf die Alltagsunterscheidung von organischer und unorganischer Natur usw. – nicht anders als die unsere „in gewissem Sinne ‚aristotelisch' verfasst" gewesen sein muss (*Habermas*, Zukunft, 80).

62 Vgl. *Grözinger*, Denken, 224f. Erst in der zweiten Phase der Entwicklung des rabbinischen Schrifttums, im Jerusalemer Talmud, erfolgt nach Neusner dann die Einordnung der mischnischen Vorschriften in die jüdische Tradition und ihre Begründung in der Autorität der jüdischen Bibel. Es

bemerkenswerter ist es, dass die Übernahme von Mustern der dualistischen Anthropologie in der rabbinischen Literatur zu keinem Verzicht auf das grundsätzliche Beharren auf der Diesseitigkeit geführt hat.

2. Graduelle und gestufte Anthropologie

In mancher Hinsicht irritierend und mit – wie wir sehen werden – charakteristischen Berührungspunkten zur Streitfrage des griechisch-römischen Einflusses auf die rabbinische Literatur kommt beim eingangs zitierten Text (mOh 7,6) die Beobachtung hinzu, dass menschliches Leben dort eigentümlich „abgestuft“ beurteilt wird: Es kommt zu einer auf den Fortschritt des Geburtsvorgangs bezogenen unterschiedlichen Gewichtung des Lebens der Mutter bzw. des Lebens des im Geburtsvorgang befindlichen Kindes. So praktikabel diese Norm (sie steht exemplarisch für zahlreiche weitere talmudische Vorschriften) im Hinblick auf Einzelfälle sein mag, so steht sie doch der Erwartungshaltung von Lesern entgegen, die sich an einem – gelegentlich recht pathetisch intonierten – anthropologischen Diskurs der Inkommensurabilität menschlichen Lebens orientieren.

a) Mensch und „Noch-Nicht-Mensch“

In diesem Zusammenhang ermöglicht es das Konzept der Leib-Seele-Dualität, bei der Erörterung embryologischer Fragen Abstufungen vorzunehmen, indem – aufeinander folgend – ein zunächst unbeseelter und dann beseelter Zustand des werdenden menschlichen Lebens unterschieden wird.[63] Diese „gestufte“ Anthropologie – eine Anthropologie, die von der Tora her präskriptiv Aussagen über den „*næpæš*-Charakter“ des embryonalen Wesens und dessen Schutzwürdigkeit machen kann – steht dabei einem Augenschein von stufenloser „Gradualität“ gegenüber: in unseren Beispielen einem

bedarf hier keiner weiteren Ausführungen, dass die talmudischen Vorschriften für das spätere mittelalterliche und dann neuzeitliche Judentum natürlich kein unmittelbar geltendes Recht sind, da sie – wie es für jedes lebendige Rechtssystem gilt, in dem die jeweils neueste Rechtsprechung den Ausschlag gibt – fortentwickelt und immer wieder neu interpretiert wurden.

63 Zum aristotelischen Konzept der allmählichen Entstehung des menschlichen Lebens im Mutterleib mitsamt seiner Sukzessiv-Beseelung („Epigenese“) vgl. *Rothschild*, Embryologie, 126f und *Magner*, History, 154: „each embryo or organism is gradually produced from an undifferentiated mass by a series of steps and stages during which new parts are added“. Die Theorie der Epigenese (das Wort ist bei Aristoteles selbst nicht belegt) in der Antike war zu unterscheiden u.a. von Vorstellungen des „Präformationismus“, der von einem im männlichen Samen bereits enthaltenen Miniaturmenschen ausging, und der „Pangenese“, die neben dem männlichen auch einen weiblichen „Samen“ annahm. Im Talmud kam es ausgehend von Lev 12,1 („wenn eine Frau Samen gibt“) zu dem Versuch, diese letztere Vorstellung mit der Epigenese zu verbinden und die entsprechenden Entwicklungsschritte aus den in Lev 12 genannten Fristen abzuleiten: vgl. dazu *Morgenstern*, Nidda, 194, Anm. 93.

Augenschein, der auf das kontinuierliche Wachstum des embryonalen Lebens im Mutterleib und auf den allmählichen Fortgang des Geburtsprozesses bezogen ist.[64] Die zu rechtlich bindenden Entscheidungen führenden Informationen können nicht der natürlichen Abfolge, dem Kontinuum der biologischen Entwicklung entnommen werden: es sind die definierenden Setzungen der Rabbinen, die der *næpæš* des werdenden Lebens den Stempel der Schutzwürdigkeit aufdrücken. Deutlich wird bereits hier, dass es „den Menschen" als Abstraktum für die Rabbinen nicht gibt. Die anthropologische Frage wird vielmehr immer anhand von konkreten „Fällen" diskutiert. Diese konkrete Menschen betreffenden „Fälle" involvieren im rabbinischen Kontext jeweils ihre eigene naturgemäße „Gradualität" und die der „Natur" durch das talmudische Wort aufgeprägte „Stufigkeit".

b) Personenstandsrechtliche Unterscheidungen

Gradualität und „Stufigkeit" kommen auch in anderen Verhältnisbereichen zum Tragen – mit Übergängen, die rechtlich beachtet werden müssen. Neben der Unterscheidung von Männern und Frauen[65] geht es hier um Sklaven und Freie, Juden und Nichtjuden sowie um weitere Distinktionen innerhalb des Judentums. In allen diesen Hinsichten ist das Judentum des Talmuds Teil der es umgebenden spätantiken Welt, die hierarchisch gegliedert war, das Menschsein im vollen Sinne nur dem erwachsenen, freien und ehrbaren Mann zuschrieb und Frauen und Kinder sowie Unfreie und Barbaren entsprechend benachteiligte.[66] Die talmudische Halacha folgt dementsprechend nicht modernen egalitären Vorstellungen, sondern dem antiken distributiven Gerechtigkeitsbegriff *(suum cuique)*. Diesem Gerechtigkeitsbegriff zufolge hängt etwa im Schadensersatzrecht – z.B. bei finanziellen Leistungen, die eine zugefügte Ehrverletzung wiedergutmachen sollen –

---

64 Fasst man den (im Idealfall ja graduell-kontinuierlich verlaufenden) Geburtsvorgang ins Auge, so muss die talmudische Bestimmung, ab wann das austretende Kind zu schützen ist, als willkürlich erscheinen. Es ist das Wort der Tora, also die talmudische Rechtssetzung, die diesen natürlichen Vorgang zu deuten lehrt und die Unterscheidung zweier Zustände (vor und nach der beginnenden Schutzwürdigkeit) einführt.

65 Zu dieser Unterscheidung, für die der Begriff Gender nicht so recht passt, weil es nicht um soziale Geschlechterrollen, sondern um religionsgesetzliche Distinktionen geht, vgl. unten c).

66 Vgl. *Jochum-Bortfeld*, Die Verachteten, 157–163. Was den Umgang mit werdendem menschlichem Leben anbetrifft, so läßt sich dem Talmudtraktat Sanhedrin ferner die Vorschrift entnehmen, dass der Embryonenschutz *außerhalb der Grenzen des Volkes Israel* (in talmudischer Nomenklatur: bei Noachiden) strenger gehandhabt werden soll als im innerjüdischen Rechtskreis (bSan 57b; *Urbach*, Sages, 243, *Morgenstern*, Nidda, 190, Anm. 73). Der Talmud schreibt vor, dass das vorgeburtliche Leben von Nichtjuden stärker zu schützen ist als das von Juden – eine Information, die jedem rassistischen Missverständnis von vornherein den Boden entzieht, und eine Illustration der Tatsache, dass es dem rabbinischen Denken bei der Unterscheidung von Israel und den Völkern vor allem um *unterschiedliche Pflichten* geht; vgl. dazu *Breuer*, Frauenrecht.

der zu zahlende Betrag von der gesellschaftlichen Stellung, dem rechtlichen Status und dem Geschlecht des oder der Geschädigten und des Schädigers ab.[67] Auch im Sklavenrecht folgt der Talmud prinzipiell der antiken Rechtsvorstellung, die Sklaven statusrechtlich den „Sachen" zuordnet, wenngleich hier zum Schutz der Sklaven auch Einschränkungen zur Geltung kommen.[68] Hinzu kommen personenstandsrechtliche Distinktionen im Hinblick auf unterschiedliche Altersgruppen, Samaritaner[69] und die Nachkommen der „Tempelsklaven"[70] sowie personenstandsrechtlich „defiziente" Juden, etwa im Ehebruch gezeugte „Bastarde", die besonderen Einschränkungen unterliegen.[71] Es ist kein Zufall, dass diese Unterscheidungen in der Mischna einerseits in einem straf- oder schadensersatzrechtlichen Kontext (an den Grenzfällen, die hier zur Sprache kommen, werden die „Abstufungen" konkretisiert), andererseits im Kontext des Eherechtes relevant werden – in einem Kontext, der wegen seiner Bedeutung für die menschliche Reproduktion in der rabbinischen Vorstellung ohnehin besondere anthropologische Relevanz hat. Im folgenden Zitat geht es um Kompensationszahlungen an Vergewaltigungsopfer, die sich in ihrer Höhe nach dem jeweils unterschiedlich angewendeten *suum-cuique*-Prinzip richten. Die Diskussion der Rabbinen, die hier material-rechtlich nicht erläutert werden kann, entzündet sich vor allem an dem Sachverhalt, dass für das Eherecht mit der Überlappung unterschiedlicher „Abstufungen" im Personenstandsrecht (Nichtjüdin, Proselytin, Jüdin, Tempelsklavin, Samaritanerin usw.) sowie der jeweiligen „gestuften" Übergänge (im Hinblick auf das Alter des vergewaltigten Mädchens) zu rechnen ist. Dies zeigt folgende Bestimmung der Mischna (mKet 3,1):

67 Die Mischna legt z.B. in mKet 3,8 fest, dass der Anspruch auf Schadensersatz, der dem oder der Geschädigten zusteht, sich „nach (der gesellschaftlichen Stellung) desjenigen richtet, der die Schande zugefügt und desjenigen, der die Schande erlitten hat" (*Morgenstern*, Ketubbot, 142); dies entspricht der Gerechtigkeitsvorstellung Platons (Politeia IV 433a und 433e), des Aristoteles (Nikomachische Ethik V.6. 1131a und V.10. 1134b) und Ciceros (De officiis 1,15, De Natura Deorum 3, 38 und De legibus 1, 619); vgl. dazu z.B. *Jochum-Bortfeld*, Die Verachteten, 69–74 (mit Verweis auf De officiis 1,121f).

68 So schildert der Talmud, dass Witwen auf die Sklavinnen ihres verstorbenen Ehemannes zugreifen konnten, um ihre ehevertragsrechtlichen Ansprüche zu befriedigen (jKet 9,3/2 – *Morgenstern*, Ketubbot, 349). Diskutiert wird ferner, ob Sklaven statusrechtlich wie Mobilien oder wie Immobilien zu behandeln sind, vgl. jQid 1,3/5 – 59d,61ff; bBQ 12a; bBB 68a, 150a; bJev 99a; bGit 39a sowie *Gulak*, 92f und *Aristoteles*, Nikomachische Ethik V 1134b.

69 Vgl. *Lehnardt*, Kutim,111–138.

70 Gemeint sind Abkömmlinge der Gibeoniten, die „gegebene (Tempelsklaven)" genannt wurden (vgl. Esr 2,43 und Neh 3,26), weil Josua sie zu „Holzhauern und Wasserschöpfern" (Jos 9,21.27) „gegeben" hatte und sie von der Zugehörigkeit zum Volk Israel ausgeschlossen wurden (vgl. 2 Sam 21,2).

71 Zu solchen (nach der rabbinischen Auslegung von Dtn 23,3 von einer verheirateten Frau mit einem anderen Mann gezeugten) Kindern vgl. mJev 2,4 und 4,13 sowie bJev 49a.

> Folgenden Mädchen[72] muss man (nach ihrer Verführung oder Vergewaltigung) eine Geldstrafe zahlen[73]: (Wenn) jemand eine Bastardin, eine untergebene (Tempelsklavin)[74], eine Samaritanerin[75] (rechtswidrig) beschlafen hat; (wenn) jemand eine Proselytin, eine Gefangene oder eine Sklavin (rechtswidrig) beschlafen hat, die im Alter von unter drei Jahren und einem Tag[76] ausgelöst wurde, zum Judentum übergetreten ist oder befreit wurde.[77] (Wenn) jemand seine Schwester, seine Tante väterlicherseits, seine Tante mütterlicherseits, die Schwester seiner Ehefrau, die Ehefrau seines Bruders[78] und die Ehefrau seines Onkels väterlicherseits (oder) eine Menstruierende beschlafen hat[79], muss er ihnen (die vorgeschriebene) Geldstrafe zahlen.

Die unterschiedlichen Verwandtschaftsverhältnisse, die hier aufgezählt werden, geben jeweils wiederum eine Art Kontinuum von anthropologisch relevanten „Fällen" zu erkennen, deren rechtsrelevante Abstufung von der Tora gewährleistet wird. Gefragt wird, von welchem Lebensalter an der Übertritt einer Frau zum Judentum für deren spätere geschlechtliche Beziehungen rechtlich relevant wird und von welchem Lebensalter an dies analog für eine Gefangene oder eine Sklavin gilt, die im Laufe ihres vorherigen Lebens ausgelöst oder befreit worden waren. Das Beispiel des Hohenpriesters Johannes Hyrkan (135/134–104 v. Chr.), von dem es hieß, dass seine Mutter unter dem Seleukidenkönig Antiochus IV Epiphanes in Gefangenschaft geraten sei, und dessen Legitimität von den Pharisäern daher in Zweifel gezogen wurde, zeigt, dass diese Fälle für den

---

72 Aufgezählt werden im Folgenden Fälle von Mädchen, die untauglich zur Ehe mit einem Israeliten sind.

73 Gemeint ist die Geldstrafe von fünfzig Silberstücken nach Dtn 22,29, die dem Vater des Mädchens auszuzahlen ist. Voraussetzung ist, dass das Mädchen im Zuge ihrer Pubertät zwei Schamhaare hervorgebracht hat und demnach als volljährig gilt (zu diesem Kriterium vgl. auch bNid 45b–47a); bei Minderjährigen bleibt das Vergehen demnach straffrei, weil davon ausgegangen wird, dass das verletzte Jungfernhäutchen wieder nachwächst (vgl. dazu unten).

74 Zu den Bestimmungen im Hinblick auf diese Bevölkerungsgruppe vgl. mJev 2,4; mJev 8,3; mQid 4,1 sowie *Cohen*, Beginnings, 119f.

75 Nach 2 Kön 17,24ff waren die vom assyrischen König nach Samarien entsandten Siedler als Götzendiener zu betrachten. Die Nachkommen aus den Mischehen mit der im Lande verbliebenen israelitischen Bevölkerung sind nach jüdischem Recht Götzendienern (oder Sklaven) gleichzustellen, die die Heiratsfähigkeit mit Juden verloren haben.

76 Zu dieser Altersschranke vgl. oben mKet 1,2; mNid 5,4 sowie *Morgenstern*, Nidda, 133 mit Anmerkung 29.

77 Natürlich ist die Strafe nach Dtn 22,28–29 (vgl. auch bKet 29a) auch dann zu zahlen, wenn Mädchen vergewaltigt wurden, auf die diese außerordentlichen Merkmale, die ihre „Untauglichkeit" begründen, nicht zutreffen. Offensichtlich will die Mischna möglichen Argumenten vorbeugen, nach denen die genannten Merkmale Ausnahmetatbestände begründen und von der Pflicht zur Strafzahlung befreien könnten.

78 Die traditionellen Kommentare (vgl. auch *Albeck*, Shisha sidre mishna, 96 und *Guggenheimer*, Jerusalem Talmud,128 Anm. 4) präzisieren, dass es sich um eine verwitwete oder geschiedene Schwägerin handelt, deren Mann (der Bruder der Verführers) zu einem Zeitpunkt gestorben sei bzw. den Scheidebrief ausgestellt hat, als die Ehe noch nicht vollzogen und die Frau daher noch Jungfrau war; vgl. dazu unten jKet 27c, 38–39 – 3,1/28.

79 Vgl. Lev 15,19–30; 18,19 und 20,18 sowie bKet 30a.

Talmud alles andere als künstlich konstruiert sind.[80] An anderer Stelle erwähnt wird die personenstandsrechtliche Kategorie der Witwen sowie, von besonderem Interesse, die von Priestern und Priesterfamilien. Für wie wichtig gerade diese letztere „Abstufung" gehalten wurde – sie bezeugt eine im Talmud bis in diese letzte Konsequenz durchgehaltene Erinnerung an den zerstörten Tempel –, zeigt die Geschichte des dem priesterlichen Geschlecht zugehörigen Rabbi Ṭarfon, der sich während einer Hungersnot mit dreihundert Frauen gleichzeitig verlobte, um ihnen Zugang zu „*Hebe*", also zu Speisen zu verschaffen, die nach der Halacha priesterlichen Familien vorbehalten sind.[81] Im Umkehrschluss zeigt diese Erklärung, dass die personenstandsrechtlichen Schranken – jedenfalls im Normalfall – nicht einmal durch eine extreme wirtschaftliche Not aufgehoben wurden.[82]

Was die Datierung eines Übertritts zum Judentum anbetrifft[83], so ist nicht der von „außen" bestimmbare Zeitpunkt bedeutsam – im Hinblick auf den für die soziale Umwelt des Proselyten wahrnehmbaren Moment, zu dem der „*Ger*" oder die „*Gioret*" die rechtlichen Verpflichtungen des Judentums auf sich nimmt –, sondern der durch die Tora bezeichnete Zeitpunkt im Lebenslauf der Betroffenen. Die für jüdische Mädchen geltende Altersschranke von drei Jahren und einem Tag – sie ist wachstumsbiologisch durch nichts zu rechtfertigen – wird von den Rabbinen immer wieder genannt.[84] Sie erhält besondere Brisanz dadurch, dass die Mischna an anderer Stelle die Frage behandelt, ob eine Frau in ehevertragsrechtlicher Hinsicht als Jungfrau betrachtet werden

---

80 Josephus (Flav.Jos.Ant. XIII, 10, 5 § 288–298) berichtet von einem Streit in dieser Angelegenheit zwischen Johannes Hyrkan und den Pharisäern, der umso bedeutsamer ist, als es sich hier historisch um die erste Erwähnung der Gruppe der Pharisäer bei Josephus handelt (*Schäfer*, Geschichte, 84). Nach dem babylonischen Talmud (bQid 66a) wurde der Vorwurf der illegitimen Geburt auch Alexander Jannai (103–76 v. Chr.) gemacht; auch in der Polemik gegen Herodes d. Gr., der von seinem Widersacher Antigonus als Idumäer und „Halbjude" (*hēmiioudaios*) beschimpft wurde (Ant. XIV, 15, 2 § 403), spielten Details der Abstammung eine Rolle. Nach *Schäfer*, Geschichte, 104 handelt es sich um den ersten „Beleg für diesen Begriff, der später eine so verhängnisvolle Karriere machen sollte."

81 Vgl. tKet 5,1 und jJev 4,12 – 6b,59–60.

82 Mit seinem Handeln nahm Rabbi Ṭarfon Bezug auf eine rabbinische Rechtslage, die später geändert wurde vgl. dazu jKet 5,4/3 – 29d,62–65.

83 Ein Austritt aus dem Judentum ist halachisch nicht vorgesehen.

84 Vgl. z.B. mKet 1,2: „Eine Proselytin und eine Gefangene und eine Sklavin, die (in einem Lebensalter) von unter drei Jahren und einem Tag ausgelöst (oder) befreit wurden und zum Judentum übergetreten sind, (haben nach ihrer Verheiratung einen Anspruch) aus ihren Eheverträgen von zweihundert (Zuz). Und (ihr künftiger Bräutigam) kann gegen sie (bei entsprechendem Verdacht nach der ersten Nacht) Jungfernschaftsklage erheben." Vorausgesetzt ist also, dass es sich um Jungfrauen handelt; in diesem Fall sind sie ehevertragsrechtlich im Hinblick auf die ihnen zustehende Zahlung – ein Zuz entspricht einem römischen Silberdenar (vgl. *Krauss*, Archäologie, 406) – also jeder anderen jüdischen Jungfrau gleichgestellt. Vorausgesetzt wird, dass das Mädchen gemeinsam mit ihrem Vater zum Judentum übergetreten ist; zur Stellung von Proselytinnen und Proselyten nach der Mischna vgl. *Cohen*, Beginnings, 325. Zur Konversion von Kindern nach der Mischna vgl. aaO 226.

kann, wenn ein Mann mit ihr Geschlechtsverkehr hatte, bevor sie drei Jahre und einen Tag alt war. Die Antwort, die unser Text voraussetzt, lautet: Sollte sie vor diesem Lebensalter beschlafen worden sein, so gälte ihr jungfräulicher Status als unberührt, denn das Hymen, so die Annahme, würde nachwachsen.[85]

Versucht man, den zitierten Mischnatext in seinem so skizzierten Zusammenhang zu verstehen und historisch einzuordnen, so scheint hier, mit den Worten von J. Habermas, nicht „die Kultur, die überall anders ist, sondern (...) das Bild, das sich verschiedene Kulturen von ‚dem' Menschen machen, der überall – in anthropologischer Allgemeinheit – derselbe ist",[86] in Zweifel zu stehen. Sowenig die Vorstellungen der Antike von den biologischen Funktionen des Menschen dem heutigen wissenschaftlichen Weltbild entsprechen,[87] so sehr geben die talmudischen Altersangaben dem Zweifel Raum, ob hier, verglichen mit der uns bekannten Wirklichkeit, überhaupt vom selben menschlichen Körper die Rede ist.[88] Dieser Zweifel läßt sich weder durch das Beseitigen etwaiger „Irrtümer" oder „mythologischer Vorstellungen" noch durch die Annahme rechtssystematischer Fiktionen aus dem Weg räumen. Für das Menschenbild der Bibel hat M. Grohmann formuliert, die Erwähnung der einzelnen Körperteile sei „nicht biologistisch" zu verstehen, bei der Nennung eines Körperteiles seien „seine Funktionen mitgemeint."[89] Vermag diese Auskunft *mutatis mutandis* im Talmud weiterzuhelfen, wenn man, über die Abwehr „des Biologistischen" hinaus, den Bezug zur Biologie ganz ausschließt und präzisiert, dass die Funktion, die hier gemeint ist, ausschließlich rechtlich-sozialer Natur ist? Ist die befremdliche Festlegung des Talmuds somit ein Beispiel für die Notwendigkeit einer kulturanthropologischen Betrachtung, die ernst macht mit der „Erkenntnis der historischen Bedingtheit des Körperverständnisses"[90] und dem Zweifel an der *„longue durée"*[91] der Körperhistorie? Ein solcher Zweifel würde dazu veranlassen, den verhandelten Gegenstand in Beziehung zu grundsätzlichen weiteren Fragen zu stellen, etwa

---

[85] Vgl. mKet 1,4 und mNid 5,4 (dazu *Morgenstern*, Nidda, 134). Es verwundert nicht, dass diese irritierenden Texte in der antisemitischen Propaganda vergangener Jahrzehnte eine gewisse Rolle spielten; vgl. *Rohling*, Talmudjude, 76 (mit irreführendem Verweis auf bNid 47b): *„filia 3 annorum et diei unius... desponsatur per coitum"*. Vgl. die scharfe Kritik aus feministischer Sicht: *Plaskow*, Sinai, 92 und *ders.*, aaO 98.

[86] *Habermas*, Zukunft, 72.

[87] Gute Beispiele sind die Vorstellungen vom Ablauf der Schwangerschaft, von der menschlichen Embryonalentwicklung und in Zusammenhang damit auch vom weiblichen Monatsfluss, die die Juden in der Spätantike offenbar mit den sie umgebenden Völkern teilten; vgl. dazu *Morgenstern*, Nidda, 173–202.

[88] Die rabbinische Anthropologie wäre dann, um *C.S. Rodds* Verdikt über die alttestamentliche Ethik zu variieren, ein etwas abseitiges fernes Land, in das man nur, etwas befremdet, von außen Einblick nehmen könnte (vgl. *Kessler*, A Strange Land, 1309).

[89] *Grohmann*, Anfang, 367.

[90] *Bester / Janowski*, Anthropologie des Alten Testaments, 23.

[91] Vgl. *Pouchelle*, Corps, 10 und Duden, Geschichte, 50ff; *Bester / Janowski*, Anthropologie des Alten Testaments, 21.

der Frage, wie groß und alt ein Mensch in der Antike werden konnte,[92] ab wann sie oder er geschlechtsreif war und wann er oder sie demzufolge in der Regel heiratete und erstmals Kinder bekam.[93] Bereits die Vermutung des durchschnittlichen Lebensalters von vierundvierzig Jahren, die ja voraussetzt, dass viele Frauen dieses Alter nicht erreichten, führt zu weitergehenden Überlegungen im Hinblick auf die Lebenswirklichkeit von Frauen, die im Alter von zwölf Jahren heirateten und – bei fehlenden oder unzureichenden Kontrazeptionsmöglichkeiten – in vielen Fällen wohl in nahezu ununterbrochener Folge bis zur Menopause (in welchem Alter traten die „Wechseljahre" ein?) „guter Hoffnung" waren.[94] Wie auch immer die Fragen zu beantworten sind und mit welchen Unsicherheiten die Vermutungen auch behaftet sind – es mangelt nicht an Indizien dafür, dass Texte wie diese sich sinnvoll im Sinne einer „Geschichte des menschlichen Körpers" verstehen und interpretieren lassen. Zugleich wird aber deutlich, dass die kulturanthropologische Perspektive nicht ausreicht, weil die Annahmen des Talmuds, deren kontrafaktischer Charakter (das „Nachwachsen" des Hymens) auch den Rabbinen deutlich gewesen sein muss, dafür sprechen, dass das rabbinische Recht und damit die rabbinische Anthropologie sich in letzter Instanz nicht an natürlichen Gegebenheiten, sondern an den Setzungen der Tora orientiert.

c) Mann und Frau: der androgyne Mensch

Die Einsicht, dass der Körper in der Alten Welt, „anders als zum Beispiel in der modernen Medizin, nicht an sich betrachtet werden kann, sondern vor allem in seinen Bezügen zur Welt, in seiner Kommunikations- und Handlungsfähigkeit im Blick ist"[95], hat in der

---

92 Wolff (Anthropologie, 178f) geht von einem Altersdurchschnitt von 44 Jahren aus; zur Körpergröße vgl. die Überlegungen bei *Köhler*, Mensch, 10 und *Wolff*, Anthropologie, 116.

93 Vgl. *Wolff*, Anthropologie, 178f (die Heirat erfolgte im Anschluss an die Geschlechtsreife).

94 Diese Überlegung führt zusammen mit weiteren Irritationen, die sich bei der Lektüre etwa der religionsgesetzlichen Bestimmungen für menstruierende Frauen im Talmud einstellen, zu der Frage, wie viele „normale" Perioden Frauen in der jüdischen Antike oder Spätantike in ihrem Leben überhaupt beobachten konnten. B. Duden hat in ihren medizingeschichtlichen Arbeiten Hinweise dafür zusammengetragen, dass die Lebenswirklichkeit vormoderner Frauen in dieser Hinsicht weit von dem entfernt war, was man heute eine „eingestellte Regel" nennt (vgl. *Morgenstern*, Nidda, 173–202) – offensichtlich ein exemplarischer Fall für eine Wahrnehmung des Körpers, wie sie von gegenwärtigen Körperwahrnehmungen unterschieden ist. Anthropologisch relevant sind die genannten Beobachtungen aber auch deshalb, weil sie über das Biologische hinaus einen Einblick in die Lebenspraxis von Frauen in rabbinischer Zeit geben. Barbara Duden beschreibt die „gelebte Zeit" von vormodernen Frauen, die ihre Blutflüsse und Schwangerschaften nicht durch medizinische Apparate messen lassen konnten, sondern zu beobachten hatten, als „dicht, langsam oder schnell, rhythmisch oder periodisch", aber „niemals linear" (*Duden*, Gene, 57). „Die Zeit hat eher einen Modus, einen Verlauf, als daß sie eine Ausdehnung hat … Das ist keine Sache von Uhren-Zeit, sondern eine Frage verschiedener ‚Zeitlichkeiten', unterschiedlicher Modi körperlicher und zeitlicher Dauer" (ebd.).

95 *Bester / Janowski*, Anthropologie des Alten Testaments, 22.

rabbinischen Literatur schließlich noch Folgen für das Verständnis der menschlichen Zweigeschlechtlichkeit. Die Forschung hat sich hier – wie in allen anderen Fällen – einen Mittelweg zwischen den Polen des „Essentialismus" (der Annahme der Zweigeschlechtlichkeit als historisch-anthropologischer und damit kultur- und zeitübergreifender Konstante) und des „sozialen Konstruktivismus" (der Annahme, der Körper sei „Ergebnis kultureller Einschreibungen, ein soziales Konstrukt") zu bahnen.[96] Dass die Zweigeschlechtlichkeit des Menschen für die Rabbinen einen Spezialfall der von der Tora her definierten „Stufigkeit" darstellt, zeigt bereits die Tatsache, dass im Talmud immer wieder androgyne Wesen, Hermaphroditen und Zwitter Erwähnung finden[97] – in einer Häufung, die nach heutigen Erkenntnissen außerhalb jedes Verhältnisses zur historischen Wahrscheinlichkeit dieses Phänomens in menschlichen Populationen steht.[98]

Dieser Tatbestand steht zunächst einmal offensichtlich in einem Zusammenhang mit der Rezeption griechisch-römischer Vorstellungen, bei denen neben Platon[99] vor allem Aristoteles eine Rolle spielte.[100] Aristoteles war in seinen naturphilosophischen Überlegungen davon ausgegangen, dass es beim menschlichen Sexualakt zu einer Begegnung des männlichen Samens mit weiblichem Blut kommt – die Frau bleibe dabei insoweit passiv, als sie mit ihrem Blut nur die „Materie" für die Entwicklung der Leibesfrucht bereitstellt. Entscheidend ist nach dieser Theorie, dass beide Faktoren nicht nur *zusammen*, sondern auch *gegeneinander* wirken. Auf diese Art und Weise ergibt sich im Moment der Konzeption ein „Wettstreit" (ἀγών) zwischen den weiblichen und männlichen Teilen. Wenn der Same des Vaters über ausreichend „Wärme" verfügt, um den von der Mutter beigefügten „Stoff" zu bezwingen, entsteht ein männliches Kind, das in der Folge ebenfalls in der Lage sein wird, aufgrund der in ihm vorhandenen Wärme sein überschüssiges („weibliches") Blut in Samen zu verwandeln. Im anderen Fall kommt es

---

96 Vgl. *dies.*, aaO 23 Anm. 111 in ihrer gelungenen Zusammenfassung des Forschungsstandes mit Verweis auf *Lorenz*, Vergangenheit, 22f.

97 Der Talmud unterscheidet den „Verstopften" („*ṭumṭum*"), den im Hinblick auf seine geschlechtlichen Merkmale unbestimmbaren Menschen, vom Androgynen (Zwitter), der sowohl weibliche als auch männliche Geschlechtsmerkmale aufweist. Zum Phänomen der „Widderin" (Frauen, denen die Geschlechtsmerkmale fehlen und die daher nicht gebären können) s. unten und *Morgenstern*, Nidda, 138.

98 In heutigen Lehrbüchern wird die Wahrscheinlichkeit des Auftretens von Zwittern mit 0,5–5 zu 10.000 pro Frau angegeben; vgl. *Kaiser / Pfleiderer*, Lehrbuch, 17. Höhere Angaben finden sich bei *Fausto-Sterling*, Sexing the Body, 53. Menstruationsblutungen treten bei etwa zwei Dritteln der echten Zwitter auf (ebd.); unterschieden wird zwischen dem *Hermaphroditus verus* („echter Zwitter") und dem *Pseudohermaphroditus femininus internus* („weiblicher Scheinzwitter"), der Ovarien trägt, aber äußere Männlichkeitsmerkmale aufweist.

99 Vgl. *Platon*, Symposion, 189c–191d.

100 Zur aristotelischen Theorie vgl. *Jori*, Blut, 240–247. Zu Androgynen und Zwittern in der Antike vgl. auch *Dietrich*, Urmensch, 312f; zur Thematisierung der Androgynie in der rabbinischen Literatur vgl. auch *Stökl Ben Esra*, Homme et femme sowie *Barkaï*, Les infortunes, 24.

zu einer weiblichen Frucht, deren überschüssiges Blut nur „Blut“ bleiben kann.[101] Wichtig für das Verständnis dieser Lehre von der menschlichen Geschlechterpolarität ist der Zusammenhang mit den antiken Vorstellungen von den menschlichen Missbildungen (Teratologie), die bei Geburten oder Fehlgeburten dann zutage treten, wenn dieser Kampf kein eindeutiges Ergebnis hat. Bezeichnenderweise verstand der Stagirit bereits die Bildung der *Frau* in prinzipieller Betrachtung als „Entartung“ („*téras*“), die um der Erhaltung der menschlichen Art willen freilich naturnotwendig sei.[102] Alle anderen „Missbildungen“ und Monstrositäten, seien es Zwitter oder Fehlgeburten, gelten nach dieser Theorie dann als weitere graduell unterschiedene Abarten auf einer hierarchisch vorgestellten *scala naturalis* des menschlichen Seins.[103]

Wie im Fall der Leib-Seele-Vorstellung konnte die rabbinische Literatur sich das der griechischen Vorstellungswelt entnommene Konzept in einer spezifischen Form zu Eigen machen.[104] In den Blick treten hier zunächst bibelexegetische Erwägungen der Talmudweisen, zu denen offensichtlich der Versuch gehörte, die Spannungen zwischen dem ersten und dem zweiten biblischen Schöpfungsbericht abzumildern; eine Möglichkeit war demzufolge die Annahme, in Gen 1,27 sei zunächst von der Erschaffung eines androgynen Menschen die Rede – erst in einem zweiten Schritt habe Gottes Schöpfungshandeln die Scheidung des Menschen in männlich und weiblich vorgenommen.[105] In diesem Zusammenhang galt es auch, eine Lösung für die Schwierigkeit der pluralischen Formen im Schöpfungsbericht („schuf *sie* zu seinem Bilde“) zu finden, die ja in einer

[101] Vor diesem Hintergrund lässt sich die Theorie des babylonischen Talmuds erklären, wonach ein androgynes Kind entsteht, wenn beim Geschlechtsverkehr beide – Mann und Frau – gleichzeitig ihren Erguss haben, der „Wettkampf“ zwischen Mann und Frau also unentschieden ausgeht (bNid 25b und 28a); zur Orgasmusfolge der Ehepartner vgl. auch *Ostmeyer*, Sexualethik, 176: Ein Knabe entsteht demnach, wenn zuerst die Frau ihre Flüssigkeit abgibt (bNid 31a; bBer 60a). Hinzu kam die Vorstellung, dass die unterschiedlichen Stellungen beim Sexualverkehr das Geschlecht oder aber die Entwicklung und die Gesundheit der Leibesfrucht beeinflussen könnten; vgl. dazu *Barkaï*, Les infortunes, 75f.

[102] *Aristoteles*, De Generatione Animalium 767ab (IV, 2–3); und *Barkaï*, Les infortunes, 25. Diese abschätzige Beurteilung der Frau, die heute die Frage nach dem „sexistischen“ Charakter der aristotelischen Biologie provoziert (*Morsink*, Was Aristotle's Biology Sexist?), wird von den hippokratischen Theoretikern im Übrigen geteilt: vgl. *Moraux*, Galien et Aristote, 127–146; *Rousselle*, Observation féminine, 1089–1115 und *Preus*, Galen's Criticism, 65–85.

[103] *Aristoteles*, De Generatione Animalium IV, 7, 75b 25–76a 14; zu diesen Mischwesen, die nach Avicenna entstehen, wenn Frauen von einem Coitus träumen und der Muttermund sich entsprechend schließt, vgl. auch *Fischer-Homburger*, 233f. Zu den Nachwirkungen dieser Vorstellungen in der abendländischen Medizingeschichte vgl. die Forschungen von B. Duden (s.u.).

[104] Für eine Auseinandersetzung der Rabbinen mit der griechisch-römischen Umwelt spricht hier schon die Verwendung des Fremdwortes „*androgynos*“ im Hebräisch-Aramäischen. Boyarin (Carnal Israel, 43) bemerkt dazu: „As usual, the use of the ‚alien‘ word is not culturally innocent.“ Stökl Ben Ezra (Homme et femme, 109) hat demgegenüber auf die Möglichkeit einer Übersetzung ins Semitische („*gevar-nashy*“ im Syrischen) aufmerksam gemacht – ein Weg, der von den Rabbinen nicht beschritten wurde.

[105] Vgl. bBer 61a sowie dazu *Robberechts*, Beziehungen, 150–153.

Beziehung zum *Imago Dei*-Topos stehen.[106] Vor allem aber scheint es der Halacha, wie es Rechtssystemen häufig eigen ist, darum gegangen zu sein, strittige Fragen vom Extremfall her und somit in aller Grundsätzlichkeit zu durchdenken und zu klären. Wir müssen so mit Fällen rechnen, in denen wir nicht wissen können, inwieweit sie bei den Rabbinen auf empirischen Wahrnehmungen beruhten oder inwieweit sie rechtsfiktionale Konstruktionen waren.

Ziel war jedenfalls erneut nicht die Naturbeobachtung (weshalb die historische und die Kulturanthropologie auch in diesem Fall wichtige Hilfestellung leisten, aber letztlich nur begrenzt weiterführen), sondern Definitionen von der Tora her. Im Blickpunkt stand vielmehr die Frage, welcher Mensch in bestimmten Situationen Träger von halachisch definierten Pflichten und Rechten ist: Eine Frau, der die Geschlechtsmerkmale fehlen und die daher nicht gebären kann (nach rabbinischer Terminologie: eine „Widderin"), ist beispielsweise von der Pflicht zur Leviratsehe dispensiert;[107] ein Mann, der – obwohl über zwanzigjährig – noch nicht pubertiert hat, gilt in rechtlicher Hinsicht weiterhin als minderjährig.[108] Wie um ihre souveräne Stellung bei der Interpretation der natürlichen Phänomene zu betonen, wählen die Rabbinen erneut ein im Reifungsprozess eher willkürlich erscheinendes Distinktionsmerkmal – das Hervorbringen von mindestens zwei Schamhaaren – als rechtlich wirksames *signum pubertatis*.[109] Die Mischna (mNid 3,2) macht deutlich, dass Unsicherheiten bei der Bestimmung des Geschlechtes in religionsrechtlicher Hinsicht auch Folgen für Dritte haben können:

> Wenn (nach einer Geburt oder Fehlgeburt) nicht bekannt ist, ob (es sich um einen Knaben oder um ein Mädchen handelt und die Mutter dementsprechend im Hinblick auf die Dauer ihrer nachgeburtlichen Unreinheit im Unklaren ist), so verweile sie (als Unreine die für die Geburt) eines Knaben und eines Mädchens (vorgesehene Zeit) – so die Worte Rabbi Me'irs.

Um der Torapflicht nach Lev 12,1–5 zu genügen und in reinheitsrechtlicher Hinsicht jeden Zweifel auszuschließen, so Rabbi Me'ir, soll die Wöchnerin, die nach biblischer wie rabbinischer Auffassung nachgeburtlich als „unrein" gilt, in einem solchen Fall die Tage ihres „Verweilens in Unreinheit" für beide geschlechtlichen Möglichkeiten addieren, die entsprechenden Vorschriften also so kombinieren, dass sie sowohl die reinheits-

---

106 Hier waren für die Rabbinen wohl Vorstellungen einer Geschlechterpolarität in Gott und möglicherweise auch christlich-theologische Trinitätskonzeptionen abzuwehren; zu BerR 8,1 („Als der Heilige, gelobt sei Er! Adam ... schuf, schuf er ihn zu einem Androgynen, denn es heißt: ‚Er schuf sie als Mann und Frau'") vgl. *Barkaï*, Les infortunes, 14 und 44f sowie *Dietrich*, Urmensch, 312f. Ein gutes Referat der kabbalistischen Auslegung zu Gen 1, 26–28, die die Geschlechterpolarität erneut in Gott hineinträgt, bietet *Robberechts*, Beziehungen. Zu den Schwierigkeiten der Rabbinen bei der Auslegung der Schöpfungserzählung vgl. auch *Boyarin*, Border Lines, 41 mit Anm. 17 (= *Boyarin*, Abgrenzungen, 52) sowie *Morgenstern*, Quest, 42–47.

107 Vgl. mNid 5,9.

108 Vgl. *Morgenstern*, Nidda, 138.

109 Vgl. mNid 5,9 und *Morgenstern*, Nidda, 134f mit Anmerkung 39.

rechtlichen Nachteile der Geburt eines weiblichen als auch die entsprechenden Nachteile der Geburt eines männlichen Kindes in Kauf zu nehmen hat.[110]

d) Mensch und „Nicht-Menschen“: Der Grenzfall der Chimären

Der Einfluss der antiken Lehre von den Missbildungen wird in der letztzitierten Mischna (mNid 3,2) noch auf andere Art und Weise sichtbar: Den Unterscheidungen von Mensch und „Noch-Nicht-Mensch“ und den Unterscheidungen im personenstandsrechtlichen Bereich sowie der Unterscheidung von Mann und Frau tritt nun noch eine weitere – in weit höherem Maße irritierende – Skala zur Seite: die von Mensch und „Nicht-Mensch“:

> Wenn (eine Frau) eine Art von (rotem) Schorf, eine Art (von rotem) Haar, eine Art von (roter) Erde oder eine Art roter Mücken ausstößt, so lege sie (das Gebilde) ins Wasser.[111] Löst (es) sich (in Blut) auf, so ist sie unrein.[112] Wenn (eine Frau) Fischartiges, Heuschreckenartiges, Ekliges oder Kriechtierartiges[113] ausstößt, so gilt sie (als Menstruierende und daher) als unrein, wenn sie dabei eine Blutung hat – wenn aber nicht, so (ist kein Blut vorhanden, und) sie (gilt als) rein. Wenn (eine Frau als Fötus) etwas wie Vieh, Wild oder Geflügel ausstößt[114] – habe es nun (das Aussehen) eines reinen oder unreinen (Tieres)[115] –,

---

[110] Vgl. mNid 3,2 (*Morgenstern*, Nidda, 86; vgl. auch *ders.*, aaO 90f mit jNid 3,2/5 – 50c,40–44); vgl. auch tNid 4,8.

[111] Nach bNid 22ab muss es sich um lauwarmes Wasser handeln, in dem das Abgestoßene vierundzwanzig Stunden zu liegen hat; nach tNid 4,2 soll der Abgang zu seiner reinheitsrechtlichen Prüfung im Speichel auf einem Fingernagel zerdrückt werden.

[112] Die Frau gilt in diesem Fall, da es sich um eingetrocknetes Blut gehandelt hat, als Menstruierende, die die entsprechenden Reinheitsregeln der Tora einhalten muss. Wenn kein Blut vorhanden ist, gilt die Frau demgegenüber als rein.

[113] Zur religionsgesetzlichen Einordnung dieser Wesen vgl. mMak 3,2 und Lev 11,11–13; zu Erwägungen zur Häufigkeit dieser Fälle vgl. *Marienberg*, 159–161 und 203. Zu dieser Vorstellung vgl. 4 Esr 5,8 (*„et mulieres parient menstruatae monstra“*); dieser Text scheint Hieronymus bekannt gewesen zu sein; vgl. sein Kommentar zu Ez 18,6 (CChr.SL 75,235: *„Et ad mulierem, menstruatam non accesserit… quo tempore si vir coierit cum muliere, dicuntur concepti foetus vitium seminis trahere, ita ut leprosi et elephantiaci ex hac conceptione nascantur et foeda in utroque sexu corpora, parvitate vel enormitate membrorum, sanies corrupta degeneret“*); vgl. dazu *Marienberg*, 95f und 105. Dieser Text ist ein Indiz dafür, dass der Sachverhalt im Palästina des vierten Jahrhunderts bekannt war; vgl. dazu auch den ähnlichen Text WaR 15,5. – Im jüdischen Volksglauben – viele einschlägige Texte sind freilich erheblich später zu datieren – wurden Missgeburten häufig dem Umstand zugeschrieben, dass zuvor eine Kohabitation im Menstruationszustand stattgefunden hatte, das geborene Geschöpf also ein „ben-nidda“ (oder eine „bat-nidda“) war. Da unverheiratete Frauen kein Reinigungsbad nahmen, waren in dieser Hinsicht vor allem vorehelich gezeugte Kinder bedroht.

[114] Vgl. mKer 1,3 (dort geht es um die Rechtsfolgen einer Geburt hinsichtlich der Pflicht zum Opfer nach Lev 12,6–8) und mBekh 8,1 sowie bBekh 40a.

[115] Zur Unterscheidung von reinen und unreinen Tieren vgl. Lev 11,2ff und Dtn 14,3ff.

so soll sie, wenn (das Ausgestoßene) männlich ist[116], wie (bei der Geburt) eines Knaben (sieben Tage lang), wenn es weiblich ist, wie (bei der Geburt) eines Mädchens (vierzehn Tage lang in Unreinheit) verweilen …[117] Aber die Weisen sagen: „Was nicht menschliche Gestalt[118] hat, gilt (in reinheitsrechtlicher Hinsicht für die Frau) nicht (als Geburt eines menschlichen) Kindes."[119]

Anlass, die Vorstellung von der menschlichen Gattungsidentität in Frage zu stellen, gibt der Talmud erneut nicht von allgemeinen mythologischen Spekulationen her, sondern im Kontext spezieller religionsgesetzlicher Erörterungen, die dem Geburtsvorgang gelten. Die Vorgänge im Mutterleib scheinen für die Rabbinen von hohem Interesse, zugleich aber – am Maßstab moderner Erkenntnis gemessen – undurchsichtig gewesen zu sein. War die Entstehung des menschlichen Lebens für sie in einem solchen Maß von Unsicherheit gekennzeichnet und umgeben, dass das klärende und ordnende Wort vom Sinai erforderlich war? Oder wurde das Fluide und Unsichere umgekehrt deshalb betont, um vor diesem Hintergrund die unterscheidende Kraft der Tora erst hervortreten zu lassen?

Erneut drängen sich an dieser Stelle Fragen auf, die am ehesten auf die Kulturanthropologie verweisen.[120] Doch welchen Beitrag könnte eine solche Perspektive für das Verständnis des zitierten Textes leisten? Von Interesse ist hier zunächst, dass die antike Vorstellung von einer bis in die nichtmenschliche Natur reichenden *scala naturalis* offenbar nicht nur im Judentum, sondern auch in der späteren abendländischen Medizingeschichte Spuren hinterlassen hat. B. Duden hat sich in ihren Arbeiten immer wieder mit dem in der westlichen Moderne verschütteten Erfahrungswissen beschäftigt und

---

[116] D.h. wenn die männlichen Geschlechtsteile sichtbar sind.

[117] Vgl. Lev 12,1–5 und bBekh 40a; im Falle eines Knaben kommen dreiunddreißig, bei einem Mädchen sechsundsechzig „Tage der Reinheit" („*yeme ṭohora*") hinzu, während der die Wöchnerin im Hinblick auf etwa auftretende Blutungen nicht den menstruationsrechtlichen Reinheitsvorschriften unterliegt, aber trotzdem Heiliges nicht berühren darf. Der Ausdruck des „Verweilens" („*teshev*") schließt hier – anders als in Lev 12,4, wo der Ausdruck nur für die „Reinheitstage" verwendet wird – die Wartezeit für die Unreinheits- und Reinheitstage ein. – In der Mischna folgt hier der oben zitierte Satz, der die reinheitsrechtlichen Folgen bei der Geburt eines geschlechtlich unbestimmten Kindes regelt.

[118] „*Mi-ṣurat ha-adam*" wird nach tNid 4,7 auf die Form des Gesichts bezogen; vgl. dazu auch mKer 1,3; mBekh 8,1 und die Diskussion unten in der Gemara (jNid 3,2/4 – 50c,34–40).

[119] mNid 3,2; vgl. auch tNid 4,5–7; 4, 12.15. Nach der Diskussion in Mischna und Tosephta liegt dann keine Fehlgeburt vor, die nach Lev 12 die Unreinheit der Wöchnerin bewirken würde, wenn der Fötus kein erkennbares menschliches Aussehen hat; vgl. *Kanter*, Rabban Gamliel, 211 und bNid 24b. Nach bNid 23b ist die Entscheidung davon abhängig, ob der Kopf des Fötus zumindest teilweise (nach Rabbi Me'ir zur Gänze) menschenähnlich ist; nach der Mehrheitsmeinung, der die Halacha folgt, ist die partielle Menschenähnlichkeit ausreichend. In diesem Fall handelt es sich um eine Geburt, selbst wenn der restliche Körper die Gestalt eines Viehs oder eines wilden bzw. geflügelten Tieres hat; vgl. dazu *Morgenstern*, Nidda, 89f mit Anmerkungen (zu jNid 50c,34–38).

[120] *Habermas*, Zukunft, 73 spricht von „Schwindelgefühle(n), wie sie uns erfassen, wenn ein sicher geglaubter Boden unter den Füßen wegrutscht. Symptomatisch ist der Ekel beim Anblick der chimärischen Verletzung von Artgrenzen, die wir naiverweise für unverrückbar gehalten hatten."

dabei auch jüdische Texte hinzugezogen, denen sie Hinweise entnimmt, um dieses Wissen wiederzuentdecken.[121] In ihrer Studie über die Aufzeichnungen des Eisenacher Arztes Johann Storch aus dem frühen 18. Jahrhundert hat sie auf bis in die frühe Neuzeit immer wieder auftauchende Vorstellungen von eigenartigen Fehlgeburten aufmerksam gemacht.[122] Bemerkenswert an diesen Berichten über „Mondkälber" und unförmige Abgänge aus den Berichten der europäischen Vormoderne, die man ebenfalls weder für Fantasieprodukte halten noch für mythologisch erklären will, ist die Tatsache, dass diese monströsen oder disproportionierten Wesen, wenn sie aus dem Mutterleib abgegangen sind, offenbar nicht als Zwischenstufe im regulären Entwicklungsstadium hin zu einem Kind interpretiert werden.[123] Die Frage, ob es sich bei den „Abgängen" von Fall zu Fall möglicherweise um ein menschliches Individuum handelt, ist durchaus offen. Möglicherweise handelt es sich auch um zurückgehaltenes und akkumuliertes Menstruationsblut, Blutmole, *mola sanguinea*, die auch von keuschen „Jungfrauen und Witwen" geboren werden können.[124] E. Fischer-Homberger hat gezeigt, dass in einer Zeit, die derartige „Fälle" noch als „natürlich" hinnahm, auch die Frage nach der Keuschheit der Molenträgerin in einer Unbefangenheit gestellt werden konnte, die an die talmudische Vorstellung vom „nachwachsenden Hymen" erinnert.[125]

In der Interpretation dieses Befundes nimmt die so rekonstruierte Medizingeschichte eine wissenschafts-, gesellschafts- und letztlich auch modernitätskritische Wendung. Mit dem Versuch, durch die Berufung auf vorneuzeitliche Texte eine Art „natürlichen" Aristotelismus wiederzugewinnen,[126] scheint es der Autorin um zweierlei zu gehen:

1. um die Wiederentdeckung einer von den unterschiedlichen Modi des Körpers geprägten Zeit jenseits der „Uhren-Zeit", einer als „dicht, langsam oder schnell, rhythmisch oder

---

121 Duden schöpft in ihrem Werk aus der ganzen Breite der medizingeschichtlichen Forschung; jüdische Texte kommen eher am Rande vor: vgl. z.B. Frauenleib, 7 (ein als Motto gebrauchtes Zitat aus dem Genesiskommentar der sephardischen Enzyklopädie Neʾam Loʿez, Istanbul 1730) und 80–85 (Forschungen des in den dreißiger Jahren des 20. Jahrhunderts in Polen wirkenden jüdischen Arztes Ludwik Fleck) sowie *dies.*, Gene, 15 und 30.

122 *Dies.*, Frauenleib, 74ff.

123 *Dies.*, Konzeptionen, 34, zitiert einen Entbindungsbericht mit einer Anleitung für bayerische Hebammen, jede Frucht zu taufen, „sie mag so verunstaltet und klein seyn, als sie will; Früchte wie eine Bohne, wie ein Gerstenkorn; Missgeburten jeder Art (...) immer (...) mit dem Beysatz: ‚Kind, wenn du fähig, oder wenn du ein Mensch bist'"; vgl. auch die historisch-anthropologische Untersuchung bei *Struckmeier* (Glauben, 87–121) über frühneuzeitliche lutherische Seelsorge und Frömmigkeit im Zusammenhang mit der Geburt.

124 *Fischer-Homberger*, Medizin, 234.

125 Vgl. *ders.*, aaO 232–235; vgl. dazu auch *Plenk*, Anfangsgründe, 147–150. Möglicherweise spielt hier die Tatsache eine Rolle, dass die Plazenta in bestimmten Bevölkerungsgruppen bis in das 19. Jahrhundert hinein als die „andere Hälfte" des Kindes galt, als sein Doppelgänger; sie war auch Symbol der Generationenfolge, der fortgesetzten Fruchtbarkeit, und wurde „zweite Geburt" genannt (vgl. *Gélis*, Geburt, 254).

126 Zum Begriff einer „in gewissem Sinne ‚aristotelisch'" verfassten Lebenswelt vgl. *Habermas*, Zukunft, 80.

periodisch“, aber niemals als „linear“[127] erlebten Zeit in der Lebenspraxis von Menschen der Vormoderne und
2. um die Wiedergewinnung von auf Autonomie beruhender und auf die Funktionen des eigenen Körpers vertrauender Selbstbeobachtung.[128]

Dass jüdische Überlieferungen auch mit anderer Tendenz in Anspruch genommen werden können, wird bei P. Sloterdijk sichtbar. Nicht zufällig beendet der Philosoph sein Plädoyer für eine „prophetische Anthropologie“, mit der er der von ihm sogenannten „Anthropotechnik“[129] den Weg bahnen will, mit einem Zitat der hebräischen Bibel: „Den Himmel und die Erde rufe ich heute als Zeugen gegen euch an. Leben und Tod lege ich dir vor ... Wähle also das Leben, du und deine Nachkommen“ (Dtn 30,19).[130] Die emphatische Berufung auf „das Leben“ soll hier der Rechtfertigung eines unbefangen-zukunftsfrohen Umgangs mit den Möglichkeiten der Reproduktionsmedizin dienen. Auf einer ähnlich Linie liegt die Inanspruchnahme des Golem-Motivs, jenes der Legende nach vom „Hohen Rabbi Löw“ (etwa 1520 bis 1609) in Prag geschaffenen künstlichen Anthropoiden,[131] ein Motiv, das in Sloterdijks vieldiskutierter Basler-Elmauer Rede vom Juni 1997 und Juli 1999 („Regeln für den Menschenpark“) über die Herausforderung des „biotechnologischen Zeitalters“ nicht zufällig seinen Platz findet.[132]

---

[127] *Duden*, Gene, 57.

[128] Mit kritischer Spitze gegen die Herrschaft der Apparate und Experten in der Medizin erinnert Duden, dass diejenigen Gewebe und Organe des menschlichen Körpers, die mit der Sinneswahrnehmung zu tun haben, nach aristotelischer Lehre die edelsten Teile des Körpers waren (*ders.*, Frauenleib, 48 und *Jori*, Blut, 27). Auch für die Rabbinen im Talmud kam es nicht auf die „objektive“ Analyse, sondern auf das subjektive Sehen und Wahrnehmen an: Ein solches Sehen konnte ein Recht setzender Vorgang sein, etwa wenn es um die Feststellung ging, ob das fragliche Kind während des Geburtsvorgangs bereits zur Hälfte ausgetreten war. „Heil dem Mann, der (nur) darin irrte, was er mit seinem Munde (sagte), aber nicht darin irrte, was er mit seinen Augen (wahrnahm)“, heißt es in einer Diskussion zwischen Rabbi Ḥanina und Bar Qappara (jNid 2,6/3 – 50a, 71–72). „Das taktile Auge, das beim Öffnen der Augenlider tätig eine Emanation entläßt“, schreibt Duden zum Hintergrund dieser Vorstellung, die sie durch viele Jahrhunderte hindurch verfolgt hat, „war ein Relikt der antiken ‚Sehstrahltheorie‘, denn das Blicken, sei es segnend, heilbringend, böse, schaulustig oder staunend, wurde bis in das frühe 17. Jahrhundert auch von Seiten der gelehrten Astronomen und Anatomen als ein aktives Ausstrahlen mit respondierender Wirkung verstanden – und wohl auch so erlebt“ (*Duden*, Gene, 43). Zur Kritik an Keplers „Deanthropomorphisierung des Blickes“, die „die Opsis von der Optik abtrennte“, ein passives Modell des Auges schuf, aus dem das handelnde Subjekt getilgt und das Sehen auf die mechanische Fabrikation eines Bildes reduziert wurde, vgl. ebd.

[129] Vgl. *Sloterdijk*, Du musst dein Leben ändern, 23.

[130] *Ders.*, Menschentreibhaus, 77.

[131] Vgl. *Idel*, Anthropoid, 34.

[132] Vgl. *Sloterdijk*, Menschenpark, 11 (mit dem Hinweis auf den Bericht einer vom US-Präsidenten eingesetzten Kommission unter der Überschrift „Splicing Life. The Social and Ethical issue of Genetic Engineering with Human Beings, 1982“, wo auf die Golem-Legende Bezug genommen werde). In ähnlicher Richtung nehmen talmudisch argumentierende Autoren seit einigen Jahren

Beide Bezugnahmen auf anthropologische Traditionen des Judentums – die Namen B. Duden und P. Sloterdijk können hier nur Tendenzen markieren – liegen auf unterschiedlichen Ebenen, und eine Untersuchung, welche Rolle „das Jüdische" in den jeweiligen Argumentationen spielt und mit welchem Recht die Berufung auf es erfolgt, kann an dieser Stelle nicht stattfinden.[133] Aus der Problemskizze ergibt sich aber ein Dilemma: J. Habermas lässt – und wer wollte ihm widersprechen? – die großen Weltreligionen, die „hochkulturellen, in der Achsenzeit entstandenen religiösen Welt- und Selbstdeutungen ... in einem minimalen gattungsethischen Selbstverständnis" und im Hinblick auf die axiomatische Annahme der menschlichen Gattungsidentität konvergieren. Andererseits rechnet auch Habermas mit dem unvorhergesehenen „Auftreten von überraschenden Alternativen", die „die Selbstverständlichkeit elementarer Hintergrundannahmen" erschüttern, und unsere bisherige Skizze der rabbinischen Anthropologie hat gezeigt, dass die „Vorläufer" der „künstlichen Chimären" und der „‚aus der Art geschlagenen' transgenen Organismen" in Bildern und Vorstellungen zu suchen sind, von denen wir keineswegs grundsätzlich behaupten können, dass sie „archaisch" und „entwertet sind."[134]

Einfluss auf bioethische Debatten über die künstliche Befruchtung und die Stammzellenforschung. Bei dem Halachisten Daniel Eisenberg sticht dabei etwa eine *a-majore-ad-minus*-Argumentation hervor: Von der Erlaubnis der Abtreibung in den oben angeführten Fällen wird auf die Erlaubnis der Nutzung befruchteter, aber nicht implantierter Eizellen („Präembryonen") für die Forschung geschlossen, vor allem dann, wenn die Entwicklung lebensrettender Medikamente oder Techniken zu erwarten ist: vgl. *Eisenberg*, Stem Cell Research in Jewish Law, www.jlaw.com/Articles/stemcellres.html und „Artificial Insemination in Jewish Law", Maimonides: Health in the Jewish World, Vol. 5, No. 1, Winter 1999; *Breitowitz*, The Preembryo in Halacha, www.jlaw.com/Articles/preemb.html (Zugriff jeweils vom 21.12.2010). Zur halachischen Diskussion um die Fragen der modernen Reproduktionsmedizin vgl. auch *Breitowitz*, Halakhic Problems, Bd. 1, 106–109. Mit Blick auf rabbinische Texte, die von einem Überschreiten der Artgrenzen zu wissen scheinen, bringt der in den USA lehrende Talmudforscher Evyatar Marienberg schließlich die Klontechnik ins Spiel (*Marienberg*, Niddah, 248), und die Jüdische Allgemeine in Deutschland („Nicht jeder ist Noah. Was die Halacha zu Klonversuchen an Tieren sagt", 18. November 2004) äußert sich angesichts des Aussterbens bestimmter Arten optimistisch zum Thema, „was die Halacha zu Klonversuchen an Tieren sagt." Dementsprechend werden im orthodox-jüdischen Publikationen (vgl. *Bleich*, Contemporary Halakhic Problems, 100–105) geschlechtsverändernde Operationen aus halachischer Perspektive diskutiert. Weniger theorielastig sind Berichte von zeitgenössischen jüdischen Transsexuellengruppen in den USA, für die die zitierten Talmudstellen einschlägig sein dürften: *Doucé*, La question transsexuelle, 102 und 106.

133 Immerhin dürfte es kein Zufall sein, dass die jüdische Tradition sich im öffentlichen Diskurs (also außerhalb der jüdischen Binnendiskussion) gerade auf dem Feld der Bioethik als attraktiv erweist; zu Fragen der Bioethik aus jüdischer Perspektive vgl. auch *Morgenstern*, Rabbinische Anthropologie, 94f.

134 Das Zitat bei Habermas (Zukunft, 74f) lautet: „Wie die großen Weltreligionen so bieten auch metaphysische Lehren und humanistische Überlieferungen Kontexte, in die die ‚Gesamtstruktur unserer moralischen Erfahrung' eingebettet ist. Sie artikulieren auf die eine oder andere Weise ein anthropologisches Selbstverständnis, das zu einer autonomen Moral passt. Die hochkulturellen, in der Achsenzeit entstandenen religiösen Welt- und Selbstdeutungen konvergieren gleichsam in einem minimalen gattungsethischen Selbstverständnis, das eine solche Moral stützt. (...) Erst mit

Wenn die Anthropologie des Talmuds ihrem rechtssystematischen Aufriss folgt, so handelt es sich beim Beispiel der Chimären gewiss um den letzten denkbaren Grenzfall. Worin besteht dann aber, wenn die „Entwertung" der rabbinischen Tradition gerade auch für die Gegenwart zweifelhaft ist, der Realitätsbezug der genannten Bilder?

III. Anthropologie der Tora

Auffällig ist zunächst, dass die rabbinische Literatur in ihren Diskussionen in sachlicher Hinsicht Gelehrten mit durchaus unterschiedlichen Auffassungen das Wort erteilt. Dabei bezieht sich der Meinungsunterschied aber nicht auf die Faktizität der rätselhaften Mischwesen, sondern auf die sich aus diesem Faktum ergebenden religionsgesetzlichen Folgerungen. Dieser Skopus ist nicht verwunderlich: die Texte sollen wie überall im Talmud nicht abstrakt über die Welt belehren, sondern haben verpflichtende Vorschriften zum Ziel. Diese Normen sollten von ihren Adressaten gelesen und gehört, gelernt, in der Praxis befolgt und weitertradiert werden. Die auf die Gattung des Talmuds bezogene Überlegung lässt den von den Texten beanspruchten Realitätsgehalt an *dieser Stelle* suchen. Die rabbinische Literatur kann, wie andere Texte zeigen, die Möglichkeit der Geburt eines Tieres von einer menschlichen Mutter (wie die der Geburt eines menschlichen Kindes von einer tierischen Mutter) durchaus bestreiten.[135] Aber diese Unmöglichkeit ist, vom Talmud aus gesehen, nicht selbst-evident, sie ist nicht naturgegeben, sie beruht auf einer Festlegung der Grenzen vom Torawort her. Wie die Römer den Begriff der *humanitas* nicht „naturwissenschaftlich", sondern in Zusammenhang mit dem innerhalb ihrer Reichsgrenzen geltenden *Recht* verstanden,[136] so liegt auch im Judentum eine rechtliche Abgrenzung vor, eine Definition des Humanum (in Unterscheidung vom Nicht-Menschlichen), die von der Tora aus erfolgt. Kennzeichnend für das Judentum ist hier wie an anderer Stelle, dass naturrechtliche Argumente und Evidenzen ausgeschlossen sind. Bei dem Versuch des Nachweises, dass alle religiösen Welt- und Selbstdeutungen gattungsethisch konvergieren, wäre hier jedenfalls im Hinblick auf das Judentum ein leicht auftretendes Missverständnis benannt.[137] Wer und was der Mensch ist, was ihm zukommt und zusteht, wozu er verpflichtet und wozu er

---

dem unvorhergesehenen Auftreten von überraschenden Alternativen wird die Selbstverständlichkeit elementarer Hintergrundannahmen erschüttert (auch wenn dieses Neue – wie die künstlichen ‚Chimären' der ‚aus der Art geschlagenen' transgenen Organismen – in entwerteten mythischen Bildern archaische Vorläufer haben)."

135 Vgl. tBekh 1,9.

136 Vgl. *Reitzenstein*, Werden und Wesen der Humanität.

137 Mein Dank an Hans Martin Dober für Literaturhinweise und den Vorschlag, die „moralitätstheoretische Signatur" in der Argumentation bei Habermas, die wohl auf Kantische Prägung zurückgeht, durch den Vergleich mit dem Gebot der Tora stark zu machen.

berufen ist, beanspruchen die Rabbinen nur und ausschließlich von der Tora aus zu erfahren.[138]

Dazu passt schließlich noch ein Motiv, das die Rabbinen im Zusammenhang ihrer Befassung mit ungeborenen Kindern zur Geltung bringen: Das ungeborene Leben im Mutterleib, so heißt es im Talmud, zeichnet sich durch umfassende Tora-Gelehrsamkeit aus. Es gehört zum menschlichen Verhängnis, dass dieses Wissen alsbald vergessen wird, sobald ein Kind das Licht der Welt erblickt.[139] Dieses letztere Motiv – es ist nicht der Halacha, sondern der Aggada entnommen – macht deutlich, worauf es den Rabbinen in ihren Ausführungen über die *conditio humana* ankommt. Es geht ihnen um den durch die Tora definierten Menschen: den Menschen „vor der Tora" insofern, als er vor der Aufgabe steht, sich das Vergessene lebenslang wieder anzueignen – Ziel ist, im Vergleich mit dem Christentum, also nicht die „Wiedergeburt", sondern die Erinnerung –, und um den Menschen „unter der Tora" insofern, als er sein Leben von der göttlichen Weisung her verstehen und sich leiten lässt. Dieser Mensch ist nach jüdischem Verständnis der ganze, der – um es mit Jehuda Ha-Levi (1075–1141) zu sagen – „vollkommene" Mensch (*al-insān al-kāmil ha-ʾadam ha-shalem*).[140] Dieser vollkommene Mensch ist – erneut nach Jehuda Halevi, der hier in seinem Sefer ha-Kusari die Anthropologie des Judentums in philosophischer Terminologie zusammenfasst – in der Lage, die Freuden dieses Lebens zu genießen, und dies auch, während das Volk Israel noch im Exil lebt. Er kann Speise und Getränk zu sich nehmen und seine Geliebte umarmen, und er wird, da er Maß gehalten und sich nicht betrunken hat, nachher nicht über im Unverstand durchlebte Genüsse betrübt sein, sondern sich seines Daseins freuen.[141] Dieser „ganze Mensch" herrscht wie ein König über seinen Körper und über seine Seele; ihm gehorchen alle seine geistigen und körperlichen Fähigkeiten.[142] Im Kontext des „Kusari", dem es um die Auseinandersetzung mit den konkurrierenden Religionen geht, finden wir nun noch eine anti-asketische – gewissermaßen anti-monastische – Zuspitzung des jüdischen Lebensentwurfs, die im Talmud aus historischen Gründen implizit und unterschwellig geblieben war: „Die Lebensweise eines Gottesdieners nach unserem Glauben ist die, dass er sich nicht von der Welt lossagt (*lehinaser bifrishut*), als wäre sie ihm eine Last, und als ver-

---

138 Obwohl das bei den Rabbinen zu Wort kommende Recht kein Naturrecht sein will, fehlt es bei näherer Betrachtung nicht an Anknüpfungspunkten für das Gespräch mit Menschen (also Nichtjuden), die diesem Recht nicht unterworfen sind. Es scheint, dass die Rabbinen eben aus diesem Grunde ihre Doktrin der „noachidischen Menschheit" entwickelt haben; vgl. dazu *Morgenstern*, Talmudische Ethik.

139 *Urbach*, Sages, 245–246.

140 *Jehuda Halevi*, Kitāb Al-Radd, 3,15 (S. 103); hebräischer Text: *Jehudah Halevi*, Kusari, 236.

141 *Jehudah Halevi*, Kusari, 239. Bezeichnenderweise kann Jehudah Halevi in diesem Zusammenhang komparativisch vom außermenschlichen Leben reden: „Ist nicht der vollkommene Mensch geeigneter, von dem Bewusstsein des Vergnügens im Essen und Trinken zu sprechen als das Kind und das Tier, wie wieder das Tier für das Vergnügen geeigneter ist als die Pflanze, wiewohl die Pflanze sich fortwährend ernährt?"

142 *Ders.*, aaO 229.

achte er das Leben, das doch zu den Wohltaten Gottes gehört."[143] Es sind die unterschiedlichen Wurzeln und Bezugspunkte – die Grundlagen in der Bibel des Alten Israel, die Einflüsse der griechisch-römischen Antike und Spätantike und die meist unterschwellig bleibende Auseinandersetzung mit dem christlichen Gedankengut –, die die Texte des rabbinischen Judentums für die anthropologische Diskussion in der Gegenwart so interessant machen.

Literatur

Albeck, Ch., Shisha sidre mishna, Bd. III, Seder nashim [Kommentar zu] Ketubbot, Jerusalem 1955

Aronowicz, A., Heschel's Yiddish Kotsk. Some Reflections on Inwardness, in: *Lipszyc, A.* (ed.), Abraham Joshua Heschel. Philosophy, Theology and Interreligious Dialogue (Jüdische Kultur 21), Wiesbaden 2009, 112–121

Barkaï, R., Les infortunes de Dinah ou la gynécologie juive au Moyen-Age, Paris 1991

Becker, H.J., Texts and History. The Dynamic Relationship between Talmud Yerushalmi and Genesis Rabbah, in: *Cohen, Sh.* (ed.), The Synoptic Problem in Rabbinic Literature, Providence, RI 2000, 145–158

Beckmann, F., Humanitas. Ursprung und Idee, Münster 1952

Belkin, S., Philo and the Oral Law, Harvard University Press, Cambridge, MA 1940

Bester, D. / Janowski, B., Anthropologie des Alten Testaments. Ein forschungsgeschichtlicher Überblick, in: *ders. / Liess, K.* (Hg.), Der Mensch im Alten Israel. Neue Forschungen zur alttestamentlichen Anthropologie (HBS 59), Freiburg / Basel / Wien 2009, 3–40

Bleich, D., Contemporary Halakhic Problems, Vol. 1, New York, NY 1977

Boyarin, D., A radical Jew. Paul and the Politics of Identity, Berkeley, CA 1994

–, Carnal Israel. Reading Sex in Talmudic Culture, Berkeley, CA 1995

–, Unheroic Conduct. The Rise of Heterosexuality and the Invention of the Jewish Man, Berkeley / Los Angeles / London 1997

–, Border Lines. The Partition of Judaeo-Christianity, Philadelphia, PA 2005 (deutsch: Abgrenzungen. Die Aufspaltung des Judäo-Christentums. Aus dem Amerikanischen von *Palmer, G.*, Berlin / Dortmund 2009)

Breuer, I., Frauenrecht, Sklavenrecht und Fremdenrecht, in: *ders.*, Wegzeichen. Gesammelte Aufsätze, Frankfurt am Main 1923, 61–101

Brown, P., Die Gesellschaft und das Übernatürliche. Vier Studien zum frühen Christentum, Berlin 1993

Cohen, Sh., The Beginnings of Jewishness. Boundaries, Varieties, Uncertainties, Berkeley / Los Angeles / London 1999

Correns, D., Die Mischna ins Deutsche übertragen mit einer Einleitung und Anmerkungen, Wiesbaden 2005

Dietrich, E.L., Der Urmensch als Androgyn, ZKG 58 (1939) 297–345

Dohmen, Ch., Exodus 19-40 (HThKAT), Freiburg 2004

Doucé, J., La question transsexuelle, Paris 1986

Duden, B., Geschichte unter der Haut. Ein Eisenacher Arzt und seine Patientinnen um 1730, Stuttgart 1987

---

143 *Ders.*, aaO 209f; *nasir* kann im Hebräischen den Mönch bezeichnen.

–, Der Frauenleib als öffentlicher Ort. Vom Mißbrauch des Begriffs Leben, Hamburg / Zürich 1991

–, Konzeptionen des Ungeborenen, in: *dies.* / *Schlumbohm, J.* (Hg.), Geschichte des Ungeborenen. Zur Erfahrungs- und Wissenschaftsgeschichte der Schwangerschaft, 17.–20. Jahrhundert, Göttingen 2002, 11–48

–, Die Gene im Kopf – der Fötus im Bauch. Historisches zum Frauenkörper, Hannover 2002

Fausto-Sterling, A., Sexing the Body. Gender politics and the Construction of Sexuality, New York, NY 2000

Fischer-Homberger, E., Medizin vor Gericht. Gerichtsmedizin von der Renaissance bis zur Aufklärung, Bern 1983

Friedman, H., Midrash Rabbah, translated. Vol. 1, London 1951

Gélis, J., L'arbre et le fruit. La naissance dans l'Occident moderne, 16e–19e siècle, Paris 1984

Goldschmidt, L., Der Babylonische Talmud neu übertragen. Band 1–12, Darmstadt 1996

Grözinger, K.E., Jüdisches Denken. Theologie, Philosophie, Mystik. Band I: Vom Gott Abrahams zum Gott des Aristoteles, Frankfurt / New York, NY 2004

Grohmann, M., Der Anfang des Lebens, in: *Janowski, B.* / *Liess, K.*, Der Mensch im Alten Israel. Neue Forschungen zur alttestamentlichen Anthropologie (HBS 59), Freiburg 2009, 365–399

Guggenheimer, H., The Jerusalem Talmud. Third Order: Nashim. Tractates Ketubot and Nidda. Edition, Translation and Commentary, Berlin / New York 2006

Gulak, A., Yesode ha-mishpaṭ ha-ʿivri. Band 1, Tel Aviv 1966

Habermas, J., Die Zukunft der menschlichen Natur. Auf dem Weg zu einer liberalen Eugenik?, Frankfurt am Main 2001

Halevi, J., Das Buch Kusari nach dem hebräischen Text. Übersetzung und Einleitung von *Kassel, D.*, Zürich 1990

–, The Book of Refutation and Proof on the Despised Faith (The Book of Khazars) known as the Kuzari (= Kitāb Al-Radd wa-l-Dalīl Fī 'L-Dīn Al Dhalīl (Al Kitāb Al Khazarī)), Jerusalem 1977

Heinemann, I., Philons griechische und römische Bildung, Breslau 1932

Hengel, M., Zum Problem der „Hellenisierung" Judäas, in: *ders.*, Judaica et Hellenistica. Kleine Schriften I, Tübingen 1996, 1–90

Hilgenfeld, H., Syrische Lebensbeschreibung des heiligen Symeons, in: *Lietzmann, H.*, Das Leben des heiligen Symeon Stylites (Texte und Untersuchungen, 32.4), Leipzig 1908, 80–187

Hirsch, S. R., Gesammelte Schriften, Band IV, Frankfurt am Main 1912

Idel, M., Golem. Jewish Magical and Mystical Traditions on the Artificial Anthropoid, New York, NY 1990

Janowski, B., Konfliktgespräche mit Gott. Eine Anthropologie der Psalmen, Neukirchen-Vluyn [3]2009

Jochum-Bortfeld, J., Die Verachteten stehen auf. Widersprüche und Gegenentwürfe des Markusevangeliums zu den Menschenbildern seiner Zeit, BWANT 18 (2008)

Jori, A., Blut und Leben bei Aristoteles, in: *Gadebusch Bondio, M.* (ed.), Blood in History and Blood Histories, Firenze 2005

Kessler, R., A Strange Land. Alttestamentliche Ethik beiderseits von Ärmelkanal und Atlantik, ThLZ 135 (2010) 1307–1322

Kaiser, R., / *Pfleiderer, A.*, Lehrbuch der Gynäkologie, Stuttgart / New York [16]1989

Kanter, Sh., Rabban Gamliel II: The Legal Traditions, Chico, CA 1980

Köhler, L., Der hebräische Mensch, Tübingen 1953

Krauss, S., Antoninus und Rabbi, Wien 1910

–, Talmudische Archäologie. Band II, Hildesheim 1966

Lehnardt, A., Der außerkanonische Talmud-Traktat Kutim (Samaritaner) in der innerrabbinischen Überlieferung, FJB 26 (1999) 111–138
Lorenz, M., Leibhafte Vergangenheit. Einführung in die Körpergeschichte. Historische Einführungen Bd. 4, Tübingen 2000
Magner, L., A History of the Life Sciences, New York, NY 2002
Marienberg, E., Niddah. Lorsque les juifs conceptualisent la menstruation, Paris 2003
Maruani, B., Midrach Rabba. Tome 1. Traduit de l'hébreu par *Maruani, B.*, et *Cohen-Arazi, A.*, Annoté et introduit par *Maruani, B.*, (Collection « Les Dix Paroles »), Dijon 1987
Moraux, P., Galien et Aristote, in: Images of Man in Ancient and Medieval Thought. Studia Gerardo Verbeke ab amicis et Collegis dedicata, Louvain 1976, 127–146
Morgenstern, M., Theater und zionistischer Mythos. Eine Studie zum zeitgenössischen hebräischen Drama unter besonderer Berücksichtigung des Werkes von Joshua Sobol, Tübingen 2002
–, Nidda – Die Menstruierende, in: *Hengel, M.* u.a. (Hg.), Übersetzung des Talmud Yerushalmi Bd. VI/1, Tübingen 2006
–, Die rabbinische Anthropologie und die bioethischen und wissenschaftskritischen Debatten der Gegenwart, in: *Roth, M.* (Hg.), Gesundheit. Humanwissenschaftliche, historische und theologische Aspekte (Theologie – Kultur – Hermeneutik Band 10), Leipzig 2008
–, Ketubbot – Eheverträge, in: *Hengel, M.* u.a. (Hg.), Übersetzung des Talmud Yerushalmi Bd. III/3, Tübingen 2009
–, Eine talmudische Ethik für die Menschheit? Die noachidischen Gebote und das Problem eines jüdischen Verständnisses des Naturrechts, in: *Böttigheimer, Chr. / Fischer, N. / Gerwing, M.* (Hg.), Sein und Sollen des Menschen. Zum göttlich-freien Konzept vom Menschen, Münster 2009, 253–273
–, Das jüdische Eherecht und der christliche Virginitätsdiskurs. Eine religionsvergleichende Skizze anhand des Traktates Ketubbot im Jerusalemer Talmud, in: *Morgenstern, M. / Boudignon, F. / Tietz, Chr.* (Hg.), männlich und weiblich schuf Er sie (Gen 1,27). Studien zur Genderkonstruktion und zum Eherecht in den Mittelmeerreligionen, Göttingen 2011, 87–117
–, The Quest for a Rabbinic Perception of a Common Humanity, in: *Berthelot, K. / Morgenstern, M.* (Hg.), The Quest for a Common Humanity. Human Dignity and Otherness in the Religious Traditions of the Mediterranean (Numen Book Series 134), Leiden 2011, 41–66
Morsink, J., Was Aristotle's Biology Sexist?, Journal of the History of Biology XII (1979) 91–112
Nagel, P., Die Motivierung der Askese (Texte und Untersuchungen, 95), Berlin 1966, 34–48
Neusner, J., Rabbinic Judaism. The Documentary History of its Formative Age, Bethesda / Maryland 1994
Ostmeyer, K.-H., Die Sexualethik des antiken Judentum im Licht des Babylonischen Talmuds, BThZ 12 (1995) 167–185
Plaskow, J., Und wieder stehen wir am Sinai. Eine jüdisch-feministische Theologie, Luzern 1992
Plenk, J. J., Anfangsgründe der gerichtlichen Arztneywissenschaft und Wundarztneykunst. Aus dem Lateinischen übersetzt von *v. Wasserberg, F.A.*, Wien 1792
Pouchelle, M.-C., Corps et chirurgie à l'apogée du moyen âge. Savoir et imaginaire du corps chez Henri de Mondeville, chirurgien de Philippe le Bel, Paris 1983
Preus, A., Galen's Criticism of Aristotle's Conception Theory, Journal of the History of Biology X (1977) 65–85
Preuss, J., Biblisch-talmudische Medizin. Beiträge zur Geschichte der Heilkunde und der Kultur überhaupt, Berlin 1911
Reitzenstein, R., Werden und Wesen der Humanität im Altertum, Straßburg 1907
Robberechts, E., Die Beziehungen von Mann und Frau in der Kabbala, Mittelpunkt des Kultes und Mittelpunkt des Volkes?, in: *Morgenstern, M. / Boudignon, F. / Tietz, Chr.* (Hg.), Männ-

lich und weiblich schuf Er sie (Gen 1,27). Studien zur Genderkonstruktion und zum Eherecht in den Mittelmeerreligionen, Göttingen 2011, 139–170
Rohling, A., Der Talmudjude. Zur Beherzigung für Juden und Christen aller Stände, Münster 1877
Rousselle, A., Observation féminine et idéologie masculine. Le corps de la femme d'après les médecins grecs, in: Annales: économies, sociétés, civilisations XXXV (1980), 1089–1115
Rosner, F., Encyclopedia of Medicine in the Bible and the Talmud, Northvale / Jerusalem 1990
Rothschild, C. K., Embryology, Plant Biology and Divine Generation in the Fourth Gospel, in: *Ahearne-Kroll, S. / Holloway, P. / Kelhoffer, J.* (Hg.), Women and Gender in Ancient Religions. Interdisciplinary Approaches (WUNT 263), Tübingen 2010, 125–151
Schäfer, P., Geschichte der Juden in der Antike, Tübingen ²2010
Schürer, E., Geschichte des jüdischen Volkes im Zeitalter Jesu Christi, Band I–III, Nachdruck Hildesheim 1964
Seim, T. K., Motherhood and Making of Fathers in Antiquity. Contextualizing Genetics in the Gospel of John, in: *Ahearne-Kroll, S. / Holloway, P. / Kelhoffer, J.* (Hg.), Women and Gender in Ancient Religions. Interdisciplinary Approaches (WUNT 263), Tübingen 2010, 99–123
Seligmann, S., Die Zauberkraft des Auges und das Berufen, Amsterdam 1922
Shtainzalts, A., Talmud Bavli mevoʾār, metûrgām û-menûqqād, Band 9, Massekhet Sanhedrin (Vol. 2), Jerusalem 1975
Simon, G., Der Blick, das Sein und die Erscheinung, München 1993
Sloterdijk, P., Regeln für den Menschenpark. Ein Antwortschreiben zu Heideggers Brief über den Humanismus, Frankfurt am Main 1999
–, Das Menschentreibhaus. Stichworte zur historischen und prophetischen Anthropologie. Vier große Vorlesungen, Weimar 2001
–, Du mußt dein Leben ändern. Über Anthropotechnik, Frankfurt 2009
Spinoza, B., Opera: lateinisch und deutsch; Bd. 1: Tractatus theologico-politicus, hg. von *Gawlik, G.*, und *Niewöhner, F.*, Darmstadt ²1989
Stemberger, G., Das klassische Judentum. Kultur und Geschichte der rabbinischen Zeit, München 1979
Stökl Ben Ezra, D., „Homme et femme il le créa". Quelques observations sur l'intersexué dans la littérature tannaïtique, Tsafon. Revue d'études juives du Nord 58 (2009/2010) 107–126
Struckmeier, E., Vom Glauben der Kinder im Mutterleibe. Eine historisch-anthropologische Untersuchung frühneuzeitlicher lutherischer Seelsorge und Frömmigkeit im Zusammenhang mit der Geburt (Kontexte. Neue Beiträge zur Historischen und Systematischen Theologie 31), Frankfurt am Main 2000
Theodor, J., Bereschit Rabba. Mit kritischem Apparat und Kommentar, Berlin 1912
Urbach, E., The Sages. Their Concepts and Beliefs. Translated from the Hebrew by Israel Abrahams, Jerusalem 1975
Veltri, G., Eine Tora für den König Talmai. Untersuchungen zum Übersetzungsverständnis in der jüdisch-hellenistischen und rabbinischen Literatur, Tübingen 1994
Wolff, H. W., Anthropologie des Alten Testaments. Mit zwei Anhängen neu herausgegeben von *Janowski, B.*, Gütersloh 2010
Wünsche, A., Der Midrasch Bereschit Rabba das ist die aggadische Auslegung der Genesis zum ersten Male ins Deutsche übertragen, Leipzig 1881

Urchristentum

Gerd Theißen

Das transformative Menschenbild der Bibel

Die Erfindung des „inneren Menschen“ und seine Erneuerung im Urchristentum[1]

Dass Menschen ihrem Verhalten und Erleben ein einheitliches Zentrum zuschreiben, ist nicht selbstverständlich, erst recht nicht, dass sich sein Wesen in der Geschichte verwandelt. Der „innere Mensch“ wurde erst in der „Achsenzeit“ um das 6. Jh. v. Chr. bei jüdischen Propheten und griechischen Philosophen „erfunden“.[2] In dieser Zeit erhielt der Mensch ein Zentrum – nicht unbedingt ein „inneres Zentrum“, sondern in der Bibel zunächst ein „externes Zentrum“: ein Beziehungszentrum in dem einen und einzigen Gott, auf das sich der Mensch innerhalb einer „konstellativen Anthropologie“[3] mit all seinen Vermögen ausrichtet. Darüber hinaus führte ein weiterer Schritt zu der Überzeugung, dass sich der Mensch grundsätzlich verwandeln muss und verwandeln kann. Diese Überzeugung findet sich zuerst bei einigen Propheten, danach auch in den Psalmen und lebte in jüdisch-christlichen Kreisen um die Zeitenwende neu auf. Die letzteren Kreise waren überzeugt, dass sich die ganze Welt erneuert und mit ihr der Mensch. Ein urchristlicher Autor bringt diese Sicht des Menschen auf den Nenner: „Es ist noch nicht erschienen, was wir sein werden“ (1Joh 3,2). Beide Schritte gehören in der biblischen Tradition zusammen: Die durch den Willen Gottes geforderte Zentrierung des Lebens überfordert nämlich den Menschen. Er kann an diesem Leitbild eines konsequent von innen heraus geführten Lebens nur festhalten, wenn er die Hoffnung hat, sich zu erneuern. Diesen Zusammenhang zwischen Zentrierung und Erneuerung aufzuzeigen, soll ein Ziel dieses Beitrags sein.

Es handelt sich um einen Beitrag zur „historischen Psychologie“. Einerseits geht er von der Überzeugung aus, dass sich auch das psychische Erleben in seinen Grundstrukturen von der Antike bis heute verändert hat, dass es z.B. nicht selbstverständlich ist, wenn Menschen ihr Leben aus einem inneren Zentrum heraus steuern wollen. Andererseits aber liegt ihm auch die Überzeugung zugrunde, dass wir das Andere und Fremde der antiken Menschen aufgrund von Analogien in unserem eigenen Erleben durchaus verstehen können, wenn wir uns genügend in ihre Texte einarbeiten und darauf verzich-

---

[1] Vgl. ausführlicher zum Thema *Theißen*, Erleben, 49ff.

[2] Vgl. *Assmann*, Geschichte des Herzens.

[3] Vgl. *Janowski*, Anerkennung; *Assmann*, Konstellative Anthropologie.

ten, uns unmittelbar in sie „einfühlen" zu wollen.[4] Wir können Analogien aus unserer Lebenswelt in ihrer Ähnlichkeit und in ihrer Unterschiedenheit erkennen. Wir können Anachronismen durchschauen, aber auch als „kontrollierte Anachronismen" einsetzen, um etwas zu erläutern und zu erklären.[5] Wir können das Fremde mit Begriffen erfassen und benennen.

Einige dieser Begriffe seien vorweg eingeführt. Menschenbilder kann man danach unterscheiden, wie der Mensch sein Verhalten und Erleben verschiedenen Ursachen zurechnet.[6] Er deutet es entweder *heterodynamisch* als abhängig von externen Faktoren, d.h. Göttern, Dämonen oder anderen Menschen. Er kann sich *autodynamisch* die Ursachen seines Verhaltens selbst zuschreiben, wenn er z.B. irrationale Impulse als seine eigenen Affekte deutet. Er kann ein *transformationsdynamisches* Bild seiner selbst entwickeln: In der Gegenwart sieht er sich abhängig, hofft aber, durch Verwandlung zur Ursache seines Verhaltens zu werden. Durch „räumliche" Differenzierung in seinem Inneren gelangt er zu einem *tiefendynamischen* Menschenbild: Er erlebt in ihm selbst lokalisierte Ursachen als Mächte, die sich seiner Erkenntnis und Verfügungsmacht entziehen. Erst jetzt wird definitiv ein Innenraum erschlossen – nämlich in dem Augenblick, wo dessen innere Grenzen sichtbar werden. Den Weg bis zu dieser Einsicht zu skizzieren, ist ein weiteres Ziel dieses Aufsatzes. Uns interessiert im Folgenden aber neben dem Weg zu einem transformationsdynamischen Menschenbild auch noch eine weitere Erkenntnis, nämlich dass sich diese Pluralität von Attributionsmustern nebeneinander in einer Gruppe und sogar bei demselben Autor findet. Das Leben ist so komplex, dass wir es mit einem einzigen Menschenbild meist nicht bewältigen können. Wir brauchen nicht ein bestimmtes Menschenbild, sondern eine Pluralität von Menschenbildern. Neben die beiden Hauptgedanken, dass eine Zentrierung des Menschenbildes in der biblischen Tradition eng mit einer Sehnsucht nach Erneuerung des Menschen (also mit einem transformativen Menschenbild) verbunden ist, treten daher zwei weitere Themen, die im Folgenden weniger ausführlich behandelt werden können: Der Weg zum Bewusstwerden eines unbewussten Innenraums im Menschen und zu einem komplexen Menschenbild, das eine Pluralität von Menschenbildern in sich vereint.

---

[4] Zur Methodik der historischen Psychologie vgl. *Gemünden*, Methodische Überlegungen, 41ff; *Bester / Janowski,* Anthropologie, 3ff.

[5] Vgl. *Tanner*, Historische Anthropologie, 69f unter Berufung auf *Loraux*, Éloge.

[6] Vgl. *Nitschke*, Historische Verhaltensforschung; *Gemünden*, La culture des passions, hat diese drei Attributionsmuster für die Psychologie im Neuen Testament übernommen und später (vgl. *dies.*, Affekte, 309ff) als vierte Kategorie eine tiefendynamische Kontrolle der Affekte hinzugefügt.

I. Die Erfindung des inneren Menschen und seine Zentrierung

Am Anfang der Antike erlebte sich der Mensch als innere Pluralität. Er schrieb sich mehrere Seelen zu, unter anderem eine Außenseele, die ihn begleitete, ein *Alter Ego*, das ihm als Todesbote entgegentrat, eine Exkursionsseele, die ihn in Traum und Ekstase vorübergehend verließ, und eine Totenseele, die ihn beim Sterben für immer verließ. Bei all diesen Erscheinungen würden wir heute von einem „dissoziativen Selbst" sprechen. Aber dieser Begriff setzt als Normalfall ein „zentriertes Selbst" voraus. Dieses Normalbild aber ist historisch entstanden. In Ägypten[7] unterschied man z.B. *Ba* und *Ka* als Körper- und Sozial-Selbst, Zentrum des Menschen aber war das Herz. Es wird im Totengericht gewogen. Dabei zeigt sich eine Zentralisierungstendenz: Der Mensch wurde immer mehr durch sein Herz gelenkt, Außensteuerung durch Innensteuerung ersetzt.[8] Das frühe Griechenland kennt andere Differenzierungen.[9] Die Ilias singt von Achilleus, der „die Seelen (ψυχάς) so vieler gewaltiger Helden zum Hades sandte, aber sie selbst (αὐτούς δὲ) zum Raub den Hunden gewährte" (Hom. Ilias 1,1–4). Für Homer ist die Leiche der eigentliche Mensch, die Totenseele sein Schatten. Er nennt die Körper-Seele manchmal θυμός, bezeichnet aber mit θυμός oft nur die Emotionen, mit νοός den Verstand, mit μένος eine konzentrierte Energie.[10] Die dissoziative Trennung der Person ist ein normaler Zustand. Seine einzelnen Teile haben eine gewisse Selbständigkeit. Als man in Griechenland das Personzentrum in einem Körperteil lokalisierte, suchten es die einen mit Aristoteles im Herzen, die anderen mit Plato im Kopf.[11] Der Schritt zur Einheit des Ich lässt sich noch in etwa datieren: „Die Vereinheitlichung der Seelenvorstellung und die Verlagerung der ‚Seele' in das ‚Innere' des Menschen – beides wohl parallele Prozesse – sind für die griechische Religionsgeschichte zuerst im Horizont des 6. vorchristlichen Jahrhunderts zu beobachten."[12] Etwas vereinfacht gesagt: Damals wurden Lebenskraft und Totengeist eine Einheit und beide im lebenden Menschen lokalisiert. Dadurch entstand ein Personzentrum.

Welches psychische Vermögen die Führung übernahm, war je nach Kultur verschieden. In Israel war es der Wille, bei den Griechen die Erkenntnis.[13] Israel kennt das Herz als Zentrum des Menschen, auch wenn parallel zum Herzen andere Körperorgane genannt werden.[14] Dazu kommen Seele und Geist. Die Seele (*næpæš*) ist ursprünglich der Atem, der Geist (*rûaḥ*) der Wind. Die „Seele" – ursprünglich einmal die Kehle – wurde

[7] Vgl. *Assmann*, Tod und Jenseits, 116ff.
[8] Israel und Ägypten sind „Kulturen des Herzens": so *Assmann*, Geschichte, 81ff (das Zitat dort 82).
[9] Vgl. *Bremmer*, Concept of the Soul.
[10] Vgl. *Snell*, Auffassung, 17ff.
[11] Vgl. *Staden*, Body, 79ff (das Zitat dort 87).
[12] Vgl. *Gladigow*, Bilanzierungen, 90ff (das Zitat dort 94f).
[13] Vgl. *Dihle*, Vorstellung vom Willen in der Antike.
[14] Vgl. *Janowski*, Mensch, 143ff.

immer mehr zur allgemeinen Lebenskraft, die man beim Sterben verliert.[15] Sie wirkt von innen, der „Geist“ von außen. Wenn er über den Menschen kommt, kann er gut oder böse sein: Gott sendet Saul einen bösen Geist (1Sam 16,14.23), gibt aber dem umkehrenden Menschen auch einen neuen Geist (Ps 51). Verständlicherweise sehnt sich der Mensch danach, dass dieser neue Geist konstitutiv zu ihm gehört: Gott verheißt den Israeliten ein neues Herz und einen neuen Geist (Ez 18,31). Er stellt einen neuen Bund in Aussicht, in dem alle Menschen spontan seinen Willen erfüllen werden: Gott wird die Thora in das Herz des Menschen legen, so dass keiner den anderen mehr über sie belehren muss (Jer 31,31–34). Unverkennbar ist: Die Verheißung einer Veränderung des Menschen entstand aus dem Verlangen, den Willen Gottes ganz erfüllen zu können.

Dieses Verlangen ist eine Folge der Zentrierung der menschlichen Person. Diese Zentrierung wird im AT vor allem durch Ausrichtung aller Kräfte auf den einen und einzigen Gott geschaffen – entsprechend dem Grundgebot: „Höre Israel, der Herr, unser Gott, ist ein Herr. Und du sollst den Herrn, deinen Gott, lieben von ganzem Herzen, von ganzer Seele und mit aller deiner Kraft“ (Dtn 6,4). Monolatrie und Monotheismus waren in Israel die entscheidende Voraussetzung für die Entstehung einer einheitlichen Person, die Gott als „extrinsisches“ und das Herz als „intrinsisches Zentrum“ hat.

Hinzu kommt als zweiter Faktor, der diese Entwicklung verstärkt hat, die sich erst allmählich am Rande geltend machende Hoffnung auf ein Überleben des Todes. Das AT kennt eigentlich nur ein schattenhaftes Dasein im Tode. In spät- und nachalttestamentlicher Zeit entwickelte sich die Hoffnung auf ein Überleben des Todes in drei Formen: Im (1) *Beziehungsglauben* wird die Zugehörigkeit zu Gott so intensiv erlebt, dass sie zur Gewissheit einer Zugehörigkeit in alle Ewigkeit wird. Der Psalmist betet: „Wenn ich nur dich habe, so frage ich nichts nach Himmel und Erde. Wenn mir gleich Leib und Seele verschmachtet, so bist du doch, Gott, allzeit meines Herzens Trost und mein Teil“ (Ps 73,24–26). Auch der (2) *Auferstehungsglaube* ist in Gott begründet: Was Gott geschaffen hat, kann er neu erschaffen. Diese Erwartung ist zum ersten Mal im 2. Jh. v. Chr. für jüdische Märtyrer bezeugt (Dan 12,2f; 2Makk 7,11). Schließlich finden wir (3) die Vorstellung einer *Unsterblichkeit* der Seele in der Weisheit Salomos (1. Jh. v. Chr.): Der Mensch wurde zur Unsterblichkeit nach Gottes Ebenbild geschaffen (SapSal 2,23), unsterblich aber sind nur die Seelen der Gerechten, die Ungerechten vergehen.

Dazu kommt als dritter Faktor eine Vereinheitlichung aller psychischen Kräfte durch die Abwendung vom Satan. So finden wir in den Testamenten der XII Patriarchen die Vorstellung einer pluralen Seele. Gegen die sieben guten Geister im Menschen arbeiten die Geister der Hurerei, Unersättlichkeit, Streit, Gefallsucht usw. (TestRub 2,1–7). Aber alle Seelenkräfte werden zu einer Einheit, wenn der Mensch vor die Alternative zwischen dem Geist der Wahrheit und der Verirrung gestellt wird (TestJud 20,1f). Die Entscheidung zwischen Gott und dem Satan fördert die innere Einheit des Menschen – und bedroht sie zugleich.

---

15 Vgl. *Wolff*, Anthropologie, 25ff.

II. Die Erneuerung des inneren Menschen im Urchristentum

In nachalttestamentlicher Zeit zeigt nämlich eine dramatische Remythisierung des Inneren eine Krise dieses Menschenbilds an. Der Mensch wird zum Kampfplatz transzendenter Mächte. Dämonen und Geister wirken in ihn hinein. Seine Grenze zur Außenwelt ist porös. Er ringt erneut darum, sich aus einem inneren Zentrum heraus selbst zu bestimmen und von der Außenwelt abzugrenzen. Umso mehr sehnt er sich danach, von Gottes Geist verwandelt zu werden. Diese Sehnsucht nach „Erneuerung des inneren Menschen" bestimmt das Urchristentum. Sie hat in ihm zu verschiedenen Menschenbildern geführt. Das ethische Menschenbild des Matthäusevangeliums ist *autodynamisch* und sieht den Menschen von seinem eigenen Willen bestimmt; das soteriologische Menschenbild im Johannesevangelium ist *heterodynamisch* und erwartet die Erlösung des Menschen vom Handeln Gottes. Paulus bietet in Gestalt eines *transformationsdynamischen* Menschenbilds eine „Synthese". Durch Gottes Handeln verwandelt sich der Mensch so, dass er sein Leben selbst bestimmen kann. Er hat seinen freien Willen verloren (Röm 7,7ff), aber ist zur Freiheit bestimmt (Gal 5,1.13). Gleichzeitig bahnt sich bei Paulus eine *tiefendynamische* Sicht des Menschen an: Der Mensch ist in seinem Innern von Kräften bestimmt, die er nicht durchschaut und die sich seiner Verfügung entziehen. Erst damit wird ihm definitiv sein Inneres als ein innerer Raum bewusst, der nicht nur nach außen hin Grenzen hat, sondern auch nach innen hin. Wir stellen im Folgenden diese verschiedenen Menschenbilder dar – mit einem besonderen Schwerpunkt auf Paulus.

1. Das autodynamische Menschenbild im Matthäusevangelium

Im MtEv wird Jesus zum Weltherrscher, der durch seine ethische Lehre alle Völker beherrschen will. Er ruft als humaner Gesetzgeber: „Kommt her zu mir, alle, die ihr mühselig und beladen seid; ich will euch erquicken. Nehmt auf euch mein Joch und lernt von mir ... Denn mein Joch ist sanft, und meine Last ist leicht" (Mt 11,28–30). Das leichte Joch ist seine Lehre. Sie macht das Heil nur von der Erfüllung ethischer Minimalbedingungen abhängig, die alle erfüllen können: Alle können Hungrige speisen, Durstigen zu trinken geben, Nackte kleiden (Mt 25,35f), alle können ihren Mitmenschen vergeben (Mt 6,14; 18,23–35).

Die Bergpredigt entfaltet eine „autodynamische" Ethik mit einem optimistischen Menschenbild. Die Einleitung sagt: Die Jünger sind durch gute Taten „das Licht der Welt" (Mt 5,14.16). Die *Antithesen* (Mt 5,21–48) proklamieren Freiheit gegenüber Tradition und aggressiven und sexuellen Affekten. Die Menschen sollen so vollkommen sein wie ihr Vater im Himmel. Die *Frömmigkeitsregeln* (Mt 6,1–18) proklamieren Freiheit von Sozialkontrolle: Man soll unauffällig Spenden geben, beten und fasten. Fremdsteuerung soll durch Selbststeuerung ersetzt werden, denn Gott sieht ins Verborgene. Souveränität gegenüber dem Besitz wird auch in der *Sozialparänese* (Mt 6,19–7,11) verlangt:

Der Mensch soll sein neidisches Auge überwinden, das ihn verdunkelt – und mehr noch, er soll seinen moralisierenden Blick unter Kontrolle halten, mit dem er die Fehler des anderen vergrößert und aktiv Sozialkontrolle über andere ausübt.

Die Möglichkeit ethischen Handelns ist eine Gabe Gottes. Daher steht im Zentrum der Bergpredigt das Vaterunser, das um drei Dinge bittet, die der Mensch zum Tun des Guten braucht: in der Gegenwart tägliches Brot, im Blick auf die Vergangenheit Vergebung, im Blick auf die Zukunft Bewahrung vor Versuchung (Mt 6,9–13).

Der Erlösungsgedanke, nach dem der Mensch „heterodynamisch" auf Gottes Hilfe angewiesen ist, fehlt im MtEv nicht. Jesus ist die große Hoffnung für Heiden (Mt 2,1–12) wie für Israel: „Das Volk, das in Finsternis saß, hat ein großes Licht gesehen, und denen, die saßen am Ort und im Schatten des Todes, ist ein Licht aufgegangen" (Mt 4,16 = Jes 9,1). Auch im MtEv wird die Ethik umrahmt von einer soteriologischen Erzählung von Befreiung aus Not.

2. Das heterodynamische Menschenbild im Johannesevangelium

Im JohEv ist Jesus von Anfang an der Schöpfer aller Dinge, der Sinn in allem, was existiert und lebt (Joh 1,1ff). Deshalb besteht die entscheidende Aufgabe im JohEv in der *Erkenntnis*, dass er als Logos das verborgene Leben der Welt ist. Das „ewige" Leben besteht darin, den allein wahren Gott und seinen Gesandten Jesus zu *erkennen* (Joh 17,3). Von Natur aus sind die Menschen nicht fähig, diese Erkenntnisbeziehung zu Gott aufzunehmen. Dafür sind sie auf das von außen kommende Wort angewiesen.[16]

Um diese Beziehung zu Gott aufzunehmen, muss der Mensch verwandelt werden. Schon im Prolog werden die Christen als (neu) geborene Kinder Gottes angeredet (Joh 1,13). Nikodemus wird gesagt: „Wahrlich, wahrlich, ich sage dir: Es sei denn, dass jemand von neuem geboren werde, so kann er das Reich Gottes nicht sehen" (Joh 3,3). Die Jünger sollen durch ein sie transformierendes Sehen des Auferstandenen zum Leben kommen: „Ihr aber sollt mich sehen, denn ich lebe, und ihr sollt auch leben" (Joh 14,19).

Von der Mannigfaltigkeit ethischer Themen bleibt nur das Liebesgebot übrig. Im JohEv ist Liebe aber zunächst die Liebe Gottes zu den Menschen: „Also hat Gott die Welt geliebt, dass er seinen eingeborenen Sohn gab, damit alle, die an ihn glauben, nicht verloren werden, sondern das ewige Leben haben" (Joh 3,16). Auch das Liebesgebot für die Menschen ist in der Liebe Gottes begründet. Jesus sagt: „Wie mich mein Vater liebt, so liebe ich euch auch. Bleibt in meiner Liebe!" (Joh 15,9).

Das Menschenbild hat im JohEv deutlich eine heterodynamische Tendenz: Der Mensch wird von außen bestimmt. Auch das, was seine eigene Entscheidung zu sein scheint, ist durch den vorhergehenden Willen Gottes bestimmt: „Es kann niemand zu mir kommen, es sei denn, ihn ziehe der Vater, der mich gesandt hat" (Joh 6,44). Das gilt auch für sein ethisches Handeln, das im Bild der Früchte dargestellt wird: „Nicht ihr

---

16 Vgl. *Urban*, Menschenbild, 445ff.

habt mich erwählt, sondern ich habe euch erwählt und bestimmt, dass ihr hingeht und Frucht bringt und eure Frucht bleibt ..." (Joh 15,16).

Explizite anthropologische Terminologie findet sich selten. Das Fleisch wird dualistisch dem Geist entgegengesetzt (Joh 3,6). Das Fleisch ist nichts nütze, die Worte Jesu sind dagegen Geist und Leben (Joh 6,63). Gerade wegen dieses Dualismus von Fleisch und Geist ist die Inkarnation Christi so wichtig, weil sie diesen Dualismus überwindet: „Das Wort ward Fleisch" (Joh 1,14).

Das MtEv vertritt das optimistische Menschenbild eines ethischen Urchristentums, Johannes das pessimistische Menschenbild eines auf Erlösung ausgerichteten Urchristentums. Beide Menschenbilder antworten auf verschiedene Probleme. Im JohEv müssen sich Christen in einer feindseligen Welt defensiv behaupten. Das MtEv will Christen motivieren, in diese Welt offensiv das Licht einer humanen Ethik zu tragen. Beide Menschenbilder lassen sich auch bei demselben Autor nachweisen – je nachdem, mit welchen Problemen er konfrontiert ist. Bei Paulus ist das der Fall.

3. Eine Pluralität von Menschenbildern bei Paulus

Die Erforschung der Anthropologie des Paulus begann Ende des 19. Jh. damit, dass man ein ethisches und ein physisches Menschenbild bei ihm unterschied, eins, das dem Menschen die Verantwortung für sein Handeln zuschreibt, und ein anderes, nach dem er nur aufgrund einer physischen Verwandlung Gutes tun kann.[17] In unserer Terminologie handelt es sich auf der einen Seite um ein autodynamisches Menschenbild, das dem Menschen Verantwortung zuspricht, auf der anderen Seite um ein transformationsdynamisches Menschenbild, das ihm eine Verwandlung zutraut. Dazu kommen Ansätze eines tiefendynamischen Menschenbildes, das eine größere Kontrolle über unbewusste Prozesse erhofft.

Der Mensch kann im MtEv so, wie er ist, die Forderungen Jesu erfüllen. Paulus ist dagegen überzeugt: „Da ist keiner, der gerecht ist, auch nicht einer" (Röm 3,10). Er ist im Blick auf den alten Menschen pessimistischer als das MtEv. Nur durch eine Verwandlung wird der Mensch in die Lage versetzt, Gottes Willen zu erfüllen. Kein Mensch kann diese Verwandlung von sich aus vollziehen. Von Natur aus ist der Mensch nämlich, sofern er „Fleisch" ist, Feindschaft gegen Gott. Im Blick auf den erlösten Menschen ist er dagegen optimistischer als das MtEv: Der Mensch kann von Gottes Geist verwandelt werden, „damit die Gerechtigkeit, vom Gesetz gefordert, in uns erfüllt würde" (Röm 8,4).

Mit dem JohEv teilt Paulus die Vorstellung einer Erlösung, die den Menschen verwandelt, von ihm trennt ihn die Bedeutung des Gesetzes, das keine entscheidende Rolle im JohEv spielt. Das Alte Testament ist im JohEv als Gesetz irrelevant, sein einziger Zweck besteht darin, auf Christus hinzuweisen.

---

[17] Vgl. *Lüdemann*, Anthropologie.

a) Autodynamische Aspekte des Menschenbilds bei Paulus

Bei Paulus liegt eine Synthese verschiedener Menschenbilder vor. Ein Überblick stellt die anthropologischen Begriffe zusammen, die man im Sinne eines autodynamischen Menschenbilds deuten kann.

<table>
<tr><td colspan="2">Das Herz (καρδία)
ist das Personzentrum des Menschen,
der Ort von Verfinsterung (Röm 1,21) und Erleuchtung (2Kor 4,6).</td></tr>
<tr><td>Durch Vernunft und Gewissen (συνείδησις) handelt das verstehende und moralisch urteilende Subjekt (Röm 7,23; 12,2).</td><td>Die Seele (ψυχή) ist die allgemeine Lebenskraft und das lebendige Subjekt (1Kor 15,45 vgl. Gen 2,7).</td></tr>
<tr><td>Der Geist (πνεῦμα) ist anthropologisch der Geist des Menschen als selbstbewusstes Subjekt (1Kor 2,11).</td><td>Der Leib (σῶμα) ist der Mensch,
der passiv und vergänglich ist,
negativ der Leib der Sünde und des Todes,
positiv der erlöste Leib:
ethisch der Leib des Handelns (Röm 12,1),
ekklesiologisch: Leib Christi (1Kor 12,12ff),
eschatologisch der „geistliche Leib“
(1Kor 15,37.44).</td></tr>
</table>

Das Herz (καρδία) ist das Personzentrum des Menschen. Im Herzen entscheidet sich, ob ein Mensch verfinstert oder erleuchtet ist (Röm 1,21; 2Kor 4,6), ob er sich seinen Begierden hingibt (Röm 1,24) oder Gott gehorsam ist (6,17). Zum Menschenbild des Paulus gehören neben dem Herzen noch weitere Instanzen mit nicht-dualistischer Dynamik: Menschliches Leben wird von der „Seele“ (ψυχή) angetrieben und durch Vernunft (νοῦς) und Gewissen gesteuert. Unser moderner Gewissensbegriff ist umfassender als der bei Paulus. Das Gewissen ist bei ihm nicht die Stimme Gottes, sondern ein Organ, um diese Stimme zu vernehmen. Dieses Organ kann irren und „schwach“ sein.

Die Begriffe von „Leib“ und „Fleisch“ (σῶμα und σάρξ) bezeichnen die biologische Natürlichkeit des Menschen. Manchmal meinen sie den Menschen, sofern er lebt: Wir „wissen: solange wir im *Leib* wohnen, weilen wir fern von dem Herrn“ (2Kor 5,6). Synonym heißt es vom Fleisch: „Was ich jetzt lebe im *Fleisch*, das lebe ich im Glauben an den Sohn Gottes ...“ (Gal 2,20).

Paulus argumentiert oft innerhalb eines autodynamischen Menschenbildes, wenn er Fleisch und Leib aufgrund menschlichen Fehlverhaltens negativ beurteilt. So geht er in 2Kor 10,3 von der neutralen Rede von Fleisch zur negativen Bewertung über: „Denn obwohl wir im Fleisch (ἐν σαρκί) leben, kämpfen wir doch nicht auf fleischliche Weise (κατὰ σάρκα).“ Wo immer Paulus ein Verb mit κατὰ σάρκα verbindet, meint er ein verfehltes Verhalten, das nicht im Fleisch wurzelt, sondern im Menschen, der sich „nach dem Fleisch“ richtet. Denn es ist nach wie vor *sein* Wandel nach dem Fleische (Röm 8,4; 2Kor 10,2f), *sein* Leben nach dem Fleische (Röm 8,12.13), *sein* Wollen nach dem Fleische (2Kor 1,17), *sein* Erkennen nach dem Fleische (2Kor 5,16) und *sein*

Sich-Rühmen nach dem Fleische (2Kor 11,18). Es ist nicht das Handeln einer personifizierten Größe „Fleisch“, die den Menschen seiner selbst entfremdet. Dass der Mensch verantwortlich ist, zeigt Paulus anschaulich mit Bildern aus Ackerbau, Kult und Militärdienst.

Der *Ackerbau* ist in folgender Sentenz Bildspender: „Wer auf sein Fleisch sät, der wird von dem Fleisch das Verderben ernten; wer aber auf den Geist sät, der wird von dem Geist das ewige Leben ernten“ (Gal 6,8). Hier ist das „Fleisch“ als Sphäre alles Irdischen an sich neutral, nur wer darauf baut, verfehlt sein Leben. Verantwortlich ist der Mensch.

Ein anderes autodynamisches Bild ist der *Kult*: Der Leib ist der Tempel Gottes (1Kor 6,19). In ihm soll der wahre Gottesdienst geschehen: Christen sollen ihre Leiber hingeben „als ein Opfer, das lebendig, heilig und Gott wohlgefällig ist. Das sei euer vernünftiger Gottesdienst“ (Röm 12,1).

Ein drittes autodynamisches Bild ist die *militia Christi*: In Röm 6,12f mahnt Paulus: „So lasst nun die Sünde nicht herrschen in eurem sterblichen Leibe, und leistet seinen Begierden keinen Gehorsam. Auch gebt nicht der Sünde eure Glieder hin als *Waffen* der Ungerechtigkeit, sondern gebt euch selbst Gott hin, als solche, die tot waren und nun lebendig sind, und eure Glieder Gott als *Waffen* der Gerechtigkeit.“ Die Parallelität von „seine Glieder hingeben“ und „sich selbst hingeben“ zeigt, dass mit der Hingabe der Glieder des Leibes die ganze Person gemeint ist. Auch hier ist der Mensch verantwortlich.

Leib (σῶμα) und Fleisch (σάρξ) meinen an den angeführten Stellen die biologische Natürlichkeit des Menschen unter dem Aspekt von Sterblichkeit und Triebhaftigkeit. Beide Begriffe nehmen nur dort negativen Sinn an, wo Leib und Fleisch durch menschliche Verfehlung negativ geworden sind. Der Mensch muss entscheiden, wie er mit „Leib“ und „Fleisch“ umgeht. Paulus vertritt insofern ein ganzheitliches Menschenbild.

b) Transformative Aspekte des Menschenbilds bei Paulus

Gleichzeitig denkt Paulus dualistisch. Eine starke Spannung zerreißt den Menschen und führt zur Sehnsucht nach einer Transformation, durch die dieser Dualismus überwunden wird. Platonischer Einfluss ist zu spüren, wenn Paulus von Urbild und Abbild, vom inneren und äußeren Menschen, von Geist und Fleisch spricht. Wieder sei zunächst ein Überblick über die dualistisch verwandten Begriffe gegeben

Der ***Geist*** (πνεῦμα) ist transpersonal der Geist Gottes, der den Menschen als kontinuierliche Ausstattung gegeben ist (1Kor 12,1ff) und als irrationale Kraft jeweils neu ergreift (1Kor 14,1ff).	***Fleisch*** (σάρξ) ist transpersonal der Mensch als Natur. Er verfehlt sich, wenn er „nach dem Fleische“ lebt (Röm 8,12), weil das „Fleisch“ Feindschaft gegen Gott ist (Röm 8,7). Zwei Mal ist es positiv Ort der Offenbarung (2Kor 3,3; 4,11).

Zum ***Ebenbild des himmlischen Menschen*** sind alle Menschen bestimmt (1Kor 15,49). ***Der innere Mensch*** wird immer wieder erneuert (2Kor 4,16).	Das ***Ebenbild des irdischen Menschen*** tragen alle Menschen (1Kor 15,49). ***Der äußere Mensch*** zerfällt von Tag zu Tag (2Kor 4,16).
Der Mensch ist gespalten durch Sünde (Röm 7,22f), Leid und Vergänglichkeit (2Kor 4,16).	

Nach seiner „Architektur“ ist der alte Mensch Ebenbild des irdischen, der neue Mensch Ebenbild des himmlischen Menschen. Hier wirken platonische Traditionen von Urbild und Abbild nach.[18] Analog hat Philo die Erschaffung des Ebenbildes Gottes im ersten Schöpfungsbericht als Erschaffung des himmlischen Urbilds gedeutet, der Mensch im zweiten Schöpfungsbericht ist dessen irdisches Abbild (all I,31f; op 134). Paulus verändert die Reihenfolge: Zuerst wurde bei der Schöpfung der irdische Mensch, danach erst in der Gegenwart in Christus der himmlische Mensch geschaffen (1Kor 15,45–49). Das platonische Urbild im Himmel wird zum eschatologischen Zielbild. Paulus modifiziert die platonische Tradition im Sinne eines transformativen Menschenbilds.

Platonische Tradition ist auch der Gegensatz von „innerem und äußerem Menschen“ (Röm 7,22; 2Kor 4,16). Plato unterschied die „äußere Hülle“ vom „inneren Menschen“ (rep 9,588bff). Die Pointe bei Paulus ist nicht der Gegensatz von Innen und Außen, sondern der Übergang vom alten zum neuen Menschen. Er spricht vom „alten Menschen“, der gekreuzigt wird und sterben muss (Röm 6,6), damit ein neues Leben wie Schöpfung aus den Toten schon jetzt beginnen kann (Röm 6,11.13). Auch der Dualismus von „innerem und äußerem Menschen“ wird im Sinne seines transformativen Menschenbildes umgeprägt.

In diesem Menschenbild gibt es anthropologische „Teile“, bei denen Paulus mit Konstanz, und solche, bei denen er mit Verwandlung rechnet. Das Herz bleibt dasselbe, aber das „Fleisch“ muss überwunden und vernichtet, dagegen der „Leib“ nur verwandelt werden. Gerade im Äußeren, in Leib und Fleisch, findet eine Verwandlung statt. Diese transformative Sicht zeigt sich bei folgenden Begriffen:

Der *äußere Mensch* verfällt (2Kor 4,16).	Der *innere Mensch* wird täglich erneuert (2Kor 4,16).
Das *Fleisch* vergeht und wird vernichtet (1Kor 5,5; 15,50).	Der *Leib* wird in einen „pneumatischen Leib“ verwandelt (1Kor 15,44).
Wir tragen das *Ebenbild* des irdischen Menschen (1Kor 15,49).	Wir werden das *Ebenbild* des himmlischen Menschen tragen (1Kor 15,49).
Gott liefert Menschen ihrer verworfenen *Vernunft* aus (Röm 1,28).	Die erneuerte *Vernunft* beurteilt Gottes Willen (Röm 12,3).
Das *Herz* verfinstert sich, weil sich die Menschen von Gott abwenden (Röm 1,21).	Das *Herz* wird durch Erleuchtung hell gemacht (2Kor 4,6).

[18] Vgl. *Heckel*, Mensch.

Bei Paulus bleibt nicht etwa ein wertvoller Teil im Menschen erhalten, während der andere verfällt. Vielmehr sind die „Vernunft“ und der „innere Mensch“ ebenso erneuerungsbedürftig wie der äußere Mensch. Umgekehrt wird gerade der Leib verwandelt.[19] Innerhalb eines statischen Dualismus hätte Paulus sagen müssen: Der äußere Mensch verfällt, der innere bleibt bestehen. Aber bei Paulus wird gerade der innere Mensch verändert und erneuert.

Im Sinne einer solchen Transformationsdynamik ist auch der Dualismus von göttlichem Geist und menschlichem Fleisch zu verstehen. Das Fleisch (σάρξ) ist bei Paulus aktiver Gegenspieler Gottes, Feindschaft gegen Gott (Röm 8,5–8). Diese dualistischen Aussagen lassen sich nicht dadurch relativieren, dass man die Eigendynamik des „Fleisches“ als Konsequenz menschlicher Verfehlungen hinstellt, als wüchsen dem Menschen die Folgen seines eigenen verfehlten Handelns über den Kopf. Gegen diese verbreitete Deutung spricht, dass das Fleisch Gegenspieler des Geistes ist, die Macht des göttlichen Geistes (des πνεῦμα) aber nicht als Eigendynamik menschlichen Handelns gedeutet werden kann. So wie der Geist den Menschen als fremde Macht überkommt und in sein Personzentrum eindringt, so ist auch das Fleisch eine fremde Macht, die das Personzentrum des Menschen bestimmen will.

Dieser Dualismus von Geist und Fleisch ist der entscheidende Beleg für die pessimistische Anthropologie bei Paulus und gilt oft als Ursache einer Selbstvergiftung unserer Kultur mit einem anthropologischen Pessimismus. In Wirklichkeit ist die Spannung zwischen Geist und Fleisch, zwischen göttlichem Willen und menschlicher Natur die Ursache für seine Verwandlungsdynamik und für eine sehr optimistische Aussage: Der Mensch kann ein anderer werden. Dennoch sieht Paulus im Fleisch die Wurzel des Bösen, aber er ist zugleich überzeugt, dass der Leib eine positive Aufgabe in der Welt hat: Er ist der Tempel Gottes (1Kor 6,19). Wie ist das möglich?

Der Schlüssel zu dieser paradox klingenden Aussage ist das Verhältnis von Fleisch und Leib.[20] Beide Begriffe sind manchmal fast synonym, sofern sie auf den unerlösten Menschen bezogen werden: Leib (σῶμα) meint dabei jedoch stärker Passivität und Sterblichkeit, Fleisch (σάρξ) eher eine gottfeindliche Aktivität und Stärke. In Bezug auf den erlösten Menschen aber sind beide in ganz anderer Weise entgegengesetzt: Fleisch

	Der Mensch vor der erlösenden Transformation	Der Mensch aufgrund der erlösenden Transformation
σῶμα *sôma* Leib	*Passivität und Tod:* σῶμα bedeutet Sklave, Leiche, Abhängigkeit und Sterblichkeit	*Konstruktive Aktivität:* Das σῶμα, durch das πνεῦμα belebt, ist Grund prosozialen Verhaltens.
σάρξ *sárx* Fleisch	*Destruktive Aktivität:* Die σάρξ ist Sitz der Affekte und der Feindschaft gegen Gott.	*Passivität und Tod:* Die σάρξ und ihre Affekte werden getötet.

19 Vgl. *ders.*, aaO 89ff.

20 Vgl. *Scornaienchi*, Sarx.

(σάρξ) meint das, was der Mensch an Energie in sich unterdrücken muss, Leib (σῶμα) die Energie, die er sublimieren kann. Das Fleisch wird getötet, der Leib durch den Geist lebendig gemacht.

Im Vorhergehenden haben wir eine wichtige Voraussetzung gemacht: Die Begriffe σῶμα und σάρξ bezeichnen weniger Aspekte der Architektur des Menschen als seiner Dynamik. Beide sind Energiezentren: „Denn fleischlich gesinnt sein ist Feindschaft gegen Gott, weil das Fleisch dem Gesetz Gottes nicht untertan ist; denn es vermag's auch nicht. Die aber fleischlich sind, können Gott nicht gefallen" (Röm 8,5–8). Das Fleisch erscheint hier als ein feindseliges Handlungszentrum. Das gilt auch für den Leib. Paulus kann von den zu tötenden „Taten des Leibes" (Röm 8,13) wie von den „Werken des Fleisches" (Gal 5,19) sprechen. Er redet von Leib und Fleisch wie von „Subjekten", die man personifizieren kann, weil in ihnen die Affekte und Begierden ihren Sitz haben. In diesen Begierden wird das Fleisch ein aktives Subjekt, das sich gegen Gottes Willen auflehnt. Diese rebellische Aktivität des Fleisches ist etwas Neues gegenüber der alttestamentlichen Rede vom „Fleisch" als Ausdruck der Ferne des Geschöpfs von Gott.

Es ist deshalb konsequent, dass das Fleisch und der Leib gekreuzigt werden und sterben müssen, damit Menschen zum Heil gelangen (Röm 6,6; 8,13). Die Christen vollziehen damit passiv das Geschick Jesu nach. Darüber hinaus gehen Aussagen, die von einem aktiven Kreuzigen sprechen, das Menschen an sich vollziehen: „Die aber Christus Jesus angehören, die haben ihr Fleisch gekreuzigt samt den Leidenschaften und Begierden" (Gal 5,24). In vergleichbarer Weise wird vom Leib gesagt: „Wenn ihr aber durch den Geist die Taten des Leibes tötet, so werdet ihr leben" (Röm 8,13). Die Vorstellung von einer Ausrottung der Leidenschaften ist der Antike vertraut. Die Stoiker erstrebten ἀπάθεια, die Leidenschaftslosigkeit. Paulus ist ihnen darin verwandt.

Durch das Bild vom Kreuz schafft Paulus eine enge Beziehung zum Christusgeschehen: So wie Christus gekreuzigt wurde, sollen auch die Leidenschaften gekreuzigt werden. Konsequenterweise wird man hinzudenken müssen: Wie Christus auferweckt wurde, so soll auch die im Menschen gekreuzigte Energie in veränderter Form erneuert werden. Den natürlichen Affekten des Menschen tritt in der Tat ein höherer Gegenaffekt gegenüber, das Sinnen und Trachten des Geistes: „Ich sage aber: Lebt im Geist, so werdet ihr die Begierden des Fleisches nicht vollbringen. Denn das Fleisch begehrt (ἐπιθυμεῖ) auf gegen den Geist und der Geist gegen das Fleisch; die sind einander entgegengesetzt, so dass ihr nicht tut, was ihr wollt" (Gal 5,16f). Der erlöste Mensch ist von einer „irrationalen" Leidenschaft getrieben: vom Gegenaffekt des Geistes. Man kann daher mit Recht fragen: Lebt in diesem irrationalen Gegenaffekt des Geistes vielleicht etwas vom wieder auferstandenen natürlichen Affekt des Menschen? Wenn Paulus davon spricht, dass etwas mit Christus „gekreuzigt" wird, muss er ja nach seinen tiefen Überzeugungen auch damit rechnen, dass es mit Christus „auferstehen" kann. Wird das Fleisch gekreuzigt, damit es als Geist auferstehen kann? Wird das Fleisch vielleicht doch nicht so negativ bewertet?

Es gibt im 2Kor in der Tat zwei auffällig positive Aussagen, die das „Fleisch" sogar als Ort der Erlösung kennen: „Wir tragen allezeit das Sterben Jesu an unserem Leibe, damit auch das Leben Jesu an unserem Leibe offenbar werde" (2Kor 4,10). Parallel dazu heißt es: „Denn wir, die wir leben, werden immerdar in den Tod gegeben um Jesu willen, damit auch das Leben Jesu offenbar werde an unserem sterblichen Fleisch“ (2Kor 4,11). Das Fleisch (σάρξ) ist hier parallel zum Leib der Ort der Epiphanie des Herrn. Selbst das „Fleisch“ kann also zum Ort werden, an dem Christus erscheint! Angesichts des ansonsten so negativen Begriffs ist das eine erstaunlich positive Aussage. Schlägt hier in Spannung zu anderen Aussagen eine Überzeugung durch, dass auch das Fleisch am Transformationsprozess der Erlösung teilhat? Es wird gekreuzigt, aber der Auferstandene kann in ihm erscheinen, um zu offenbaren, dass auch dieses sterbliche Fleisch durch „Kreuzigung“ und Vernichtung hindurch erlöst und verwandelt wird.

Im vorhergehenden Kontext steht eine noch positivere Aussage über das Fleisch: Paulus hat die Botschaft Gottes wie einen Brief ausgerichtet. Dieser Brief ist nicht mit Tinte auf steinerne Tafeln, sondern durch den Geist Gottes auf „Tafeln fleischlicher Herzen“ eingeschrieben (2Kor 3,3). Hier begegnet Fleisch (σάρξ) als Adjektiv „fleischlich“ (σαρκικός). Das lebendige Fleisch ist Opposition zum toten Stein. So wie der Herr im „Fleisch“ des Apostels epiphan wird, soll das Evangelium in „fleischernen Herzen“ lesbar werden, d.h. in lebendigen Menschen. Deshalb braucht Paulus keine Empfehlungsschreiben wie seine Gegner.

Insgesamt aber gilt für Paulus trotz dieser beiden positiven Aussagen über das Fleisch der Grundsatz von 1Kor 15,50, „dass Fleisch und Blut das Reich Gottes nicht ererben können.“ An diesem Punkt unterscheidet sich der Begriff Leib deutlich vom Fleisch. Während das Fleisch (σάρξ) die Antriebe und Impulse im Menschen meint, die von Gott nicht in Dienst genommen werden können, bezeichnet Paulus mit Leib (σῶμα) die Dynamik des Menschen, die in den Dienst Gottes gestellt werden kann. Hier spricht er von Affekten und Antrieben, die sublimiert werden können. Er macht über den Leib drei positive Aussagen: in ethischen, ekklesiologischen und eschatologischen Bildern.

Eine ethische Aussage ist, wenn der Leib als „lebendiges Opfer“ Gott dienen soll (Röm 12,1–3). Es ist ein erneuerter Leib, als sei er aus dem Tode zu neuem Leben auferstanden (Röm 6,13).

Positiv ist auch die ekklesiologische Vorstellung vom Leib Christi. Paulus hat ein in der Antike für das Gemeinwesen verbreitetes Bild vom „Leib und seinen Gliedern“ zu einem Bild für die Kirche gemacht (1Kor 12,12ff; Röm 12,3ff).

Schließlich kennt Paulus eschatologische Aussagen über den Leib. Paulus stellt sich das ewige Leben als Existenz in einem verwandelten geistlichen Leib (als σῶμα πνευματικόν) vor (1Kor 15,35ff). Er entwickelt diesen Gedanken einer Verwandlung als eine Vorstellung, die vorher nicht allgemein bekannt war: „Siehe, ich sage euch ein Geheimnis: Wir werden nicht alle entschlafen, wir werden aber alle verwandelt werden“ (1Kor 15,51).

Wenn man (im Sinne eines kontrollierten Anachronismus) das transformative Menschenbild des Paulus mit einer modernen psychodynamischen Terminologie interpretieren wollte, könnte man sagen: Fleisch (σάρξ) meint die Energie, die im Menschen unterdrückt werden muss, Leib (σῶμα) die Energie, die sublimiert werden kann. Das „Fleisch“ wird gekreuzigt, damit es als „Leib“ aufersteht. Es wäre dabei unzulässig anachronistisch, diese Verwandlung nur als eine ethische Aufgabe des Menschen zu betrachten.

Ermöglicht wird diese Verwandlung durch die Gabe des Geistes. Unzulässig wäre es auch, diese Verwandlung nur als ein anthropologisches Geschehen zu betrachten. Sie ist Teilnahme an einem kosmischen Wandel. Die ganze Welt verändert sich. Die Wandlung des Menschen hat eine transpersonale Dimension. Damit kommen wir zu den tiefendynamischen Aspekten im Menschenbild des Urchristentums. Nachdem die Antike den „inneren Menschen" entdeckt hatte, entdeckte sie in der Zeit des Urchristentums nämlich ansatzweise das „Unbewusste" im Menschen.

c) Tiefendynamische Aspekte des Menschenbilds bei Paulus

Die Entdeckung des Unbewussten in der Neuzeit setzt voraus, dass ein Beobachter im Menschen etwas wahrnimmt, was dieser selbst nicht an sich wahrnehmen will, weil es für ihn nicht akzeptabel ist. Der analysierende Beobachter ist in der Regel ein Psychoanalytiker, der analysierte Mensch jemand, der sich seine eigenen Äußerungen und Reaktionen nicht erklären kann. Eine Inkongruenz von analysierendem und analysiertem Bewusstsein ist vorausgesetzt. In vormodernen Zeiten konnte solch eine Inkongruenz in der Weise entstehen, dass der allwissende Gott, der alles im Menschen durchschaut, dem Menschen gegenübersteht, der nicht alles weiß, was in ihm vorgeht. Schon manche Aussagen im Alten Testament kommen dem nahe:

> „Mehr als alles andere ist das Herz tief und es ist menschlich. Wer kann es erkennen? Ich, der Herr, erforsche Herzen und prüfe Nieren, einem jeden zu vergelten nach seinem Verhalten" (Jer 17,9 Lxx [Septuaginta]).

Oft ist mit dem Verborgenen, das Gott sieht, freilich nur das gemeint, was dem Blick anderer Menschen verborgen bleibt. Bei Paulus finden wir zum ersten Mal eine Stelle, die das Verborgene in ihm selbst meint, etwas, das eindeutig seiner Selbstreflexion entzogen ist, aber das dennoch von Gott gesehen wird.[21] Angesichts von Vorwürfen aus der korinthischen Gemeinde beruft sich Paulus darauf, dass er Gottes Geheimnisse treu verwaltet habe:

> „Mir aber ist's ein Geringes, dass ich von euch gerichtet werde oder von einem menschlichen Gericht, auch richte ich mich selbst nicht. Ich bin mir zwar nichts bewusst, aber darin bin ich nicht gerechtfertigt: der Herr ist's aber, der mich richtet. Darum richtet nicht vor der Zeit, bis der Herr kommt. Der auch ans Licht bringen wird, was im Finstern verborgen ist, und wird das Trachten der Herzen offenbar machen. Dann wird einem jeden von Gott sein Lob zuteilwerden." (1Kor 4,3–5)

Ist das dem Menschen „Unbewusste" nur die Bewertung von ihm ansonsten voll zugänglichen Fakten? Paulus könnte seine eigenen Absichten gekannt und positiv beurteilt haben. Er könnte damit rechnen, dass Gott sie anders bewerten könnte. Auch dann gäbe es in ihm etwas Unbewusstes, wenn auch in begrenzter Form. Abgesehen davon aber

---

[21] Vgl. *Theißen*, Psychologische Aspekte, 66ff.

muss man den Charakter der Geheimnisse berücksichtigen, deretwegen Paulus zur Rechenschaft gezogen wird. Von einem „Geheimnis“ ist vorher nämlich schon in 1Kor 2,1 und 2,7 die Rede. Es ist ein Geheimnis, das „kein Auge gesehen hat und kein Ohr gehört hat und in keines Menschen Herz ‚aufgestiegen‘ ist, was Gott bereitet hat denen, die ihn lieben“ (1Kor 2,9). Paulus kennt also die Vorstellung, dass Geheimnisse aus einer Tiefendimension in das Herz aufsteigen, wo sie bewusstseinsfähig werden. Sollte daher Paulus nicht auch damit rechnen, dass die ihm anvertrauten Geheimnisses Gottes den „Tiefen der Gottheit“ entstammen, die nur der Geist Gottes selbst erforscht, von dem Menschen selbst aber nicht ganz durchschaut werden?

Eine zweite Stelle, die sich in diesem Sinne deuten lässt, ist Röm 2,15f: Heiden beweisen eine Kenntnis dessen, was Gott fordert, „zumal ihr Gewissen es ihnen bezeugt, dazu auch die Gedanken, die einander anklagen oder auch entschuldigen – an dem Tag, an dem Gott das Verborgene der Menschen durch Christus Jesus richten wird, wie es mein Evangelium bezeugt.“ Der innere Dialog im Menschen setzt voraus, dass einem Teil des Menschen das eigene normwidrige Verhalten bewusst ist, ein anderer es aber leugnet – und erst Gott am Jüngsten Tag durch Offenbarung des Verborgenen die Wahrheit enthüllen wird. Auch hier gibt es teilweise unbewusste Aspekte im Menschen.

Aber nicht nur das Normwidrige wird vom Menschen verdrängt, sondern auch das Wirken des Heiligen Geistes ist für ihn nicht durchschaubar. Paulus schreibt: „Desgleichen hilft auch der Geist unserer Schwachheit auf. Denn wir wissen nicht, was wir beten sollen, wie sich’s gebührt; sondern der Geist selbst vertritt uns mit unaussprechlichem Seufzen. Der aber die Herzen erforscht, der weiß, worauf der Sinn des Geistes gerichtet ist; denn er vertritt die Heiligen, wie es Gott gefällt“ (Röm 8,26f). Das Unbewusste hat bei Paulus also zwei Dimensionen: Sowohl normwidrige Impulse als auch der Leben spendende Geist bleiben dem Bewusstsein entzogen.

Neben dem Motiv vom Wissen Gottes um das Verborgene hat Paulus ein weiteres einprägsames Bild für das Unbewusste entwickelt. Ex 34,29–35 erzählt, dass Mose, nachdem er mit Gott auf dem Sinai gesprochen hatte, eine Aura ausstrahlte. Nachdem er die Gebote Gottes an das Volk ausgerichtet hatte, legte er deshalb eine Hülle an. Er legte sie wieder ab, wenn er zu Gott ging. Diese Hülle auf dem Antlitz des Mose deutet Paulus in zweifacher Weise um: zuerst als eine Hülle auf dem Verlesen der Thora, dann als eine Hülle auf dem Herzen der Menschen (2Kor 3,12–18). Die Hülle zeigt, dass selbst den Thoratreuen nicht alles verständlich ist. Ihrem Bewusstsein ist entzogen, dass die Thora vergänglich ist und dass der Buchstabe tötet. Paulus fasst in dieses Bild seine persönliche Erfahrung: Auch auf seinem Herzen lag einmal eine Hülle, als er von Gesetzeseifer motiviert die Christen verfolgte. Sie wurde erst durch Christus beseitigt. Jetzt erst erkannte er die Schattenseite der Thora, ihre Vergänglichkeit und die tötende Macht des Buchstabens.

*

Es ist ein langer Weg von der Erfindung des „inneren Menschen“ in der frühen Antike und der Vision seiner Erneuerung bei den Propheten Israels bis zum transformativen Menschenbild des Paulus. Die Herausforderung durch die Aufgabe, das ganze Leben an den Geboten des einen und einzigen Gottes auszurichten, hat die Sehnsucht hervorgerufen, dass der Mensch in seinem Wesen verändert wird, um dieser Aufgabe gerecht zu werden. Nur dann wird er Gott mit ganzer Seele, ganzem Herzen und aller seiner Kraft lieben können. Die Zentrierung der Person brachte auf diese Weise ein Verlangen nach Transformation hervor – und das umso mehr, als diese Zentrierung durch die Beziehung auf den transzendenten Gott bewirkt worden war, der die Welt geschaffen hatte und auch den Menschen neu schaffen konnte.

In Griechenland hat die Zentrierung der Person keine solch hohen Anforderungen an den Menschen zur Folge gehabt. Sie geschah dort durch Unterordnung aller Seelenkräfte unter die menschliche Vernunft. Diese war auf diese Wirklichkeit gerichtet und orientierte sich an ihr. Sie respektierte auch die Wirklichkeit des Menschen und seine Grenzen. Daher entwickelt die griechische Kultur keine so weit reichenden Träume von einer grundsätzlichen Verwandlung des Menschen. Aber auch hier finden wir – etwa im Höhengleichnis Platos – Ansätze einer Sehnsucht nach einer Wende im menschlichen Leben, indem er sich vom Irrtum abwendet und der Wahrheit zuwendet.

Bei Paulus finden wir eine radikalisierte Version dieser Sehnsucht – auch im Vergleich zum Alten Testament. Er erwartet, dass sich die ganze Welt verändert.[22] Er will den Menschen nicht nur erneuern. Vielmehr muss der alte Mensch zuerst mit Christus *sterben*, um mit ihm schon hier und jetzt in ein *neues Leben* verwandelt zu werde. Die Vorstellung einer symbolischen Todeserfahrung ist den prophetischen Visionen eines neuen Menschen vor ihm fremd. Diese Vorstellung zeigt an, dass Paulus das Unheil des Menschen weit schärfer als die Traditionen vor ihm sieht. Nur durch ein „Sterben“ kann man ihm entrinnen. Er kann daher radikal pessimistische Aussagen über den alten Menschen machen. Der moderne Leser ist mit Recht darüber irritiert, dass Paulus meint, dass sein Fleisch und sein Leib gekreuzigt werden müssen, aber er übersieht eine für Paulus selbstverständliche Voraussetzung: Was mit Christus gekreuzigt wird, wird mit ihm in veränderter Gestalt wieder auferstehen. In dieser Gewissheit sind ganz überschwängliche optimistische Aussagen des Paulus begründet: Das Fleisch wir gekreuzigt, um zum „Leib“ zu werden, der Gott dient. Er wird mit anderen Menschen im „Leib Christi“ verbunden und bewahrt als „pneumatischer Leib“ die personale Identität des Menschen trotz seiner Sterblichkeit bis in alle Ewigkeit.

Paulus verfolgt dabei dasselbe Ziel wie die Antike vor ihm: Der Mensch ist dazu bestimmt, sein Leben von einem inneren Zentrum her zu führen. Allgemein wurde diese konsequente Lebensführung bei Griechen und Juden als ein Leben nach dem „Gesetz“ oder ein Leben unter der Anleitung der „Vernunft“ konzipiert. Paulus aber ist skeptisch gegenüber solchen Lebensentwürfen. Sie überfordern den Menschen. Denn das Gesetz

---

[22] Vgl. *Back*, Verwandlung.

stimuliert nach Paulus Affekte, anstatt sie zu bändigen (Röm 7,5), die Vernunft ist ohnmächtig gegenüber dem Bösen (Röm 7,23). Seine Lösung ist ein transformativer Lebensentwurf. Der Mensch hat die Chance, sich durch den Geist Gottes so tief greifend zu verändern, dass er das Gesetz spontan erfüllt und zu einem vernünftigen Gottesdienst fähig wird.

Dieses transformative Menschenbild ist mit Ansätzen anderer Menschenbilder verbunden und wird erst durch die Pluralität simultaner Menschenbilder lebbar: Paulus lässt sich auf weite Strecken im Rahmen eines ethischen oder autodynamischen Menschenbildes interpretieren. Dass der Mensch sich selbst bestimmen soll, ist auch sein Ziel. Aber auch für den „alten Menschen", den er überwinden will, ist dieser Appell an die Verantwortung unersetzlich. Die autodynamischen Züge in seinem Menschenbild mildern den Enthusiasmus seines Traums vom verwandelten Menschen.

Von einer anderen Seite her macht die nur an wenigen Stellen durchbrechende Erkenntnis einer tiefendynamischen Dimension im Menschen das transformative Menschenbild lebbar: Auch wenn der Mensch der Überzeugung ist, durch den Geist zum Guten verwandelt zu sein, so ahnt er doch, dass er sich selbst nicht ganz im Griff hat und sich selbst nicht ganz durchsichtig ist.[23] Nicht der Appell an seine autodynamische Verantwortung, sondern die realistische Einsicht in die Grenzen dessen, was er in seinem Leben kontrollieren und durchschauen kann, versöhnt den Menschen mit dem, was er weder autodynamisch verantworten noch durch eine erträumte Verwandlung erreichen kann. Die Pluralität der Menschenbilder bei Paulus und im Urchristentum hat daher einen guten Sinn: Das Leben ist so komplex, dass man es nicht mit denselben Mustern des Erlebens, Denkens und Handelns bewältigen kann.

Große Praktiker haben selten nur ein Menschenbild, sondern simultan mehrere. Je nach Problemsituation aktivieren sie diese verschiedenen Menschenbilder. Wer andere und sich selbst zu konkretem Handeln motivieren will, wird ein autodynamisches Menschenbild aktivieren. Das Bewusstsein von Selbstverursachung ist ein entscheidender Motivationsfaktor. Wer Menschen in Not helfen will, wird diese Not häufig heterodynamisch als unverschuldet interpretieren. Das verpflichtet ihn umso mehr zur Hilfeleistung. Wer vor Umorientierungen von Lebensentwürfen steht und nach dem fragt, was grundsätzlich in Zukunft möglich sein wird, wird transformationsdynamische Perspektiven entwickeln. Wer Erfahrungen des Scheiterns trotz bester Absichten bei sich und anderen verarbeiten muss, wird für die Möglichkeit offen sein, dass wir nicht alles durchschauen und nicht alles im Griff haben. Tiefendynamische Menschenbilder sind dann plausibel. Jetzt erst, wo der Mensch in seinem Inneren Grenzen spürt und er auf ihm selbst unbewusste Bereiche stößt, ist auch das Bewusstwerden eines Innenraumes in ihm abgeschlossen. Das menschliche Innere ist nicht nur das, was der Öffentlichkeit entzogen ist – das könnte immer auch das sein, was sich hinter verschlossenen Türen voll-

---

[23] Vgl. *Gemünden*, Affekte, 309ff, hat solch eine Tiefendynamik im Hirten des Hermas nachgewiesen. In ihm wird dargestellt, wie verdrängte Impulse aufgrund religiöser Erlebnisse bewusst gemacht werden.

zieht, dem betreffenden Menschen aber sehr wohl bewusst ist. Es ist ausdrücklich auch das, was sich dem Zugriff und dem Bewusstsein des Menschen selbst entzieht.

Schließlich sei an einen Aspekt erinnert, der in den hier vorgelegten Analysen zu wenig entfaltet werden konnte: Das transformative und tiefendynamische Menschenbild des Paulus ist in eine transformative, so genannte apokalyptische Weltsicht eingebettet. Weil sich die ganze Welt ändert, kann sich auch der Mensch ändern. Zu dieser apokalyptischen Erwartung eines Wandels der ganzen Welt gehört auch die Erwartung des Jüngsten Gerichts. Gott, der das Verborgene des Herzens kennt, wird dann über alle Menschen richten und auch das Unbewusste im Menschen ans Licht bringen. Die Ansätze eines tiefendynamischen Menschenbildes sind durch diese Gerichtsvorstellung ermöglicht worden. Aber natürlich kann man diesen Zusammenhang von Menschenbild und Weltbild auch anders herum lesen: Weil sich der Mensch wegen der Spannung zwischen dem Guten und Bösen nach seiner Verwandlung sehnt, projiziert er mythische Vorstellungen eines Wandels in den Kosmos; und weil er sensibel geworden ist gegenüber den unbewussten Tiefen in sich, entwirft er die Vision eines Jüngsten Gerichts, bei dem alles zutage kommt, auch das, was ihm nicht bewusst ist. Das transformative Menschenbild ist auf jeden Fall an eine umfassendere Sicht der Wirklichkeit gebunden.

Dieser Rahmen kann sich ändern. Ein transformatives Menschenbild begegnet in der Neuzeit auch in einem anderen Rahmen: vor allem im Zusammenhang von evolutionären Weltentwürfen. Und die Entdeckung des Unbewussten in der Neuzeit geschah nicht in der Kommunikation erlösungsbedürftiger Menschen mit Gott, sondern hilfsbedürftiger Menschen mit Psychotherapeuten. In beiden Kontexten spüren wir eine Sehnsucht danach, dass der Mensch sich verändern möge. Selbst dort, wo utopische Visionen vom neuen Menschen verblassen, müssen wir aus Selbstachtung daran festhalten, dass wir nicht unserer eigenen Destruktivität einfach ausgeliefert sind. Der Mensch muss sich ändern. Es lebt eine Unruhe in der Menschheit, weil nicht sicher ist, dass das gelingt. Mit der Bibel und besonders mit Paulus kam diese Unruhe in unsere Geschichte hinein: Wir sind noch nicht das, was wir sein sollen.

Literatur

Assmann, J., Zur Geschichte des Herzens im Alten Ägypten, in: *ders.* (Hg.), Die Erfindung des inneren Menschen, Gütersloh 1993, 81–113

–, Tod und Jenseits im Alten Ägypten, München 2001

–, Konstellative Anthropologie. Zum Bild des Menschen im alten Ägypten, in: *B. Janowski / K. Liess* (Hg.), Der Mensch im Alten Israel. Neue Forschungen zur alttestamentlichen Anthropologie (HBS 59), Freiburg 2009, 95–120

Back, F., Verwandlung durch Offenbarung bei Paulus. Eine religionsgeschichtlich-exegetische Untersuchung zu 2 Kor 2,14–4,6 (WUNT II,153), Tübingen 2002

Bester, D. / Janowski, B., Anthropologie des Alten Testaments. Ein forschungsgeschichtlicher Überblick, in: *B. Janowski / K. Liess* (Hg.), Der Mensch im Alten Israel. Neue Forschungen zur alttestamentlichen Anthropologie (HBS 59) Freiburg 2009, 3–40

Bremmer, J., The Early Greek Concept of the Soul, Princeton 1983

Dihle, A., Die Vorstellung vom Willen in der Antike, Göttingen 1985

Gemünden, P.v., La culture des passions à l'époque du Nouveau Testament. Une contribution théologique et psychologique, ETR 70 (1995) 335–348 = *dies.*, Affekt und Glaube. Studien zur Historischen Psychologie des Frühjudentums und Urchristentums (NTOA 73), Göttingen 2009, 34–51

–, Methodische Überlegungen zur Historischen Psychologie exemplifiziert am Themenkomplex der Trauer in der Bibel und ihrer Umwelt, EvTh 65 (2005) 86–102 = *B. Janowski / K. Liess* (Hg.), Der Mensch im Alten Israel. Neue Forschungen zur alttestamentlichen Anthropologie (HBS 59), Freiburg 2009, 41–68

–, Affekte und Affektkontrolle im antiken Judentum und Urchristentum, in: *G. Theißen / P.v. Gemünden* (Hg.), Erkennen und Erleben. Beiträge zur psychologischen Erforschung des frühen Christentums, Gütersloh 2007, 249–269 = *dies.*, Affekt und Glaube. Studien zur Historischen Psychologie des Frühjudentums und Urchristentums (NTOA 73), Göttingen 2009, 309–328

Gladigow, B., Bilanzierungen des Lebens über den Tod hinaus, in: *J. Assmann / R. Trauzettel* (Hg.), Tod, Jenseits und Identität. Perspektiven einer kulturwissenschaftlichen Thanatologie (VIHA 7) Freiburg / München 2002, 90–109

Heckel, Th.K., Der Innere Mensch. Die paulinische Verarbeitung eines platonischen Motivs (WUNT 2,53), Tübingen 1993

Janowski, B., Der Mensch im alten Israel, ZThK 102 (2005) 143–175

–, Anerkennung und Gegenseitigkeit. Zum konstellativen Personbegriff des Alten Testaments, in: *B. Janowski / K. Liess* (Hg.), Der Mensch im Alten Israel. Neue Forschungen zur alttestamentlichen Anthropologie (HBS 59), Freiburg 2009, 181–211

Lüdemann, H., Die Anthropologie des Apostels Paulus und ihre Stellung innerhalb seiner Heilslehre. Nach den vier Hauptschriften, Kiel 1872

Loraux, N., Éloge de l'Anachronisme en histoire, Le genre humain 27 (1993) 23–38

Nitschke, A., Historische Verhaltensforschung. Analysen gesellschaftlicher Verhaltensweisen (UTB 1153), Stuttgart 1981

Scornaienchi, L., Sarx und Soma bei Paulus. Der Mensch zwischen Destruktivität und Konstruktivität (NTOA 67), Göttingen 2008

Snell, B., Die Auffassung des Menschen bei Homer, in: *ders.*, Die Entdeckung des Geistes. Studien zur Entstehung des europäischen Denkens bei den Griechen, Hamburg [3]1955, 17–42

Staden, H. von, Body, Soul, and Nerves. Epicurus, Herophilus, Erasistratus, the Stoics, and Galen, in: *J.P. Wright / P. Potter* (Ed.), Psyche and Soma, Physicians and metaphysicians on the mind-body problem from Antiquity to Enlightenment, Oxford 2000, 79–116

Tanner, J., Historische Anthropologie zur Einführung, Hamburg 2004

Theißen, G., Psychologische Aspekte paulinischer Theologie (FRLANT 131), Göttingen (1983) [2]1993

–, Erleben und Verhalten der ersten Christen. Eine Psychologie des Urchristentums, Gütersloh 2007

Urban, Ch., Das Menschenbild nach dem Johannesevangelium. Grundlagen johanneischer Anthropologie (WUNT 2,137), Tübingen 2001

Wolff, H.W., Anthropologie des Alten Testaments (KT 91), München (1973) [6]1994

Klaus Neumann

Der prüfende Blick

Die Person und ihr moralisches Universum in der Welt des Neuen Testaments

I. Der Westen, der Individualismus, das Christentum und die Bibel: „Wir“ und die „anderen“

Zu den Fundamenten der modernen westlichen Zivilisation gehört der Individualismus. Darin sind sich die Theoretiker, die die ideologische Aufrüstung des Westens betreiben, und seine Kritiker einig. Doch was für die einen Ausdruck von Freiheit ist, gilt den anderen als Dekadenz.

Samuel P. Huntington beschrieb den Individualismus in seiner Streitschrift über den „Kampf der Kulturen“ als Kulminationspunkt der westlichen Kultur:

> „*Individualismus.* Viele der genannten Merkmale westlicher Kultur[1] bewirkten die Herausbildung eines Individualitätsgefühls und einer Tradition individueller Rechte und Freiheiten. Der Individualismus entwickelte sich im 14. und 15. Jahrhundert, die Anerkennung eines Rechts auf individuelle Entscheidung – was [Karl W.] Deutsch die ‚Romeo-und-Julia-Revolution‘ nennt – setzte sich im Westen im 17. Jahrhundert durch. Sogar Forderungen nach *gleichen* Rechten für alle Individuen – ‚der ärmste Mann in England hat ein Leben zu leben wie der reichste Mann‘ – wurden artikuliert, wenn auch nicht allgemein akzeptiert. Individualismus bleibt das kennzeichnende Merkmal des Westens unter den Kulturen des 20. Jahrhunderts. In einer Untersuchung vergleichbarer Stichproben aus fünfzig Ländern gehörten zu den zwanzig Ländern, die auf der Individualismusskala am höchsten rangierten, alle westlichen Länder außer Portugal, dazu Israel. Der Verfasser einer anderen kulturübergreifenden Studie zum Thema Individualismus und Kollektivismus hob ebenfalls die Dominanz des Individualismus im Westen gegenüber dem Vorherrschen des Kollektivismus anderswo hervor und kam zu dem Schluß: ‚Die Werte, die im Westen am wichtigsten sind, sind weltweit am bedeutungslosesten.‘ Immer wieder ver-

---

[1] Hierzu zählt Huntington „Das klassische Erbe“, nämlich „griechische Philosophie und griechischer Rationalismus, römisches Recht, lateinische Sprache und Christentum“ (*Huntington*, Kampf, 99), „Katholizismus und Protestantismus“, denn „[d]as westliche Christentum – zunächst der Katholizismus, dann Katholizismus und Protestantismus – ist historisch gesehen das wichtigste Charakteristikum der westlichen Kultur“ (*ders.*, ebd.), „Europäische Sprachen“, „Trennung von geistlicher und weltlicher Macht“, „Rechtstaatlichkeit“, „Gesellschaftlicher Pluralismus“, „Repräsentativorgane“ (*ders.*, ebd., 99ff).

weisen Westler wie Nichtwestler auf den Individualismus als das zentrale unterscheidende Merkmal des Westens."[2]

Zu den lautstärksten Kritikern der „westlichen Werte" gehörten in den 90er Jahren des letzten Jahrhunderts die autoritären asiatischen Politiker Lee Kuan Yew (Singapur) und Mahathir bin Mohamad (Malaysia), die den westlichen Individualismus als dekadent anprangerten und für die steigende Kriminalität, den Zerfall der Familie und der Arbeitsmoral verantwortlich machten und ihm die sogenannten „asiatischen Werte" entgegensetzten.[3] Aus westlicher Perspektive wiederum gelten Autoren wie Huntington diese „asiatischen Werte" als Ausdruck von „Kollektivismus".

So steht dem westlichen Individualismus in der Lesart von Huntington und anderen der Kollektivismus der „anderen" gegenüber. Historisch gesehen wird „der Westen" aufs engste mit dem Christentum (westlicher Spielart) verbunden. Daraus folgt die Annahme, dass die westlichen Werte – Individualismus, Freiheit, Menschenwürde, Menschenrechte – in irgendeiner Weise in der Bibel vorgegeben oder zumindest angelegt sein müssen. Konkret wird oftmals der Schöpfungsbericht in Anspruch genommen, wenn die Aussage, der Mensch sei „nach dem Bild Gottes geschaffen" (Gen 1,27), so verstanden wird, dass damit das „Person-Sein" des Menschen gemeint sei, nämlich seine Einmaligkeit, Unvertretbarkeit und unaufhebbare Würde. Mit Immanuel Kant wird der Begriff „Person" derart gefüllt, dass der Mensch niemals nur als Mittel zum Zweck gebraucht werden darf, sondern jederzeit als „Zweck an sich selbst" zu achten ist:[4] Die Menschenwürde eines jeden Individuums ist unbedingt und uneingeschränkt zu achten und zu schützen. In diesem Sinne deuten beispielsweise der römisch-katholische Weltkatechismus und der Katholische Erwachsenenkatechismus die Gottebenbildlichkeit:

„Weil er nach dem Bilde Gottes geschaffen ist, hat der Mensch die *Würde, Person zu sein;* er ist nicht bloß etwas, sondern jemand. Er ist imstande, sich zu erkennen, über sich Herr zu sein, sich in Freiheit hinzugeben und in Gemeinschaft mit anderen Personen zu treten,

---

[2] *Ders.*, aaO 102 (kursiv i. Orig.).

[3] Vgl. etwa folgendes Zitat aus DER SPIEGEL 39/1994, 151f: „Der Westen, analysiert der stellvertretende Außenminister von Singapur, Kishore Mahbubani, sei unfähig, die inneren Schwächen seines eigenen Wertesystems und seiner Institutionen zu erkennen. Der Arbeitswille lasse nach, das Anspruchsdenken nehme zu – für Mahbubani eine zwangsläufige Folge der geradezu kultischen Verehrung, die der individuellen Freiheit entgegengebracht würde."

[4] Vgl. *Kant*, Grundlegung, 53ff (428f der Akademie-Ausgabe; kursiv i. Orig.): „Nun sage ich: der Mensch und überhaupt jedes vernünftige Wesen *existiert* als Zweck an sich selbst, *nicht bloß als Mittel* zum beliebigen Gebrauche für diesen oder jenen Willen, sondern muß in allen seinen, sowohl auf sich selbst, als auch auf andere vernünftige Wesen gerichteten Handlungen, jederzeit *zugleich als Zweck* betrachtet werden. [...] Die Wesen, deren Dasein zwar nicht auf unserem Willen, sondern der Natur beruht, haben dennoch, wenn sie vernunftlose Wesen sind, nur einen relativen Wert, als Mittel, und heißen daher *Sachen*, dagegen vernünftige Wesen *Personen* genannt werden, weil ihre Natur sie schon als Zwecke an sich selbst, d.i. als etwas, das nicht bloß als Mittel gebraucht werden darf, auszeichnet, mithin sofern alle Willkür einschränkt (und ein Gegenstand der Achtung ist). [...] [429:] Der praktische Imperativ wird also folgender sein: *Handle so, daß du die Menschheit, sowohl in deiner Person als in der Person eines jeden anderen, jederzeit zugleich als Zweck, niemals bloß als Mittel brauchest.*"

> und er ist aus Gnade zu einem Bund mit seinem Schöpfer berufen, um diesem eine Antwort des Glaubens und der Liebe zu geben, die niemand anderer an seiner Stelle geben kann."[5]

> „Personalität besagt, daß der Mensch bei und in aller Offenheit für Gott, die Menschen und die Welt bei sich selbst ist, so daß er je einmaligen Wert und je einmalige Würde in sich selbst besitzt und Verantwortung trägt für sein eigenes Tun und Lassen. [...] Die Aussage von der Gottebenbildlichkeit des Menschen hat wichtige *praktische Folgen:* Die Würde jedes Menschen vor Gott begründet die *Würde des Menschen* vor anderen Menschen. Sie ist der letzte Grund für die fundamentale Gleichheit und Brüderlichkeit aller Menschen, unabhängig von ihrer Rasse, ihrem Volk, ihrem Geschlecht, ihrer Herkunft, Bildung, Klasse. [...] Der Mensch darf den anderen Menschen also nie als Sache benutzen, er muß ihn vielmehr als eigenständiges und eigenverantwortliches Wesen achten und ihm Respekt bezeugen."[6]

Das in diesen Aussagen enthaltene Problem, dass die Menschen- und Personenwürde an die Vernunft, an die Fähigkeit zur Reflexion und zum sittlichen Handeln, gebunden wird, können wir hier übergehen. Uns geht es nur darum zu zeigen, wie in einem bestimmten Diskurs die Bibel als Gründungsdokument des Individualismus gelesen und vereinnahmt wird. Neben dem Schöpfungsbericht und über den Schöpfungsbericht hinaus wird des Weiteren vor allem die Verkündigung Jesu in dieser Weise in Anspruch genommen, z. B. von Wolfhart Pannenberg, der ausführt,

> „daß erst im Wirkungsbereich biblischen Glaubens der einzelne Mensch als solcher – und also jeder einzelne Mensch – als Gegenstand der ewigen Zuwendung Gottes thematisch wurde. Der Sache nach ist das eine Konsequenz der Gottebenbildlichkeit des Menschen. Sie kam schon dadurch zum Ausdruck, daß der Glaube Israels wegen der Gottebenbildlichkeit des Menschen jedes individuelle Menschenleben für unantastbar erklärte (Gen 9,6). Doch war damit noch nicht der Gedanke erreicht, daß jedes einzelne Menschenleben gerade in seiner *Besonderheit* vor Gott unendliches Gewicht hat. Den entscheidenden Durchbruch zu dieser Einsicht vollzog die Botschaft Jesu, daß Gott mit ewiger Liebe jedem einzelnen seiner Geschöpfe nachgeht, wie es pointiert zum Ausdruck kommt in Gottes Liebe zum Verirrten und Verlorenen."[7]

Bei Pannenberg werden noch einige weitere wichtige Punkte des Diskurses über die Bibel, das Christentum und die moderne Individualität mit wünschenswerter Klarheit formuliert:

- Das Personsein und die Individualität des Menschen haben wesentlich zu tun mit seiner je eigenen Lebensgeschichte, seiner einmaligen Biografie.[8]

---

5 Katechismus der Katholischen Kirche, 122 (Nr. 357, kursiv i. Orig.). Vgl. auch ebd. (Nr. 356, unter Verweis auf die Pastoralkonstitution „*Gaudium et spes*" des Zweiten Vatikanischen Konzils): „er [sc. der Mensch] ist ‚auf Erden das einzige Geschöpf ... das Gott um seiner selbst willen gewollt hat' (GS 24,3)".

6 Katholischer Erwachsenenkatechismus, 118f.

7 *Pannenberg*, Theologie, Bd. 2, 228f (kursiv i. Orig.).

8 Vgl. *ders.*, Mensch, 97: „Im Mittelalter hat man viel darüber gestritten, worin man das *principium individuationis* zu suchen habe, dasjenige also, was die Individualität eines Wesens ausmacht. Im Blick auf den Menschen läßt sich sagen: Die Geschichte, der je verschiedene Lebensweg ist das principium individuationis."

- Das eigentliche Wesen des Menschen ist in seinem Inneren oder inneren Leben zu verorten. Der Mensch als Person ist mehr und anderes als ein Träger sozialer Rollen.[9] Der Mensch als Person ist wesentlich „Subjekt", „(Selbst-)Bewusstsein", ein „Ich" (vgl. schon Descartes' Unterscheidung von *res extensa* und *res cogitans*: „Ich denke, also bin ich"). Speziell die reformatorische Theologie – und nachfolgend die Philosophie in den durch die Reformation geprägten Teilen Europas – insistiert auf dieser Trennung von eigentlichem („innerem") Selbst (der vor Gott gerechtfertigte Mensch) und öffentlicher („äußerer") Erscheinung (der empirische Mensch in seinem bleibenden Sündersein; der Mensch als *simul iustus et peccator*).
- Doch ist es zugleich ein Anliegen der theologischen Anthropologie, einen „übersteigerten" Individualismus abzuwehren. Der Mensch ist nicht nur „Subjekt" und „Selbstbewusstsein", sondern ebenso ein Gemeinschaftswesen. Er ist auf die Gemeinschaft mit Gott und den Mitmenschen angelegt, wie sich unter Verweis auf den biblischen Schöpfungsbericht (Gen 1,27; 2,18) oder auf die biblischen Begriffe von „Gerechtigkeit" (*ṣedāqāh*) und „Liebe/Treue/Solidarität" (*ḥæsæd*) argumentieren lässt. Pannenberg, der damit die Subjektphilosophie des deutschen Idealismus relativieren will, begründet diesen Gedanken außerdem durch eine Engführung von Trinitätslehre und Anthropologie:[10] Wie die göttlichen Personen als „Personen" nur durch ihre wechselseitige Bezogenheit aufeinander konstituiert sind (der „Vater" ist nicht „Vater" ohne den „Sohn" etc.), so ist auch der Mensch als Person durch seine „Exzentrizität" konstituiert, durch seine Bezogenheit auf andere Personen. Pannenberg plädiert gegen einen „absoluten" und für einen „relationalen" Personenbegriff.[11]

Deutlich ist bei alledem die Absicht, die positiven Aspekte des westlichen Individualismus biblisch zu verankern und als eigenes geistiges Erbe zu sichern und gleichzeitig die „Gefahren" und „negativen Auswüchse" eines verabsolutierten Individualismus abzuwehren. Dieser theologische Diskurs interagiert in vielfältiger und durchaus nicht eindeutiger Weise (verstärkend, vereinnahmend, abwehrend, verneinend) mit anderen Diskursen, Institutionen und Praktiken, die den westlichen Individualismus beschwören, generieren, formieren und regulieren (sollen).

Es zeigt sich dabei weiterhin, dass die individualistische Auffassung von „Person" in der Selbstwahrnehmung des Westens paradoxerweise sowohl eine natürliche Gegebenheit ist (wenn etwa im theologischen und philosophischen Diskurs „der" Mensch durch sein Subjektsein definiert wird, wie es bei Kant und im Katholischen Weltkatechismus zu beobachten ist) wie auch ein Unterscheidungsmerkmal, das den Westen von anderen Kulturen abgrenzt, die als „kollektivistisch" gelten, wie es bei Huntington zum Ausdruck kommt.

Im Hinblick auf den westlich-neuzeitlichen Begriff der „Person" lässt sich dann zusammenfassend sagen:

---

[9] Vgl. z.B. *ders.*, Anthropologie, 228f (unter Verweis auf die Neudefinition von *persona* „Rolle, Maske, Antlitz" als „vernünftige Individualität" durch Boëthius).

[10] Vgl. *ders.*, Theologie, Bd. 1, 464.

[11] *Ders.*, Anthropologie, 230.

„Im modernen Begriff der P.[erson] verbinden sich auf paradoxe Weise zwei Aspekte: Einerseits deutet er auf Individualität (Persönlichkeit, Subjekt-Sein), andererseits bezeichnet er den Menschen in abstrakt-allg.[emeiner] Weise, d.h. gerade abgesehen von jeder individuellen Besonderheit. Dieses Ineinander erklärt sich nur aus der neuzeitlichen Auffassung, dass der Mensch *wesentlich* durch sein P.[erson]-Sein bestimmt ist, d.h. dass das Allgemein-Menschliche gerade darin besteht, dass jeder Mensch ein (einzigartiges) Individuum und ein zu achtendes (Rechts-)Subjekt mit spezifischer Personenwürde ist. Zugleich verankert der neuzeitliche Individualismus die Identität des Menschen in seiner individuellen P.[erson]/Persönlichkeit."[12]

II. Was ist „individualistisch" und „kollektivistisch"? Individualismus bei den „anderen"

1. Ethnologische Feldstudien: kollektivistische Hyperindividualisten

Dieser moderne Personenbegriff ist ebenso komplex wie schillernd. Vor allem aber ist er kulturspezifisch, ein Schlüsselbegriff *unserer* Kultur. Das zeigt sich schon daran, dass es für ihn in keiner der antiken Sprachen ein Äquivalent gibt.[13] Dann freilich lässt sich die Auffassung vom „Personsein" des Menschen nicht so leicht und geradlinig aus der Bibel ableiten, wie es vielfach versucht wird. Zwar ist die Antike und mit ihr das Urchristentum kulturgeschichtlich unsere eigene Vergangenheit (ebenso ist sie freilich die Vergangenheit verschiedener „orientalischer" Gesellschaften und Kulturen), aber zugleich auch eine fremde Vergangenheit. Wenn es um das historische Verstehen dieser „fremden Vergangenheit" geht, tun wir gut daran, uns ihr so zu nähern, wie sich ein Ethnologe „fremden" Kulturen nähert. Der Blick auf das „Fremde", der dieses ernsthaft verstehen will, setzt dabei immer auch einen distanzierenden Blick auf die „eigene" Kultur voraus, als wäre diese nicht weniger exotisch und erklärungsbedürftig als die „andere" Kultur. In dieser Weise beschrieb der US-amerikanische Ethnologe Clifford Geertz (1926–2006), der in den 50er Jahren des letzten Jahrhunderts Feldforschungen in Asien und Nordafrika durchführte, in einem wichtigen Aufsatz die Vorstellung von „Person" in Java, Bali und Marokko und verglich diese implizit mit der westlichen Vorstellung. Sein Resümee:

„Die abendländische Vorstellung von der Person als einem fest umrissenen, einzigartigen, mehr oder weniger integrierten motivationalen und kognitiven Universum, einem dynamischen Zentrum des Bewußtseins, Fühlens, Urteilens und Handelns, das als unterscheidbares Ganzes organisiert ist und sich sowohl von anderen solchen Ganzheiten als auch von einem sozialen und natürlichen Hintergrund abhebt, erweist sich, wie richtig sie uns auch

[12] *Neumann*, Person, 339 (kursiv nicht i. Orig.).

[13] Zu den unterschiedlichen antiksprachlichen bzw. biblischen Begriffen, die annäherungsweise die einzelnen Aspekte des neuzeitlichen Personenbegriffs („Identität", „Individuelle Persönlichkeit/Personenkern", „man, jemand, Mensch") abdecken, vgl. *ders.*, aaO.

scheinen mag, im Kontext der anderen Weltkulturen als eine recht sonderbare Idee. Statt zu versuchen, die Erfahrungen anderer im Rahmen unserer Vorstellungen einzuordnen – und nichts anderes steckt in den meisten Fällen hinter der so übermäßig betonten ‚Empathie' –, müssen wir, um zu einem Verstehen zu gelangen, solche Vorstellungen ablegen und die Erfahrungen anderer Leute im Kontext ihrer eigenen Ideen über Person und Selbst betrachten. So unterscheiden sich im Falle von Java, Bali und Marokko diese Ideen nicht nur recht deutlich von den unseren, sondern sie weichen auch auf nicht weniger dramatische und aufschlußreiche Weise voneinander ab."[14]

Die drei von Geertz in diesem Aufsatz beschriebenen Kulturen und ihre Vorstellungen von der „Person" wären aus der Perspektive Huntingtons alle „kollektivistisch" zu nennen. Dennoch beobachtet Geertz zwischen ihnen „dramatische" Unterschiede: In Java stellte sich ihm das Selbst als ein „Kompositum" dar, in Bali als eine „Persona" und in Marokko als ein „Punkt in einem Muster",[15] was hier im Einzelnen nicht näher entfaltet werden kann. Den unterschiedlichen Personenkonzepten entsprach dabei jeweils auch ein anderer Stil des sozialen Umgangs und ein jeweils anderes soziales und kulturelles „Klima". So war in Bali das soziale Leben extrem formalisiert und förmlich, die Akteure waren peinlich darauf bedacht, nicht „aus der Rolle zu fallen":

„Es ist die Angst vor dem *faux pas*, die durch die extreme Ritualisierung des täglichen Lebens immer präsent ist, eine Ritualisierung, die den gesellschaftlichen Umgang bewußt in engen Bahnen hält und die dramatisierte Auffassung vom Selbst vor der Bedrohung durch Unmittelbarkeit und Spontaneität schützt, die selbst die leidenschaftlichste Zeremonialität nicht völlig aus den direkten Begegnungen ausschließen kann."[16]

Ganz anders dagegen in Marokko, wohin Geertz uns im nächsten Satz versetzt:

„In Marokko dagegen ist das Selbst etwas ganz anderes. Dort geht es nicht feucht und fernöstlich, sondern trocken und orientalisch, extrovertiert, lebendig, aktiv, männlich und reichlich formlos zu, kurz: bis auf die fehlenden Saloons und Viehtriebe glaubt man sich in den Wilden Westen versetzt."[17]

Obwohl Geertz die so vorgestellten Marokkaner durchaus als ziemlich „individualistisch" empfand, ist ihre Art, Personen zu beschreiben, nicht individualistisch, sondern kann kollektivistisch genannt werden: Menschen werden durch ihre Zugehörigkeit klassifiziert, nämlich mittels der sog. *Nisba*-Endung *-ī*, die an so ziemlich alles angehängt werden kann, was mit Menschen zu tun hat: Ein Mensch ist z.B. ein *Sefrūwī* („aus *Sefrou* gebürtig"), ein *Sūsī* („aus der Region *Sūs*"), ein *ʾAdlūnī* (Mitglied der Familie *ʾAdlun*), ein *Yahūdī* (Angehöriger des Volkes *Yahūd*, Jude), ein *hrārī* (Seidenhändler, von *hrār* / „Seide"), ein *Darqāwī* (Mitglied der mystischen Brüderschaft *Darqāwā*), ein *ʾAlawī* (Nachkomme von *ʾAli*, dem Schwiegersohn des Propheten Mohammed) usw.[18] Betont

---

[14] *Geertz*, Perspektive, 294.
[15] *Ders.*, aaO 308. Zur balinesischen Vorstellung der Person vgl. außerdem *ders.*, Person.
[16] *Ders.*, Perspektive, 301 (kursiv i. Orig.).
[17] *Ders.*, ebd.
[18] *Ders.*, aaO 302.

wird je nach regionalem und sozialem Kontext immer das Merkmal, das einen Menschen von anderen unterscheidet: In *Sefrou* wird niemand „Muhammad Al-Sefroui", „Muhammad, der *Sefrūwī*", genannt, sondern z.B. „Muhammad Al-Adluni" oder „Muhammad Al-Sussi". Geertz spricht von „kontextualisierten Personen":

> „Die Personen, die in den Gassen von Sefrou einander stoßen und drängeln, gewinnen ihre Definition aus assoziativen, ihnen beigelegten Bezügen zu der sie umgebenden Gesellschaft. Sie sind kontextualisierte Personen. [...] Das Verfahren, eine Person in ihrem Kontext zu sehen, ist durchgängig und auf seine merkwürdig unmethodische Art systematisch. Die Menschen bewegen sich nicht als isolierte physische Wesen, die von ihrem Hintergrund losgelöst wären und individuell benannt würden. Wie individualistisch, ja eigensinnig die Marokkaner auch sein mögen, ihre Identität ist ein Attribut, das sie ihrer Umwelt entlehnen."[19]

Diese Art der Klassifizierung von Individuen hebt nicht auf ihre „Einmaligkeit" und „Einzigartigkeit" ab. Während Westler immer und überall denselben Namen („ihren" Namen) tragen, werden Menschen in dem marokkanischen System je nach Kontext unterschiedlich benannt. Sie werden von anderen nicht durch ein „individuelles", nur ihnen selbst eigenes Merkmal unterschieden, sondern durch eine – im jeweiligen Kontext freilich individuelle – Gruppenzugehörigkeit: Die „Individualisierung" geschieht je nach Kontext durch ein *kollektives* Merkmal, durch jene Gruppenzugehörigkeit, die einen Menschen *hier und jetzt* von den anderen anwesenden Individuen unterscheidet. Dieser Rahmen kann und muss dann aber höchst individuell gefüllt werden; Geertz spricht sogar von „Hyperindividualismus":

> „Kategorisierungen nach Art des *nisba*-Systems führen paradoxerweise zu einem Hyperindividualismus in den öffentlichen Beziehungen: da sie nämlich nur eine unausgefüllte (zudem noch nicht einmal festgelegte) Umrißzeichnung dessen liefern, was die handelnden Personen sind – Yazghi, Adluni, Buhadiwi und dergleichen –, bleibt der Rest, das heißt, fast alles, im eigentlichen Prozeß der Interaktion auszufüllen."[20]

Doch die Marokkaner betrachten diese Äußerungen ihrer Individualität nicht als konstitutiv für ihre eigene „Identität". Geertz fährt fort:

> „Das Mosaik wird durch die Gewißheit aufrechterhalten, daß man sich in seinen Beziehungen zu anderen so pragmatisch, adaptiv, opportunistisch, ganz einfach situationsabhängig verhalten kann wie man will – als Wolf unter Wölfen, Krokodil unter Krokodilen –, ohne zu riskieren, das Gefühl dafür zu verlieren, wer man ist. Das Man-selbst-Sein ist niemals in Gefahr, denn außerhalb von so unmittelbaren Situationen wie Fortpflanzung und Gebet sind nur dessen Koordinaten festgelegt."[21]

„Wer man ist", ergibt sich für die Marokkaner vielmehr aus dem mittels der *nisba*-Klassifizierung beschriebenen Ort, den sie einnehmen, als „ein Attribut, das sie ihrer Umwelt

---

19 *Ders.*, aaO 303f.
20 *Ders.*, aaO 306.
21 *Ders.*, ebd.

entlehnen". Glaubt man Geertz, so *sind* sie zwar Individualisten, aber das macht in ihren eigenen Augen nicht ihre „Identität" aus.

Bali und Marokko: Zwei Gesellschaften, die von Geertz in gegensätzlichen Farben gezeichnet werden. Auf der einen Seite die äußerst förmlichen Balinesen, auf der anderen Seite die Marokkaner mit ihrer „Wild-West-Mentalität". Ist es angebracht, beide Gesellschaften unter dem Begriff „kollektivistisch" zusammenzufassen und sie *en bloc* den westlichen „individualistischen" Gesellschaften entgegenzusetzen? Und sind die von Geertz beschriebenen Marokkaner überhaupt „kollektivistisch" oder doch eher „(Hyper-)Individualisten"? Kann man Menschen und Kulturen überhaupt so verallgemeinernd beschreiben? *Sind* Menschen (*alle* Angehörigen einer Kultur) und ganze Kulturen „individualistisch"? Oder worauf können die Attribute „individualistisch" und „kollektivistisch" sinnvoll angewandt werden?

2. Ethnologische Theoriebildung: Culture and Personality und „Kultur als Text"

In der Geschichte der Ethnologie gab es den Versuch, Gesellschaften durch die Darstellung ihrer „idealen Repräsentanten" zu beschreiben. Diese Verbindung von Psychologie und Ethnologie wurde unter dem Namen *Culture and Personality*-Schule bekannt, zu ihren bekanntesten Vertreterinnen gehörten Margaret Mead und Ruth Benedict.[22] Die Grundannahme dieser Denkschule war, dass bestimmten „Kulturmustern" (*patterns of culture*) auf Seiten der Individuen „psychologische Muster" entsprechen. Die entscheidende Rolle bei deren Hervorbringung spielt die Erziehung, durch die die Werte der Kultur internalisiert werden. Unbestreitbar wurden hier viele wichtige Beobachtungen gemacht, doch verführt dieser Ansatz leicht dazu, die Mitglieder einer Kultur auf ihr So-Sein festzuschreiben und Klischees zu verfallen: Westler sind individualistisch, Nichtwestler sind kollektivistisch, die Angehörigen der Kultur A sind aggressiv, die Angehörigen der Kultur B sind friedfertig usw.[23] Dem Kulturkonzept, das im Wesentlichen von der Einheit(lichkeit) von Kulturen ausgeht, entspricht eine vereinheitlichende Sicht auf die Individuen.

Hier deuten die Arbeiten von Geertz in methodischer Hinsicht eine Alternative an, denn er wollte die Kulturhermeneutik von der Ebene der „Introspektion" („sich in die Eingeborenen einfühlen") – und damit auch der Psychologie – auf die Ebene der „öffentlich zugänglichen Zeichensysteme" verlagern. Auf die im Hintergrund stehenden methodischen Fragen und Diskussionen der ethnologischen Theoriebildung kann wieder nicht näher eingegangen werden. Die Auseinandersetzung mit *Culture and Personality*

---

22 Vgl. *Neumann*, Fremde, 188ff; *Petermann*, Geschichte, 689ff.

23 Vgl. *Petermann*, Geschichte, 693: „Benedicts megalomane Kwakiutl, gelassen-friedfertige Zuñi, paranoische Dobuaner, Meads sanfte, konfliktscheue Samoaner, agressionslose Arapesh, aggressiv-selbstzerstörerische Mundugumor etc."

stand bei Geertz zwar nicht im Vordergrund des Interesses,[24] doch gab er den Impuls, dass sich die Ethnologie nicht mit Psychologie oder dem „Inneren" der Menschen befassen solle, sondern mit „öffentlich zugänglichen Symbolsystemen". Dem Imperativ, sich „in die Eingeborenen einzufühlen", setzte er die Metapher von der Kultur als „Text" entgegen.[25] Wiewohl diese Metapher nicht ohne Probleme ist, weist sie doch auf Wichtiges hin: Nicht die Menschen „sind" einfach so oder so, sondern ihre „Kultur" stellt „Sinnstrukturen", Symbole und Weltdeutungen bereit, mit deren Hilfe sie so etwas wie ein „Selbst" entdecken, formen und ausdrücken können und müssen. Dieses Selbst ist immer ein lokales, kulturell bedingtes Selbst, aber es ist nicht einfach eine Gegebenheit, sondern gleichsam der Vortrag des jeweiligen „Textes" – mit dem Auditorium einer größeren oder kleineren Öffentlichkeit oder auch nur des betreffenden Individuums selbst. Und dieser Vortrag kann auch misslingen – im „individualistischen" Westen ebenso wie in „kollektivistischen" Kulturen.

Dabei neigt Geertz ebenfalls zu einer eher vereinheitlichenden Sicht von Kultur. Teilweise scheint seine Metapher des Textes zu implizieren, dass dieser Text einen „gegebenen" Sinn hat, den der Anthropologe rekonstruieren soll. Andererseits spricht Geertz von den „Widersprüchen, fragwürdigen Verbesserungen und tendenziösen Kommentaren", die dieser Text enthält,[26] und er beobachtet, dass ein solcher „Text", nämlich die Daten „eines bestimmten Ereignisses, Rituals, Brauchs, Gedankens oder was sonst immer",[27] mit „ungleichen Interpretationsrahmen" gedeutet werden können, was dann zu Widersprüchen und Verwirrung führt.[28] Die Epitheta „fragwürdig" und „tendenziös", die Geertz den Worten „Verbesserungen" und „Kommentaren" beilegt, scheinen

---

[24] Zu Geertz vgl. *Petermann*, Geschichte, 987ff u. 998ff; *Neumann*, Fremde, 569ff.

[25] *Geertz*, Beschreibung, 15: „Analyse ist also das Herausarbeiten von Bedeutungsstrukturen [...] Ethnographie ist dichte Beschreibung. Das, womit es der Ethnograph tatsächlich zu tun hat – wenn er nicht gerade mit der routinemäßigen Kleinarbeit der Datensammlung beschäftigt ist (die natürlich auch sein muß) –, ist eine Vielfalt komplexer, oft übereinandergelagerter oder ineinander verwobener Vorstellungsstrukturen, die fremdartig und zugleich ungeordnet und verborgen sind und die er zunächst einmal irgendwie fassen muß. [...] Ethnographie betreiben gleicht dem Versuch, ein Manuskript zu lesen (im Sinne von ‚eine Lesart entwickeln'), das fremdartig, verblaßt, unvollständig, voll von Widersprüchen, fragwürdigen Verbesserungen und tendenziösen Kommentaren ist, aber nicht in konventionellen Lautzeichen, sondern in den vergänglichen Beispielen geformten Verhaltens geschrieben ist."

[26] *Ders.*, ebd.

[27] *Ders.*, aaO 14.

[28] *Ders.*, aaO 15: „Hier, in unserem Text [der von einem „Schafdiebstahl" handelt, der nach der Logik der Diebe keiner war], hätte ein solches Aussondern mit der Unterscheidung der drei ungleichen Interpretationsrahmen der Situation – des jüdischen, des berberischen und des französischen – zu beginnen und dann zu dem Nachweis überzugehen, wie (und warum) ihr Nebeneinanderbestehen zu diesem Zeitpunkt und an diesem Ort eine Situation hervorbrachte, in der systematische Mißverständnisse die traditionelle Form zu einer bloßen gesellschaftlichen Farce machten. Es war eine Sprachverwirrung, die Cohen [der Protagonist des zuvor geschilderten ethnologischen Fallbeispiels] und mit ihm das gesamte althergebrachte Muster der gesellschaftlichen und ökonomischen Verhältnisse, in denen er handelte, zu Fall brachte."

aber anzudeuten, dass der „eigentliche Text", zumal wenn man den „richtigen" Interpretationsrahmen anlegt, nicht so vielschichtig und widersprüchlich gewesen wäre. Die „Verwirrung" entsteht (auch in den ethnologischen Fallbeispielen) vor allem, wenn unterschiedliche Kulturen aufeinandertreffen oder im Zuge von kulturellem Wandel.

3. Kultur als Diskursgeschehen

Dem lässt sich jedoch ein Kulturbegriff entgegensetzen, der Wandel, „Hybridität" (H. Bhabha), Vielschichtigkeit und Mehrdeutigkeit nicht als Krisenphänomene, sondern als Normalfall von Kultur begreift. Dann wäre besser vom „Diskurs" oder den vielfältigen, oft auch konkurrierenden „Diskursen" einer Kultur zu sprechen als von einem gegebenen „Text". Denn der Begriff des Diskurses enthält in sich schon das metaphorische Element des „Laufens" (lat. *cursus* bzw. *currere*), also der Bewegung. Diese Bewegung kann sowohl ein „methodisches Abschreiten" meinen („Diskurs" in der Bedeutung „wissenschaftliche Abhandlung") wie auch das „Hin- und Herlaufen" des Gespräches (Diskurs als „Unterredung"). Sprachwissenschaftlich meint „Diskurs" die „sprachliche Performanz", d.h. die stets flüchtige und momentane Aktualisierung und Realisierung des sprachlichen „Systems". Das „Diskurieren" ist oft auch ein „Konkurrieren" der Interpretationen, Aktualisierungen und Kommentierungen. Zuletzt kann sich der „Diskurs" als geregeltes oder sogar „gewaltsames" Verfahren des „Ausschlusses" bestimmter Bedeutungen darstellen.[29]

Daher schlage ich vor, nicht von individualistischen und kollektivistischen *Gesellschaften* oder *Persönlichkeiten*[30] zu sprechen, sondern von individualistischen und kollektivistischen *Diskursen*, die in bestimmten Gesellschaften anzutreffen sind (oder auch nicht), die in bestimmten Kulturen favorisiert werden und dominieren (oder marginalisiert und unterdrückt werden), mit deren Hilfe die Individuen sich ausdrücken, wenn sie über sich selbst sprechen. Entsprechend der Grundannahme von *Culture and Personality* ist davon auszugehen, dass diese Diskurse die Individuen auch in einer bestimmten Weise formen und überhaupt erst als „Selbst" konstituieren, aber der Diskursbegriff beinhaltet, dass dies alles weniger eindeutig und alternativlos geschieht, als es ein statisches und vereinheitlichendes Kulturkonzept und ein Kulturdeterminismus, der von der weitgehenden Prägung der Individuen durch die Kultur ausgeht, annehmen würden. Die „Aufführung" (die Performanz) kann misslingen oder entgleisen, die individuelle „Interpretation" des Textes, des Diskurses, der Rolle ist ein *wesentliches* und *unverzichtbares*

[29] Der wichtigste Ideengeber für das Konzept des „Diskurses" war Michel Foucault; zu den unterschiedlichen Diskurskonzepten und -theorien, die die sozialwissenschaftliche Forschung befruchtet haben, vgl. *Sarasin*, Geschichtswissenschaft; *Keller*, Diskursforschung; *Keller* u.a. (Hg.), Handbuch; *Landwehr*, Geschichte.

[30] So z.B. *Malina*, Collectivism, 17f, der von „collectivistic persons" und „individualistic persons" spricht.

Erfordernis des sozialen Lebens und sie kann sowohl glänzend gelingen wie jämmerlich missraten oder gänzlich unstimmig sein.[31]

III. Kollektivismus, Individualismus und das Neue Testament

1. Kollektivistische Personen oder kollektivistische Diskurse?

In der neutestamentlichen Wissenschaft wird schon seit geraumer Zeit mit aus der Ethnologie (Kulturanthropologie) entlehnten Modellen und Theorien gearbeitet. Besonders ist hier die „*Context Group*" zu nennen, eine Gruppe von internationalen, vornehmlich US-amerikanischen Wissenschaftlern und Wissenschaftlerinnen, die sich dem *Social-Scientific Criticism* verschrieben haben.[32] Von Mitgliedern dieser Gruppe, an erster Stelle Bruce Malina, wurde das Modell der „kollektivistischen Persönlichkeit" (oder „dyadischen Person"[33]) zur Erklärung des Neuen Testament benutzt.[34] Dabei teilt Malina erkennbar die Grundannahmen von *Culture and Personality*, wenn er „mediterrane Einstellungen" und „amerikanische Einstellungen" in der Erziehung und die jeweils resultierenden „Charakteristika der Persönlichkeit" antithetisch einander gegenüberstellt.[35] Er kommt dabei unter anderem zu folgenden Aussagen:[36]

Mediterrane Eigenheiten	Amerikanische Eigenheiten
Allgemeine Einstellungen	
Man legt großen Wert auf Konformität.	Man legt großen Wert auf Unabhängigkeit.
Einstellungen zu Rangunterschieden	
Menschen von hohem Rang sind andersgeartet als Menschen von niedrigem Rang.	Menschen von hohem Rang und Menschen von niedrigem Rang sind alle Menschen wie Du und Ich.
Nur wenige sollten unabhängig, die meisten abhängig sein.	Alle sollten voneinander abhängig sein.

31 Diese Mechanismen als solche sind universal, wie zumal die Interaktionssoziologie gezeigt hat; explizit sei auf Erving Goffman (1922–1982) verwiesen (vgl. *Neumann*, Fremde, 340ff), dessen bekanntestes Werk („Wir alle spielen Theater"), dies schon im Titel ausdrückt: Auch das „individualistische" Selbst ist eine „Aufführung" und braucht die Anerkennung eines relevanten Publikums, wenn es seiner selbst gewiss sein soll.

32 Einen Überblick über Geschichte und Projekte diese Gruppe gibt *Elliott*, Description.

33 Von griech. δυάς = Zweiheit. Der Begriff zielt darauf ab, dass der einzelne Mensch zur Bildung und Aufrechterhaltung seiner Identität immer auf das Urteil der anderen (eines „Zweiten") angewiesen ist und nicht (wie vermeintlich das moderne Individuum) „aus sich selbst heraus" weiß und wissen kann, wer er ist.

34 Vgl. *Malina*, Welt, 67ff; *ders.*, Collectivism.

35 *Ders.*, aaO 180ff.

36 *Ders.*, ebd., passim.

Mediterrane Eigenheiten	Amerikanische Eigenheiten
Gruppenorientierung vs. Individualismus	
Die Menschen werden in Großfamilien hineingeboren, im Austausch für Treue, Ergebenheit und Gruppensolidarität erhalten sie Schutz.	Man erwartet von jedem Einzelnen, für sich selbst und seine unmittelbare Familie zu sorgen.
Das Individuum hängt emotional von Organisationen und Einrichtungen ab; die Identität beruht auf dem sozialen System.	Das Individuum ist unabhängig von Organisationen und Einrichtungen; die Identität bezieht das Individuum aus sich selbst.
Rollenverteilung der Geschlechter	
Macho-Verhalten (protzige Männlichkeit) ist das Ideal.	Chancengleichheit der Geschlechter ist das Ideal.
Die Geschlechterrollen müssen in der Gesellschaft strikt unterschieden werden.	Geschlechterrollen in der Gesellschaft sollten fließend sein.

Vor allem die im Indikativ formulierten Aussagen („Das Individuum ist unabhängig" etc.) scheinen mir einigermaßen problematisch zu sein. Das trifft im Übrigen auf beide Seiten der Tabelle zu: Weder „sind" alle Amerikaner so unabhängig, noch „sind" alle mediterranen Menschen das genaue Gegenteil der Amerikaner (Geertz fühlte sich in Marokko vielmehr fast wie im „Wilden Westen"). Versteht man aber die beiden Seiten jeweils als einen (kulturell dominanten oder bevorzugten) Diskurs, so ergibt die Gegenüberstellung mehr Sinn: Ohne Zweifel *erzählen* sich Amerikaner normalerweise über sich selbst, dass sie „unabhängig" von anderen sind (oder sich darum bemühen), während in der Bibel das Streben eines Individuums z.B. nach „Unabhängigkeit" von seinen Eltern in der Regel negativ beurteilt wird (vgl. 2Tim 3,2). Das „erzählte Selbst" in den USA und in Westeuropa ist sicherlich ein anderes als in der antiken Mittelmeerwelt. Und das „erzählte Selbst" hat natürlich auch Auswirkungen auf das „wirkliche Selbst". Trotzdem sind pauschale Aussagen, darüber wie „die Menschen" *sind*, wenig hilfreich, zumal es in jeder Kultur mehr als eine mögliche Erzählung über das „Selbst" gibt. Die komplexe Vielzahl kultureller Diskurse und Gegendiskurse und die Aufnahme und Verarbeitung dieser Diskurse durch die Individuen so zu vereinfachen, verstellt eher den Blick auf die Wirklichkeit als diese zu erhellen.[37]

[37] Das hier Gesagte gilt für eine ganze Reihe von kulturellen Diskursen, die die Auffassung von „Person" berühren, z.B. für den „Ehre-Scham-Diskurs". Während Ruth Benedict auf der Ebene ganzer Kulturen von „Schamkulturen" (im Gegensatz zu „Schuldkulturen") sprach und Bruce Malina „Ehre" als einen „grundlegenden Wert" mediterraner Gesellschaften untersuchen will (vgl. *ders.*, aaO 40), schlage ich vor, dass wir „Ehre" als Gegenstand eines in vielen mediterranen Kulturen wichtigen Diskurses betrachten, ohne dass sogleich klar wäre, „was" Ehre eigentlich ist und was im Einzelfall als „ehrenvoll" zu gelten hat; klar ist erst einmal nur, *dass* „Ehre" für wichtig gehalten wird. Je zentraler ein kultureller Diskurs ist, desto umstrittener ist in der Regel auch sein „Gegen-

2. Kollektivistische Diskurse über das „Selbst" im Neuen Testament und seiner Umwelt

Zentrale Diskurse über das „Selbst", die sich im Neue Testament und seiner Umwelt finden, können mit Recht „kollektivistisch" genannt werden. Doch ebenso unbestreitbar stehen daneben andere Diskurse, die – jedoch erst in einer gewandelten Umwelt und unter der Voraussetzung einer anderen sozialen und kulturellen „Großwetterlage" – eine wichtige Rolle bei der Entstehung des neuzeitlichen „Individualismus" gespielt haben. Ebenso werden in den neutestamentlichen Schriften die dominanten Diskurse und Sprachspiele mit „Interpretationsanweisungen", „Aufführungshinweisen" und „Kommentaren" versehen, die diese Diskurse und die darauf beruhenden Performanzen an bestimmten Punkten relativieren, unterminieren, umkehren oder aufheben wollen (vgl. nur Mk 10,35–45 und ähnliche Texte oder das scheinbar „afamiliäre" oder „antifamiliäre" Auftreten Jesu, das in Mk 3,31–35 beschrieben wird).

Unter einem „kollektivistischen" Diskurs ist dabei ein solcher zu verstehen, der das Individuum der Gruppe unterordnet und in dem die Identität des Individuums an eine Gruppe zurückgebunden wird. Wie in dem von Geertz geschilderten Fallbeispiel Marokko geschieht dies auch in der Welt des Neuen Testaments dadurch, dass Individuen je nach Kontext als Angehörige einer Familie, als Bewohner eines bestimmten Dorfes oder einer Region oder eines *Ethnos* „qualifiziert" werden. So wird Jesus in seinem Herkunftsort als Mitglied einer bestimmten Familie und als jemand, der ein bestimmtes Handwerk ausübt, identifiziert (Mk 6,3; Mt 13,55f; Lk 4,22), außerhalb seines Heimatortes als „Jesus von Nazareth" (Mk 1,24; Joh 1,45f u.a.)[38] oder „aus Galiläa" (Mt 21,11; 26,69; Joh 7,52), von Angehörigen einer anderen Ethnie als „Jude" oder „Judäer" (Joh 4,9). Daran sind jeweils auch bestimmte Erwartungen positiver oder negativer Art geknüpft (Joh 1,46; 4,9; 7,52).

Ein anderes Beispiel sind die holistischen Metaphern, mit denen im Neuen Testament von der Kirche gesprochen wird: Sie ist der „Leib Christi" (1Kor 10,17; 12,12–27; Röm

---

stand" und gerade „zentrale Werte" sind der Gefahr ausgesetzt, zu Container-Begriffen zu werden, die jeder mit einem anderen Inhalt befüllt. Es wurden in der Forschung eine Reihe „zentraler Werte" und „grundlegender Züge" mediterraner Gesellschaften namhaft gemacht (Agonismus [der „Wettstreit" um Ehre, das Prinzip von „Herausforderung und Erwiderung"], Ehre und Schande, hierarchisches Denken, die dyadische Persönlichkeit, soziale Konformität und Konservativismus, vgl. *Neumann*, Kultur), bei denen die Gefahr besteht, sie als soziale „Essenzen" („mediterrane Kulturen" *sind* so und so) aufzufassen. Versteht man die genannten Punkte dagegen als Hinweise auf „Diskurse", so ist dies keine Aussage, darüber wie Gesellschaften und Menschen *sind*, sondern darüber, in welcher Sprache und unter der Perspektive welcher Begriffe sie sich über die Wirklichkeit und über sich selbst verständigen.

38 Die genauen griechischen Bezeichnungen wechseln („aus Nazareth", „Nazarener", „Nazoräer"); ob der Begriff „Nazoräer" ursprünglich etwas mit „Nazareth" zu tun hatte, ist nicht sicher (vgl. *Bauer / Aland*, Wörterbuch, 1077), die ntl. Schriftsteller deuten es aber jedenfalls so (vgl. bes. Mt 2,23).

12,4f; Kol 1,24; Eph 4,15f; 5,23.29f), ein „geistliches Haus“ (1Petr 2,5) und ein „heiliger Tempel“ (2Kor 6,16; Eph 2,21) oder ein „Weinstock“ (Joh 15,5). Allen diesen Metaphern ist gemeinsam, dass die einzelnen Glaubenden darin als Teil eines vorgängigen Ganzen erscheinen.

Zumal der Vergleich des Gemeinwesens mit einem „Körper“ ist in der Antike auch sonst geläufig und beliebt (am bekanntesten ist die Fabel des Menenius Agrippa bei Livius 2,32,7–12).[39] Während für den neuzeitlichen individualistischen Diskurs die Vorstellung grundlegend ist, dass das Recht und die Würde der Individuen jedem staatlichen Handeln und jeder staatlichen Verfassung vorgängig ist und sich der Anspruch des Gemeinwesens erst sekundär daraus ableiten lässt („Gesellschaftsvertrag“, Vorrang der individuellen Menschenrechte), besteht für antikes Denken ein ontologischer und logischer Vorrang des Gemeinwesens vor den Individuen. Zwar ist auch antiken Denkern die Idee nicht fremd, dass im „Urzustand“ die Einzelmenschen wie wilde Tiere für sich lebten und erst sekundär der Zusammenschluss zu Familien, Stämmen und Staaten erfolgte (vgl. Lukrez, De natura 5,957–961, 1011–1027, 1105–1160), doch ein solcher Urzustand ist gerade noch nicht im eigentlichen Sinne menschlich. Der Mensch *als Mensch* ist von „Natur aus“ jenes *Zoon politikon*, von dem Aristoteles spricht (Politica 1,2, 1253a: ὅτι ὁ ἄνθρωπος φύσει πολιτικόν ζῷον). Es gehört zum Wesen des Menschen, Teil einer Gemeinschaft, einer *polis*, zu sein, was immer mit *konkreten* Rechten und Verpflichtungen verbunden ist (im Gegensatz zu „abstrakten“ Menschenrechten, die immer und überall gelten). Auch das Gemeinwesen besteht „von Natur aus“ (ebd.: ὅτι τῶν φύσει ἡ πόλις ἐστίν „dass die *Polis* zu den Dingen gehört, die naturgemäß existieren“), nicht erst auf Grund einer Übereinkunft oder eines „Gesellschaftsvertrages“. Denn erst die *polis* ist die „vollendete Gemeinschaft“, die „sich selbst genügt“ („Autarkie“: ebd., 1252b). Der einzelne Mensch und auch noch abgeschlossene Familien und Dörfer sind demgegenüber defizitäre Formen des Daseins und verfehlen das Ziel bzw. die Bestimmung (*telos*) der menschlichen Natur (ebd.). Des Weiteren besagt der dominante Diskurs, dass solche Gemeinschaften in sich differenziert sind (was das Bild von den verschiedenen Gliedern des Körpers veranschaulicht). In der Regel wird damit auch soziale Ungleichheit gerechtfertigt (genau darauf läuft die Menenius Agrippa-Fabel hinaus). Aristoteles nimmt an, dass es von Natur aus „Herrschende“ und „Beherrschte“ gibt (Politica 1,2, 1252a, vgl. auch ebd. 1,6, 1255a–b, wo er die „Sklaven von Natur“ von solchen unterscheidet, die dies nur durch ungünstige Umstände geworden sind). So entspricht es der Natur, dass der Mann über die Frau herrscht (ebd. 1,2, 1252b; 1,5, 1254b), wenngleich solche Herrschaft anders aussieht als die Herrschaft über Sklaven, ebenso wie die Herrschaftsausübung in einem Gemeinwesen mit einer *polis*-Verfassung eine andere ist als in der Monarchie (ebd. 1,3, 1253b). Aristoteles referiert freilich auch, dass es andere Denker gibt, die der Meinung sind, die Unterscheidung zwischen Freien und Sklaven sei nicht naturgemäß, sondern beruhe auf Zwang (ebd.). Später waren es insbe-

[39] Weitere Texte vgl. Neuer Wettstein 2,1, 361ff.

sondere die Stoiker, die die ursprüngliche Gleichheit und Freiheit aller Menschen lehrten.[40]

Im Neuen Testament gibt es dementsprechend nicht die Vorstellung einer Kirche, die sich „von unten" aufbaut. Damit meine ich die Annahme, dass man von den Individuen und ihrer individuellen Glaubenserfahrung (ihrer „spirituellen Biografie") auszugehen habe und dass die Kirche als der Zusammenschluss und die Kommunikation dieser verschiedenen Erfahrungen zu entwerfen wäre; das Göttliche wäre immer nur im Spiegel und im Medium solcher individuell-menschlicher Erfahrung gegenwärtig und wirksam. Doch das ist eine ganz und gar neuzeitliche Sichtweise von Kirche, wie sie zumal Schleiermacher in seinen „Reden" entwickelte, wo er die Kirche als Vergemeinschaftung frommer Individuen und als Kommunikation individueller Glaubenserfahrung verstehen wollte. In dieser Sichtweise ist „Pluralismus" und „Differenz" nichts Schlimmes, sondern etwas Bereicherndes.

Stattdessen setzen aber alle ntl. Diskurse über die Kirche Jesu Christi voraus, dass diese etwas ist, was nicht durch subjektive Erfahrung und subjektiven Entschlüsse konstituiert wird, sondern sozusagen „von Natur aus" existiert, durch den Willen Gottes. „Pluralismus" kann im Rahmen der genannten Metaphern eigentlich nicht positiv gewürdigt werden (sondern nur funktionale Verschiedenheit).[41] Mag es sich aus *unserer* Perspektive auch so darstellen, dass zumal die „individuelle Glaubenserfahrung" des Paulus und die Kommunikation dieser Erfahrung eine fundamentale Rolle bei der Entstehung der christlichen Kirche spielte, so wird dies in den „indigenen" Diskursen doch anderes, ja das Gegenteil ausgesagt: Nicht die subjektive Glaubenserfahrung konstituiert die Kirche, sondern umgekehrt konstituiert erst die Inkorporation in den vorgegebenen „Leib Christi" und die Belebung durch das *pneuma* Christi das Individuum als „Subjekt": Paulus sagt, dass nicht mehr „er" lebe, sondern „Christus in ihm" (Gal 2,20) und dass die Glaubenden „in Christus" lebten (Röm 6,11).[42] Wenn das Neue Testament als

---

[40] Vgl. *Pohlenz*, Stoa, 135ff. Auch ins römische Recht fand die Auffassung, dass von Natur aus (nach „Naturrecht") alle Menschen frei geboren werden, Eingang (Digesten 1,1,4, Ulpian). Erst das „Recht der Völker" macht nach Ulpian einen Unterschied zwischen Freien und Sklaven.

[41] Sowenig wie Christus ist auch „das Evangelium" geteilt, es gibt kein „anderes Evangelium" (2Kor 11,4; Gal 1,6). Man findet im Neuen Testament nicht die Vorstellung einer „subjektiven (Glaubens)Wahrheit" und trotz aller scheinbar „biografischen" Passagen bei Paulus ist die Berufung auf die eigene Biografie kein letztinstanzliches Argument. Wenn Paulus „biografisch" argumentiert, spricht er auch nicht eigentlich *„von sich"* (wie es später Luther in seinem Bericht über das sog. „Turmerlebnis" sehr wohl tut), sondern von *Christus*, der ihm erschienen ist (Gal 1,16). Dennoch – und das zeigt wieder, dass wir es mit Diskursen zu tun haben – kann in der Realität „Pluralismus" innerhalb gewisser Grenzen durchaus geduldet und sogar empfohlen werden, wie der Abschnitt über die „Starken" und „Schwachen" in Röm 14 deutlich macht.

[42] Natürlich ist auch dem neuzeitlichen Diskurs nicht unbekannt, dass das Individuum durch die Gemeinschaft und die überkommene Tradition geformt wird; gerade Schleichermacher ging es ja darum, dass die „ursprüngliche Anschauung des Universums", auf die der christliche Glaube zurückverweist, kommuniziert und nachvollzogen werden muss, sein Subjekt ist kein apriorisches Vernunftsubjekt, sondern ein historisches Subjekt, das durch bestimmte Überlieferungen und

Gründungsdokument des westlichen Individualismus in Anspruch genommen wird, muss man solche Aussagen als bloße Rhetorik oder Metaphorik abtun und annehmen, dass die „wirkliche" Erfahrung die ist, die in „unserem" Diskurs über Paulus und seine „subjektive Glaubenserfahrung" zur Sprache kommt. Diese Lesart der Texte unterstellt, dass Diskurse nur ein Schleier über einer objektiv gegebenen Wirklichkeit sind (die „hinter" den Texten zu erheben ist), wobei gleichzeitig vorausgesetzt wird, dass „unsere" Diskurse diese Wirklichkeit besser abbilden als die Diskurse im Neuen Testament selbst. Es ist die Hermeneutik von „Schale" und „Kern", von „sprachlicher Hülle" und „eigentlich gemeinter Sache", die Unterscheidung zwischen zeitbedingtem Ausdruck und bleibend gültigem Gehalt.[43] Eine solche – ethnozentrische – Auffassung macht es sich jedoch zu leicht. Die Diskurse, an denen Paulus partizipiert, *schaffen* – wie alle Diskurse – Wirklichkeit. Sie sind nicht nur der (unzureichende) Versuch, eine Erfahrung und eine Wirklichkeit (in den Kategorien „mythologischen Denkens") ausdrücken, die „wir" besser verstehen und ausdrücken können. Die Realität, in der Paulus lebt, *ist* eine andere als die unsrige. Seine Diskurse, die aus seiner Kultur herauswachsen, konstituieren eine andere Erfahrung der Welt, eine andere Sensibilität, eine andere Subjektivität als die unsrige.[44] Es geht Paulus nicht um die „Eigentlichkeit des Daseins" oder um die „Authentizität" seiner individuellen religiösen Erfahrung, die er dann mit anderen Erfahrungen ins Gespräch bringen würde, sondern um die *Partizipation an Christus*, durch die Erfüllung mit dem „*Pneuma* Christi". Paulus will nicht „er selbst" sein oder werden, sondern er will ein „Glied Christi" sein. Wir sollten das nicht als bloße Rhetorik abtun. Es geht Paulus nicht um seine Individualität, Originalität und Authentizität, sondern um seine Zugehörigkeit.

Für ein „Selbst", das vornehmlich kollektivistischen Diskursen ausgesetzt ist und durch sie geformt wurde, hat es nichts „Entfremdendes", dass „in ihm" nicht (nur) „er selbst" anwesend ist und lebt, sondern jemand anders, z.B. Christus. Für neuzeitliches Denken widerspricht dies der „Autonomie" des Menschen. Für antike Menschen ist es aber ganz selbstverständlich, wünschenswert und notwendig, dass „in einem selbst" nicht nur „man selbst" anwesend ist, denn wer wäre man dann schon? Die Vorfahren, die eigene Familie und Sippe, die eigene *polis* oder das eigene *Ethnos* – sie alle bringen sich im Einzelmenschen zur Geltung und zu Gehör. Der Einzelne ist nicht nur sich selbst

Erfahrungen mitgeformt ist. Doch die vermittelte Subjektivität, von der die Theologen der Romantik reden, ist eine andere als die paulinische: Die romantische Vermittlung *schafft* ein (soziales und sozialisiertes) „Ich", eine „individuelles Subjekt", der paulinische „Christus in mir" *hebt* ein der Sünde und dem Tod verfallenes Ich *auf* und *ersetzt* es durch eine neue „Person", eben den „Christus in mir"; entscheidend ist das *Pneuma* Christi, das den „kreatürlichen" Menschen belebt. Paulus denkt sich das und erlebt das vermutlich viel „realer", als es heutige Leser gemeinhin glauben.

43 Hierzu vgl. ausführlicher *Neumann*, Geburt.

44 So auch die These von *Engberg-Pedersen*, Cosmology, der argumentiert, dass die metaphorische Lesart von Ausdrücken wie „in Christus" die Weltsicht des Paulus verfehle. Insbesondere sei der „Geist" für Paulus etwas Materielles, die Verwandlung von „Fleisch und Blut" durch den „Geist" etwas Reales und Physisches.

verpflichtet, sondern auch und zuerst der Gruppe, der er angehört, und den Normen, die dort gelten. Wer diesem Anspruch nicht gerecht wird oder ihn freventlich übergeht, bringt sich selbst in Schande (vgl. die ausführliche Abhandlung des Aristoteles über die Scham, nämlich die Furcht vor dem Verlust des guten Rufes, in Rhet. 2,6, 1383b–1385a). Ein „guter Ruf", Ehre und öffentliche Ehrungen, also Anerkennung seitens der Gemeinschaft, gelten hingegen als das größte äußere Gut und sind ein mächtiger Antrieb zum Handeln (Aristot., eth. Nic. 4,7, 1123b; Rhet. 1,5,8–9, 1361a; biblisch vgl. die Hochschätzung des „guten Namens/Rufes" in Spr 22,1; Koh 7,1; Sir 41,12f). Die Präsenz der Familie und des Volkes im Individuum wird dabei durchaus als an materiale Träger gebunden und physisch vermittelt gedacht. So kennt die hebräische Bibel die sogenannte „Verwandtschaftsformel" („mein Gebein und mein Fleisch", Gen 29,14 u.a.), Herodot (8,144) nennt in seiner Definition des „Griechentums" (*to hellenikon*) an erster Stelle das „gleiche Blut", zu dem die gleiche Sprache, die Verehrung derselben Götter und gemeinsame Sitten hinzukommen, und für Paulus schließlich spielt es eine entscheidende Rolle, wer zum „Samen" Abrahams gehört (Röm 3,25; 4,13.16; 9,7; 11,1; 2Kor 11,22; Gal 3,22.29). Auch das sollte man nicht nur metaphorisch oder metonymisch verstehen. Paulus meint es durchaus real: Christus ist der wahre „Same" Abrahams (Gal 3,16.29) und vermittelt den Glaubenden, die „in ihm" sind, die „Kindschaft" (Gal 3,26–29); wer den Geist Christi hat, ist ein wahres „Kind Gottes" (Röm 8,14–17). Transmissionsmittel und materieller Träger der Kindschaft ist nach der paulinischen Neubestimmung der Abrahamskindschaft das *Pneuma* als ein sozusagen „pneumatischer Same".

3. Antike Individualisierungdiskurse

Neben diesen kollektivistischen Diskursen stehen und mit diesen kollektivistischen Diskursen verwoben sind jedoch andere Diskurse, die ich Individualisierungsdiskurse nennen möchte. Um das Verhältnis dieser beiden Klassen von Diskursen zu verstehen, sind abermals Geertz' Beobachtungen in Marokko hilfreich: Die kollektivistischen Diskurse geben nur einen „Umriss" vor, der vom Einzelnen auszufüllen ist. Dieser umrissartige Rahmen überlässt den Individuen sehr viel, in bestimmten Situationen „fast alles" auszufüllen. Das Individuum wird, wie Geertz sagt, „klassifiziert, jedoch nicht typisiert; e[s] bekommt einen Ort zugewiesen, ohne porträtiert zu werden".[45] Wenn dieser *Ort* feststeht, das heißt, wenn die Zugehörigkeit und Hingehörigkeit eines Menschen, die durch die „kollektivistischen Diskurse" bestimmt wird, klar ist, ist „Individualismus" *an diesem Ort* und um diesen Ort „auszufüllen", nicht nur geduldet, sondern vielmehr geboten.

Thematisiert wird diese Art von „Individualisierung" – sicher nicht zufällig – in Texten, die von Angehörigen der Oberschicht geschrieben sind, deren „Zugehörigkeit" und deren sozialer Ort nicht in Frage steht. Der für uns wichtigste Text findet sich bei Cicero

---

[45] *Geertz*, Perspektive, 305.

(De officiis 1,107–125). Nach Cicero bekleiden zwei (später werden daraus vier) *personae* jeden Menschen (off. 1,107: *duabus quasi nos a natura indutos esse personis*). *Persona* ist ursprünglich die Maske des Theaterschauspielers und meint im übertragenen Sinn die „Rolle", die jemand spielt. Jeder Mensch spielt also gleichzeitig zwei „Rollen" bzw. hat zwei „Masken" oder „Gesichter" angelegt. Es sind dies einerseits die allgemeine Menschennatur (der Mensch als Vernunftwesen im Unterschied zu den Tieren), andererseits die Rolle, die jedem Einzelnen individuell zugeteilt ist (ebd.: *altera [scil. persona] autem, quae proprie singulis est tributa*). Zu dieser individuellen Natur rechnet Cicero körperliche und geistige Anlagen und die jeweiligen Charakterzüge, die einem Menschen eigen sind, wie ein heiteres oder ernsthaftes Gemüt. Cicero warnt davor, den eigenen Charakter zu verleugnen und andere nachzuahmen (110f). Was für den einen angemessen und nötig zu tun ist, kann für einen anderen unschicklich sein. Wie es gilt, die allgemeine „Menschennatur" in sich zu verwirklichen, also „naturgemäß" zu leben, nämlich in Übereinstimmung mit der Vernunft, wozu die Philosophie anleiten will, so muss man auch danach streben, seiner individuellen Natur gemäß zu leben. Cicero formuliert also den Imperativ, „man selbst" zu sein oder zu werden. Er befasst sich denn auch vor allem der zweiten *persona* eingehend (107–114). Zu den ersten beiden kommen dann noch zwei weitere *personae*, die kürzer behandelt werden: Als Drittes die Rolle, die uns durch den Zufall oder die Zeitumstände „auferlegt" ist (*tertia [scil. persona] ... quam casus aliqui aut tempus imponit*). Hierunter fällt für Cicero das, was wir „soziale Stellung" oder „soziales und materiales Kapital" nennen würden: sozialer Rang, Geltung und Einfluss, Reichtum und Machtmittel (115: *regna, imperia, nobilitatem, honores, divitiae, opes*). Die vierte *persona* ist das, was ein Mensch auf Grund eigener Wahl aus seinem Leben macht: Ob jemand z.B. ein Philosoph, ein Redner oder ein Rechtsgelehrter werden will oder eine militärische Karriere anstrebt (115f). Diese vier *personae* sind möglichst in Übereinstimmung zu bringen. Man soll nicht etwas werden wollen, was man nicht werden oder sein kann. Die Faktoren, die die Wahl begrenzen, sind die „Natur" (die ersten beiden *personae*) und das „Schicksal" oder „Glück" (*fortuna*, die dritte *persona*) (120). Es geht also darum, sowohl die allgemein menschliche Bestimmung, die *humanitas*, wie auch den eigenen Charakter und die eigenen Anlagen entsprechend den jeweiligen Zeitläufen und den nicht beeinflussbaren äußeren Umständen möglichst vollkommen und „authentisch" zu verwirklichen.

Die Überlegungen Ciceros spiegeln sicherlich zunächst einmal die Welt und die Möglichkeiten der römischen Elite wieder und lassen sich nicht ohne Weiteres auf andere soziale Schichten oder das ländliche Palästina, die Lebenswelt Jesu, übertragen. Jedoch ist das Nachdenken über die richtige Lebensführung nicht auf die Oberschicht beschränkt, sondern ebenso ein zentraler Gegenstand der (Popular)Philosophie, die sich als praktische Lebenshilfe versteht. Bei den Stoikern steht im Mittelpunkt der Diskurs über die „innere Freiheit" des Weisen, die auch in einem Sklavenleben verwirklicht werden kann – Gedanken, die auch bei Paulus anklingen (1Kor 7,17–24): Nicht die äußeren Umstände sind entscheidend, sondern es kommt für jeden Einzelnen darauf an, seiner „Berufung" zu folgen. Damit meint Paulus zwar etwas ganz Anderes als Cicero, trotzdem kann man beides vergleichen.

Denn die hinter den Ausführungen Ciceros sichtbar werdende Konfiguration des sozialen Lebens und die von ihm reflektierten Bedingungen des individuellen Handelns verweisen auf größere kulturelle Zusammenhänge, in die auch Paulus hineingehört. Insoweit man die mediterrane Welt (unabhängig von der kulturellen Überformung durch den Hellenismus und dann die römische Zivilisation) als einen zusammenhängenden Kulturraum betrachten kann,[46] sind die von Geertz beschriebenen Marokkaner ebenso Repräsentanten dieser kulturellen Makrostruktur wie Cicero und Paulus. In allen diesen Fällen lässt sich das von Geertz beschriebene Modell anwenden: Die kulturelle „Programmierung“ stattet die Individuen zwar mit einem Sinn für ihren jeweiligen „Ort“ im Gefüge der sozialen Beziehungen aus, aus dem sich ergibt, „wer“ sie sind (bzw. mit Cicero: was sie aus sich machen können). Das konkrete Verhalten ist aber keineswegs so stark vorgegeben, dass jederzeit klar ist, was zu tun ist. Es ist vielmehr unerlässlich, dass der Einzelne *sich selbst* als „moralisches Subjekt“ begreift und konstituiert. Die „Selbststeuerung“ und „Innenleitung“ der Handelnden ist in diesem kulturellen System ein unerlässlicher und unverzichtbarer Faktor.

4. Leben „unter Aufsicht“

Allerdings gehorcht diese Selbststeuerung einer anderen Logik als in der westlich-neuzeitlichen Kultur. Die „moralische Sensibilität“, die die Subjekte hier ausbilden (müssen), ist nicht die eines Kantischen moralischen Subjektes. Das moralische Subjekt, das Aristoteles, Cicero und Paulus entwerfen, ist vor allem ein wachsames Subjekt: Ein Subjekt, das gelernt hat, sich selbst ständig mit den Augen der anderen zu beobachten. Ich möchte es ein *competitive subject* nennen, ein „kämpferisches Subjekt“, das in einem steten moralischen „Wettkampf“ steht und sich darin bewähren muss und bewähren will (vgl. 1Kor 9,24–27). Das englische Adjektiv *competitive* umgreift sowohl den Aspekt des Wettbewerbs wie den des Kämpferischen überhaupt, es heißt aber auch „konkurrenzfähig“, „wettbewerbsfähig“.[47] Außerdem soll der Begriff hier andeuten, dass das moralische Leben wie eine sportliche *competition* in einer „Arena“ ausgetragen wird. Ein wahrhaft *moralisches* Subjekt hat gelernt, dass es ständig beobachtet wird und dass es beständig Erwartungen ausgesetzt ist, die es nicht enttäuschen darf. Dazu gehören vordergründig natürlich die Erwartungen der Umwelt, der sozialen Gruppe. Aber viel wichtiger sind die sozusagen imaginären, für antike Subjekte aber höchst realen Foren: Die Vorfahren,[48] die Götter, die Patriarchen (vgl. Hebr 12,1: dass uns eine solche „Wolke von

---

[46] Hierzu vgl. *Horden / Purcell*, Sea.

[47] Im Deutschen gibt es zwar auch den Begriff „kompetitiv“ als Fremdwort, aber dieser hat eine andere Bedeutung.

[48] In den Häusern der römischen Patrizier waren die Vorfahren in Form der Ahnenporträts (*imagines maiorum*) immer gegenwärtig. Es handelte sich um Masken (*personae*!), die eine besondere Rolle bei Leichenzügen spielen, wo sie samt den Ehrenzeichen, die die Toten zu Lebezeiten erworben

Zeugen“ umgibt, soll uns motivieren, den moralischen Kampf aufzunehmen), die Tora, im Judentum und im Neuen Testament schließlich und vor allem Gott selbst. Es ist eine Ethik, die immer ein „Gegenüber“ impliziert und von einem „Gegenüber“ her entworfen ist. Freilich soll dieses „Gegenüber“ im Idealfall so sehr internalisiert werden, dass es für das „Selbst“ nichts „Fremdes“ mehr ist. Für das wahrhaft moralische Subjekt sind die Erwartungen, denen es ausgesetzt ist, keine Bedrohung und nichts Fremdes, sondern ein Ansporn (wie für den Sportler die Erwartungen des Trainers und der Fans in der Arena).

Wie in jedem moralische Universum entstehen auch in diesem moralischen Universum *spezifische* Probleme und Aporien, nämlich genau diejenigen, die in den ethischen Diskursen der antiken Philosophie und der Bibel formuliert und diskutiert werden. Auf der einen Seite benennt Aristoteles das Problem der fehlenden oder mangelnden „Scham“ (vgl. eth. Nic. 4,15, 1128b), ebenso schärft Jesus Sirach seinen Schülern die (richtige) Scham ein (Sir 41,12f; 16ff). Auf der anderen Seite gibt es die Gefahr, dass Menschen nur auf den Augenschein achten und eher „gut *scheinen*“ als „gut *sein*“ wollen (vgl. Plat., *rep.* 361a–d). Daher wird im moralischen Diskurs nachdrücklich die Internalisierung moralischer Imperative gefordert (vgl. Dtn 6,4f; Mt 6,1–6.16–18; vgl. auch die Figur der „Scham vor sich selbst“, Demokr., *frg.* 264 DK). Die griechische *paideia* („Bildung“ ist eine nur unzureichende Übersetzung) zielt auf die Konstitution solcher Subjekte, die ihr „Menschsein“ und ihre „Menschennatur“ (als *zoon politikon*) im Vollsinn verwirklichen, denen die Werte, die Ideale und der Lebensstil ihrer Zivilisation zur zweiten Natur geworden sind.

Sehr aufschlussreich sind in diesem Zusammenhang die Überlegungen des Josephus zur Konstitution moralischer Subjekte (Ap. 2,151–183), auf die wir hier abschließend eingehen wollen. Es gibt nach Josephus grundsätzlich zwei Wege zur *paideia* (er gebraucht eben dieses Wort), den praktischen (durch die konsequente Einübung einer bestimmten Lebensweise und die Einschärfung ungeschriebener Gesetze, Beispiel Sparta) und den theoretischen (durch die mündliche Belehrung und das Bemühen um die Formulierung von möglichst guten Gesetzen wie in Athen). Während die Griechen jeweils nur das eine *oder* das andere taten, hat „Moses“ beide Wege vereint, indem er sowohl ausführliche schriftliche Gesetze und moralische Belehrungen hinterließ wie auch ganz konkrete Anweisungen, die den praktischen Lebensvollzug bis in Kleinigkeiten hinein regulieren (2,171–175). Die Weisheit des Mose zeigt sich für Josephus darin, dass die jüdischen Gesetze nicht nur gut sind, sondern dass sie auch *befolgt* werden. Dazu hilft, dass jeder Jude die Gebote des Mose *kennt*, weil sie ihm von Kind auf eingeschärft worden sind, während viele griechische *Poleis* zwar durch weise Gesetzgeber gute

---

haben, mitgeführt oder sogar von anderen Mitgliedern der Familie aufgesetzt und getragen wurden, ihre augenfällige Präsenz und die Präsentation ihrer Taten und Ehren sollte besonders die jüngeren Mitglieder der Familie anspornen, ihnen nachzueifern (Polybios 6,53,4–6,54,3; Polybios sagt zu Anfang dieser Besprechung der Bilder, das εἰκών = *imago* sei ein πρόσωπον = *persona*). Realistischer lassen sich die Toten und ihr Anspruch an die Lebenden kaum vergegenwärtigen.

Gesetze empfangen haben, die Menschen, die Regierenden eingeschlossen, diese aber kaum kennen noch wirklich befolgen (2,176–178). Mit dieser Argumentation gelingt es Josephus, die „ethischen" und die „rituellen" Gebote der Tora in eine einheitliche Gesamtschau zu integrieren, die mit der Logik der griechischen *paideia* vereinbar ist und die *paideia* im Vergleich mit den Griechen nach Josephus' Meinung sogar weit besser verwirklicht. Gerade das Nebeneinander und Ineinander von eigentlichen „Gesetzen" ([straf]rechtlichen Bestimmungen) und „Ritualvorschriften", die das tägliche Leben regulieren, das es so bei den Griechen nicht gibt, ist nach Josephus unter dem Aspekt der *paideia* die Stärke der mosaischen Gesetzgebung.

Ein weiteres Problem, das sich im moralischen Universum der *competitive subjects* stellt, wird von Josephus ebenfalls angesprochen: Woher kann man wissen, dass die (internalisierten) Normen der eigenen Gemeinschaft die „wahren" und die „richtigen" sind? Welchen Erwartungen *muss* man entsprechen und welchen Erwartungen *darf* man *nicht* entsprechen? *Welches* Forum der Verantwortung ist das entscheidende? An dieser Stelle setzen sowohl die „kulturrelativistischen" Überlegungen der griechischen Sophisten an (jedes Volk hält seine eigenen Sitten und Gebräuche für die richtigen) wie auch die bohrenden Fragen des Sokrates nach der „Gerechtigkeit" in den platonischen Dialogen. Josephus löst dieses Problem durch den Verweis auf den göttlichen Gesetzgeber: Im Gesetz des Mose haben alle Dinge einen Bezug zu Gott (2,170f), Ethik („Tugend") und „Frömmigkeit" sind keine sozusagen jeweils autonomen Bereiche des Handelns (die ethische Reflexion der griechischen Philosophie und der praktische Vollzug der Kulte sind ja in der Tat zwei getrennte Domänen, deren Bezug zueinander keineswegs *a priori* gegeben ist). Bei Mose bilden Theologie, Recht und Ethik ein einheitliches und stimmiges Ganzes, während die Griechen nicht nur widersprüchliche, sondern vielfach auch die Moral untergrabende Anschauungen von den Göttern haben (2,179–181, vgl. auch 2,244–249). Die jüdische „Staatsverfassung" kann deshalb auch eine „Theokratie" genannt werden (2,165). In der Tora ist ein unverrückbarer Bezugspunkt gegeben. Auch wenn die „Väter" in ihren Taten keineswegs nur nachahmenswerte Beispiele (sondern auch warnende) hinterlassen haben, so ist doch das Gesetz seit Urzeiten der Fels, an dem sich alle Juden orientieren (sollen).

Ein entscheidender Punkt bei der Hervorbringung dieser jüdischen moralischen Subjekte ist das Wissen, dass Gott „alles sieht" (2,160 u. 181). Josephus gebraucht die Worte ἐπισκέπτομαι (gleichbedeutend mit ἐπισκοπέω) und ἐφοράω, die beide nicht ein bloßes „Sehen", sondern ein prüfendes „Beaufsichtigen" und „Überwachen" meinen. Wer sich so beobachtet und beachtet weiß, dessen ist sich Josephus gewiss, der wird sich „keine Fehltritte gestatten" (2,160: οὐθὲν ἀνέχονται ἐξαμαρτεῖν). Für uns sind diese Begriffe im Bereich der Ethik eindeutig negativ besetzt, sie klingen nach „überwachen und strafen" und zeigen „Heteronomie" an. Für Josephus klangen diese Worte aber vermutlich keineswegs so negativ. ἐπισκέπτομαι / ἐπισκοπέω heißt auch „sich um etwas kümmern" und „auf etwas achten", der *Episkopos* ist nicht nur der „Aufseher", sondern auch der „Wächter", „Hüter" und „Beschützer" (diesen Sinn kann das Wort auch in der Septuaginta haben, vgl. Stellen wie Gen 50,24; Dt 11,2). Die Hirtenmetapher liegt ganz nahe. Und wer „beaufsichtigt" wird, der wird *per se* auch „beachtet", der gehört auf jeden Fall dazu, der darf gleichsam unter den Augen eines wachsamen Publikums in der Arena mit auflaufen und wird dort sein Bestes geben.

Im Neuen Testament gibt es zwar keinen vergleichbar ausführlichen und reflektierten Diskurs über die Motivation zum richtigen Handeln und die Bildung moralischer Subjekte, aber es ist völlig klar, dass im Hintergrund ganz und gar dieselben Annahmen stehen: Gott sieht alles (Mt 6,6.18), Gott ist der Richter, der alles prüft und beurteilt (Mt 25; Röm 2, um nur zwei der bekanntesten Stellen zu nennen), Jesus ist der „Hirte und *Episkop*" der Seelen der Glaubenden (1Petr 2,25). Darum darf das Streben nach der „Gerechtigkeit" niemals nachlassen, wie Matthäus seinen Hörern unablässig einschärft. Aber auch Paulus ermahnt zur steten Anspannung der Kräfte (1Kor 9,24–27) und zum „Wandeln" im Geist (Gal 5,25), was einen ständigen Kampf gegen das „Fleisch" bedeutet (Gal 5,17). Wie schon gesagt, geht Paulus dabei von der (Neu)Konstitution der moralischen Subjekte durch den „Geist" aus (Gal 5,16–18).

III. Zusammenfassung und Ausblick

Fassen wir zusammen: Wir konnten nicht verstehen und rekonstruieren, was die „Person" im Neuen Testament ist, ohne uns die Kultur, in die sie eingebettet ist, und das (physische und) moralische Universum, in der sie lebt, zu vergegenwärtigen. Als weniger hilfreich stellte sich dabei die pauschale Rede von „kollektivistischen Persönlichkeiten" im Gegensatz zu „individualistischen Persönlichkeiten" heraus. Stattdessen haben wir „kollektivistische *Diskurse*" und „Individualisierungsdiskurse" angetroffen (die es in irgendeiner Form vermutlich in jeder Kultur gibt) und ihr spezifisches Verhältnis und ihre gegenseitige Durchdringung reflektiert. Zusammenfassend lässt sich sagen, dass für antike Menschen (nur für antike Menschen?) die erste entscheidende Frage die nach der „Zugehörigkeit" ist: Ein Mensch, der nirgends „hingehört" und nirgends „dazugehört", ist gleichsam ein sozial Toter. Wer aber weiß, wo sein „Ort" ist, der weiß auch auf einer fundamentalen Ebene, „wer" er ist. Erst wenn diese Voraussetzung erfüllt ist, ist es möglich und nötig, sich um eine „individuelle" Realisierung dieser Identität zu bemühen, um ein angemessenes „Ausfüllen" des vorgegebenen „Umrisses".

Das Neue Testament ist ein Buch, das es durchgehend mit der Klärung von Identitäten und von deren „Ort" zu tun hat (wer ist „Jesus, der Christus, Gottes Sohn" [Mk 1,1], und wer sind die an ihn Glaubenden und welches ist ihr Ort in der Welt bzw. zwischen Himmel und Erde?[49]). Zweifellos stand in diesem frühen Stadium „christlicher" Identitätsbildung die Frage der *kollektiven* Identität im Vordergrund. Jedoch wird implizit immer auch das Thema der individuellen Identität mitverhandelt und ein Programm zur Konstitution individueller „moralischer Personen", die sich durch eine bestimmte Sensibilität und ein bestimmtes Bewusstsein auszeichnen, entworfen oder vorausgesetzt. Dieses Programm ist nichts anderes als das, was man „neutestamentliche Ethik" zu nennen

---

[49] Vgl. die Frage nach dem „Bürgerstatus" der Glaubenden in Phil 3,20; Eph 2,19; 1Petr 2,11.

pflegt. Die moralischen Paränesen der Paulusbriefe und die ethischen Unterweisungen der Evangelien drehen sich um genau dasselbe, was Josephus explizit reflektiert: Um die Voraussetzungen und die Durchführung einer „christlichen" (bei Josephus natürlich: einer jüdischen) *paideia*, um die Hervorbringung „kompetenter" und „verantwortlicher" Subjekte, die das Wissen verinnerlicht haben und von dem Wissen angespornt werden, dass sie unter steter „Aufsicht" stehen, und die von der Zuversicht erfüllt sind, dass ihnen in der „Verfassung" ihres „Gesetzgebers" der Weg gewesen ist und die Mittel an die Hand gegeben sind, solche Subjekte zu werden, die sich vor dem Forum bewähren, dem sie sich zu stellen haben. So klingt es denn auch bei Paulus (2Kor 5,9f): „Darum setzen wir auch unsre Ehre darein, ob wir daheim sind oder in der Fremde, daß wir ihm wohlgefallen. Denn wir müssen alle offenbar werden vor dem Richterstuhl Christi, damit jeder seinen Lohn empfange für das, was er getan hat bei Lebzeiten, es sei gut oder böse."[50]

An vielen Stellen erscheinen „uns" die moralischen Diskurse und die moralischen Subjekte, die hier zu behandeln waren, sicherlich ganz vertraut. Scheinbar ist die Rückführung „unserer" Art, „Subjekt" und „Person" zu sein, auf die antiken und biblischen Denker und Autoren und ist die Berufung der westlichen Kultur auf das „antike und biblische Erbe" völlig legitim. Doch die biblischen und antiken Subjekte waren, wie deutlich werden sollte, nicht einfach „wie wir". Es haben sich auf dem Weg von ihnen zu uns gewaltige Veränderungen im physischen, sozialen und moralischen Kosmos vollzogen, die auch die Art und die Möglichkeit, über Subjekte zu denken und von Subjekten zu sprechen, und nachfolgend die Art und die Möglichkeit, sich als Subjekt zu erleben und also Subjekt zu *sein*, tiefgreifend verändert haben. Wenngleich die Worte an vielen Stellen noch scheinbar dieselben sind wie damals, so sind doch die Diskurse auf einer fundamentalen Ebene nicht mehr dieselben und können nicht mehr dieselben sein.

Literatur

Bauer, W., Griechisch-deutsches Wörterbuch zu den Schriften des Neuen Testaments und der frühchristlichen Literatur, 6., völlig neu bearb. Aufl., im Institut für neutestamentl. Textforschung / Münster unter bes. Mitw. von *V. Reichmann* hg. von *K. Aland* u. *B. Aland*, Berlin / New York 1988

Elliott, J.H., From Social Description to Social-Scientific Criticism. The History of a Society of Biblical Literature Section 1975–2005, in: BTB 38 (2008), 26–36

Engberg-Pedersen, T., Cosmology and Self in the Apostle Paul. The Material Spirit, Oxford 2010

[50] Übersetzung: Revidierte Lutherübersetzung (1984). Ein anderer Text, den man einmal in diesem „sportlichen" (*competitive*) Geist lesen sollte, sind die Ausführungen über die „Freimut/Zuversicht", das „Gericht", das Einhalten der Gebote und das „Besiegen der Welt" in 1Joh 4,17–5,4. Diese aus antiker Perspektive ganz und gar „männliche" Lesart ist dem Text vermutlich viel angemessener als eine „weichliche" Lesart, die sich nur auf den Begriff der „Liebe" fixiert.

Geertz, C., Dichte Beschreibung. Bemerkungen zu einer deutenden Theorie von Kultur, in: *ders.*, Dichte Beschreibung. Beiträge zum Verstehen kultureller Systeme, Frankfurt a.M. 1983, 7–43

–, Person, Zeit und Umgangsformen auf Bali, in: *ders.*, Dichte Beschreibung. Beiträge zum Verstehen kultureller Systeme, Frankfurt a.M. 1983, 133–201

–, „Aus der Perspektive des Eingeborenen". Zum Problem des ethnologischen Verstehens, in: *ders.*, Dichte Beschreibung. Beiträge zum Verstehen kultureller Systeme, Frankfurt a.M. 1983, 289–309

Goffman, E., Wir alle spielen Theater. Die Selbstdarstellung im Alltag (Serie Piper 3891), München / Zürich [8]2010

Horden, P. / Purcell, N., The Corrupting Sea. A Study of Mediterranean History, Oxford / Malden, MA 2000, 485–523

Huntington, S.P., Der Kampf der Kulturen. The Clash of Civilizations. Die Neugestaltung der Weltpolitik im 21. Jahrhundert. Aus dem Amerikanischen von *H. Fliessbach*, München / Wien [5]1997

Kant, I., Grundlegung zur Metaphysik der Sitten. Mit einer Einl. hg. von *B. Kraft* und *D. Schönecker* (PhB 519), Hamburg 1999

Katechismus der Katholischen Kirche. Neuübersetzung aufgrund der Editio typica Latina, München / Wien / Leipzig / Freiburg 2005

Katholischer Erwachsenenkatechismus [Bd. 1]. Das Glaubensbekenntnis der Kirche, hg. von der Deutschen Bischofskonferenz, Kevelaer / München / Stuttgart / Limburg / Regensburg / Köln [4]1989

Keller, R. / Hirseland, A. / Schneider, W. / Viehöver, W. (Hg.), Handbuch Sozialwissenschaftliche Diskursanalyse, Bd. 1: Theorien und Methoden, Opladen 2001

Keller, R., Diskursforschung. Eine Einführung für SozialwissenschaftlerInnen (Qualitative Sozialforschung 14), Opladen 2004

Landwehr, A., Geschichte des Sagbaren. Einführung in die historische Diskursanalyse (Historische Einführungen 8), Tübingen 2001

Malina, B.J., Die Welt des Neuen Testaments. Kulturanthropologische Einsichten, Stuttgart / Berlin / Köln 1993

–, Sozialwissenschaftliche Methodik in der historischen Jesusforschung, in: *W. Stegemann / B.J. Malina / G. Theißen* (Hg.), Jesus in neuen Kontexten, Stuttgart 2002, 11–22

–, Collectivism in Mediterranean Culture, in: *D. Neufeld / R.E. DeMaris* (Hg.), Understanding the Social World of the New Testament, London / New York 2010, 17–28

Neuer Wettstein. Texte zum Neuen Testament aus Griechentum und Hellenismus, Bd. 2,1: Texte zur Briefliteratur und zur Johannesapokalypse 1, hg. von *G. Strecker* und *U. Schnelle* unter Mitarb. von *G. Seelig*, Berlin / New York 1996

Neumann, K., Das Fremde verstehen – Grundlagen einer kulturanthropologischen Exegese. Untersuchungen zu paradigmatischen mentalitätengeschichtlichen, ethnologischen und soziologischen Zugangswegen zu fremden Sinnwelten (Theologie 18), 2 Bde., Münster / Hamburg / London 2000

–, Die Geburt der Interpretation. Die hermeneutische Revolution des Historismus als Beginn der Postmoderne (Forum Systematik 16), Stuttgart 2002

–, Art. Kultur und Mentalität, in: *A. Berlejung / Chr. Frevel* (Hg.), Handbuch theologischer Grundbegriffe zum Alten und Neuen Testament (HGANT), Darmstadt [2]2009, 35–42

–, Art. Person, in: *A. Berlejung / Chr. Frevel* (Hg.), HGANT, Darmstadt [2]2009, 339f

Pannenberg, W., Was ist der Mensch? Die Anthropologie der Gegenwart im Lichte der Theologie (KVR 1139), Göttingen [6]1981

–, Anthropologie in theologischer Perspektive, Göttingen 1983

–, Systematische Theologie, Bd. 1, Göttingen 1988 / Bd. 2, Göttingen 1992

Petermann, W., Die Geschichte der Ethnologie, Wuppertal 2004
Pohlenz, M., Die Stoa. Geschichte einer geistigen Bewegung, Göttingen [6]1974
Rohrbaugh, R.L., Honor. Core Value in the Biblical World, in: *D. Neufeld / R.E. DeMaris* (ed.), Understanding the Social World of the New Testament, London / New York 2010, 109–125
Said, E. W., Orientalismus. Aus dem Englischen von *H.G. Holl*, Frankfurt a.M. 2009
Sarasin, Ph., Geschichtswissenschaft und Diskursanalyse (stw 1639), Frankfurt a.M. 2003
DER SPIEGEL 39/1994 (26.09.1994), 150–152: Konflikt der Kulturen; online: http://www.spiegel.de/spiegel/print/d-13692691.html (Zugriff: 23.12.2010)

Abkürzungen

Die Abkürzungen der biblischen Bücher richten sich nach dem Verzeichnis der RGG[4]. Die bibliographischen Abkürzungen entsprechen dem Verzeichnis von *S.M. Schwertner*, Theologische Realenzyklopädie. Abkürzungsverzeichnis, Berlin / New York [2]1994. Die ägyptologische Literatur wird nach dem Lexikon der Ägyptologie (LÄ) und die assyriologische Literatur nach dem Reallexikon der Assyriologie (RlA) abgekürzt. Darüber hinaus werden folgende Abkürzungen verwendet:

ABD	Anchor Bible Dictionary, ed. by *D.N. Freedman*, New York / London / Toronto / Sydney / Auckland 1992ff
BDB	*F. Brown / S.R. Driver / Ch.A. Briggs* (ed.), The Brown-Driver-Briggs Hebrew and English Lexicon. A Hebrew and English Lexicon of the Old Testament, Oxford 1906 / Corrected edition 1952
DK	*H. Diels / W. Kranz*, Fragmente der Vorsokratiker, 2 Bände, 1903ff, unveränderte Neuauflage, Hildesheim 2004/5
EBR	Encyclopedia of the Bible and ist Reception, Berlin / New York 2009ff
eth. Nic.	Nikomachische Ethik
Frg.	Fragment
HGANT	*A. Berlejung / Chr. Frevel* (Hg.), Handbuch theologischer Grundbegriffe zum Alten und Neuen Testament, Darmstadt [2]2009
JPSV	Jewish Publication Society Bible
Kol.	Kolumne
LAMA	Centre de Recherches Comparatives sur les langues de la Méditerranée Ancienne, Documents, Université de Nice
MARG	Mitteilungen für Anthropologie und Religionsgeschichte, hg. von *M. Dietrich, W. Dupré, A. Häußling, K. Meisig, A. Mertens*, Münster 1994ff
NAB	New American Bible
NROD	Nusku Ritual to Obtain a Pleasant Dream (siehe *S.A.L. Butler*, Mesopotamian Conceptions of Dreams and Dream Rituals, AOAT 258, 1998)
NRSV	New Revised Standard Version
ORA	Orientalische Religionen in der Antike. Ägypten, Israel, Alter Orient, hg. von *A. Berlejung, J.F. Quack* und *A. Zgoll*, Tübingen 2009ff
RGG[4]	Religion in Geschichte und Gegenwart. Handwörterbuch für Theologie und Religionswissenschaft. Vierte, völlig neu bearbeitete Auflage, hg. von *H.D. Betz, D.S. Browning, B. Janowski* und *E. Jüngel*, Tübingen 1998ff
Rs.	Rückseite
RSV	Revised Standard Version
stw	suhrkamp taschenbuch wissenschaft, Frankfurt a.M.

Tf.	Tafel
VIHA	Veröffentlichungen des „Instituts für Historische Anthropologie e.V.“, Wien / Köln / Weimar
Wb.	Wörterbuch der ägyptischen Sprache
ZAC	Zeitschrift für antikes Christentum

Veröffentlichungsnachweise

Bernd Janowski
Der „ganze Mensch". Zur Geschichte und Absicht einer integrativen Formel
Originalbeitrag

Emma Brunner-Traut
Der menschliche Körper – eine Gliederpuppe
Zuerst in: Zeitschrift für Ägyptische Sprache und Altertumskunde 11 (1988) 8–14

Jan Assmann
Konstellative Anthropologie. Zum Bild des Menschen im alten Ägypten
Zuerst in: *B. Janowski* / *K. Liess* (Hg.), Der Mensch im alten Israel. Neue Forschungen zur alttestamentlichen Anthropologie (HBS 59), Freiburg / Basel / Wien 2009, 95–120. Abdruckgenehmigung durch den Herder Verlag, Freiburg i.Br.

Ulrike Steinert
„Zwei Drittel Gott, ein Drittel Mensch". Überlegungen zum altmesopotamischen Menschenbild
Originalbeitrag

Annette Zgoll
Der oikomorphe Mensch. Wesen im Menschen und das Wesen des Menschen in sumerisch-akkadischer Perspektive
Originalbeitrag

Bernd Janowski
Konstellative Anthropologie. Zum Begriff der Person im Alten Testament
Überarbeiteter Beitrag, zuerst in: *Chr. Frevel* (Hg.), Biblische Anthropologie. Neue Einsichten aus dem Alten Testament (QD 237), Freiburg / Basel / Wien 2010, 64–87.

Robert A. di Vito
Transparenz und Heteronomie. Zur Konstruktion personaler Identität im Alten Testament
Zuerst in: *B. Janowski* / *K. Liess* (Hg.), Der Mensch im alten Israel. Neue Forschungen zur alttestamentlichen Anthropologie (HBS 59), Freiburg / Basel / Wien 2009, 213–241 (deutsche Übersetzung von G.D. Eberhardt). Abdruckgenehmigung durch den Herder Verlag, Freiburg i.Br.

Jean-Pierre Vernant

Individuum, Tod, Liebe. Das Selbst und der andere im alten Griechenland

Zuerst in: *G. Gebauer* (Hg.), Anthropologie, Leipzig 1998, 22–48 (deutsche Übersetzung von H. Beister). Der Akademie Verlag, Berlin, hat sich um die Abdruckgenehmigung des Beitrags bemüht. Da der Inhaber der Rechte nicht zu ermitteln war, werden rechtmäßige Ansprüche nach Geltendmachung ausgeglichen.

Jan N. Bremmer

Die Karriere der Seele. Vom antiken Griechenland ins moderne Europa

Zuerst in: *H.G. Kippenberg / J. Rüpke / K. von Stuckrad* (Hg.), Europäische Religionsgeschichte. Ein mehrfacher Pluralismus, Bd. 2 (UTB 3206), Göttingen 2009, 497–524. Abdruckgenehmigung durch den Verlag Vandenhoeck & Ruprecht, Göttingen.

Jörg Rüpke

Religiöse Individualität in der Antike

Originalbeitrag

Hermann Lichtenberger

Der „gespaltene Mensch". Menschenbilder in Qumran

Originalbeitrag

Matthias Morgenstern

Der ganze Mensch der Tora. Zur Anthropologie des rabbinischen Judentums

Originalbeitrag

Gerd Theißen

Das transformative Menschenbild der Bibel. Die Erfindung des „inneren Menschen" und seine Erneuerung im Urchristentum

Originalbeitrag

Klaus Neumann

Der prüfende Blick. Die Person und ihr moralisches Universum in der Welt des Neuen Testaments

Originalbeitrag

Hinweise zu den Autorinnen und Autoren

Dr. *Jan Assmann* ist Professor emeritus für Ägyptologie an der Universität Heidelberg und Honrarprofessor für Kulturwissenschaft an der Universität Konstanz

Dr. *Jan N. Bremmer* ist Professor emeritus für Religionswissenschaft an der Universität Groningen, NL

Dr. *Emma Brunner-Traut* war Honorarprofessorin für Ägyptologie an der Universität Tübingen

Dr. *Bernd Janowski* ist Professor emeritus für Altes Testament an der Universität Tübingen

Dr. *Hermann Lichtenberger* ist Professor emeritus für Neues Testament und Antikes Judentum an der Universität Tübingen

Dr. *Matthias Morgenstern* ist Professor für Judaistik an der Universität Tübingen

Dr. *Klaus Neumann* ist Habilitand im Fach Neues Testament an der Augustana Hochschule Neuendettelsau

Dr. *Jörg Rüpke* ist Professor für Vergleichende Religionswissenschaft an der Universität Erfurt

Dr. *Ulrike Steinert* ist Research Fellow am Department of Hebrew and Jewish Studies des University College London

Dr. Dr. mult. h.c. *Gerd Theißen* ist Professor emeritus für Neues Testament an der Universität Heidelberg

Dr. *Jean-Pierre Vernant* (1914–2007) war zuletzt Professor für Antike Religionsgeschichte am Collège de France, Paris

Dr. *Robert A. di Vito* ist Associate Professor of Old Testament am Department of Theology der Loyola University Chicago, Illinois

Dr. *Annette Zgoll* ist Professorin für Altorientalistik an der Universität Göttingen

Korrekturzusatz zum Beitrag von Annette Zgoll:

[Aufgrund eines technischen Versehens ist im Beitrag von A. Zgoll auf S. 84 der folgende Text ausgefallen:]

I Hinführung

Der Mensch als Teil der von Göttern und Menschen bewohnten Welt erscheint dem antiken Mesopotamien als Raum, der von numinosen Wesen wie Gottheiten, Dämonen, „Geist“- und „Seelen“-Wesen bewohnbar ist. Es handelt sich um ein Menschenbild, das sich als „oikomorph“ bestimmen lässt. Diese existentielle Interpretation des Menschen und seines Körpers als „Haus“ und seine „Bewohner“, die teils bedrohlichen „Gäste“ und die gegen sie agierenden „Wächter“ aufzuzeigen und erste Konsequenzen für das antike Welt- und Menschenbild auszuloten, ist Ziel des vorliegenden Beitrages. Dieses Modell eines oikomorphen Menschen birgt Potential für die derzeitigen anthropologischen Diskussionen in Philosophie, Psychologie und Soziologie sowie für kreative Annäherungen an den Menschen in der Literatur.

www.ingramcontent.com/pod-product-compliance
Lightning Source LLC
LaVergne TN
LVHW081330011026
849161LV00013BB/2887